Kohlhammer

Klaus W. Usemann / Stefan Breuer

Technische Gebäudeausrüstung

Problemstellungen,
Aufgaben und Lösungen

Verlag W. Kohlhammer

Alle Rechte vorbehalten
© 2004 Verlag W. Kohlhammer GmbH Stuttgart
Satz: Stefan Breuer
Gesamtherstellung:
W. Kohlhammer Druckerei GmbH + Co. Stuttgart

ISBN 978-3-8348-1634-4   ISBN 978-3-322-95324-7 (eBook)
DOI 10.1007/978-3-322-95324-7

Inhaltsverzeichnis

Vorwort

Themenbereiche

- **Allgemeines**
  Grundlagen, Erläuterungen, Definitionen, Anforderungen   8
  Bauliche Maßnahmen

- **Wärme-/Heizungstechnik**
Grundlagen	43
Brennstoffe, Heizkosten	53
Anlagentechnik	64
Wärmeerzeugung	88
Raumheizflächen	102
Regelung	120
Heizräume	126
Brennstofflagerung	130
Abgasanlagen	136
Rohrleitungen, -verlegung, Armaturen	149
Solartechnik, Regenerative Energieformen	156

- **Raumlufttechnik**
Grundlagen	167
Anlagentechnik	187
Anlagenteile	202

- **Sanitärtechnik**
Planungsgrundlagen	207
Ausstattung, Einrichtung	228
Installationstechnik	234
Trinkwasserversorgung	250
Entwässerung	265
Regenwasser-/Grauwassernutzung	301
Warmwasserversorgung	306
Gasinstallation	314

- **Stark-, Schwachstrom-Anlagen**
    - Grundlagen 338
    - Elektrische Betriebsstätten 347
    - Installation 349
    - Beleuchtungsanlagen 375
    - Blitzschutzanlagen 391
    - Informationstechnische Anlagen 398

- **Planungsaufgaben**
    - Heizlast 402
    - Raumlufttechnik 410
    - Sanitärtechnische Räume 423
    - Abwasserberechnung 440
    - Architekten-Elektroplan 463
    - Beleuchtungstechnik 470

- **Verzeichnisse**
    - Gesetze, Verordnungen 478
    - Normblätter 479
    - Richtlinien, Arbeitsblätter 491
    - Allgemeines Schrifttum 495

Vorwort

> Diejenigen, welche in der Praxis ohne Wissenschaft Gefallen finden, sind wie Schiffer, die ohne Steuer und Kompass fahren; sie sind nie sicher, wohin die Fahrt geht. Die Praxis muss immer auf guter Theorie beruhen.
> *(Leonardo da Vinci, 1452–1519)*

Die Einrichtungen der Technischen Gebäudeausrüstung sind heute fester Bestandteil fast jedes Bauwerkes geworden. Technische, hochentwickelte Ausrüstung stellt einen, mitunter beträchtlichen, Anteil am Bauaufwand dar. Der Entwerfer wie der Ausführungsplaner müssen die Anforderungen von Seiten der Technischen Gebäudeausrüstung, die nur noch von Ingenieuren leistbar sind, von Anfang an in ihre Konzeption einbeziehen. Nur (Platon im Phädros, an der Wende vom 5./4. Jhr. v. Chr.): "Die meisten [...] bemerken nicht, dass sie das Wesen des einzelnen Dinges nicht kennen, sie verständigen sich daher [...] nicht [...] darüber und haben es dann natürlich zu büßen: sie sind weder mit sich selbst noch untereinander einig."

Die steigende Bedeutung der Technischen Gebäudeausrüstung zwingt vor allem künftig tätige Architekten dazu, sich vertiefende Kenntnisse anzueignen. Wer dies versäumt, wird als Architekt nur noch ein Erfüllungsgehilfe der Ingenieure sein, deren Anweisungen er, ohne sie bewerten zu können oder zu verstehen, in seine Pläne aufnehmen muss.

Die Technische Gebäudeausrüstung umfasst die Gesamtheit aller technischen Einrichtungen für Gebäude und das Gebäudeumfeld. Die Einrichtungen der Technischen Gebäudeausrüstung entscheiden über die Nutzbarkeit eines Gebäudes. Für das Lehr- und Forschungsgebiet Technische Gebäudeausrüstung werden auch andere Bezeichnungen wie Technischer Ausbau, Haustechnik, Gebäudetechnik oder Versorgungstechnik verwendet.

Die Bedeutung der Technischen Gebäudeausrüstung bei der Herstellung und beim Betrieb von Gebäuden wird immer größer. Die Gründe dafür sind vielfältig. Als Beispiele seien genannt: Steigerung der Anforderungen an die Nutzung der Gebäude, technische Entwicklungen, Umweltschutz, Betriebskosten, Komfort, Flexibilität der Nutzung, Schonung der vorhandenen Ressourcen usw.

Die Entwicklung der Technischen Gebäudeausrüstung regt den Architekten an, bei der Gestaltung seiner Bauten neue Wege zu gehen. Er muss fähig sein, solche Anforderungen nicht als Hindernis, sondern als Stimulation zu erkennen, da die technischen Einrichtungen zunehmend in Wechselwirkung mit der Baukonstruktion stehen.

Die Technische Gebäudeausrüstung ist ein Teil der Gebäudeplanung. Insofern ist es zwingend, dass sie nicht isoliert, sondern im Zusammenhang mit anderen Fachdisziplinen betrachtet werden muss, die ebenfalls Bestandteil der Gebäudeplanung sind. Dazu gehören besonders die Bauphysik, die Tragwerkskonstruktion, die Baukonstruktion und das Entwerfen; aber auch die Siedlungsplanung und andere; sie können nur bei Integration der Technischen Gebäudeausrüstung sinnvoll bearbeitet werden.

Einen entscheidenden Beitrag leistet die Technische Gebäudeausrüstung zum umweltbewussten Bauen. Motivation hierfür sind vor allem der Klimaschutz und die Endlichkeit der Ressourcen. Wenn Architekten und Fachplaner gemeinsam Gebäudekonzepte entwickeln, lassen sich Potenziale zur Energieeinsparung erschließen. Geeignete Mittel sind dazu z.B. rationelle Energieumwandlung, effiziente Technik und der Einsatz regenerativer Energien. Die Leistungen der Ingenieure der Technischen Gebäudeausrüstung prägen unser tägliches Leben. Ohne sie gäbe es keinen Komfort in Wohnung und Büro, Produktivität in der Industrie, Sicherheit im Krankenhaus. Ohne die Errungenschaften der Klimatechnik gäbe es weder sterile Operationsbedingungen in Krankenhäusern noch wären die enormen Fortschritte der Computertechnik möglich gewesen.

An den Baukosten hat die Technische Gebäudeausrüstung einen immer größeren prozentualen Anteil. Die Betriebskosten eines Gebäudes werden weitgehend von ihr bestimmt. Insofern ist der Kostenaspekt bei allen Entscheidungen über die Technische Gebäudeausrüstung von einer immer größer werdenden Bedeutung.

Ziel heutiger Gebäudeplanungen sind wirtschaftliche Lösungen in intelligenter Einfachheit mit gesamthafter Betrachtungsweise von der Erstellung des Gebäudes, über den Gebäudebetrieb bis zum Abriss. Die Verwirklichung solcher Life-Cycle-Strategien erfordern von Planern und Architekten ein hohes Maß an vernetztem Denken und einen ständigen Überblick über den Tellerrand des eigenen Gewerkes.

Wie kaum eine andere Branche am Bau haben deshalb die Fachleute der Heizungs-, Klima-, Sanitärtechnik im letzten Jahrzehnt die geraden Wege des Gewerkedenkens verlassen und arbeiten heute mit Bauphysikern, Fassadenplanern, IT-Spezialisten und Facility Managern eng zusammen.

Aus allen diesen Bezügen und Verflechtungen geht hervor, dass die Einbindung der Technischen Gebäudeausrüstung in eine integrierte Planung unabdingbar ist. Die Integration in die Planung von Gebäuden muss vom ersten Planungsschritt an erfolgen, um die an das Bauwerk gestellten Anforderungen und Erwartungen zu erfüllen, aber auch um ökonomische und ökologische Nachteile zu vermeiden.

Übungsaufgaben aller Schwierigkeitsgrade aus der Technischen Gebäudeausrüstung machen das Buch für Architekten und Bauingenieure in Studium und Praxis unentbehrlich. Es orientiert sich an den Anforderungen, die sich aus der Zielformulierung ergeben, den Planungsgrundlagen und den Mitteln, die die Technische Gebäudeausrüstung für das Erreichen dieser Ziele und die Erfüllung der Anforderungen zur Verfügung stellt:

an den Zielen für die Nutzung von Gebäuden,
an den Anforderungen, die sich aus der Zielformulierung ergeben,
den Planungsgrundlagen und
den technischen Mittel, die die Technische Gebäudeausrüstung für das Erreichen der Anforderungen zur Verfügung stellt.

Das Buch bietet mit einer Fülle gelöster, praxisnaher Aufgaben aus dem Bereich der Technische Gebäudeausrüstung und ihrer Anwendungen in der Bau- und Gebäudetechnik genügend Material zum Selbststudium, zur Prüfungsvorbereitung, zum Üben und Weiterlernen und ist mit vielen Bildern, Diagrammen und Tabellen ausgestattet.

Themenbereiche:
Allgemeines: *Grundlagen, Erläuterungen, Definitionen, Anforderungen, Bauliche Maßnahmen*
Wärme-/ Heizungstechnik: *Grundlagen, Brennstoffe, Heizkosten, Anlagentechnik, Wärmeerzeuger, Raumheizflächen, Regelung, Heizräume, Brennstofflagerung, Abgasanlagen, Rohrleitungen, Armaturen, Solartechnik, Regenerative Energieformen*
Raumlufttechnische Anlagen: *Grundlagen, Anlagentechnik, Anlagenteile*
Sanitärtechnik: *Planungsgrundlagen, Ausstattungen, Einrichtung, Installationstechnik, Trinkwasserversorgung, Entwässerung, Regenwasser-/ Grauwassernutzung, Warmwasserversorgung, Gastechnik*
Stark-, Schwachstrom-Anlagen: *Grundlagen, Elektr. Betriebsstätten, Installation, Beleuchtungsanlagen, Blitzschutzanlagen, Informationstechnische Anlagen*
Planungsgrundlagen:
Heizlast, Raumlufttechnik, Sanitärtechnische Räume, Abwasserberechnung, Architekten-Elektroplan, Beleuchtungstechnik.

Durch die Konzentration auf die wichtigsten Teile der Technischen Gebäudeausrüstung beschränkt sich dieses Buch auf das Stoffgebiet der Grundlagen der Technischen Gebäudeausrüstung, um in die wichtigsten Detailprobleme des einfachen Bauens eindringen zu können. Es bleiben Aspekte der Bauphysik (Raumklima, Hygiene) und die Themenbereiche Großküche, Fernmeldeanlagen, Transport (Förderanlagen, Aufzugsanlagen, Fahrtreppen usw.), Sicherheit zunächst unberücksichtigt.

Die gelösten und detailliert ausgearbeiteten Aufgaben aus der Technischen Gebäudeausrüstung und ihre Anwendungen in der Bautechnik bilden ein umfassendes Kompendium, das nicht nur Material zum Selbststudium und Prüfungsvorbereitung bietet, sondern auch unentbehrlich zum Weiterlesen und Auffrischen von Kenntnissen ist. Da die Beispiele jedes für sich abgeschlossen dargestellt sind, müssen aus didaktischen Gründen in Einzelfällen Wiederholungen in Kauf genommen werden.

Das vorliegende Werk ist vordergründig ein Lehrbuch der Übung. Naturgemäß kann hier kein Anspruch auf Vollständigkeit erhoben werden, vielmehr ist es der Wunsch der Verfasser, mit Hilfe dieser Sammlung weitere exemplarische Aufgabenstellungen aus der Praxis herzuleiten, die dann in späteren Auflagen eingearbeitet werden können.

Wesentlich zum Gelingen dieses Buches hat Herr Dr.-Ing. Fritz Brunck beigetragen, dem wir besonderen Dank aussprechen. Durch viele Anregungen und konstruktive Diskussionen gab er wichtige Impulse und beeinflusste mitentscheidend die Abschnitte des Buches.

Die Autoren danken Herrn Prof. Dr. Hermann Heinrich für die wertvollen Anregungen, Frau cand.-Ing. Vanessa Birkle und Frau Dipl.-Ing. Birgit Schrandt für die tatkräftige Mithilfe bei der Ausarbeitung und Eingabe des Textes in den Computer. Sie unterstützten die Ausarbeitung nachdrücklich mit sachkundigem Rat und fachlicher Hilfe. Außerdem ist es den Verfassern eine angenehme Pflicht, dem Verlag W. Kohlhammer GmbH, Stuttgart, für die Unterstützung, Betreuung und Hilfe Dank zu sagen.

Die Verfasser

Kaiserslautern, im Sommer 2003

Themenbereiche

Allgemeines

 **Was ist Ozon ?**

 Ozon ist ein Reizgas, bestehend aus einem dreiatomigen Sauerstoffmolekül (O_3).

 **Wie entsteht Ozon auf der Erde? Wie entsteht Ozon in der Stratosphäre?**

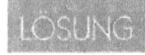 Ozon entsteht durch die Anlagerung eines einzelnen Sauerstoffatoms (O) an ein zweiatomiges Sauerstoffmolekül (O_2).

Für die Bildung von Ozon in der Atemluft sind drei Dinge erforderlich: Stickstoffdioxide, Kohlenwasserstoffe und Sonneneinstrahlung. Durch das Sonnenlicht wird Stickstoffdioxid (NO_2) in Stickstoffmonoxid (NO) und atomaren Sauerstoff (O) aufgespalten. Das verbindet sich mit einem Sauerstoffmolekül zu Ozon (O_3). Trifft dann das Ozonmolekül auf Stickstoffmonoxid, verbindet sich ein Sauerstoffatom des Ozons wieder mit NO zu NO_2 und Sauerstoff (O_2) bleibt übrig. Durch die Kohlenwasserstoffe wird dieser natürliche Kreislauf gestört. Ein Teil des Stickstoffmonoxids verbindet sich nämlich mit den allein nicht existenzfähigen Radikalen der Kohlenwasserstoffe. Ozon bleibt zurück.

Diese auf der Erde produzierte Menge an Ozon ist nur ein Bruchteil des in der Stratosphäre erzeugten Ozons. Dort wird das Ozon, ohne Umweg über das Stickstoffoxid, durch die reine Lichtenergie der starken Sonnenstrahlung erzeugt. Lichtpartikel, sogenannte Photonen, spalten die Sauerstoffmoleküle (O_2) in einzelne Sauerstoffatome (O), die sich dann mit anderen Sauerstoffmolekülen (O_2) zu Ozon (O_3) verbinden. Das Ozon absorbiert einen großen Teil der gefährlichen UV-Strahlung und zerfällt dabei wieder zu Sauerstoff (O_2). Auch hier wird dieser natürliche Kreislauf durch die in die Stratosphäre gelangten Fluorchlorkohlenwasserstoffe (FCKW) gestört. Durch die hohe Strahlungsenergie der Sonne wird das FCKW-Molekül gespalten. Hierbei werden Chloratome freigesetzt, die als aggressive Ozonvernichter gelten.

Das Chloratom Cl entzieht dem Ozon O_3 ein Sauerstoffatom O, so entsteht Chlormonoxid ClO und Sauerstoff O_2. Trifft das Chlormonoxidmolekül ClO auf Ozon O_3, entstehen zwei Sauerstoffmoleküle (O_2) und ein Chloratom Cl wird freigesetzt, das nun wieder ein Ozonmolekül angreifen kann. Dieser Prozess kann sich bis zu 100 000 mal wiederholen.

 **Was bedeutet SI-Einheit ?**

 SI (Système International d'Unités (franz.)) – Internationales Einheitensystem.

 **Nennen Sie die sieben SI-Basisgrößen mit den zugehörigen Basiseinheiten und Einheitenzeichen ?**

 Die sieben SI-Basisgrößen mit den zugehörigen Basiseinheiten und Elementzeichen sind:

Länge	Meter	m
Masse	Kilogramm	kg
Zeit	Sekunde	s
Elektr. Stromstärke	Ampére	A
Thermodyn. Temperatur	Kelvin	K
Lichtstärke	Candela	cd
Stoffmenge	Mol	mol

 **Was bedeutet der Punkt bei dem Formelzeichen $\dot{V}$?**

 Der Punkt über dem Formelzeichen bedeutet, dass es sich um eine zeitabhängige Größe handelt. $\dot{V}$ Volumenstrom.

 **Wie heißt die Maßzahl für die Konzentration der Wasserstoffionen in einer Lösung?**

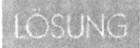 pH-Wert (potentia Hydrogenii); die Zahl kennzeichnet den Säuregrad oder die Basizität einer Lösung, z.B. pH = 6 schwach sauer, pH = 14 starke Base (Lauge), pH = 7 neutral.

Allgemeines

 Mit welcher physikalischen Größe wird der physikalische Zustand (Aggregatzustand) eines Körpers beschrieben, wenn dieser fest, flüssig oder gasförmig ist?

Fester Körper: Temperatur
Flüssigkeit: Temperatur, Druck
Gas: Temperatur, Druck, Volumen.

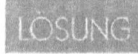 Die mechanische Leistung P in Watt ergibt sich durch:

A) Multiplikation von Kraft und Weg;
B) Division von Arbeit und Zeit;
C) Division von Kraft und Geschwindigkeit;
D) Multiplikation von Geschwindigkeit und Zeit;
E) Multiplikation von Geschwindigkeit und Kraft.
Welche Aussage stimmt?

Zutreffend sind B) und E).

 Was versteht man unter der Masse und in welchen Einheiten kann sie gemessen werden?

Die Masse eines Körpers ist die Größe für die in ihm enthaltene Stoffmenge. Im Gegensatz zur Gewichtskraft eines Körpers, die mit zunehmender Höhe durch Nachlassen der Erdanziehungskraft abnimmt, verändert sich die Masse ein und desselben Körpers nicht, wenn man mit ihm den Ort (und die Höhe) wechselt.
Die SI-Einheit der Masse ist das Kilogramm, Einheitszeichen kg, weitere Einheiten sind z. B. mg, g und t.

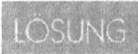 Flüssiggas, das aus Propan und Butan besteht, darf nicht in Kellerräumen gelagert werden. Erklären Sie den Sinn dieser Vorschrift.

Da Propan und Butan ein kleineres spezifisches Volumen als Luft besitzen, also schwerer als Luft sind, würden diese Gase bei Freisetzung zu Boden sinken und könnten somit nicht ins Freie abgeleitet werden bzw. entströmen. Somit besteht Explosionsgefahr im Gebäude.

 **Erklären Sie die Dichte eines Stoffes? In welchen Einheiten kann sie angegeben werden?**

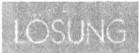 Als Dichte ρ (rho) bezeichnet man eine volumenbezogene Masse. So hat z.B. 1 dm³ Wasser bei 4 °C eine Masse von 1 kg. Die Dichte des Wassers beträgt somit 1 kg/dm³

$\rho = m / V$ ρ Dichte
m Masse
V Volumen

Die SI-Einheit der Dichte ist kg/m³, weitere Einheiten sind t/m³, kg/dm³ oder kg/Liter.

 **Was verstehen Sie unter Rohdichte, was unter Schüttdichte?**

 Rohdichte ist die Dichte von porigen Stoffen einschließlich des Porenvolumens (z.B. Porenbeton).
Schüttdichte: Wird z.B. Sand oder Kies auf einen Haufen geschüttet, bleiben zwischen den Körnern Räume, die nach DIN 1306 als Zwischenräume bezeichnet werden. Unter Schüttdichte versteht man daher die Teilzahl aus der Masse und dem Volumen, das auch Zwischenräume und evtl. vorhandene Hohlräume mit einschließt. Die Größe der Schüttdichte ist von der Art und dem Schüttvorgang abhängig.

 **Erklären Sie das spezifische Volumen eines Stoffes. Welche Einheiten können verwendet werden?**

 Das spezifische Volumen eines Stoffes ist das auf die Masse bezogene Volumen. Es ist gleich dem Kehrwert der Dichte.

$v = V / m = 1 / \rho$

v spezifisches Volumen
V Volumen
m Masse
ρ Dichte

Die SI-Einheit des spezifischen Volumens ist m³/kg, weitere Einheiten sind dm³/kg und m³/t.

 **Wie groß ist der Luftdruck auf Meereshöhe bezogen?**

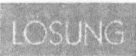 Die Lufthülle der Erde übt auf Meereshöhe bei normalem Wetter einen Atmosphärendruck von
p_{amb} = 1013, 25 mbar = 1013,25 hPa aus.
Der Luftdruck auf Meereshöhe wird als Normdruck bezeichnet. Statt mbar wird in der Wetterkunde die Einheit hPa (Hektopascal) verwendet,
1 hPa = 100 Pa = 1 mbar.

 **Wovon hängt der hydrostatische Druck einer Flüssigkeit ab?**

 Der hydrostatische Druck einer Flüssigkeit hängt ab von der:

— Höhe der Flüssigkeitssäule, h in m
— Dichte der Flüssigkeit, ρ in kg/m^3
— Erdbeschleunigung, Gravitationswert, g = 9,81 m/s.

Die Formel zur Berechnung des hydrostatischen Druckes lautet:
$p_{hydr} = h \cdot \rho \cdot g$

Eine 10 m hohe Wassersäule erzeugt einen hydrostatischen Druck von:
$p_{hydr} = 10 \text{ m} \cdot 1000 \text{ kg/m}^3 \cdot 9{,}81 \text{ m/s} = 98100 \text{ Pa} \approx 1 \text{ bar}.$

 **Was versteht man unter dem absoluten Druck, Über- und Unterdruck?**

 Druckangabe, die sich auf den Druck „Null" im luftleeren Raum (Vakuum) bezieht, wird als absoluter Druck p_{abs} bezeichnet.
Die Differenz zwischen dem absolutem Druck p_{abs} und dem jeweiligen Atmosphärendruck p_{amb} wird als Überdruck bzw. Unterdruck p_e bezeichnet:

$p_e = p_{abs} - p_{amb}$

p_e (e bedeutet excedens, d.h. überschreitend)

p_abs (abs bedeutet absolutus, d.h. vollendet, vollständig)

p_amb (amb bedeutet ambiens, d.h. umgebend)

Überdrücke können positiv wie negativ sein:

$p_{abs} > p_{amb}$, d.h. p_e ist positiv = Überdruck

$p_{abs} < p_{amb}$, d.h. p_e ist negativ = Unterdruck bzw. Überdruck.

 **Was versteht man unter dem statischen Druck p_{st} und dem dynamischen Druck p_{dyn}?**

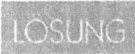 Der statische Druck p_{st} ist der Druck einer Flüssigkeit oder eines Gases auf die Rohrwandung. Dabei ist der Ruhedruck der statische Druck von ruhenden (nicht strömenden) Flüssigkeiten und Gasen; Fließdruck der statische Druck von strömenden Flüssigkeiten und Gasen.

Der dynamische Druck p_{dyn} ist der zur Fortbewegung einer Flüssigkeit oder eines Gases notwendige Druck. Er bewirkt die Strömungsgeschwindigkeit v.
Der notwendige dynamische Druck hängt ab von der Dichte und der Strömungsgeschwindigkeit v.

$$p_{dyn} = \rho \cdot v^2 / 2$$

p_{dyn} dynamischer Druck
ρ Dichte des strömenden Mediums
v Strömungsgeschwindigkeit

Die Summe aus statischem Druck p_{st} und dynamischem Druck p_{dyn} ergibt den Gesamtdruck p_{ges}:

$$p_{ges} = p_{st} + p_{dyn}$$

Der Gesamtdruck p_{ges} ist an jeder Stelle gleich, unabhängig von Rohrquerschnitt und Strömungsgeschwindigkeit. Der statische Druck ist umso kleiner, je größer der dynamische Druck ist.

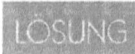 **Welche Druckeinheiten werden in der Gebäudetechnik verwendet?**

LÖSUNG
$1 Pa$ (Pascal) $= 1\ N/m^2$
$1\ bar = 10\ N/cm^2$
Werden bei Druckberechnungen die Krafteinheit N und die Flächeneinheit m^2 eingesetzt, erhält man die Druckeinheit N/m^2, die man mit Pascal, Einheitszeichen Pa, bezeichnet.
Werden bei Druckberechnungen die Krafteinheit N und die Flächeneinheit cm^2 eingesetzt, erhält man die Druckeinheit N/cm^2, die man mit Bar, Einheitszeichen bar, bezeichnet.

Druckumrechnung:
1 bar   = 1000 mbar
1 bar   = 100000 Pa
1 mbar   = 100 Pa.

 **Ein Gasvolumen von 2 m³ steht unter einem absoluten Druck von 1 bar. Auf welches Volumen wird das Gas zusammengedrückt, wenn der absolute Gasdruck auf 2 bar erhöht wird?**

LÖSUNG
$p_{abs\ 1} \cdot V_1 = p_{abs\ 2} \cdot V_2$
$1\ bar \cdot 2\ m^3 = 2\ bar \cdot V_2$

Das Gasvolumen beträgt nach dem Verdichten:
$V_2 = (1\ bar / 2\ bar) \cdot 2\ m^3 = 1\ m^3$.

 **450 m³ Luft werden bei konstantem Druck von 10° C auf 20° C erwärmt. Um wie viel m³ dehnt sich die Luft dabei aus?**

LÖSUNG
$p_{abs\ 1} \cdot V_1 / T_1 = p_{abs\ 2} \cdot V_2 / T_2$ (allgemeine Gasgleichung)

$V_2 = V_1 \cdot T_2 / T_1 = 450 \text{ m}^3 \cdot 293 \text{ K} / 283 \text{ K} = 465{,}90 \text{ m}^3$

Bei der allgemeinen Gasgleichung muss stets mit Temperaturen nach der Kelvinskala gerechnet werden:
$T = 273 \text{ K} + t \text{ °C}$.

 **Wie entstehen Druckverluste in geraden Rohrstrecken?**

 Die Druckverluste in geraden Rohrstrecken entstehen durch innere Reibung. Diese sind abhängig von der Art, Temperatur und Geschwindigkeit des strömenden Mediums, dem Durchmesser, der Oberflächenrauigkeit und der Länge des Rohres. Außer der Rohrlänge werden alle anderen Faktoren durch den R-Wert erfasst. Er gibt den Druckverlust (Druckgefälle) je Meter Rohr an und kann den entsprechenden Tabellen und Diagrammen in Richtlinien, Fachbüchern entnommen werden. Den Druckverlust einer Rohrleitung beliebiger Länge ergibt das Produkt aus Rohrlänge und R-Wert:

$\Delta p_R = l \cdot R$.

Δp_R dynamischer Druckverlust
l Rohrlänge
R Druckgefälle.

 **Was ist ein Volumenstrom und in welchen Einheiten kann er angegeben werden?**

 Der Volumenstrom $\dot{V}$ ist der Quotient aus dem Volumen einer Flüssigkeit oder eines Gases, das durch eine Rohrleitung strömt, und der dazu benötigten Zeit. Volumenströme berechnet man aus dem Produkt des Rohrquerschnittes und der Strömungsgeschwindigkeit.

$\dot{V} = V / t$
$\phantom{\dot{V}} = A \cdot v$

$\dot{V}$ Volumenstrom
A Querschnittsfläche
v Strömungsgeschwindigkeit
t Zeit

Die SI-Einheit für den Volumenstrom ist m³/s, weitere Einheiten sind m³/min, m³/h, dm³/s, l/s, l/min und l/h.

 **Unterschied zwischen Wärme und Temperatur?**

 Wärme ist eine Energieform, mit der Arbeit verrichtet werden kann. Sie wird auch als Wärmemenge oder Wärmeenergie bezeichnet. Temperatur ist der Wärmezustand eines Stoffes oder Körpers.

 **Nach welcher Formel wird die zur Erwärmung eines Stoffes erforderliche Wärmemenge berechnet?**

 $Q = m \cdot c \cdot \Delta\vartheta$
Worin bedeuten:
m   Masse in kg
c   spez. Wärmekapazität in kJ/(kgK) bzw. Wh/(kgK)
$\Delta\vartheta$ Differenz zwischen Anfangs- und Endtemperatur in K.

 **In einem Speicher-Wassererwärmer werden 200 kg Wasser von 10 °C auf 50 °C erwärmt. Berechnen Sie die dazu notwendige Wärmemenge in kWh bzw. MJ.**

 $Q = 200$ kg $\cdot\ 1{,}16$ Wh/(kgK) $\cdot\ 40$ K $= 9280$ Wh $= 9{,}28$ kWh
bzw.
$Q = 200$ kg $\cdot\ 4{,}19$ kJ/(kgK) $\cdot\ 40$ K $= 33520$ kJ $= 33{,}52$ MJ.

 **Was verstehen Sie unter Wärmestrom bzw. Wärmeleistung?**

Der Wärmestrom bzw. die Wärmeleistung gibt an, welche Wärmemenge in einer bestimmten Zeiteinheit transportiert bzw. umgewandelt wird. Die Einheit ist in Watt (W), kW, J/s, kJ/s, kJ/h mit der Umrechnung:
1 W = 1 J/s = 1 Nm/s
1 kW = 1 kJ/s = 3600 kJ/h
Sollen z. B. 200 kg Wasser in 0,5 h von 10 °C auf 50 °C erwärmt werden, so beträgt die Wärmeleistung:
$Q = m \cdot c \cdot \Delta\vartheta$
$Q = 200$ kg $\cdot\ 1{,}16$ Wh/(kgK) $\cdot\ 40$ K $= 9280$ Wh $= 9{,}28$ kWh
$\dot{Q} = Q / t = 9{,}28$ kWh/0,5 h $= 18{,}56$ kW.

In welchen Einheiten werden Temperaturen gemessen? Gibt es Zusammenhänge?

Die Basiseinheit ist Kelvin (K). Daneben ist Grad Celsius (°C) als Maßeinheit zugelassen. Zur besseren Unterscheidung wird für Kelvin-Temperaturen „T", für Celsius-Temperaturen „ϑ" als Formelzeichen verwendet. Zwischen der Kelvin-Temperatur T und der Celsius-Temperatur ϑ besteht folgender Zusammenhang:
T(K) = ϑ (°C) + 273 K
ϑ (°C) = T(K) – 273 K.

Die drei Begriffe Emission, Immission und Transmission sind zu umschreiben, bezugnehmend auf die Luftreinhaltung.

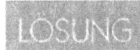
Emission: Die freigesetzten, luftverunreinigenden Stoffe gelangen in die Atmosphäre und vermischen sich dort mit der Luft.
Transmission: Die Wetterbedingungen vor allem bestimmen, wie schnell die Luftschadstoffe weiter verfrachtet werden, wie gut sie sich ausbreiten und verdünnen; wie rasch sich die Luftbeimengen chemisch verändern und in neue, z.T. gefährliche Folgeprodukte verwandeln.
Immission: Die Einwirkung der Luftschadstoffe und deren kritischen Folgeprodukte auf den Menschen und dessen Umwelt. Den Luftstoffkreislauf zeigt vereinfachend die Skizze.

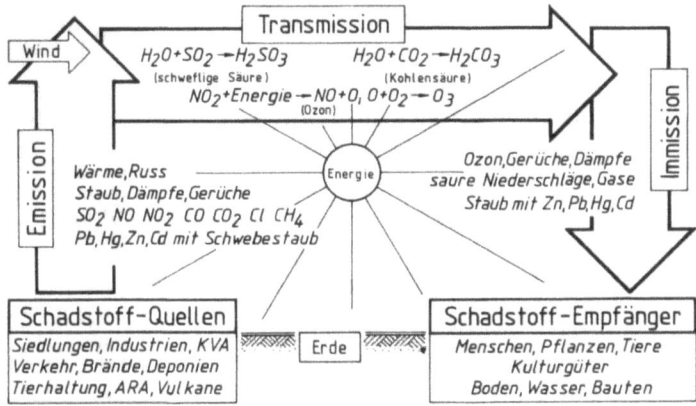

 **Was ist „Energie"?**

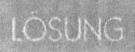 Definition Energie: Energie ist gespeicherte Arbeit, d.h. die Fähigkeit, Arbeit zu verrichten. Energie muss also vorhanden sein. Sie kann nicht erzeugt werden und nicht verloren gehen, sondern immer nur umgewandelt werden.

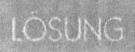 **In welchen Einheiten wird die Wärmeenergie angegeben?**

Die SI-Einheit der Wärmeenergie ist das Joule (J). Weitere verwendete Einheiten sind: Kilojoule (kJ), Megajoule (MJ), Wattsekunde (Ws), Wattstunde (Wh) und Kilowattstunde (kWh).

1 Joule (1J)	= 1 Wattsekunde (1Ws)
1 Joule	= 1 Newtonmeter (1Nm)
1 J	= 1 Ws = 1 Nm
1 kJ	= 1000 J
1 MJ	= 1000 kJ
1 Wh	= 3600 Ws = 3600 J
1 kWh	= 3600 kWs = 3600 kJ.

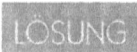 **Was versteht man unter der spezifischen Wärmekapazität c eines Stoffes?**

Wärmeenergie, die notwendig ist, um 1 kg eines Stoffes um 1 K ($\hat{=}$ 1 °C) zu erwärmen. Wasser hat von allen festen und flüssigen Stoffen die größte spezifische Wärmekapazität. Sie beträgt c = 1,16 Wh/(kgK) bzw. c = 4,19 kJ/(kgK). Stoffe mit großer spezifischer Wärmekapazität benötigen zwar mehr Wärme zum Aufheizen, besitzen aber eine entsprechend größere Speicherfähigkeit hinsichtlich Wärmeenergie. 1 kg Wasser kann z.B. eine etwa viermal größere Wärmemenge als 1 kg Luft (c = 0,28 Wh/(kgK) = 1 kJ/(kgK)) speichern.

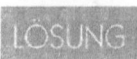 **Was gibt der Wärmedurchgangskoeffizient (U-Wert) an?**

U-Wert gibt den Wärmestrom durch eine 1 m² große Stofffläche an, wenn der Temperaturunterschied zwischen beiden Seiten 1 K beträgt. Die Einheit des U-Wertes ist W/(m²K).

Es gilt: $1/U = 1/\alpha_i + d_1/\lambda_1 + d_2/\lambda_2 + ... + 1/\alpha_a$

α_i innerer Wärmeübergangskoeffizient in W/(m²K)
α_a äußerer Wärmeübergangskoeffizient in W/(m²K)
d_1, d_2 Dicke der Stoffschichten 1, 2 in m
λ_1, λ_2 Wärmeleitfähigkeit der Stoffschichten 1, 2 in W/(mK)

 **Welche besonderen Gesetzmäßigkeiten gelten bei der Ausdehnung von Wasser?**

Während sich die meisten Stoffe bei Temperaturänderungen gleichmäßig ausdehnen oder zusammenziehen, verhält sich Wasser völlig anders. Wasser hat bei 4 °C seine größte Dichte. Wird es erwärmt oder abgekühlt, dehnt es sich ungleichmäßig aus. Auch während des Gefrierens nimmt das Volumen des Wassers zu.

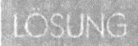 **Wie wird bei Wasserheizungsanlagen die Wasserausdehnung berücksichtigt?**

Da sich Wasser bei Erwärmen ausdehnt und praktisch nicht komprimierbar ist, müssen in geschlossenen Wasserheizungsanlagen Ausdehnungsgefäße mit einem Gasraum eingebaut werden. Der Gasraum wird werkseitig mit Stickstoff gefüllt und ist von der Wasserseite durch eine Membran getrennt, deshalb auch Membran-Ausdehnungsgefäß genannt.

 **Welche Arten der Wärmeübertragung kennen Sie?**

 Wärme kann übertragen werden durch:
Wärmeleitung, Wärmemitführung (Konvektion), Wärmestrahlung.
Wärmeleitung - Ausbreitung von Wärme innerhalb eines Stoffes. Hierbei wird die Energie von Molekül zu Molekül oder von Atom zu Atom weitergeleitet.
Konvektion - Bei der Konvektion wird die Wärme durch bewegte Flüssigkeiten und Gase mitgeführt. Die Wärme wird an einem Ort aufgenommen und an einem anderen Ort abgegeben. Freie Konvektion entsteht durch Temperatur- und Dichteunterschiede, z.B. Wasserzirkulation bei einer

Schwerkraftwarmwasserheizung, oder bei der Luftzirkulation beim Raumheizkörper. Wird die Strömung z.B. durch Pumpen oder Ventilatoren erzwungen, spricht man von erzwungener Konvektion
Wärmestrahlung - Treffen Wärmestrahlen auf helle Flächen, werden sie zu einem großen Teil reflektiert (d.h. zurückgeworfen), dunkle Flächen dagegen absorbieren (schlucken) einen großen Teil der Wärmestrahlen. Je mehr Wärmestrahlen ein Körper absorbiert, umso mehr erwärmt er sich. Bei der Wärmestrahlung wird die Wärme ohne Mitwirkung eines Stoffes übertragen, die Wärmeleitung und die Konvektion sind stoffabhängig.

Was versteht man unter dem Begriff Behaglichkeit des Menschen und wie wird sein Wärmehaushalt geregelt?

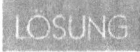

Durch Stoffwechselvorgänge (das sind chemische Verfahren, Verbrennung der Nahrungsaufnahme) und Muskelarbeit wird Wärme erzeugt. Sie dient dazu, die Körpertemperatur konstant bei ca. 37 °C zu halten. Dies ist aber abhängig von Alter, der Aktivität des Menschen sowie der Lufttemperatur. Das Temperaturregelsystem des Menschen sorgt für ein Gleichgewicht zwischen Wärmeerzeugung und Wärmeabgabe. Dieses Temperaturregelsystem beeinflusst die Behaglichkeit des Menschen und wird durch Bekleidung, körperliche Betätigung, abweichende zu hohe / tiefe Raumtemperaturen usw. beeinflusst.
Die Abgabe der Wärme erfolgt durch Wärmestrahlung, Konvektion, Wärmeleitung, die Atemluft, Wasserverdunstung auf der Haut. Hieraus leiten sich die fünf Einflüsse auf die Behaglichkeit des Menschen im Aufenthaltsbereich ab:
Luftfeuchte, Lufttemperatur, Luftgeschwindigkeit, Aktivität und Bekleidung.

Was gibt die Wärmeleitzahl (Wärmeleitfähigkeit) λ eines Stoffes an?

λ gibt an, welcher Wärmestrom durch eine 1 m dicke und 1 m² große Stoffschicht hindurchgeht, wenn die Temperaturdifferenz 1K ($\hat{=}$ 1 °C) beträgt, Einheit W/(mK).
Werte für λ enthält DIN 4108-4.

Gute Wärmeleiter sind alle Metalle, z.B. Kupfer, Aluminium ($\lambda > (10...100)$ W/(mK)), schlechte Wärmeleiter sind Holz, Kork, sowie alle Wärmedämmstoffe ($\lambda < 0,1$ W/(mK)).

 **Wovon hängt die Längenänderung einer beheizten Rohrleitung ab?**

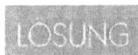 Die Längenänderung einer beheizten Rohrleitung hängt ab von
- der Länge des Rohres l, d.h. der Ausgangslänge in m
- dem Werkstoff, gekennzeichnet durch den Werkstoff-Faktor, d.h. Längenausdehnungskoeffizient α in mm/(mK)
- der Temperaturänderung in K ($\triangleq$ °C)

Die Längenänderung einer Rohrleitung beliebiger Länge l und beliebiger Temperaturdifferenz rechnet sich dann nach der Formel: $\Delta l = l \cdot \alpha \cdot \Delta\vartheta$

Für Stahlrohre beträgt $\alpha = 0,012$ mm/(mK), d.h. ein Stahlrohr von 1m Länge dehnt sich bei Erwärmung 1K (1 °C) um 0,012 mm aus.

 **Mögliche Schäden, wenn bei Installationen die Längenänderung der Rohre nicht oder nur unzureichend berücksichtigt wird?**

 Mögliche Schäden durch Längenänderung der Rohre bei Installationen sind:
- Risse in den Wänden
- Risse in den Rohren, Fittings, Verbindungsstellen usw.
- Lötverbindungen brechen
- Rohrschellen reißen aus

 **Unterschied zwischen Verdampfen und Verdunsten?**

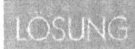 Die Verdampfung einer Flüssigkeit erfolgt nur bei Siedetemperatur in der Flüssigkeit (Blasenbildung) und an der Oberfläche unter Wärmezufuhr. Die Verdunstung einer Flüssigkeit erfolgt bereits bei Umgebungstemperatur (unterhalb der Siedetemperatur) nur an der Flüssigkeitsoberfläche unter

Wärmeentzug aus der Umgebung und der Flüssigkeit selbst. Sowohl beim Verdampfen als auch beim Verdunsten geht die Flüssigkeit in den gasförmigen Zustand über.

 **Muss eine Dampfbremse im Dach unter der Wärmedämmung liegen? Benötigen nur Dächer über Küche und Bad eine Dampfbremse?**

 Ja, unter der Wärmedämmung. Wasserdampf wandert immer vom Warmen zum Kalten, also von der Wohnung nach außen.
Nein, nicht nur Dächer über Küche und Bad, jeder Mensch gibt ständig Feuchtigkeit ab. Daher müssen alle Räume eine Dampfbremse haben.

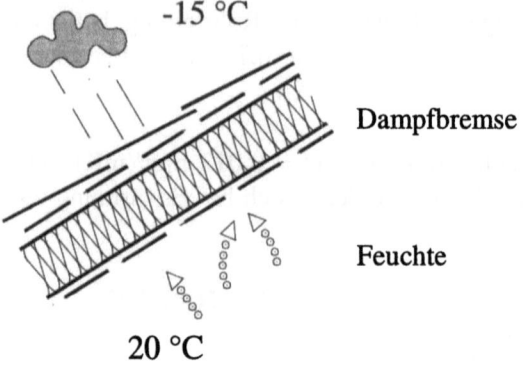

 **Nennen Sie verschiedene Arten von Wärmedämmstoffen, die für Rohrleitungen verwendet werden.**

 PUR-Hartschaum, z.B. als Rohrschalen mit PVC-Mantel und selbstklebendem Band.
Dämmstoffe aus Mineralfasern (Glas-, Steinwolle) als gesteppte Matten auf Papier oder Alu-Folie kaschiert, mit Draht oder Bändern befestigt und mit einem Blech- oder Kunststoffmantel umhüllt.
Flexible Schläuche (aus synthetischem Kautschuk, PE) in geschlitzter, angeschlitzter oder ungeschlitzter Form.
Die Wirkung der Wärmedämmung hängt ab von der Wärmeleitfähigkeit λ des Dämmmaterials (Glaswolle $\lambda \approx 0{,}036$ W/(mK), PUR-Hartschaum $\lambda \approx 0{,}035$ W/(mK), PE-

Schläuche $\lambda \approx 0{,}04$ W/(mK)) und der Dicke der Wärmedämmung nach Anhang 5 der Energieeinsparverordnung. Ummantelungen (Umhüllungen) der Dämmstoffe dienen zum Schutz vor Beschädigung (z.b. Blechmantel) und vor Durchfeuchtung, da Feuchteaufnahme die Wärmeleitfähigkeit des Dämmstoffes erhöht.

 **Unterschied zwischen Schalldämmung und Schalldämpfung?**

 Schalldämmung beruht auf der Reflexion der Schallwellen an Grenzflächen, z.B. Kupfer-Gummi. Beispiele: Einlagen bei Rohrschellen, Trittschalldämmung, Gummipufferelemente bei Pumpen.

Bei der Schalldämpfung wird die Schallenergie in eine andere Energieform umgewandelt, meistens Wärme.
Beispiele: poröse oder faserförmige Werkstoffe z.B. Glaswolle, geschäumter Kunststoff.

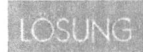 **Welche Einflüsse bestimmen den Befestigungsabstand bzw. die Stützweite für Rohre?**

Den Befestigungsabstand bzw. die Stützweite für Rohre werden bestimmt durch:
– Rohrwerkstoffe
– Gewicht der Leitungen, abhängig von der Rohrnennweite
– Betriebsbedingungen
– Rohrfüllungen (Wasser, Öl, Luft, Dampf)

Der Abstand nimmt mit der Nennweite zu, die Rohre dürfen nicht durchhängen (Belastung der Rohrverbindungen, Entleerungsprobleme usw.). Der Befestigungsabstand beträgt bei DN 10 ca. 1 m, bei DN 100 ca. 5 m. Bei entsprechender Rohrdimension beträgt er bei Kupferrohren 1 bzw. 3 m und bei Kunststoffrohren (PP-Rohr, 40 °C Betriebstemperatur) 0,6 m bzw. 1,5 m.

 **Welche Aufgaben haben Einlegebänder für Rohrschellen?**

Allgemeines

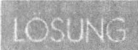 Weiche Einlagen, z.B. aus Filz, Gummi, Kunststoff oder Kork dienen zur Schalldämmung der Rohrleitungen. Die Einlagen sollen die Ausbreitung von Körperschall durch Dehnungsgeräusche in Leitungen unterbinden und in Gleitrohrschellen geräuscharmes Gleiten ermöglichen.

 **Der Schallschutz steht und fällt mit der Gebäudeplanung. Der Installateur ist in einer fast hoffnungslosen Lage, wenn er versuchen wollte, Grundrissmängel durch Geräteauswahl und Isoliermaßnahmen auszugleichen. Welche Überlegungen/Zusammenhänge muss der Planer schon im Vorentwurf beachten?**

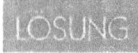 DIN 4109 Beiblatt 2 ist zu beachten. Gebäudetechnische Einrichtungen zusammenfassen und von Wohn- und Schlafräumen trennen. Keine Installation in Wohnungstrennwänden oder Ruheräumen. Leitungen zusammenfassen, Vorwandinstallationen.

 **Was sind die wesentlichen Anforderungen eines Gebäude-Brandschutzkonzeptes?**

Die wesentlichen Anforderungen erstrecken sich beispielsweise auf:
– Das Brandverhalten der Baustoffe, d.h. ihre Einteilung in Baustoffklassen
– Die Feuerwiderstandsdauer der Bauteile mit den entsprechenden Feuerwiderstandsklassen
– Die Lage, Anordnung und Gestaltung von Rettungswegen
– Die Dichtheit von Wand- und Deckenaussparungen bei der Durchführung von Ver- und Entsorgungsleitungen
– innere und äußere Abschottung, Brandabschnitte
– Rauch- und Wärmeabzugsanlagen (RWA)
– Löschwasserversorgung
– Sicherheitsstromversorgung.

 **Welche Maßnahmen sind für Wand- und Deckendurchführungen bei nichtbrennbaren bzw. brennbaren Rohrleitungen hinsichtlich baulicher Brandschutz zu treffen?**

 Unter nichtbrennbaren Rohrleitungen versteht man im baulichen Brandschutz:

- Vorkehrungen: R30, R90, Verwendbarkeitsnachweis: Prüfzeugnis. Wenn Funktion auf Aufschäumung beruht, dann Zulassung.
- Ersatzmaßnahmen: gültig für wasserführende Leitungen: Einmörteln mit Zementmörtel (meist wegen Schallschutz und Bewegungen nicht möglich). Alternativ: Raum zwischen Leitung und Öffnung hohlraumfrei und formbeständig mit Mineralfaser, Schmelzpunkt >1000 °C, ausfüllen.
- Empfehlung: Rohrschalen, 1m lang, Schmelzpunkt >1000 °C, Rohdichte $\geq$ 80 kg/m^3 mittig einbauen.
- Ersatzmaßnahmen nach Muster-Leitungsanlagen Richtlinie (MLAR) sinngemäß wie vorstehend, jedoch mit Einschränkungen und weiteren Anforderungen, z.B. Abstandsregelungen.

Unter brennbaren Rohrleitungen versteht man im baulichen Brandschutz:
- Brennbare Rohrleitungen: Vorkehrungen: R30, R90. Verwendbarkeitsnachweis: Zulassung. Wenn die Funktion auf Ummantelung ohne Aufschäumung beruht, dann Prüfzeugnis.
- Ersatzmaßnahmen nach Muster-Leitungsanlagenrichtlinien (MLAR): Sinngemäß wie vorstehend, jedoch Einschränkungen und weitere Anforderungen.
- Brennbare Leitungsanlagen in notwendigen Fluren: Nach der Muster-Leitungsanlagenrichtlinie entfallen. Damit wird auch bei geringen Brandlasten entweder eine Unterdecke F30-A von oben und von unten oder eine Sicherung in Installationskanälen I 30, L30 oder F30 erforderlich. Davon ausgenommen sind Leitungen, die ausschließlich zur Versorgung des Flurs dienen.
- Brennbare Leitungsanlagen in notwendigen Treppenräumen: entweder Unterdecke F90-A von oben und unten oder Installationskanal I 90, L90 oder F90 erforderlich.
- Hinweis: Bei Sicherung mit Unterdecken F30-A bzw. F90-A muss die gesamte Installation im Deckenhohlraum entsprechend feuerwiderstandsfähig befestigt werden, da die Unterdecke im Brandfall nicht durch herabfallende Teile beansprucht werden darf.

– In der Vorplanungsphase untersuchen, ob nicht alternative Brandschutzkonzepte möglich sind, z.B. Verlegung der Elektrokabel an der Außenwand oder im Hohlraumboden.
– Unter bestimmten Voraussetzungen können Brandmelder im Deckenhohlraum des notwendigen Flurs erforderlich sein. Nach den Muster-Leitungsanlagenrichtlinien (MLAR) wird bei den Anforderungen zwischen Fluren geringer Nutzung und Fluren mit nicht geringer Nutzung unterschieden.

Was versteht man unter „brennbaren Materialien" im Sinne der DIN 4102?

Alle Werkstoffe, die in die Baustoffklasse B1 und B2 eingestuft sind. Werkstoffe der Baustoffklasse B3 sind als Baustoff in Gebäuden nicht zulässig.

Was versteht man unter dem Abschottungsprinzip im baulichen Brandschutz?

Es gilt der Grundsatz: Sicherung der Leitungsdurchführung in der gleichen Feuerwiderstandsklasse wie die durchdrungene Wand bzw. Decke. Bei feuerhemmenden Wänden bzw. Decken werden in den Landesbauordnungen teilweise keine bestimmten Anforderungen genannt.
Nach den Landesbauordnungen sind entweder Vorkehrungen gegen eine Übertragung von Feuer und Rauch oder Ersatzmaßnahmen, bei denen eine Übertragung von Feuer und Rauch nicht zu befürchten ist, erforderlich. Eine Sicherung ist möglich durch Abschottung. Jede Rohrleitung wird für sich behandelt und im Bereich der Durchführung feuerwiderstandsfähig abgeschottet.
Ummantelung:
Die Leitung wird entweder feuerwiderstandsfähig ummantelt oder selbst in der erforderlichen Feuerwiderstandsklasse hergestellt.
Installationsschächte, Installationskanäle:
Durch Kombination von Abschottung und Ummantelungen im Gebäude wird ein eigener, haustechnischer Abschnitt gebildet, der entsprechend feuerwiderstandsfähig ausgebildet

und abgetrennt ist. Der Installationsschacht bzw. -kanal führt durch mehrere, brandschutztechnisch getrennte Bereiche. Innerhalb des Schachtes bzw. Kanals sind keine besonderen Maßnahmen erforderlich. Die Leitungen müssen jedoch bei allen Ein- und Austritten durch die feuerwiderstandsfähigen Schachtwände mit entsprechenden Vorkehrungen bzw. Ersatzmaßnahmen gesichert werden.
Es ist ein Brandschutzkonzept erforderlich! Dies besonders wenn brennbare Leitungen bzw. Dämmstoffe in den Schächten bzw. Kanälen verlegt werden. In bestimmten Situationen sind brennbare Stoffe in Schächten nicht zulässig, z.B. wenn Lüftungsleitungen nach DIN 18 017 vorhanden sind.
Vorkehrungen: Ausführung in I 30, I 90 (L30, L90, F30-A, F90-A). Entweder nach DIN 4102-4 Nr. 8.6 oder als besonders geprüfte Bauart mit bauaufsichtlichem Prüfzeugnis als Verwendbarkeitsnachweis.

 **Schutzziele für die Sicherung von Leitungsanlagen im Brandschutz?**

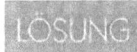 Gewährleistung des Abschottungsprinzips. Verhinderung einer Übertragung von Feuer und Rauch durch raumabschließende, feuerwiderstandsfähige Wände und Decken im Bereich von Leitungsdurchführungen.
Gewährleistung der Rettungswege. Sicherung der für die Rettung und Brandbekämpfung bedeutsamen Gebäudebereiche (Rettungswege) durch Begrenzung der Brandlasten (die sich aus den brennbaren Leitungsanlagen ergeben) auf ein unbedenkliches Maß oder durch Abkapselung der brennbaren Leitungsanlagen.
Gewährleistung der Funktion von Sicherheitseinrichtungen. Funktionserhalt von elektrischen Leitungsanlagen, von Sicherheitseinrichtungen bei äußerer Brandeinwirkung.
Es gibt meist mehrere Möglichkeiten, den erforderlichen Brandschutz zu gewährleisten. Deshalb rechtzeitig mit allen Beteiligten ein Brandschutzkonzept erstellen. Ausführung nach Muster-Leitungsanlagenrichtlinien (MLAR) und Muster-Lüftungsanlagenrichtlinien.

 **Welche Forderungen bestehen zur Löschwasserversorgung im Brandschutz?**

Allgemeines

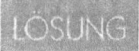 Ausführungshinweise enthalten die Feuerwehrbestimmungen und das DVGW Arbeitsblatt W405. Größenordnung je nach baulicher Nutzung, Gebäudegröße und Bauart: 800, 1600, 3200 Liter/Min für 2 Stunden. In Gebäuden mittlerer Höhe (H > 7 m bis H < 22 m): Steigleitung (trocken) erforderlich.

 **Auf Geräten der Installationstechnik findet sich das CE-Zeichen. Was bedeutet dies?**

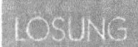 Gasgeräte u.ä. dürfen nur auf den Markt gebracht werden, wenn sie ein CE-Zeichen tragen. CE bedeutet: „Communauté Européenne", d.h. Europäische Union. Geräte mit diesem Zeichen entsprechen den Sicherheitsanforderungen auf EU-Ebene und dürfen in allen Mitgliedsländern der Europäischen Union vertrieben werden. Geräte, die in Deutschland zertifiziert werden, tragen die Kennzeichnung der prüfenden Stelle, z.B. CE 0085 (Deutschland=DVGW), 0049 Frankreich, 0063 Niederlande usw. Das CE-Zeichen steht nur für die Einhaltung der sicherheitstechnischen Mindestanforderungen.

 **Für die spezifische Wärmekapazität von Luft werden die Zahlenwerte 0,28 und 0,34 angegeben. Was bedeuten diese Zahlenwerte?**

 0,28 Wh/(kgK) ist die spezifische Wärmekapazität bezogen auf den Druck (Formelzeichen c_p), 0,34 Wh/(m^3K) (bei ca. 15 bis 20 °C) ist die spezifische Wärmekapazität bezogen auf das Volumen (Formelzeichen c_v). Dabei ist zu beachten, dass es sich hier um die spezifische Wärmekapazität von Luft bei einer Zustandsänderung unter gleichbleibendem Druck und veränderlichem Volumen handelt, wie dies in der Heizungs- und Lüftungstechnik üblich ist.

 **Was heißt Zündpunkt, der bei jedem festen, flüssigen und gasförmigen Brennstoff sowie den Lösungsmitteln eigen ist?**

 Zündpunkt ist die Temperatur, bei der sich ein Gemisch aus Luft und Brennstoff-Gasen, Dämpfen, Stäuben selbst entzündet und weiterbrennt.

Allgemeines

 **Was versteht man bei einer Solaranlage unter den Begriffen: Global-, Direkt- und Diffus-Strahlung?**

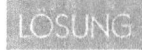 Die Global-Strahlung (umfassende Strahlung) setzt sich zusammen aus einem Direkt- und Diffusanteil und umfasst die gesamte Sonnenstrahlung, die die Erdoberfläche erreicht und in Wärme umwandelbar ist.
Die Direkt-Strahlung ist die höchstmögliche Strahlung, die ohne Behinderung einfallen kann, wenn der Himmel wolkenlos und die Atmosphäre völlig rein ist.
Die Diffus-Strahlung steigt an und die Wirksamkeit der Direkt-Strahlung nimmt ab, wenn die atmosphärische Trübung (hoher Anteil an Staub-, Wasserdampf-, Gaspartikel) die Sonneneinstrahlung diffus, d.h. gestreut, einfallen lässt.

 **Die Skizze zeigt Aussparungen in einer tragenden Deckenkonstruktion.**
EG: Erdgeschoss, OG: Obergeschoss
Entspricht die Bezeichnung 1, 2 oder 3 der Geschossschnittlinie, EG- oder OG-Plan?
Wie heißen die Kurzbezeichnungen für die Aussparungen A, B, D, E, F und für das Futterrohr H?
Welche Aussparungen und Leitungen werden in den EG- bzw. OG-Grundrissplan eingezeichnet?

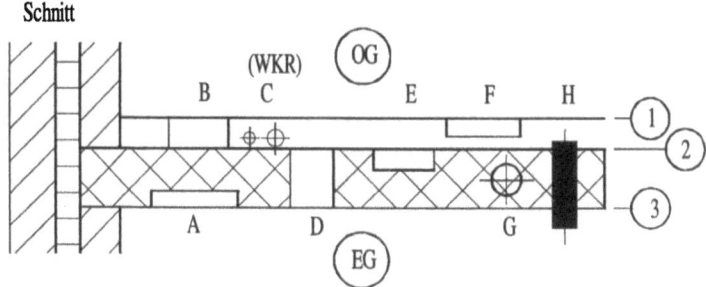

 Nach der Norm für Bauzeichnungen DIN 1356 gilt:
Die Ziffer 2 markiert die Schnittlinie des Geschosses. Über der Linie: Obergeschoss-Grundrissplan; unterhalb der Linie: Erdgeschoss- Grundrissplan

Allgemeines

A: DS, Deckenschlitz
B: BD, Bodendurchbruch
D: DD, Deckendurchbruch
E: DS, Deckenschlitz
F: BS, Bodenschlitz
H: DFR, Futterrohr (FR) und Decke (D)

Im Erdgeschoss-Grundrissplan werden eingezeichnet:
Die Aussparungen A,D und E; die Leitung G (fette Strichlinie); das senkrecht verlegte Futterrohr H.
Im Obergeschoss-Grundrissplan werden eingezeichnet:
Die Aussparungen B und F; die Leitungen C (dünne Volllinie) und Zusatzbezeichnung Ltg. i.B.

 **Die Skizze eines Grundrisses zeigt eine tragende Innenwand mit Aussparungen. Wie stellt sich der zugehörige Aufriss (Ansicht) mit den bemassten Aussparungen dar?**

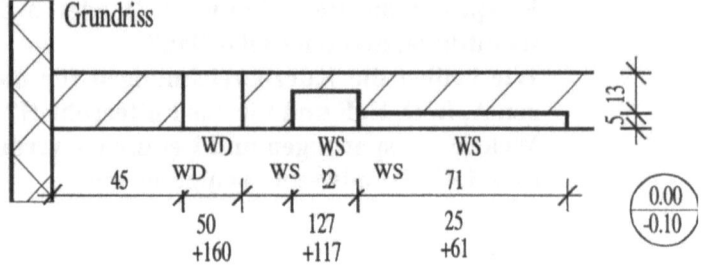

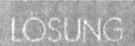 Nach der Norm für Bauzeichnungen, DIN 1356, bedeuten die Angaben der Maße im Kreis die Höhenlage des Meterstriches. Es bedeuten ferner:
WD: Wanddurchbruch
WS: Wandschlitz

Allgemeines

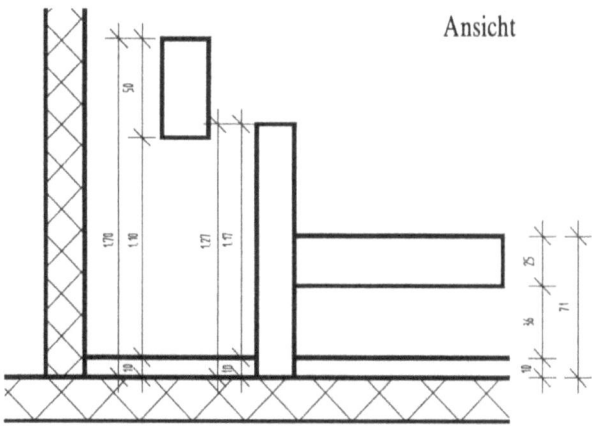

 Gegeben ist eine schräge Aussparung in einer Außenwand in Grund- und Aufriss. In diese Bilder sind Maß- und Maßhilfslinien einzutragen, damit die Aussparung vollständig vermaßt ist und vom Handwerker ausgeführt werden kann. Es sind keine Maßzahlen einzutragen.

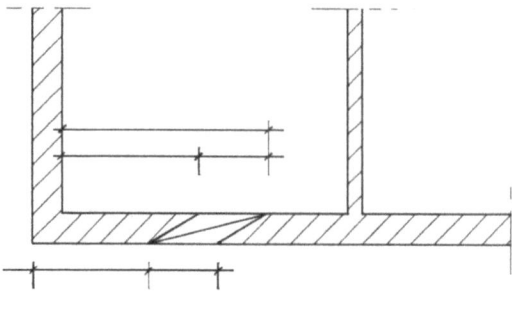

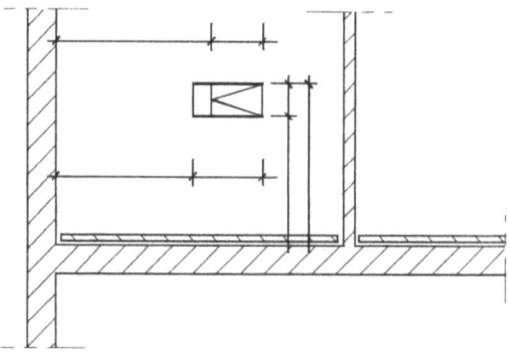

Allgemeines

 Was bedeuten in der Schnitt- und Grundrisszeichnung die Abkürzungen WS, WD?

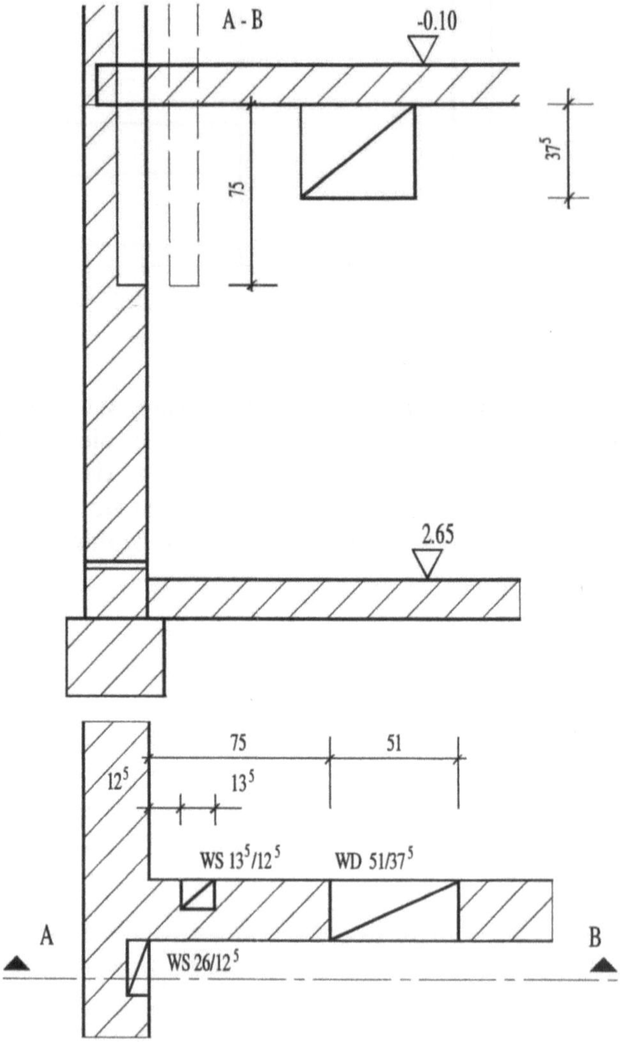

LÖSUNG WS: Wandschlitz
WD: Wanddurchbruch
Bei Rohrverteilungen unter der Kellerdecke müssen Wandschlitze sich ein Stück ins Kellergeschoss fortsetzen, damit sich die Rohre in den Schlitz einfädeln lassen. Bei Mauerwerk sollen Durchbrüche und Schlitze nach den Baurichtmaßen bemessen sein.

Allgemeines

Kreisel- oder Zentrifugalpumpe:
a) Welches ist die Aufgabe dieser Pumpe?
b) In das nebenstehende Funktionsschema sind mit Hilfe von Maß- und Maßbegrenzungslinien einzutragen:
  1 geodätische Förderhöhe H_{gep}
  2 geodätische Druckhöhe $H_{d,geo}$
  3 geodätische Saughöhe $H_{s,geo}$
  4 Verlusthöhe Druckleitung $H_{v,d}$
  5 Verlusthöhe Saugleitung $H_{v,s}$
  6 Volumetrische Saughöhe H_s
  7 Manometrische Druckhöhe H_d
  8 Förderhöhe H
c) Welche Größe, die unter b) aufgelistet ist, ist eine dynamische und welche eine statische?

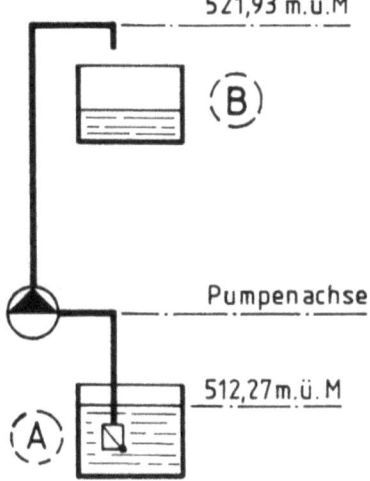

Zu a) Ein bestimmtes Flüssigkeitsvolumen $\dot{V}$ in einer bestimmten Zeit t auf eine bestimmte Höhe H zu heben.
Zu b) Funktionsschema mit den Größen 1 bis 8 neben- oder untenstehend.
Zu c) Dynamische Größe: 4 bis 8 (Grund: die Größe ändert sich mit dem Volumenstrom). Statische Größe: 1,2 und 3.

Allgemeines

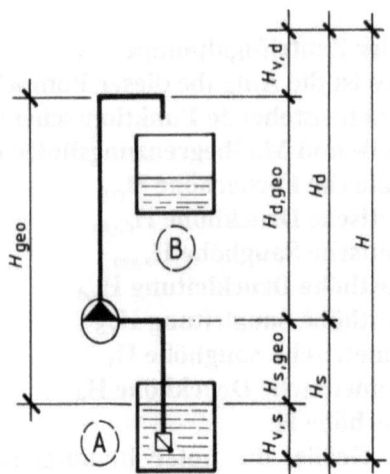

AUFGABE Die Kennlinien einer Kreisel- bzw. Zentrifugalpumpe sind zu beurteilen.
a) Welches Diagramm von 1 bis 4 zeigt die Wirkungsgrad-, die Leistungs-, die Pumpen- und die Haltedruckkennlinie
b) Welche Größen, deren Symbol und Einheit sind auf der x-Achse und der y-Achse aufgetragen?
c) Welche Kennlinie wird mit Hilfe des Versuches (Prüfstand) und welche wird durch Rechnen ermittelt?
d) Welche Verluste werden mit dem Pumpen-Wirkungsgrad erfasst?

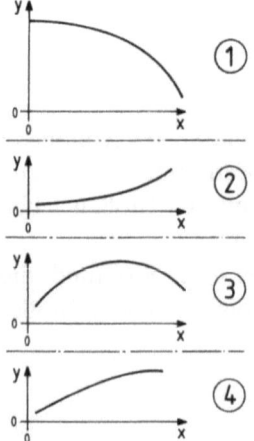

 Die Kennlinien einer Kreisel- bzw. Zentrifugalpumpe sind folgendermaßen zugeordnet:

a) Kennlinien zugeordnet:
 1: Pumpenkennlinie
 2: Haltedrucklinie
 3: Wirkungsgradkennlinie
 4: Leistungskennlinie

b) x-Achse: Volumenstrom $\dot{V}$ in m³/h, m³/s, l/s
 y-Achse: in den Diagrammen 1 bis 4
 1: Druckhöhe H in m
 2: Druckhöhe H_H in m
 3: Wirkungsgrad η in %
 4: Leistung P_{zu} in Watt

c) Prüfstand: Pumpen-, Haltedruck- und Leistungskennlinie
 Rechnen: Kennlinie des Wirkungsgrades

d) Verlustarten
 Hydraulische Verluste, z.B. Druckverluste
 Mechanische Verluste, z.B. Lagerreibung.

 **Kreisel- oder Zentrifugalpumpe:**

a) Wie groß ist die Leistung P_{zu} der Pumpe?

b) Wo ist die Leistung P_{zu} an der Pumpenanlage messbar?

c) Aus den nebenstehenden Leistungsdiagrammen eines Pumpenherstellers sind die vier Größen zu ermitteln: Förderhöhe H, Wirkungsgrad η, Haltedruckhöhe H_H, Leistung P_{zu}, wenn das Fördervolumen $\dot{V}$ = 50 Liter/s beträgt.

Allgemeines

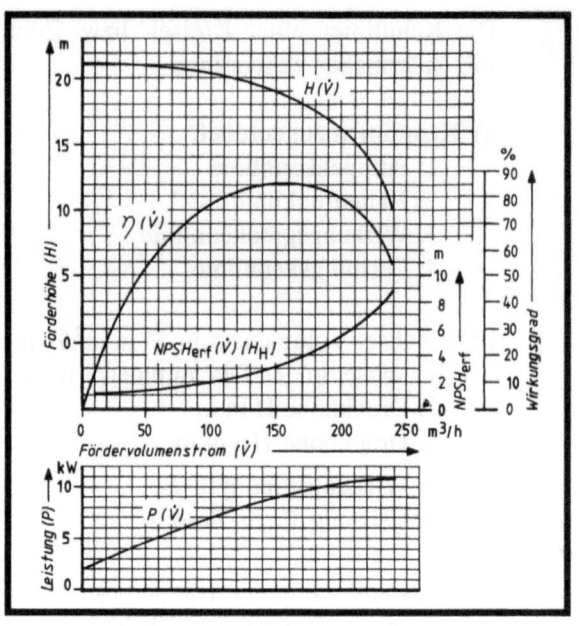

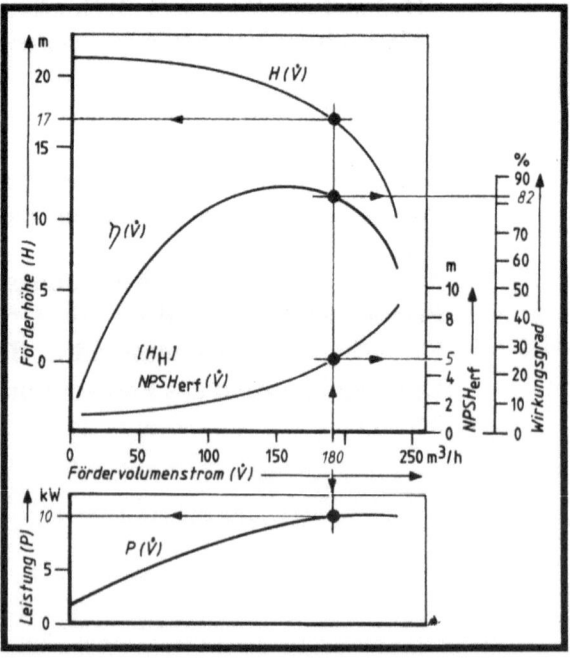

a) $P_{zu} = \dfrac{\dot{V}_{max} \cdot H \cdot \varsigma \cdot g_n}{\eta_P}$

$\dfrac{m^3}{s} \cdot m \cdot \dfrac{kg}{m^3} \cdot \dfrac{m}{s^2} = \dfrac{kg \cdot m^2}{s^3} = \text{Watt}$

b) Die Leistung P_{zu} nennt sich: Pumpenwellen-, Kupplungs- oder abgegebene Motorenleistung.

c) Aus den Diagrammen ist ablesbar für
$\dot{V} = 50\,\text{Liter/s} \cdot 3600\,\text{s/h} = 180000\,\text{Liter/h} = 180\,\text{m}^3/\text{h}$:
$H = 17$ m, $\eta = 82\%$, $H_H = 5$ m, $P_{zu} = 10$ kW.

AUFGABE Warum ist die Saugleitung der normalansaugenden Kreisel- oder Zentrifugalpumpe mit einem Fußventil (Saugkorb) (FV) ausgerüstet, wenn die Pumpenachse (PA) höher steht als der Wasserspiegel (WSP) des offenen Behälters?

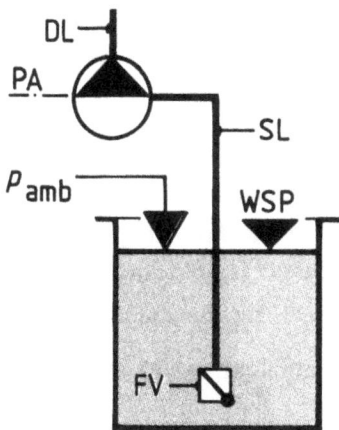

LÖSUNG Die normalansaugende Kreiselpumpe ist keine Vakuumpumpe, sie ist für Wasser konzipiert. Die Kreiselpumpe kann die Saugleitung (SL) niemals entlüften (Luft absaugen). Saugleitung (SL) und Pumpe lassen sich restlos entlüften, wenn das System SL und Pumpe – vor der ersten Inbetriebnahme und bei geschlossenem Fußventil (VF) – mit Wasser vollständig aufgefüllt wird.

Mit der Systemfüllung wird die gewünschte „Wasserkette" – offener Behälter, Saugleitung, Pumpe – geschaffen. Jetzt kann die Pumpe aus dem offenen Behälter „aussaugen" und in Richtung Druckleitung (DL) fördern. Dreht sich das Laufrad, so entsteht am Laufradeintritt ein Druck, der immer kleiner als der mittlere, atmosphärische Luftdruck P_{amb} am Aufstellungsort der Pumpe ist. Der Luftdruck, der auf den Wasserspiegel wirkt, nutzt diesen Druckunterschied; er schiebt das zu fördernde Wasser in Richtung des geringeren Druckes zur Pumpe. Ist die Wasserförderung beendet, schließt das Fußventil und das ganze System bleibt mit Wasser gefüllt und betriebsbereit. Bei undichtem Fußventil fließt das Wasser in den Behälter zurück bis auf die Höhe des Wasserspiegels. Gleichzeitig füllt sich das Fördersystem über dem Wasserspiegel mit Luft.

 Was sagt eine Rohrleitungskennlinie (Rohrnetz-, Anlagen-, Förderhöhe-Kennlinie) einer Förderanlage mit Zentrifugalpumpe aus?
a) Wozu ist die Rohrleitungskennlinie dienlich?
b) Aus welchen Größen setzt sie sich zusammen: der Druckverlust H_V einer Förderanlage und die Förderhöhe einer Anlage H_A?
c) Die Rohrleitungskennlinie ist in einem Diagramm grafisch darzustellen. Konstruktionsdaten:

x-Achse: Fördervolumenstrom $\dot{V}_F$

y-Achse: Förderhöhe der Anlage H_A

gemessene Größen: H_{ges} = 12m, $\dot{V}_{F,max}$ = 4 Liter/s

$H_{V,tot}$ bei $\dot{V}_{F,max}$ = 0,8 m

Mit der Größengleichung der Strömungslehre

$$\frac{H_{V,errechnet}}{H_{V,X,zugehörig}} = \left(\frac{\dot{V}_{F,max,errechnet}}{\dot{V}_{F,X,angenommen}}\right)^2$$

sind folgende Messpunkte zu errechnen:
H_V wenn $\dot{V}_F$ = 2, 6 und 8 Liter/s beträgt.

d) mit Hilfe von Maßlinien sind die Größen H_{geo}, $H_{V,tot}$ und H_A in das Diagramm einzutragen

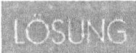

Zu a) Sie gibt Auskunft über die funktionelle Beziehung: Veränderung der Strömungswiderstände H_V in der Saug- und Druckleitung in Abhängigkeit des Fördervolumenstromes V_F.

Sie dient zur Bestimmung des Betriebspunktes (Arbeitspunktes) der Pumpe, die in dieser Rohrleitung fördern soll.

Zu b) H_V: Länge und Durchmesser der Rohrleitungen, Art und Anzahl der Formstücke und der Leitungsarmaturen.

$H_{geo} + H_V = H_A$ (Förderhöhe der Anlage).

Zu c) und d) Berechnung der Messpunkte:

$$\frac{H_V}{H_{V,X}} = \left(\frac{\dot{V}_F}{\dot{V}_{F,X}}\right)^2 \text{ hieraus } H_{V,X} = H_V \cdot \left(\frac{\dot{V}_{F,X}}{\dot{V}_F}\right)^2$$

$$H_{V,1} = 0{,}8 \text{ m} \left(\frac{2 \cdot \frac{1}{s}}{4 \cdot \frac{1}{s}}\right)^2 = 0{,}2 \text{ m}$$

$$H_{V,2} = 0{,}8 \text{ m} \left(\frac{6 \cdot \frac{1}{s}}{4 \cdot \frac{1}{s}}\right)^2 = 1{,}8 \text{ m}$$

$$H_{V,3} = 0{,}8 \text{ m} \left(\frac{8 \cdot \frac{1}{s}}{4 \cdot \frac{1}{s}}\right)^2 = 3{,}2 \text{ m}$$

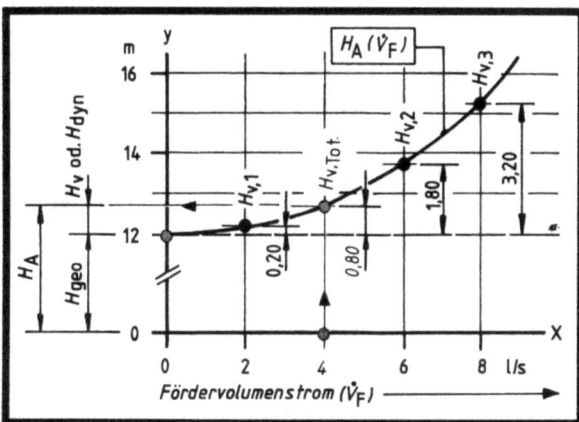

Allgemeines

 Wie lässt sich ein Gebäude kühlen?

a) Durch Nutzung des Wärme- und Kältespeichervermögens des Erdreiches?
b) Durch Gas-Kühlaggregate?
c) Durch Kaltwasser in Rohrleitungen?

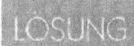 Zu a) Richtig. Selbst im Hochsommer bleibt die Erdreichtemperatur immer wesentlich niedriger als die Lufttemperatur.
Zu b) Richtig. Es gibt Gas-Kühlaggregate.
Zu c) Richtig. Kaltwasserzirkulation in Rohrleitungen entzieht der Raumluft Wärme. Das Kaltwasser wird vorher gekühlt durch Rohrschlangen im gekühlten Erdreich oder durch Gas-Kühlaggregat.

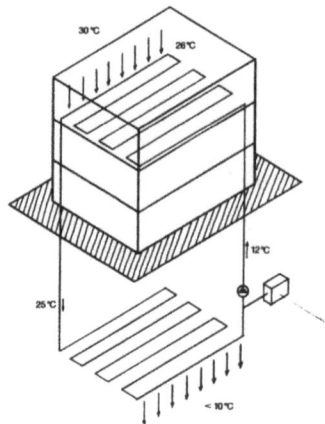

 Erklären Sie den Unterschied zwischen Gleichstrom-, Gegenstrom- und Kreuzstromwärmeübertrager und fertigen Sie jeweils eine Prinzipskizze an.

 Gleichstromprinzip: Beide Medien strömen in die gleiche Richtung und gleichen ihre Temperaturen dabei einander an.

Gegenstromprinzip: Beide Medien strömen einander entgegen, wodurch das kältere zunächst mit dem bereits abgekühlten wärmeren in Wärmekontakt kommt. Die Austrittstemperatur des kälteren Mediums kann über der Austrittstemperatur des wärmeren liegen.

Kreuzstromprinzip: Die Fließlinien der Medien kreuzen sich.

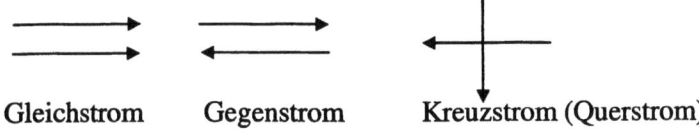

Gleichstrom   Gegenstrom   Kreuzstrom (Querstrom)

 **Was ist ein Fehler, ein Mangel, ein Schaden?**

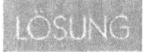 Fehler:
Abweichung vom Richtigen, Regelverstoß bei der Ausführung (Beispiele: Ausführungsfehler, Produktionsfehler, Webfehler, Fehlergesetz von Gauß)

Mangel:
Ergebnis einer fehlerhaften Leistung, das Fehlen bestimmter Eigenschaften, Manko an einer Sache, die nicht so ist, wie sie sein sollte

Schaden:
1. Verlust an etwas, finanzieller Nachteil, Wertminderung, unfreiwillige Einbuße
2. Beschädigung durch äußere Einflüsse, Zerstörung.

 **Was ist der Unterschied zwischen Kupfer, Rotguss, Messing, Bronze und Stahl**

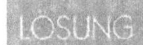 Kupfer ist in reinster Form ein chemisches Element, werkstoffkundlich gesehen ein Nichteisenmetall. Es wird in der Elektrotechnik wegen seiner sehr hohen elektrischen Leitfähigkeit und in der Gebäudetechnik wegen seiner hohen Korrosionsbeständigkeit und guten Lötbarkeit gern eingesetzt.
Rotguss, Messing, Bronze und Stahl sind Legierungen – d.h. Metallgemische. Bei den drei ersten ist Kupfer der Mischungshauptanteil, weshalb sie als Kupferlegierungen bezeichnet werden. Die Legierungen werden hergestellt, um bestimmte Eigenschaften des Grundmetalles noch hervorzuheben oder zu unterdrücken. Durch Legieren wird z.B. die Festigkeit erhöht und die Zerspanbarkeit überhaupt erst erreicht. Auch die Korrosionsbeständigkeit gegenüber bestimmten Materialien (z.B. Seewasser) kann noch verbessert

werden. Grundsätzliche Kupfereigenschaften wie gute Leitfähigkeit und Lötbarkeit bleiben immer erhalten.

Messing umfasst die Gruppe der Kupfer-Zink-Legierungen. Der Zink-Bestandteil kann bis knapp an 50 % gehen. Teilweise werden geringe Blei-Anteile zur Verbesserung der Spanbarkeit beigefügt.

Wenn in der Legierung mehr als 60 % Kupfer enthalten und Zink nicht der Hauptlegierungsanteil ist, dann wird dieses Nichteisenmetall als Bronze bezeichnet. Typische Bronzen sind Kupfer-Zinn-Legierungen. Diese haben sehr gute Verschleißfestigkeiten und Gleiteigenschaften, weshalb sie gern für Gleitlager oder Schneckenräder eingesetzt werden. Darüber hinaus gibt es Kupfer-Aluminium-Legierungen, Kupfer-Blei-Zinn-Legierungen, Kupfer-Nickel-Legierungen, Kupfer-Mangan-Legierungen und weitere Sonderbronzen. Bronzen weisen die höchste Korrosionsbeständigkeit innerhalb der Kupferlegierungen auf.

Rotguss wird auch als Mehrstoffbronze bezeichnet, weil es aus Kupfer, Zinn, Zink, Blei, Nickel und Antimon besteht.

Im Unterschied zu den Kupferlegierungen ist Stahl eine Legierungsgruppe mit dem Hauptbestandteil Eisen. Eisenmetalle sind unedler als Kupfer und seine Legierungen, damit anfälliger gegen Korrosionsschäden. Dieses Manko kann nur durch Sonderlegierungen (Edelstähle) ausgeglichen werden.

 **Erklären Sie den Begriff „Spezifische Wärmekapazität c"**

 Die spezifische Wärmekapazität eines Stoffes gibt an, welche Wärmeenergie, gemessen in kJ, erforderlich ist, um die Temperatur von 1 kg des Stoffes um 1 K zu erhöhen.

 **Welche Vorteile für die Umwelt hat das Mischen von Wasser mit Hilfe von Mischarmaturen?**

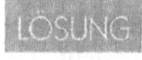 Unmittelbar und mittelbar wird verhindert:
ein Mehrbedarf an Trinkwasser,
der Anfall von Abwasser,
der Bedarf an Energie,
die Verschmutzung der Luft (CO_2).

Heizung – Grundlagen

 Aus welchen Komponenten wird die „Überschlägige Heizlast" für ein Gebäude berechnet? Die Einheit für die Heizlast wird dabei in W bzw. kW angegeben. Erklären Sie dies!

 Heizlast = Transmissions- + Lüftungsheizlast
Transmission: $\dot{Q}_T = U_m \cdot A \cdot \Delta\vartheta$ ($\Delta\vartheta = \vartheta_i - \vartheta_a$)

- $\dot{Q}_T$: zum Ausgleich der infolge Wärmedurchgang über die Umschließungsflächen abfließenden Wärmeverluste
- U_m: mittlerer Wärmedurchgangskoeffizient (gemäß EnEV Anhang 1 Tab. I, dort mit H_T bezeichnet)
- A: Abkühlungsfläche
- $\Delta\vartheta$: Temperaturdifferenz innen - außen

Lüftung: $\dot{Q}_L = 0{,}34 \cdot (n) \cdot V \cdot \Delta\vartheta$

- $\dot{Q}_L$: zum Ausgleich der Wärmeverluste aufgrund nach außen entweichender Raumluft bzw. Eindringen der aufzuheizenden Außenluft
- 0,34: Faktor stündlicher Luftwechsel
- n: Luftwechselzahl (Wohngebäude n = 0,5 h^{-1})
- V: beheiztes Volumen (Kubatur)

Einheit in Watt:
$$\dot{Q}_{ges} = \dot{Q}_T + \dot{Q}_L$$
$$= U_m \cdot A \cdot \Delta\vartheta + 0{,}34 \cdot V \cdot \Delta\vartheta$$
$$= \frac{W}{m^2 \cdot K} \cdot m^2 \cdot K + \frac{W \cdot h}{kg \cdot K} \cdot \frac{m^3}{h \cdot m^3} \cdot \frac{kg}{m^3} \cdot m^3 \cdot K = W$$

 Was verstehen Sie unter dem Mindest-Lüftungswärmebedarf?

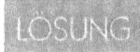 Der Mindest-Lüftungswärmebedarf ergibt sich aus der hygienisch notwendigen Mindest-Außenluftwechselrate von $n_{min} = 0{,}5\ h^{-1}$ (Wohngebäude)

 **Aus welchen Komponenten setzt sich der Faktor 0,17 des Mindest-Lüftungswärmebedarfs zusammen?**

 Der Faktor 0,17 des Mindest-Lüftungswärmebedarfs setzt sich aus folgenden Komponenten zusammen:

n = 0,5 - facher Luftwechsel

c = spezifische Wärmekapazität der Luft,
bei 20 °C ≈ 0,278 W · h/(kg · K)

ρ = Dichte der Luft, bei 20 °C ≈ 1,213 kg/m^3

$$n \cdot c \cdot \rho = 0,5 \, \frac{m^3}{h \cdot m^3} \cdot 0,278 \, \frac{W \cdot h}{kg \cdot K} \cdot 1,213 \, \frac{kg}{m^3}$$

$$= 0,17 \, \frac{W}{m^3 \cdot K}$$

 **Erklären Sie den Unterschied zwischen: Heizlast und Gesamtheizlast.**

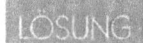 Heizlast:
Wärmeleistung, die erforderlich ist, um bei niedrigster Außentemperatur die gewünschte Raumlufttemperatur zu erreichen. Jährliche Transmissions- und Lüftungsheizlast abzüglich der nutzbaren Wärmegewinne durch Sonneneinstrahlung und interne Wärmequellen
Gesamtheizlast:
Jährliche Heizlast zuzüglich der jährlichen Heizlast für die Warmwasserbereitung.

 **Welche Unterlagen und Angaben sind für die Ermittlung der Heizlast (Wärmeleistung) von wesentlicher Bedeutung?**

 Folgende Unterlagen und Angaben sind für die Ermittlung der Heizlast (Wärmeleistung) von wesentlicher Bedeutung:

- Lageplan mit Eintragung der Himmelsrichtung
- Grundrisse und Schnitte mit Maßangaben, Nutzung und Angaben der Rauminnentemperaturen für die beheizten Räume
- Wärmedurchgangskoeffizienten der Außenwand-, Dach-, Decken-, Fußboden-, Innenwandbauteile, u.ä.
- Fensterart, Fensterrahmenmaterial, Verglasungsart, Fugendurchlasskoeffizienten
- Temperaturen angrenzender Räume, Räume, die an Erdreich angrenzen, Norm-Außentemperaturen, Norm-Innentemperaturen,
- Außenflächen- und Sonnenkorrekturfaktoren
- Hauskenngrößen und Raumkennzahlen.

 **Worin unterscheiden sich in der Heizungstechnik die Wärmeleistung eines Gebäudes in kW und der Jahres-Heizwärmebedarf in kWh/Jahr? Können Sie einen Zusammenhang beider Werte herstellen?**

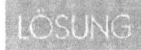 Die Wärmeleistung gibt die erforderliche Heizleistung (in W bzw. kW) pro Zeiteinheit an, die notwendig ist, um die geforderten Norm-Innentemperaturen während der Heizperiode zu gewährleisten.

Wärmeleistung: $\dot{Q}_N$ in W: $\dot{Q}_N = A \cdot \dot{q} = \dot{Q}_L + \dot{Q}_T$

- A: beheizte Wohnfläche in m^2
- $\dot{q}$: spezifischer Wärmebedarf in W/m^2

Jahres-Heizwärmebedarf: Q_H in kWh/a: $Q_H = \dot{Q}_N \cdot b_{Ak}$
- $\dot{Q}_N$: Wärmeleistung des Gebäudes in kW - DIN 4701
- b_{Ak} Vollbenutzungsstunden in h/a nach VDI 2067.

 **Die DIN 4701-1 nennt die „Norm-Lüftungsheizlast". Wozu ist deren Berechnung erforderlich? Welche Heizlast gibt es noch in der Norm?**

 Norm-Lüftungsheizlast erfasst die Erwärmung (Aufheizung) der über die Fenster und Fugen eindringenden Außenluft sowie die nachströmende Luft maschineller Abluftanlagen.

Daneben erfasst DIN 4701-1 die Norm-Transmissionsheizlast zum Ausgleich der Wärmeverluste durch Wärmeleitung über Gebäudeaußen- und Raumumschließungsflächen.

AUFGABE **Was sind die wesentlichen Grundlagen und Inhalte der Energieeinsparverordnung (EnEV)?**

LÖSUNG Im Gegensatz zu allen bisherigen Wärmeschutzverordnungen wird mit der EnEV erstmals eine ganzheitliche primärenergetische Bewertung des Gebäudewärmebedarfs vorgenommen. Als Nachweisgröße löst der Jahresprimärenergiebedarf den Jahres-Heizwärmebedarf ab, den bislang die Wärmeschutzverordnung vorgab. Der Energiebedarf für die Gebäudebeheizung wird bestimmt durch die Qualität des baulichen Wärmeschutzes, aber auch durch die energetische Effizienz der Anlagentechnik. Zur Erfüllung der energetischen Anforderungen der Verordnung ist es dem Planer und Architekten freigestellt, durch welche Maßnahmen (bauliche und/oder anlagentechnische) die vorgegebene Begrenzung erreicht werden soll.

AUFGABE **Was ist nach EnEV der Unterschied zwischen dem Primärenergiebedarf Q_P und dem Endenergiebedarf Q?**

LÖSUNG Der Primärenergiebedarf Q_P umfasst den Heizenergiebedarf sowie alle Vorketten der zur Energienutzung erforderlichen fossilen Brennstoffe. Der Primärenergiebedarf umfasst somit alle Energie-Einflussfaktoren wie z.B.: Qualität der Gebäudehülle, Energiegewinne durch Sonneneinstrahlung, interne Gewinne, Qualität und Effizienz der Heizungsanlage und der Warmwasserbereitung und Art des Energieträgers.
Der Endenergiebedarf Q oder auch Jahres-Heizenergiebedarf ist die Energiemenge, die für die Gebäudeheizung unter Berücksichtigung des Heizwärmebedarfs und der Verluste des Heizungssystems sowie des Warmwasserwärmebedarfs und der Verluste des Warmwasserbereitungssystems aufgebracht werden muss. Die für den Betrieb der Anlagentechnik benötigte Hilfsenergie wird mit einbezogen, Der Endenergiebedarf Q ist nach den verwendeten Energieträgern zu differenzieren.

Heizung – Grundlagen

 **Die Energieeinsparverordnung EnEV wird von 2 DIN-Normen flankiert. Welche sind dies und was ist ihr wesentlicher Inhalt?**

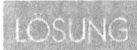 Die Energieeinsparverordnung (EnEV) stützt sich auf 2 Normen mit unterschiedlichen Anforderungsschwerpunkten:
- DIN V 4108-6, hier werden die physikalischen wärmetechnischen Eigenschaften eines Gebäudes berechnet, Ermittlung des Jahres-Heizenergiebedarfes
- DIN V 4701-10, hier wird die energetische Bewertung der heiz- und raumlufttechnischen Anlagen und der Trinkwassererwärmung durchgeführt, Ermittlung der Anlagen-Aufwandszahl.

 **Welche beiden Verordnungen wurden bei der Energieeinsparverordnung (EnEV) zusammengefasst? Nennen Sie Gründe dafür.**

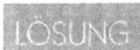 Mit Einführung der Energieeinsparverordnung (EnEV) wurden die Wärmeschutz-Verordnung und die Heizungsanlagen-Verordnung zusammengefasst. Dadurch kann schon in einer frühen Planungsphase für jedes neue Gebäude die günstigste Kombination aus baulichen, heizungs- und lüftungstechnischen Maßnahmen gewählt werden. Somit erfolgt eine ganzheitliche Betrachtung des Gebäudes hinsichtlich der Systemtechnik aber auch hinsichtlich der Gebäudehülle.

 **Nennen Sie die einzelnen Schritte der Berechnung des vereinfachten Nachweisverfahrens nach EnEV.**

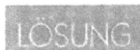 Schritt 1:
Ermittlung der wärmeübertragenden Umfassungsfläche A und des beheizten Gebäudevolumens V_e,
Berechnung des A/V_e-Verhältnisses und der Gebäudenutzfläche $A_N = 0,32 \cdot V_e$ in m²
Schritt 2:
Ermittlung des max. zulässigen Jahres Primärenergiebedarfs $Q_{P,max}$ und des max. zulässigen spez. Transmissionswärmeverlusts H_T

Schritt 3:
Berechnung des Jahres-Heizwärmebedarfs Q_h und Überprüfung des maximal zulässigen spez. Transmissionswärmebedarfs H_T
Schritt 4:
Ermittlung der Nutzwärme für die Warmwasserbereitung Q_w
Schritt 5:
Bestimmung der Anlagenaufwandszahl e_p
Schritt 6:
Berechnung des Jahresprimärenergiebedarfs Q_p.
Schritt 7:
Überprüfung: $Q_p \leq Q_{p,max}$.

Was versteht man unter der Anlagen-Aufwandszahl?

Die Anlagen-Aufwandszahl e_p ist ein Maß für das Verhältnis von erforderlicher Primärenergie zu erzeugter Nutzwärme. Je kleiner e_p, desto effizienter arbeitet die Heizungsanlage. Die Anlagen-Aufwandszahl e_p errechnet sich zu:

$$e_p = Q_p / (Q_h + Q_w).$$

Bei einer Altbausanierung werden Sie mit der Frage konfrontiert: „Mehr Wärmedämmung oder neuer Heizkessel?" Welche Antwort würden Sie ihrem Bauherrn geben (Begründung) ?

Da alte Heizkessel in der Regel stark überdimensioniert wurden, auch bei niedrigen Temperaturen nicht ausgelastet waren, bringt eine nachträgliche Wärmedämmung des Gebäudes zwar einen reduzierten Wärmebedarf, jedoch der Nutzungsgrad des alten Heizkessels fällt von z.B. 70 % auf 60 % weiter ab. Die erzielte Energieeinsparung verringert sich somit um ca. 10 %-Punkte.
Durch den Einsatz neuzeitlicher Heizkessel mit einem Nutzungsgrad von 93 % und mehr wird die gleiche Energieeinsparung erzielt wie durch kostenaufwendigere Wärmedämmung. Den größten Energieeinspareffekt lässt sich jedoch

mit der Kombination Heizkesselerneuerung und Wärmedämmung erzielen.

 **Ein Altbaubesitzer möchte unbedingt sein Haus mit elektrischem Strom beheizen. Er begründet dies folgendermaßen: „Saubere Energie, keine Lagerung, wirtschaftlich durch Niedertarif". Mit welchen Argumenten sollten / könnten Sie als Planer eine Gegenposition beziehen?**

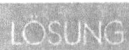 „Saubere Energie": nur wenn Strom aus Wind-, Wasserkraft oder Sonnenenergie und nicht, wenn Strom aus fossilen Brennstoffen im Kraftwerk oder durch Kernenergie erzeugt wird,
"Keine Lagerung": gilt auch für Gas und Fernwärme,
"Nachttarif" wirtschaftlich: trotzdem teurer als Öl oder Gas, da geringerer Heizwert, Nachtstrom z.T. schon überlastet, genauso teuer, Speicherungsverluste.

 **Mit welchen baukonstruktiven bzw. anlagentechnischen Maßnahmen können Sie bei der Beheizung eines Niedrigenergiehauses (NEH) den Kohlendioxid-Ausstoß verringern?**

 Wichtigste Konstruktionsmerkmale eines Niedrigenergiehauses (NEH) sind:
— Sehr guter Wärmeschutz aller Bauteile der Gebäudehülle. Empfohlene U-Werte der Außenbauteile sind:
Kellerdecke $\leq 0,30$ W/(m^{2}K); Wand $\leq 0,25$ W/(m^{2}K)
Fenster $\leq 1,30$ W/(m^{2}K) und Dach $\leq 0,20$ W/(m^{2}K)
— Vermeidung bzw. Reduzierung von Wärmebrücken in der Gebäudehülle
— Dichtheit der Gebäudehülle
— Kontrollierte Wohnungslüftung mit und ohne Wärmerückgewinnung
— Ausnutzung bzw. Optimierung der passiven solaren Gewinne
— Angepasstes und schnell reagierendes Heizungssystem
— Einbindung von regenerativen Energien in die Warmwasserbereitung

— Nutzerfreundliche Bedienung und Handhabung aller technischen Systemkomponenten.

 **Welche Punkte sind bei der Planung und Ausführung von Gebäuden bezüglich der Heiztechnik im Einzelnen abzufragen, um eine Entscheidung zu treffen?**

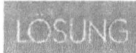 Folgende Punkte sind bei der Planung und Ausführung von Gebäuden bezüglich der Heiztechnik zu entscheiden:

— Außenwand-, Fußboden-, Dach-, Fensterausführungen mit den dazugehörigen Wärmedurchgangskoeffizienten U in W/(m²K)
— Erforderliche Dicken der Wärmedämmung
— Gefahr der Kondensationserscheinungen in mehrschichtigen Wandkonstruktionen
— Heizlast der einzelnen Räume und Gesamt-Heizlast des Gebäudes
— Wärmeübertragungssystem in den Räumen und geeignete Heizflächen
— Maßnahmen zur Einhaltung der Wärmeschutzbestimmungen (Energie-Einsparungsgesetz; DIN 4108) und andere energieeinsparende Möglichkeiten
— Festlegung der Auslegungswerte für die Wärmeerzeugung, Auswahl des Wärmeerzeugers unter Berücksichtigung neuer Heiztechnologien, Wärmepumpe, bivalente Systeme, Solartechnik
— Auswahl der Primärenergie, Vorausberechnung des jährlichen Energieverbrauchs und der Energiekosten (Richtlinie VDI 2067, DIN V 4701-10) Wirtschaftlichkeitsbetrachtungen
— Festlegung des Heizsystems, Bestimmung der Heizkörper-Abmessungen und Einbaumöglichkeiten
— Einplanung des Platzbedarfs für den Kessel, den Aufstellungsraum des Wärmeerzeugers, ggf. Heizzentrale, Brennstofflagerung
— Bestimmung des Querschnitts der Abgasanlage sowie der Zu- und Abluftquerschnitte sowie von Brandschutzforderungen nach der Feuerungsverordnung.

 „Mit bekannten und bewährten Bau- und Heizungstechniken ist es bereits heute möglich, Gebäude zu errichten, deren jährlicher Brennstoffverbrauch zwischen 5 und 10 Liter Heizöl bzw. m³ Erdgas je m² Wohnfläche liegt." Wie müssen Dach, Außenwand, Fenster und Fußboden beschaffen sein, um diese Werte zu erfüllen (Angabe der U-Werte, Wandaufbau, Dämmstoffdicken)?

 Um diese Werte erfüllen zu können, müssen Dach, Außenwand, Fenster und Fußboden folgendermaßen beschaffen sein:
Dach:
- U ≤ 0,2 W/(m²K)
- Wärmedämmung zwischen den Sparren:
  16-20 cm WLG 035
- Wärmedämmung über den Sparren:
  12-16 cm WLG 035

Außenwand:
- U = 0,4 bis 0,2 W/(m²K)
- einschalige Außenwand: 30,0/36,5 cm stark,
  λ = 0,14 - 0,10 W/(mK)
- Außenwand mit Wärmedämmung
  Mauerwerk 17,5 / 24 cm, Dämmschicht 12-16 cm
- zweischaliges Mauerwerk mit Kerndämmung:
- Mauerwerk 17,5 / 24 cm, Dämmschicht 8-12 cm
- Außenwand in Leichtbauweise (z.B. Holz):
  Dämmschicht ≥ 20 cm

Boden zum Keller oder Erdreich:
- U = 0,40 bis 0,3 W/(m²K)
- Dämmung 6-8 cm

Fenster:
- Wärmeschutzverglasung U = 1,3 bis 1,0 W/(m²K).

 Welche aktuellen Neuerungen der Heizungstechnik können Sie nennen?

 Neue, richtig bemessene Rohrleitungen mit Wärmedämmung nach der Energie-Einsparverordnung,
Heizkörperthermostatventile,
richtiger hydraulischer Abgleich (mit Rücklaufverschraubung und Heizkörperthermostatventilen),

Einbau eines zentralen Regelgerätes zur außentemperaturabhängigen Regelung, Außenfühler,
Membran-Ausdehnungsgefäß, Sicherheitsventil
Hocheffizienzpumpen,
kleinerer Querschnitt der Abgasanlage,
Gas-Gebläsebrenner.

Erläutern Sie den Begriff Passivhaus und geben Sie die wesentlichen Konstruktionsmerkmale eines solchen Gebäudes an.

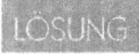
Passivhäuser unterschreiten den Heizwärmebedarf von Niedrigenergiehäusern, in der Praxis beträgt der spezifische Heiz-Heizwärmebedarf dieser Gebäudeart höchstens 15 kWh/(m²a).
Bei Passivhäusern werden die Transmissions- und Lüftungswärmeverluste so weit reduziert, dass der Heizwärmebedarf weitestgehend über die Sonneneinstrahlung und durch interne Wärmequellen, beispielsweise von Haushaltsgeräten, gedeckt werden kann. Erreicht wird dies im Wesentlichen durch folgende Maßnahmen:
— Wärmedämmung der gesamten Gebäudehülle, U-Werte für Außenwände $\leq 0{,}15$ W/(m²K)
— Verglasungen mit Wärmedurchgangskoeffizienten unter 0,8 W/(m²K)
— Vermeidung von Wärmebrücken
— Durch einen Blower-Door-Test nachgewiesene Luftdichtheit: Luftwechselrate bei 50 Pascal Druckdifferenz kleiner 0,6 pro Stunde
— Passive Nutzung der Sonnenenergie durch entsprechende Ausrichtung des Gebäudes und Anordnung der Fensterflächen
— Kontrollierte Wohnungslüftung mit Wärmerückgewinnung (> 80 %) bei minimalem elektrischen Energieverbrauch (Gleichstromgebläse).

Heizung – Brennstoffe, Heizkosten

 **Nennen Sie die für die Raumheizung wichtigen Brennstoffarten?**

 Feste Brennstoffe: Brennholz, Braunkohle, Steinkohle, Koks
Flüssige Brennstoffe: Heizöl EL (extraleicht), Heizöl S (schwer)
Gasförmige Brennstoffe: Stadt- und Ferngase, Erdgas, Flüssiggas
Elektrischer Strom.

 **Welche Voraussetzungen müssen erfüllt sein, damit in der Heizungstechnik eine vollständige Verbrennung stattfinden kann?**

 1. Es muss Brennstoff vorhanden sein.
2. Es muss genügend Sauerstoff vorhanden sein, d.h. für eine einwandfreie Verbrennung ist immer ein Luftüberschuss notwendig.
3. Die erforderliche Zündtemperatur muss vorhanden sein, die Zündtemperatur ist die niedrigste Temperatur, die erreicht werden muss, damit eine Verbrennung eingeleitet wird und selbständig weiter besteht.

 **Welche Gefahr besteht bei unvollkommener Verbrennung?**

 Bei Sauerstoffmangel wird ein Hauptbestandteil der Brennstoffe, der Kohlenstoff, nicht vollständig verbrannt und es entsteht das hochgiftige, brennbare Kohlenmonoxid.

 **Was bedeutet Brennwert?**

Der Brennwert H_o gibt die gesamte Wärmemenge an, die bei der vollständigen Verbrennung (unter genormten Bedingungen) von Brennstoffen frei wird, wenn die Ausgangs- und Endprodukte eine Temperatur von 25 °C aufweisen, also auch die Wärme, die im Wasserdampf der Abgase gebunden ist. Das bei der Verbrennung entstandene Wasser liegt flüssig vor.

 **Was bedeutet Heizwert und Betriebsheizwert?**

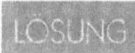 Der Heizwert H_u (früher als unterer Heizwert bezeichnet) von Brennstoffen bezieht sich auf die Wärme, die bei vollständiger Verbrennung frei wird, ohne die im Wasserdampf der Abgase enthaltene Wärmemenge (Kondensationswärme) zu berücksichtigen. Das bei der Verbrennung entstandene Wasser liegt dampfförmig vor.

Die vom Normzustand abweichenden Drücke und Temperaturen werden bei der Fixierung des Betriebsheizwertes berücksichtigt. Man bezeichnet den Heizwert H_u als die Wärme, die bei +15°C und 1025 mbar Druck frei wird. Der Betriebsheizwert beträgt etwa 93 % des Heizwertes H_u.

 **Erläutern Sie kurz die überschlägige Ermittlung des Jahres-Brennstoffbedarfs (in Anlehnung VDI 2067 Blatt 2).**

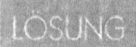 Der überschlägige Jahres-Brennstoffbedarf lässt sich mit Hilfe folgender Parameter ermitteln: Der Norm-Heizlast nach DIN 4701 bzw. die überschlägig ermittelte Wärmeleistung muss vorliegen, die Jahres-Vollbenutzungsstunden, der Heizwert des Brennstoffes und der Jahresnutzungsgrad der Gesamtanlage, bestehend aus Kesselwirkungsgrad, Verteilungsnutzungsgrad und Bereitschaftsnutzungsgrad, müssen bekannt sein.

 **Was ist der besondere Vorteil des Brennstoffes Holz?**

 Als heimischer Brennstoff ist Holz nahezu krisensicher, als nachwachsender Rohstoff steht Holz auch dann noch zur Verfügung, wenn Kohle-, Öl- und Gasressourcen aufgebraucht sind. Holz gibt bei seiner Verbrennung nur so viel Kohlendioxid (CO_2) frei, wie es sich zuvor für sein Wachstum als Baum aus der Luft geholt hat. Holz ist praktisch CO_2-neutral.

AUFGABE **Was verstehen Sie unter dem Energieträger Holzpellets?**

 Holzpellets bestehen zu 100 % aus dem natürlichen Rohstoff Holz. Der Rohstoff stammt aus der Holzverarbeitung, wo er als Abfallprodukt anfällt. Diese Abfälle werden, ohne jeden chemischen Zusatz, unter hohem Druck durch Matrizen gewalzt. Beim Passieren der Presskanäle erfolgt durch Reibung an den Aussenwänden eine starke Verdichtung des Materials. Der holzeigene Stoff Lignin sorgt dafür, dass die Pellets ihre Form behalten.

 **Welche Heizölsorten werden unterschieden, was versteht man unter dem Stockpunkt (Pourpoint)?**

 Heizöl EL (extra leichtflüssig), in Zentralheizungen im Wohnbereich überwiegend verwendet.
Heizöl S (schwerflüssig), in Feuerungsanlagen der Industrie und Großheizanlagen verwendet.
Heizöl L (leichtflüssig) und Heizöl M (mittelschwerflüssig), in der Feuerungstechnik unbedeutend.
Der Stockpunkt gibt die Temperatur an, bei der ein flüssiger Brennstoff erstarrt, für Heizöl EL bei ca. –10 °C. In der Nähe dieser Temperatur beginnt die Trübung und Ausscheidung von Paraffinen, die die Fließfähigkeit des Öls stark einschränken und somit die Filter und Düsen verstopfen können, wodurch es zu Störabschaltungen des Brenners kommt.

 **Wie heißen die Gasfamilien, die in der Heizungstechnik Anwendung finden?**

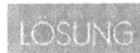 Nach dem DVGW-Arbeitsblatt G 260 „Gasbeschaffenheit" unterscheidet man 4 Gasfamilien:
– Gasfamilie S: Stadt- und Ferngas, d.h. wasserstoffreiche Gase; Herstellung in Kokereien oder durch Spaltung aus Erd- und anderen Gasen; hoher Kohlenmonoxidgehalt, daher giftig.
– Gasfamilie N: Erdgas, d.h. methanreiches Naturgas; entstanden aus Pflanzenresten, ungiftig.
– Gasfamilie F: Flüssiggase, d.h. Propan, Butan und Gemische aus beiden; Abfallprodukte aus der Ölraffinerie.
– Gasfamilie L: Kohlenwasserstoff-Luft-Gemische dienen als Austauschgase für die Gasfamilie S.

Was sind Brenngase?

Brenngase bestehen aus brennbaren und unbrennbaren Bestandteilen, sog. inerte Gase. Die brennbaren Bestandteile sind Kohlenstoffmonoxid (CO), Wasserstoffe (H_2) und Kohlenwasserstoffe ($C_n H_m$).

Welche Erdgase gibt es?

Zu unterscheiden sind im Wesentlichen zwei Erdgase: Erdgas L und Erdgas H.

Was bedeutet Erdgas L?

L steht für das englische Wort low (niedrig). Dieses Erdgas, in erster Linie aus niederländischen und deutschen Festlandfeldern kommend, hat einen Brennwert von ca. 10 kWh/m^3 (im Normzustand).

Was bedeutet Erdgas H?

H steht für das englische Wort high (hoch). Dieses Erdgas, aus Sibirien und der norwegischen Nordsee kommend, hat einen Brennwert von ca. 12 kWh/m^3 (im Normzustand).

Was ist Kokereigas?

Kokereigas fällt als Nebenprodukt bei der Koksherstellung an oder wird durch Kohle- bzw. Ölvergasung, ferner durch Spaltung von flüssigem Kohlenwasserstoff gewonnen. In den großen Hüttenwerken im Ruhrgebiet oder im Saarland entstanden früher große Mengen Kokereigas. Dieses Gas führte zu dem Aufbau einer Ferngasversorgung. Heute spielt Kokereigas praktisch keine Rolle mehr.

Was ist Stadtgas?

Stadtgas ist anders als Kokereigas kein Nebenprodukt, sondern wird speziell in Gaswerken hergestellt. Im Gegensatz zu

Kokereigas ohne Sauerstoffanteil. Der Entstehungsprozess ist ähnlich dem des Kokereigases. Diese Gasart spielt bei der Versorgung keine Rolle mehr.

AUFGABE **Was ist Flüssiggas, wozu dient es und wann würden Sie dessen Verwendung empfehlen?**

LÖSUNG Zu den Flüssiggasen (LPG = Liquefied Petroleum Gas) zählen Propan und Butan sowie Gemische aus beiden. Diese Gase fallen zum einen bei der Erdöl- und Erdgasgewinnung, zum anderen in Raffinerien als Nebenprodukt von Rohöl an. Anwendung finden Flüssiggase für Heizung und Warmwasserbereitung sowie für Haushaltsgeräte (hauptsächlich Propangas). Seine Verwendung dient der Versorgung ländlicher Gebiete, von Stadtrandgebieten und von abgelegenen Gewerbebetrieben, die nicht an ein Gasversorgungsnetz angeschlossen sind bzw. Gebiete, in denen aufgrund Umweltschutz feste Brennstoffe oder Heizöl unzulässig sind. Flüssiggas hat bezogen auf das Gewicht die höchste Energiedichte aller fossilen Brennstoffe. Aufgrund seiner Komprimierbarkeit kann es – abgefüllt in Druckbehältern – in großen Mengen verhältnismäßig einfach transportiert und gelagert werden.

AUFGABE **Wie groß sind die voraussichtlichen jährlichen Energiekosten für eine Heizungsanlage ohne Trinkwassererwärmung in einem Einfamilienwohnhaus, wenn die Heizlast (Norm-GebäudeHeizlast) 15 kW beträgt, die Anlage durch eine elektrisch angetriebene Wärmepumpe beheizt wird und der Strompreis 0,13 € / kWh beträgt?**

LÖSUNG Annahme: η_{ges} entspricht der Leistungszahl der Wärmepumpe $\varepsilon = 2,5$, bei Heizungsanlagen ohne Trinkwassererwärmung betragen die Jahresvollbenutzungsstunden ca. $b \approx 1450$ h/a und für den Heizwert des Brennstoffes gilt bei Elektrizität $H_u = 1$ kWh / kWh, somit Jahreswärmebedarf

$$Q_H = b \cdot \dot{Q}_{N,geb}$$
$$= 1450 \text{ h/a} \cdot 15 \text{ kW} = 21\,750 \text{ kWh/a}$$

Und der Jahresbrennstoffbedarf
$B_a = Q_H / (H_u \cdot \eta_{ges})$
$= (21\,750 \text{ kWh/a}) / (1 \text{ kWh} / 1 \text{ kWh} \cdot 2,5)$
$= 8700 \text{ kWh/a}$

Energiekosten somit:
$8700 \text{ kWh/a} \cdot 0,13 \text{ €/kWh} = 1131 \text{ €/a}$.

 Ein Mehrfamilienwohnhaus hat eine beheizte Nutzfläche von 500 m². Es werden insgesamt 600 Verbrauchseinheiten an den Heizkostenverteilern der Heizkörper für die Heizungsanlage und 220 m³ Warmwasser ermittelt. Die Betriebskosten für die Heizungsanlage werden mit 3250 € und die für Warmwasser mit 656 € ermittelt.
Wie hoch sind die Kosten für Heizung und Warmwasser einer 70 m² großen Wohnung, bei der für die Heizung 80 Einheiten und 40 m³ Warmwasser ermittelt wurden? Der verbrauchsabhängige Anteil soll 70 % betragen.

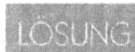 Kosten für die Heizung:

Kosten für 1 Einheit:
$(0,70 \cdot 3250 \text{ €}) / 600$ Einheiten $= 0,29$ € / Einheiten
Kosten für 80 Einheiten:
80 Einheiten $\cdot 0,29$ € / Einheit $= 23,43$ €
Kosten für 1 m² Nutzfläche:
$[(1,00-0,70) \cdot 3250 \text{ €}] / 500 \text{ m}^2 = 1,95$ € / m²
Kosten für 70 m² Nutzfläche:
$70 \text{ m}^2 \cdot 1,95$ € / m² $= 136,50$ €

Gesamtkosten Heizung:
$23,43$ € $+ 136,50$ € $= 159,93$ €

Kosten für Warmwasser:

Kosten für 1 m³ Warmwasser:
$(0,70 \cdot 656 \text{ €}) / 220 \text{ m}^3 = 2,09$ € / m³
Kosten für 40 m³ Warmwasser:
$40 \text{ m}^3 \cdot 2,09$ € / m³ $= 83,49$ €

Kosten für 1 m² Nutzfläche:
[(1,00-0,70) · 656] / 500 m² = 0,39 € / m²
Kosten für 70 m² Nutzfläche:
70 m² · 0,39 € / m² = 27,55 €

Gesamtkosten Warmwasser:
83,49 € + 27,55 € = 111,04 €

Gesamtkosten Heizung + Warmwasser:
159,93 € + 111,04 € = 270,97 €.

Wie kann der Jahresbrennstoffbedarf für zentral beheizte Gebäude überschläglich ermittelt werden?

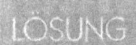

Der Jahresbrennstoffbedarf B_a für zentral beheizte Gebäude ohne Trinkwassererwärmung kann überschläglich nach folgenden Formeln berechnet werden:

$$B_a = Q_H / (H_u \cdot \eta_{ges})$$

mit Q_H Jahreswärmebedarf

und H_u dem unteren Heizwert des Brennstoffes.

In einem Mehrfamilienhaus mit zentraler Trinkwassererwärmung wird mit einem Warmwasserverbrauch von 50 m³ je Familie (4 Personen) im Jahr gerechnet. Die Warmwassertemperatur beträgt 50 °C, die Kaltwassertemperatur 10 °C. Wie groß ist bei Ölfeuerung voraussichtlich der Jahresbrennstoffbedarf für Trinkwasser bei einem angenommenen Gesamtwirkungsgrad η_{ges} = 0,50? Heizwert des Brennstoffes Öl: H_u = 10 kWh/ Liter?

Jahreswärmebedarf für die Trinkwassererwärmung:
$$Q_W = V_W \cdot c \cdot \Delta\vartheta$$
mit c der spez. Wärmekapazität 1,163 kWh/(m³K)

$$Q_W = 4 \cdot 50 m^3/a \cdot 1,163\ kWh/(m^3 K) \cdot (50-10)K$$
$$= 9304\ kWh/a$$

Jahresbrennstoffbedarf hierfür

$$B_a = \frac{Q_W}{H_u \cdot \eta_{ges}} = \frac{9304\ kWh/a}{10\ kWh/Liter \cdot 0,50} = 1861\ Liter/a.$$

 **Welche Geräte dienen der Wärmemengenmessung in der Heizungstechnik und wie ist die Funktionsweise?**

 Verdunstungs-Heizkostenverteiler:
Sie bestehen aus einem am Heizkörper angeordneten Gehäuse mit Messröhrchen für eine Spezialflüssigkeit. Während des Heizbetriebes verdunstet ein Teil der Flüssigkeit. Über eine Skala kann die während der Heizperiode verdunstete Flüssigkeitsmenge abgelesen werden, die ein Maß für den Wärmeverbrauch ist. Der Verbrauchsanteil eines Heizkörpers ergibt sich aus dem Verhältnis seiner Strichzahl zur Gesamtstrichzahl aller Heizkörper einer Heizungsanlage. Messgenauigkeit ca. 90 %. Eine Manipulation des Nutzers für die Anzeige an der Ableseskala ist nicht auszuschließen.

Elektronische Heizkostenverteiler: Sie verfügen über eine digitale Anzeige zum Erfassen der Heizkörpertemperatur und einprogrammierter Raumlufttemperatur. Funktion des Gerätes über Langzeitbatterien mit Speicher für die Verbrauchswerte. Messgenauigkeit ca. 95 %.

Wärmemengenzähler: Sie erfassen den Wasserdurchfluss und den Temperaturunterschied zwischen Vor- und Rücklauftemperaturen. Über eine integrierte Schaltung kann in einem Rechenwerk die Wärmemenge ermittelt werden. Messgenauigkeit über 95 %. Die Geräte sind eichfähig.

Allgemein: Nach der Heizkostenverordnung sind mindestens 50 % der anfallenden Heiz- und Warmwasserkosten verbrauchsabhängig zu berechnen, der Rest nach Wohn-, Nutzfläche oder umbautem Raum.

 **Nach welchem Abrechnungsmodus müssen Heizkosten für Eigentums- und Mietwohnungen in zentral beheizten Gebäuden erfolgen?**

 Die anfallenden Kosten für den Betrieb einer zentralen Heizungsanlage sind folgendermaßen zu verteilen:
- mindestens 50 %, höchstens jedoch 70 % nach dem tatsächlich über Messgeräte erfassten Wärmeverbrauch

– der verbleibende Rest, also 30 %, höchstens 50 %, nach der Wohn- oder Nutzfläche oder umbauten Raum.

 **Was ist der Unterschied zwischen einem mechanischen und einem statischen Wärmemengenzähler? Beschreiben Sie kurz deren Funktionsweise.**

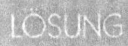 Wärmemengenzähler dienen zur exakten Bestimmung der Wärmemenge, die einem Heizungssystem zur Verfügung gestellt wird. Dabei wird aus dem gemessenen Volumen, der Temperaturdifferenz im Vor- und Rücklauf und einem Wärmekoeffizient des Heizungswassers, der die temperaturabhängige Dichte und Wärmekapazität des Heizungswassers berücksichtigt, die gemessene Wärmemenge berechnet.

Bei mechanischen Wärmemengenzählern wird das durchströmende Wasservolumen hauptsächlich mit Hilfe von Flügelrad-Einstrahl- und Mehrstrahlsensoren bestimmt.

Bei statischen Wärmemengenzählern wird der Durchfluss über die Laufzeit von Schallwellen bestimmt, sie arbeiten also nach dem Ultraschallprinzip und sind den mechanischen Wärmemengenzählern in vielen Punkten überlegen:
– Bessere Messqualität und Messstabilität, da die mit der Zeit abnehmende Qualität des Heizmediums durch Ablagerungen und damit verbunden zu Lagerreibung, Lagerabnutzung und letztendlich Geräteausfall führen kann, bei statischen Wärmemengenzählern ausgeschlossen, da sie keine mechanisch bewegten Teile beinhalten.
– Weitere Vorteile sind Überlastsicherheit, Unabhängigkeit der Einbaulage, keine Beruhigungsstrecke notwendig, geringer Druckverlust, geringere Geräuschentwicklung und höhere Gerätelebensdauer.

 **Warum müssen Feuerungen grundsätzlich mit Luftüberschuss betrieben werden?**

 Luftüberschuss ist notwendig, um eine möglichst vollständige Verbrennung des Brennstoffes zu erzielen. Bei einer

Verbrennung ohne Luftüberschuss würden in herkömmlichen Feuerungen nicht alle Brennstoffteilchen genügend Sauerstoff enthalten.
Der Luftüberschuss hängt im Wesentlichen von folgenden Einflüssen ab:
- Art des Brennstoffes (weniger Luftüberschuss nötig, wenn der Brennstoff im gasförmigen Zustand ist)
- Beschaffenheit der Verbrennungseinrichtungen (Mischeinrichtung, Düse u.a.)
- Höhe der Wärmeleistung.

 **Welche Auswirkung hat Luftmangel bei einer Verbrennung ?**

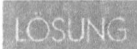 Bei Luftmangel kommt es aufgrund mangelnden Sauerstoffs zu einer unvollständigen Verbrennung. Dabei bilden sich Kohlenmonoxid (CO) und Ruß; zudem können unverbrannte Kohlenwasserstoffverbindungen (C_nH_m) im Abgas zurückbleiben.
Durch die Russbildung sowie die unvollständige Verbrennung des Kohlenmonoxids zu Kohlendioxid bleibt ein beachtlicher Wärmeanteil des Brennstoffs ungenutzt (unwirtschaftlich). Wird bei der Verbrennung von 1 kg C zu CO eine Wärmemenge von 2,8 kWh frei, so sind es bei der vollständigen Verbrennung von 1 kg C zu CO_2 9,4 kWh.

 **Geben Sie Ursachen einer unvollständigen Verbrennung an.**

 Ursachen einer unvollständigen Verbrennung von Brennstoffen können u.a. sein:
- Luftmangel
- Flammenabkühlung vor dem Ausbrand an kalten Feuerraumwänden bzw. bei zu hohem Luftüberschuss (bei Luftverhältniszahlen $\lambda >$ ca. 1,5)
- hohe Viskosität bei Heizöl
- unzureichender Druck an der Ölbrennerdüse
- verschmutzte Düse.

Bei unvollständiger Verbrennung von gasförmigen Brennstoffen (auch bei der Ölverbrennung mit Blaubrennern) entsteht vor allem Kohlenmonoxid (Ruß nur bei sehr großem Luftmangel). In Ölfeuerungen ist oft die Verbrennung in der Anfahr- bzw. Abschaltphase unvollständig, wodurch Ruß und unverbrannte Kohlenwasserstoffe entstehen.

Heizung – Anlagentechnik

 **Warum benötigen gebäudetechnische Anlagen Einrichtungen zur Regelung bzw. Steuerung?**

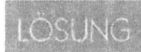 Unter Regelung versteht man einen Vorgang, bei dem die zu regelnden Größen, z.b. Raumtemperatur, Kesselwassertemperatur, Feuchte, Druck, Wasserstand, Durchflussmenge am Ventil usw., fortwährend erfasst, mit einer anderen Größe, der Führungsgröße, dem Sollwert, verglichen und abhängig vom Ergebnis dieses Vergleichs verändert wird. Der Wirkungsablauf wird dabei als Regelkreis bezeichnet.
Die wichtigsten Bauteile einer Regelanlage sind z.B. die Fühler zum Erfassen der Raumtemperatur und der witterungsabhängigen Außentemperatur, das zentrale Regelgerät, das die beiden gemessenen Temperaturen vergleicht z.b. mit dem eingestellten Sollwert der Raumtemperatur und hieraus etwa einen Stellantrieb an der Heizungsanlage beeinflusst, z.b. durch Verändern des Heizwasserstroms durch die Umwälzpumpe oder durch Schalten des Brenners am Wärmeerzeuger. Der Regelungsprozess ist erst dann abgeschlossen, wenn die Rückmeldung keine Abweichung der Raumtemperatur vom Sollwert - d.h. der Führungsgröße - mehr ergibt.
Im Gegensatz zur Steuerung erfolgt keine Rückmeldung. Die Regelgröße wird zwar beeinflusst, sie wirkt aber nicht auf die Eingangsgröße zurück.
Mit Regelabweichung wird der Unterschied zwischen dem Sollwert und dem Istwert bezeichnet. Mit Störgröße wird z.B. der Einfluss durch Öffnen eines Fensters auf die Raumtemperatur bezeichnet.

 **Wodurch wird in geschlossenen Warmwasserleitungen Korrosion verursacht?**

 Korrosionsschäden treten in geschlossenen Anlagen dann auf, wenn Sauerstoff in das System gelangt, z. B. beim Füllen bzw. Nachfüllen oder wenn Bauteile nicht gasdicht sind, z. B. Kunststoffrohre, Schraubverbindungen an Heizkörperventilen o.ä. oder durch Unterdruck in der Anlage dringt Sauerstoff ein, weil entweder das Ausdehnungsgefäß falsch

ausgelegt wurde oder der Vordruck des Gefäßes sowie der statische Anlagendruck nicht stimmen.

 **Warum wird in der Heizungstechnik überwiegend das Heizmedium Wasser eingesetzt ?**

 Das Heizmedium Wasser besitzt von den in der Heizungstechnik eingesetzten Heizmedien die höchste Wärmekapazität, somit kann die Heizenergie mit Wasser am besten verteilt werden.

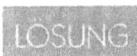 **Aus welchen Faktoren setzt sich der Jahresnutzungsgrad einer Heizungsanlage zusammen ?**

 Der Jahresnutzungsgrad einer Heizungsanlage setzt sich zusammen aus:
- Verteilungsnutzungsgrad
- Kesselwirkungsgrad
- Bereitschaftsnutzungsgrad.

 **Wodurch wird in Rohrleitungen Lochfraß verursacht und wodurch Kontaktkorrosion?**

Lochfraß:
Durch Mischinstallation, wenn z.B. Teilchen eines edleren Metalls eingeschwemmt werden.
Durch Ablagerung von Fremdstoffen, z. B. Sand, Schlamm, Dichtungsreste (Hanf) auf der Unterseite des Rohrquerschnittes.
Durch Gasblasen, die sich an der Oberseite des Rohrquerschnittes festsetzen.
Durch Potentialumkehr bei verzinkten Stahlrohren mit Wassertemperaturen > 60 °C (Zink wird edler als Eisen) werden Warmwasserleitungen zerstört.
Kontaktkorrosion:
Kontaktkorrosion entsteht, wenn zwei verschiedene Metalle (z. B. Eisen, Kupfer) direkt aneinander grenzen und ein Elektrolyt vorhanden ist: Wasser, Feuchtigkeit. Es bildet sich so ein galvanisches Element, Eisen geht in Lösung über und wird zerstört.

 **Was verstehen Sie unter einem bivalenten Heizsystem?**

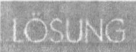 Bivalentes Heizsystem: Einsatz verschiedener Energieträger, die gleichzeitig oder wechselweise verwendet werden. Verwendung von „Umweltenergie" in Verbindung mit „konventionellen" Brennstoffen – z.B. Wärmepumpe oder Solaranlage kombiniert mit z.B. einer Gaszentralheizungsanlagen.

 **Aus welchen Komponenten/Baugruppen besteht eine moderne Heizungsanlage, die mit Erdgas betrieben wird?**

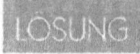 Eine Erdgasheizung besteht im Normalfall aus folgenden Komponenten/Baugruppen:

Energieversorgung
- Gashausanschluss mit Hauptabsperrung
- Gasleitung
- Gaszähler

Wärmeerzeugung
- Niedertemperatur- / Brennwertkessel

Wärmeverteilungssystem
- Vorlauf- und Rücklaufleitungen - Heizwasser
- Heizwasser-Umwälzpumpe

Wärmeübergabe
- Heizflächen, z.B. Heizkörper, Fußbodenheizung...

Regelung
- Zentralregelgerät am Kessel
- Außentemperaturfühler
- Heizkörper-Thermostatventil

Sicherheitseinrichtungen
- Ausdehnungsgefäß
- Sicherheitsventil

Abgasanlage
- Schornstein bzw. Abgasleitung

 **Welches System einer Warmwasserheizungsanlage ist in dieser Skizze dargestellt? Nennen Sie Wirkungsweise, Vor-, Nachteile und Einsatzmöglichkeiten?**

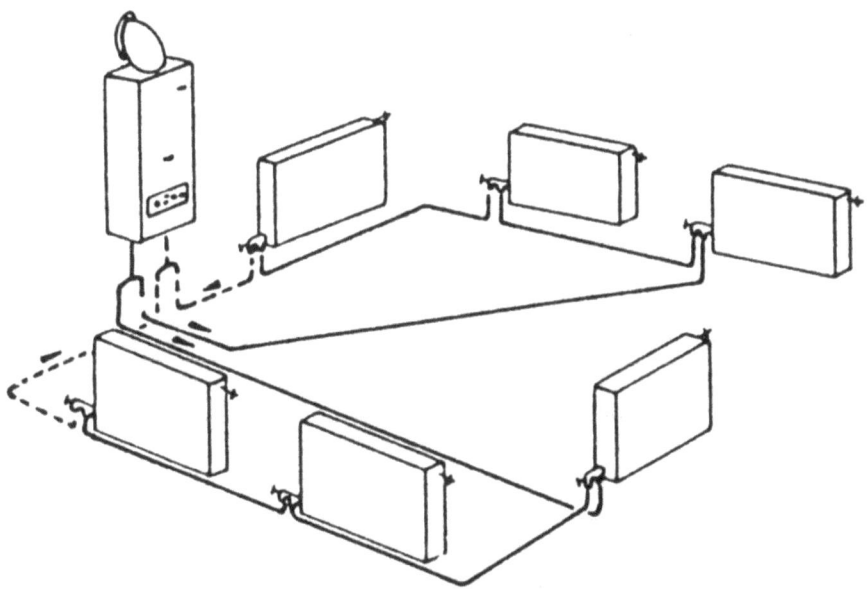

LÖSUNG Etagenheizung, Wohneinheiten werden getrennt beheizt. Einrohrsystem, Vorteile: weniger Schlitze, Verlegung im Fußboden möglich, da keine Leitungskreuzungen. Nachteile: Reihenschaltung der Raumheizflächen, Absinken der Heizkörpermitteltemperatur, was größere Heizflächen erforderlich macht.
Einsatzgebiete: wohnungsweiser Anschluss an eine gemeinsame Heizungsanlage, z.B. in Mehrfamilienhäusern.

AUFGABE **Weshalb muss der Hauptschalter für eine Ölfeuerungsanlage außerhalb des Heizraumes an einer gut zugänglichen Stelle angeordnet werden nach der Muster-Feuerungsverordnung?**

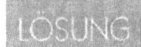 Der Hauptschalter muss an leicht zugänglichen Stellen liegen, damit die Anlage bei Gefahr schnell außer Betrieb gesetzt werden kann.

 **Grundsätzlich lassen sich 3 Arten von Heizungssystemen unterscheiden. Welche sind dies ?**

 Heizungssysteme lassen sich grundsätzlich unterscheiden in:

- Einzelraumheizungen
- Sammelheizungen (Stockwerks-, Zentral-, Blockheizungen)
- Fernheizungen

 **Unter welchen Gesichtspunkten lassen sich Zentralheizungen unterteilen:**

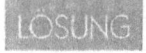 Zentralheizungen lassen sich nach folgenden Gesichtspunkten unterscheiden:
- Art des Brennstoffs
- Wärmeträger
- Umtriebskraft (Schwerkraft/Pumpe)
- Druck (offene/geschlossene Systeme)
- Rohrsystem (Einrohr-/Zweirohrsysteme)
- Lage der Hauptverteilung (obere, untere, senkrechte und waagrechte Verteilung)

 **Erläutern Sie die Ursachen der Geräuschentstehung und Geräuschausbreitung in Heizungsanlagen.**

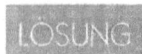 Schall entsteht z.B. in Heizkesselaufstellungsräumen durch Geräte. Die Ausbreitung erfolgt vor allem durch Körperschall über Verbindungen der Schallquellen zu Wänden, Decken, Abgasrohren, Kesselfundamenten, Leitungen auch über das Heizwasser. Schallquellen sind dabei u.a. Pumpen (Lager- und Strömungsgeräusche), Brenner (Ablagerung in Filtern, Strömungsgeräusche usw.).
Die Schallausbreitung (Schallabstrahlung) der Geräte erfolgt über Schlitze, Fenster und Türen in das Gebäude, aber auch über die Be-/Entlüftungseinrichtungen des Aufstellungsraumes, Schornstein usw.
Gegenmaßnahmen beim Brenner sind das Beheben von Lagerschäden, u.U. Kapselung des Brenners durch eine Schalldämmhaube. Bei Pumpen können Gummikompensatoren angeordnet werden, oft hilft auch eine Drehzahlkontrolle.

 **Was ist unter einem monovalenten, bivalenten und multivalenten Warmwasser-Erwärmungssystem zu verstehen?**

 Warmwasser-Erwärmungssysteme, d.h. dem Stand-Wasserwärmer wird beigestellt:
— Monovalent: „ein" Wärmeerzeuger, z.b. Heizkessel oder Wärmepumpe.
— Bivalent: „zwei" Wärmeerzeuger, z.b. Heizkessel und Solaranlage.
— Multivalent: „mehrere" Wärmeerzeuger, z.b. Festbrennstoffkessel und Gas-Brennwertgerät sowie Solaranlage.

 **Was versteht man unter einer**
a) Etagenheizung
b) Flächenheizung
c) Strahlungsheizung?

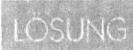 a) Alle Anlagenteile liegen im gleichen Geschoss/Stockwerk/Etage.
b) Im Bauteil integrierte Heizfläche (keine Gliederheizkörper etc.) z.B. Rohre als Decken-, Wand-, Fußbodenheizung.
c) Heizflächen, die hauptsächlich durch Strahlung, weniger durch Konvektion, wirksam werden, z.B. Deckenstrahlungsheizung, Plattenheizkörper.

 **Folgende Begriffe aus der Heizungstechnik sind zu erklären: Ausdehnungsgefäß, Fuchs und Einrohrsystem (mit Vor- und Nachteilen).**

Ausdehnungsgefäß: Aufnahme der Volumenvergrößerung des Heizwassers bei Erwärmung, Vermeidung von sicherheitsgefährdenden Druckerhöhungen, Speisung des Kessels bei Wassermangel.

Fuchs: Rauchkanal, der bei größeren Wärmeerzeugeranlagen die Verbindung der Feuerstätte mit dem Schornstein herstellt.

Einrohrsystem: Art der Warmwasserzentralheizung, bei der Heizkörper an einem Strang angeschlossen werden. Man unterscheidet Einrohrsysteme mit waagrechter und senkrechter

Rohrführung. Das Heizwasser fließt nacheinander dem übereinander bzw. nebeneinander angeordneten Heizkörpern zu. Nachteile: Ständige Abkühlung und Mischung des Wassers der nachgeschalteten Raumheizfläche, dadurch werden wegen der abnehmenden Übertemperatur zwischen Heizwasser- und Raumlufttemperatur die Heizflächen zum Ende des Stranges zwangsläufig immer größer. Die gegenseitige Beeinflussung der Heizflächen erfordert umfangreiche Berechnungsarbeit.

Nennen Sie Vor- und Nachteile bei der Gebäudeheizung von folgenden Heizsystemen: a) Warmwasserheizung, b) Niederdruckdampfheizung?

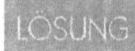

a) Warmwasserheizung:
Anwendung vor allem für Gebäude, in denen langanhaltende gleichmäßige Wärmeabgabe gewünscht ist; Wohnhäuser, Verwaltungsbauten, Krankenhäuser, Museen, Schulen, Theater, usw.
Vorteile: Gleichmäßige und milde Wärmeabgabe durch Oberflächentemperaturen der Raumheizflächen meist < 70 °C; Wärmeabgabe leicht regelbar, wirtschaftlicher Betrieb, leichte Bedienung, lange Lebensdauer.
Nachteile: Im Schwerkraftbetrieb sehr träges System, lange Aufheizdauer und träger Umlauf, geringe Anpassungsfähigkeit an schnelle und starke Schwankungen der Außentemperatur, mit Pumpenbetrieb von elektrischem Strom abhängig, Einfriergefahr, zusätzliche Betriebskosten für Pumpenmotor, u.U. Maßnahmen erforderlich, um Geräuschbelästigungen durch Motor und Pumpen zu vermeiden.

b) Niederdruckdampfheizung:
Betriebsdruck < 0,5 bar, Temperaturen um 100 °C. Anlagen werden zur Beheizung von Fabriken, Werkstätten, Hallen, verfahrenstechnische Anlagen, selten beheizte Räume usw. angewendet, nicht für Wohnräume u.ä.
Vorteile gegenüber Warmwasserheizungen: geringe Trägheit, schnelles Aufheizen, geringe Einfriergefahr, geringere Anlagekosten.
Nachteile gegenüber Warmwasserheizung: sehr hohe Oberflächentemperatur der Raumheizflächen, Staubverschwelung,

hohe Betriebsmitteltemperatur, höhere Betriebskosten, sehr geringe Regelfähigkeit, Geräusche durch mitströmendes Kondensat im Dampf, Kondensatwirtschaft.

 **Worin unterscheiden sich offene und geschlossene Warmwasserheizungsanlagen?**

 Offene Warmwasserheizungsanlagen stehen über die nicht absperrbaren Sicherheitsleitungen und das Ausdehnungsgefäß mit der Atmosphäre in Verbindung. Damit ist ein unzulässiger Druckanstieg im System ausgeschlossen.

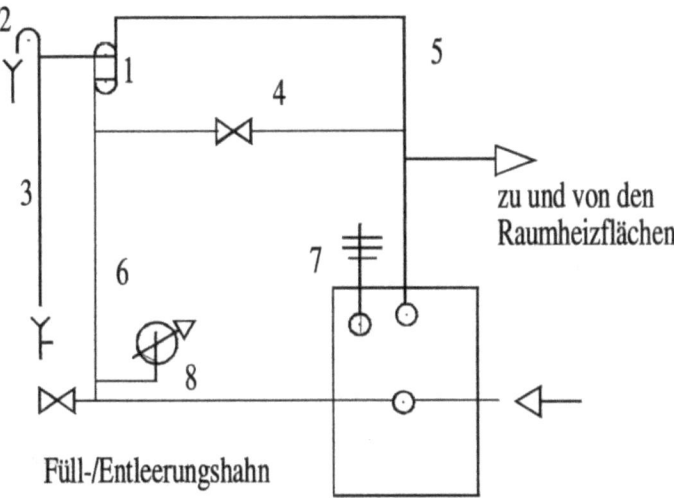

Die sicherheitstechnische Ausrüstung ist in DIN 4751-1 festgelegt: Ausdehnungsgefäß (1), Luftbogen (2), Überlauf (3), Zirkulationsleitung mit Drosselventil (4), Sicherheitsvorlauf- (5) und Sicherheitsrücklaufleitung (6), Thermometer (7) und Hydrometer (8). Regelung bei Öl- und Gasfeuerung über Temperaturregler und Temperaturbegrenzer, bei festen Brennstoffen über Feuerungsregler. Das Ausdehnungsgefäß ist an der höchsten Stelle der Anlage angeordnet und gegen Einfrieren mittels Wärmedämmung zu schützen. Von Nachteil der offenen Anlage ist die Gefahr der Sauerstoffaufnahme im Wasser des Ausdehnungsgefäßes und damit die Korrosionsgefahr in der Anlage. Durch Anordnung eines stehenden Gefäßes und der Zirkulationsleitung unterhalb des Ausdehnungsgefäßes kann die Sauerstoffaufnahme des Heizwassers erheblich eingeschränkt werden.

Der statische Druck an der tiefsten Stelle der Heizungsanlage darf 5 bar, d.h. 50 mWS nicht überschreiten. Maximale Heizwassertemperatur 120 °C.

Das Heizungswasser in geschlossenen Warmwasserheizungsanlagen steht nicht mit der Atmosphäre in Verbindung. Die Absicherung ist in DIN 4751-2 geregelt; geschlossenes Ausdehnungsgefäß (1), Sicherheitsventil (2), Temperaturregler (3), Temperaturbegrenzer (4), Manometer (5), Thermometer (6), Öl-, Gasbrenner (7).

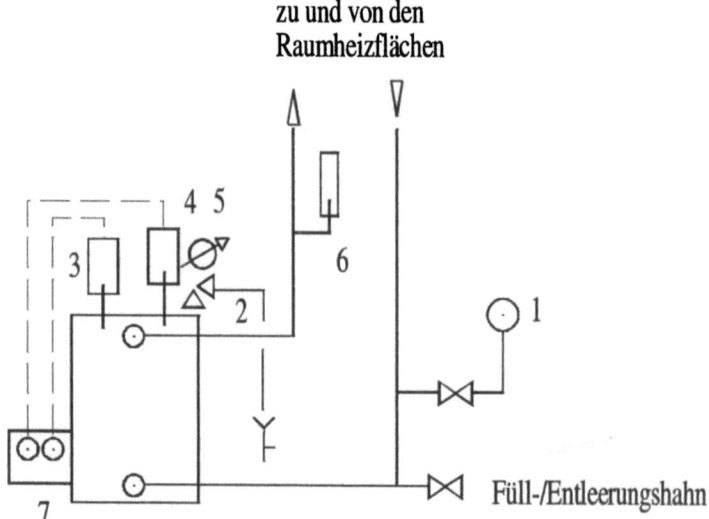

Membranausdehnungsgefäß ist durch eine Membrane in Wasser- und Gasraum (Stickstoff) getrennt. Sowohl bei offenen als auch bei geschlossenen Anlagen nimmt das Ausdehnungsgefäß das gesamte Ausdehnungswasser temperaturbedingt auf, beginnend von der Füllwassertemperatur des Wassers bis zur betriebsbedingten maximalen Vorlauftemperatur. Ohne ein solches Gefäß müsste beim Aufheizen des Heizungswassers deren Volumenvergrößerung über das Sicherheitsventil abgelassen werden, bei einer Temperaturabsenkung ständig Heizwasser über den Füll- und Entleerungshahn eingespeist werden, damit in der Anlage kein Unterdruck entsteht. Um dieses Wechselspiel des Heizwasservolumens in der Anlage richtig zu erfassen, richtet sich der Inhalt des Gefäßes nach dem Volumen der Heizungsanlage und darf in keiner Weise überschläglich ermittelt werden. Falsch angelegte Gefäße führen zu Wassermangel in der Anlage, Tropfen oder Abblasen des Sicherheitsventils usw.

 **Erläutern Sie die Vorteile einer Warmluftheizungsanlage gegenüber einer Warmwasserheizungsanlage?**

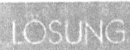 Kleinere Anlagen, z.B. Kachelofenluftheizung, werden für den Schwerkraftbetrieb ausgelegt, verlangen sorgsame Bedienung, Anlagen abhängig von z.B. Windverhältnissen.
Größere Anlagen verlangen Spezial-Warmluftheizgeräte mit Ventilatoren und Luftfilterung. Über Luftkanäle wird die Warmluft den Räumen zugeführt. Staub-, Geruch-, Geräuschübertragungen. Abluftabführung aus den Räumen, Anlagekostenverhältnis günstig. Schnelle Aufheizung, leichte Regelung. Wegfall von Raumheizflächen, bevorzugt für kurzfristige Beheizung von Großräumen, z.B.: Kirchen.

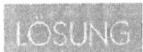 **Was versteht man unter Durchfluss-Wassererwärmer und Speicher-Wassererwärmer?**

Beim Durchfluss-Wassererwärmer wird das Trinkwasser während der Entnahme beim Durchfliessen des Wärmetauschers erwärmt. Die Beheizung kann direkt oder indirekt erfolgen. Anwendung zur Einzel- und Gruppenversorgung mit Gas- und Elektro-Wassererwärmern. Mittelbar beheizte Durchfluss-Wassererwärmer werden eingesetzt bei zentraler Trinkwassererwärmung, durch Anordnung einer Rohrschlange im Heizkesselwasserraum. Bei Verwendung eines Speichers kann der Wärmetauscher in diesem oder einem besonderen Behälter außerhalb des Speichers angeordnet werden, z.B. durch Verwenden eines Platten-Wärmetauschers. Weitere Beispiele für die unmittelbar beheizten Durchfluss-Wassererwärmer: Versorgung z.B. mit Fernwärme, Dampf oder Heißwasser.
Vorteile des Durchflusssystems: geringer Platzbedarf, unbegrenzte Wasserlieferung, keine Bereitschaftsverluste. Nachteile: Gefahr der Inkrustierung bei hartem Wasser, hohe Anschlusswerte.

Beim Speicher-Wassererwärmer wird das Trinkwasser vor Entnahme im Speicher aufgeheizt und für den Verbrauch bereitgehalten. Speicher-Wassererwärmer können geschlossen (druckfest) oder offen (drucklos) sein, direkt oder indirekt beheizt werden. Offene Wassererwärmer: Kohle-, Ölbadeöfen, offene Elektro-Boiler, Kochendwassergeräte. Geschlossene Wassererwärmer: Gas-Speicher-Wassererwärmer (sogen. Vorratswasserheizer), Elektro-Speicher-Wassererwärmer. Bauarten der Speicher-Wassererwärmer: einwandige Behälter mit eingebautem Wärmetauscher (Rohrschlange) und doppelwandige Speicher.

Indirekt (mittelbar) beheizte Speicher-Wassererwärmer: im Heizkessel fest eingebauter Wärmetauscher mit kesselinterner Zirkulationspumpe, neben dem Heizkessel angeordneter Speicher mit Speicher-Ladepumpe.

Vorteile des Speichersystems:
Lieferung großer Wassermengen (Speicherinhalt) in kurzer Zeit und hoher Temperatur. Erwärmung großer Wassermengen auch bei kleiner Kesselleistung bzw. kleinem Anschlusswert.

Vorteile der waagerechten Einrohrwarmwasserheizung gegenüber einem senkrechten System?

Vorteile: geringerer Rohr- und Montageaufwand, vereinfachte Erweiterungsmöglichkeiten (Gebäudeaufstockung), geschossweise Absperrmöglichkeiten und erweiterte Wärmeverbrauchsmessungen.

Nachteile: schlechte Entleerung mit Entlüftung der Raumheizflächen, ggf. aufwendige Reparaturen der im Fußbodenaufbau verlegten Rohrleitungen.

Merkmale des Einrohrsystems einer Warmwasserheizungsanlage?

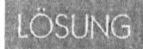

Bei der Einrohrleitung fließen Vor- und Rücklaufwasser in einer gemeinsamen Leitung. Bei der waagerechten Einrohrheizung bilden mehrere in Reihe geschaltete Heizkörper einen Heizkreis, sogenannte Ringleitung. Die Heizwassertemperatur verringert sich nach jedem folgenden Heizkörper. Folge, dass die Heizkörper bei gleicher Heizleistung wegen

Sinken der Heizkörpermitteltemperatur vergrößert werden. Die Heizkörper in einer Ringleitung beeinflussen sich gegenseitig, d.h. bei Absperrung eines Heizkörpers verändert sich die Heizleistung der anderen. Aus diesem Grunde entwickelten sich verschiedene Heizkörperanschlussmöglichkeiten beim waagerechten Einrohrsystem:
Saugfitting im Heizkörperrücklaufanschluss: Das Heizwasser wird durch den Heizkörper gesaugt (Venturi- Prinzip)
Spezialventile, z.B. Lanzenventil- oder Steigventil für einseitigen Heizkörperanschluss.

Bei der senkrechten Einrohrheizungsanlage wird der Heizstrang vom Kessel bis zum Dachgeschoss geführt und dort zu den einzelnen Fallsträngen verteilt. Daneben sind auch Kombinationen untereinander mit waagerechten Systemen möglich.

Nennen Sie Vorteile und Nachteile der Pumpen-Warmwasserheizung gegenüber einer Schwerkraft-Warmwasserheizung?

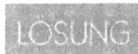

Vorteile der Pumpen-Warmwasserheizung gegenüber einer Schwerkraft-Warmwasserheizung:
— Kleinere Rohrnennweiten, niedrigere Heizwassertemperaturen sind möglich, somit geringere Wärmeverluste
— Kleinere Rohrnennweiten bedeuten preisgünstigeres Rohrnetz
— Freizügige Rohrführung
— Bessere Regelbarkeit durch schnelles Aufheizen.

Nachteile der Pumpen-Warmwasserheizung gegenüber einer Schwerkraft-Warmwasserheizung:
— Kosten für Betriebsstrom der Umwälzpumpe
— Strömungsgeräusche
— Pumpengeräusche z.B. bei Körperschallübertragung von der Pumpe
— Bei zu hoher Strömungsgeschwindigkeit des Heizwassers Gefahr von Luftansammlungen
— Zu hoher Pumpendruck beeinflusst die Thermostatventile.

 **Was versteht man unter einer Warmluftheizungsanlage?**

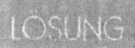 Bei einem Warmluftheizungssystem wird die Zuluft über die Raumlufttemperatur erwärmt und dem Raum zugeführt. Sie übernimmt damit die Heizlast des Raumes. Die Umwälzung der Luft erfolgt entweder durch Ventilatoren oder durch Schwerkraftwirkung. Die Erwärmung der Luft erfolgt nach Filterung durch Lufterhitzer, entweder direkt beheizt durch Öl- oder Gasfeuerung bzw. indirekt über gerippte, von Heizwasser, Dampf durchströmte Registerrohre oder Strom.

 **Wodurch kommt die Wasserzirkulation bei einer Schwerkraft-Warmwasserheizungsanlage und bei einer Pumpen-Warmwasserheizungsanlage zustande?**

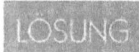 Bei einer Schwerkraft-Warmwasserheizungsanlage erfolgt die Wasserzirkulation durch den Dichteunterschied zwischen dem wärmeren Vorlaufwasser und dem kälteren Rücklaufwasser. Der Umtriebsdruck hängt daher von der Temperaturdifferenz zwischen Vor- und Rücklaufleitung und der Anlagenhöhe ab.
Bei der Pumpen-Warmwasserheizungsanlage erzeugt die Umwälzpumpe am Saugstutzen einen Unterdruck. Die Druckdifferenz zwischen Saug- und Druckstutzen wird als Pumpendruck bezeichnet und bewirkt den Wasserumlauf, die Zirkulation.
Der Umtriebsdruck bzw. Pumpendruck muss so groß sein, dass die Druckverluste im Rohrnetz (Rohrreibung und Einzelwiderstände) ausgeglichen werden.

 **Im Rahmen einer Altbausanierung stellt sich die Frage Gas-Etagenheizung oder Gas-Zentralheizung. Wie würden Sie sich entscheiden? Begründung!**

 Entscheidung für eine Gas-Etagen-Heizung im Rahmen einer Altbausanierung da:
— einzeln abrechenbar
— keine vertikalen Leitungen, d.h. Deckenaussparungen
— kürzere Wegstrecken
— weniger Wärmeverluste
— individuell regelbar.

 **Was verstehen Sie unter einem statischen Heizsystem, was unter einem dynamischen Heizsystem. Geben Sie Beispiele an.**

 Folgende Heizsysteme können unterschieden werden:
Statisches Heizsystem:
— wärmeabgebendes Medium bewegt sich nur in vorgegebenen Kanälen, Leitungen
— Wärmeabgabe an den Raum hauptsächlich durch Strahlung, z.B. Radiator

Dynamisches Heizsystem:
— Luft (wärmeabgebendes Medium) bewegt sich im Raum
— Wärmeabgabe hauptsächlich durch Konvektion, z.B. Konvektor, Luftheizung.

 **Unterschied zwischen feuerungstechnischem Wirkungsgrad und Kesselwirkungsgrad?**

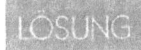 Der feuerungstechnische Wirkungsgrad η_F gibt an, wieviel Prozent der zugeführten Brennstoffwärme (100 %) im Heizkessel verbleiben.

Feuerungstechnischer Wirkungsgrad in %: $\eta_F = 100\ \% - q_A$
q_A Abgasverluste in %

Der Kesselwirkungsgrad η_K ist um die Wärmeverluste des Heizkessels an den Aufenthaltsraum niedriger als η_F. Die Kesselverluste q_K betragen je nach Qualität der Wärmedämmung 1 % - 3 %-Punkte.

$\eta_K = \eta_F - q_K$
η_K Kesselwirkungsgrad in %
η_F feuerungstechnischer Wirkungsgrad in %
q_K Kesselverlust in %.

 **Welche Werkstoffe werden für den Bau von Heizungskesseln benutzt? Vor- und Nachteile dieser Werkstoffe sind zu nennen.**

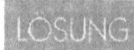 Im Kesselbau verwendet man:
Gusseisen: Der Kessel wird aus Gliedern zusammengesetzt. Deshalb können in einer Typenreihe mehrere Kesselgrößen durch den Einbau einer verschieden großen Zahl von Mittelgliedern hergestellt werden. Bei größeren Kesseln ist das Einbringen in das Gebäude leicht möglich. Bei Erweiterung oder Reparatur können Mittelglieder eingebaut bzw. ausgetauscht werden. Die Gusshaut bietet einen guten Schutz gegen Korrosion.

Stahl: Die Kessel werden in der Regel in der Fabrik fertig verschweißt. Isolierung und Blechverkleidung werden häufig erst am Bau angebracht, damit sie beim Transport nicht beschädigt werden. Große Typen sind schwerer ins Gebäude einzubringen als Gusskessel, Stahlkessel können rauchgasseitig nicht undicht werden, wie dies bei Gusskesseln möglich ist, wenn der Dichtungskitt zwischen den Gliedern ausbröckelt. Bei vorschriftsmäßigem Betrieb (Kesselwassertemperatur) sind auch Stahlkessel gegen Korrosion ausreichend gesichert. Eine Vergrößerung der Kesselheizfläche bei Erweiterung einer Anlage ist ausgeschlossen.

Edelstahl: Wird speziell für Gaskessel, insbesondere für Gas-Brennwertkessel, verwendet. Eine Vergrößerung der Kesselheizflächen ist ausgeschlossen.

Aluminium-Silizium-Guss: Wird bei einigen kleinen Brennwertkesseln verwendet, weil das korrosionsbeständige Material vom Kondensat nicht angegriffen wird. Hier ist die Heizflächenvergrößerung ebenso ausgeschlossen.

 **Worauf ist bei der Umstellung auf Brennwertkessel besonders zu achten?**

 Bei Betrieb mit Erdgas darf das Kondensat bis 25 kW Kesselleistung dem öffentlichen Abwassersystem zugeführt werden. Über 25 kW bis 200 kW muss es nachts gesammelt werden und darf nur am Tage eingeleitet werden. Dies gilt nur, wenn die Abwasserwerke der Kommune keine grundsätzliche Neutralisation verlangen.

Bei größeren Kesselleistungen muss das Kondensat nachbehandelt werden wegen des niedrigen pH-Wertes (sauer). Die Vorschriften der Unteren Baubehörden sind zu beachten. Konventionelle Schornsteine sind für Brennwertkessel ungeeignet. Es können aber feuchteunempfindliche Schornsteine oder Abgasleitungen aus Glas, Aluminium, Edelstahl und Kunststoff im Schacht oder an der Außenwand eingesetzt werden. Bewährt hat sich im kleinen Leistungsbereich das Luft-Abgas-System (LAS) als Dachdurchführung. Dabei müssen aber grundsätzlich der Schornstein und das Abgasrohr entwässert werden.

Anmerkung: Bei Heizöl EL ist wegen des Schwefelgehalts und der enthaltenen Schwermetalle die Aufbereitung des Kondensats sehr aufwendig.

Konvektionsheizung – Wärmestrahlungsheizung
Welches Heizungssystem würden Sie unter dem Aspekt Luftdichtheit/Schimmelpilzbildung ihrem Bauherrn vorschlagen?

Gerade im Zusammenhang mit der Reduzierung des unkontrollierten Luftaustausches durch die Forderung der Luftdichtigkeit nach der Energieeinsparverordnung erhöht sich die Notwendigkeit, die Raumumschließungsflächen „warm" zu halten. Diese Aufgabe erfüllt die Wärmestrahlungsheizung besser als die Konvektionsheizung.

Bei der Konvektionsheizung ist Luft der Energieträger, die Räume bleiben daher kühler, Luftfeuchtigkeit schlägt sich an den Raumumschließungsflächen nieder. Durch Reduzierung des unkontrollierten Luftaustausches kann dies im Laufe der Zeit zu feuchten Wänden, Schimmelbildung und Bauschäden führen. Ein weiterer Nachteil ist, dass durch den hygienisch notwendigen Luftwechsel nicht nur die mit großen Mengen an Feuchtigkeit (Atemluft, Zimmerpflanzen, Ausdünstungen des Körpers) angereicherte Raumluft ausgetauscht wird, sondern auch der Energieträger.

Bei der Wärmestrahlungsheizung hängt der Wärmetransport nicht an einem stofflichen Träger, sondern erfolgt durch Wärmestrahlung im infraroten Bereich. Träger der Wärmeenergie ist somit nicht die Raumluft, sondern die Umschließungsflächen und Einrichtungen eines Raumes. Beim gezielten Lüften wird daher nur die verbrauchte Luft ausgetauscht, aber nicht der Energieträger beeinflusst.

 In einem Grundrissbeispiel sollen verschiedene Lösungen für die Verbrennungsluftversorgung geprüft werden. Dabei werden für den Aufstellraum und die Leistung des Wärmeerzeugers verschiedene Varianten angenommen. Grundrissbeispiele für die Ermittlung des Verbrennungsluftverbundes.

Fall 1: Gasfeuerstätte im Bad,
    Nennwärmeleistung 23,2 kW
Fall 2: Gasfeuerstätte im Flur,
    Nennwärmeleistung 17kW
Fall 3: Gasfeuerstätte in der Küche,
    (Gas-Wärmezentrum),
    Nennwärmeleistung 11 kW

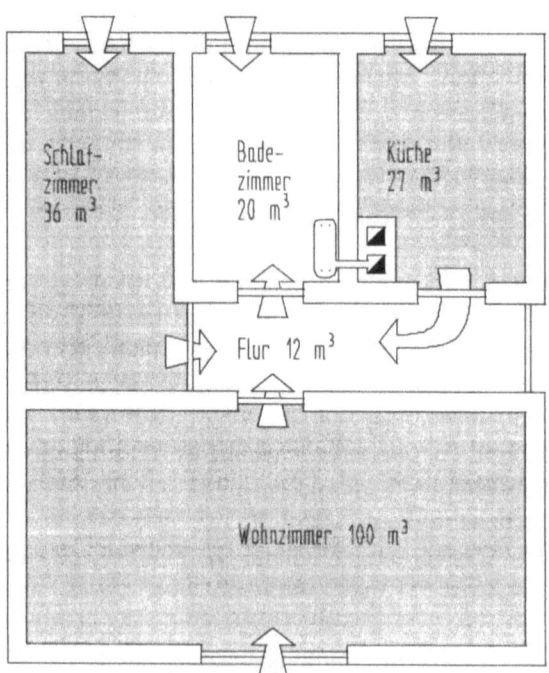

Grundrissbeispiel für die Ermittlung des Verbrennungsluftverbundes

 Die Auslegung erfolgt nach der DVGW-TRGI 1986/1996.

1. Möglichkeit:
Ist der Aufstellraum größer als 1 m³ je 1 kW Gesamtnennwärmeleistung, kann aus dem Diagramm 1 der DVGW-TRGI 86/98 (Kurven 1 bis 3) die anrechenbare Wärmeleistung der Verbrennungslufträume in Abhängigkeit von ihrer Größe und der Beschaffenheit der Innentüren ermittelt werden (Bild). Hat der Aufstellungsraum ein Fenster, ist für ihn die Kurve 4 anzuwenden.

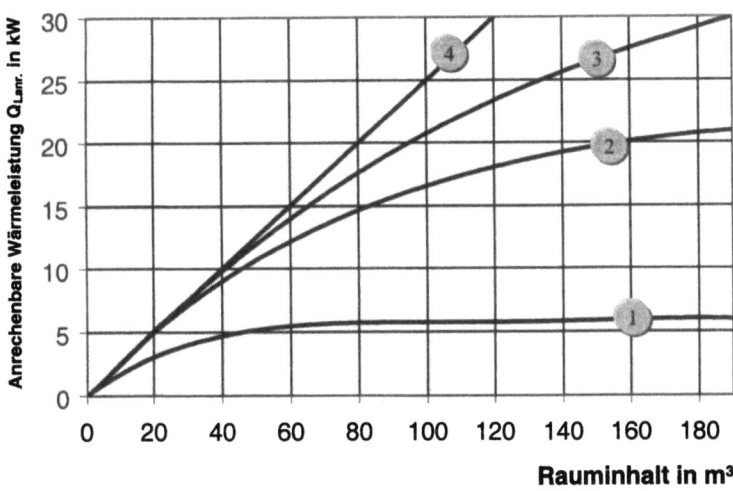

Ermittlung der anrechenbaren Wärmeleistung aus dem Rauminhalt der Verbrennungslufträume, die zum jeweiligen Verbrennungsluftverbund gehören und gegebenenfalls des Aufstellraumes nach DVGW-TRGI 1986/1996.

Kurve 1: Innentüren mit dreiseitig umlaufender Dichtung und ungekürztem Türblatt.

Kurve 2: Innentür mit dreiseitig umlaufender Dichtung und 1,0 cm gekürztem Türblatt oder Innentür ohne umlaufende Dichtung mit ungekürztem Türblatt.

Kurve 3: Innentür mit dreiseitig umlaufender Dichtung und 1,5 cm gekürztem Türblatt oder Innentür ohne umlaufende Dichtung mit 1,0 cm gekürztem Türblatt.

Kurve 4: Aufstellraum mit Außenfenster oder -tür sowie Innentür mit Verbrennungsluftöffnungen von mind. 150 cm² freiem Querschnitt.

Ist der Aufstellraum kleiner als 1 m³ je 1 kW Gesamtnennwärmeleistung, muss zuerst der erforderliche Abgasverdünnungsraum mit 2 x 150 cm² Öffnungsquerschnitt zu direkt benachbarten Räumen geschaffen werden.
Die Ausführung des Schutzzieles 1 erfüllt hiermit zugleich die Anforderungen an die Luftöffnung für das Schutzziel 2.
Haben diese Räume Fenster, gilt die Kurve 4. Für die übrigen unmittelbar benachbarten Verbrennungslufträume gelten je nach Größe und Innentürkonstruktionen die Kurven 1 bis 3 des Diagramms.

2. Möglichkeit:
Wenn Verbrennungslufträume mit dem Aufstellraum durch eine Öffnung von mindestens 150 cm² Querschnitt verbunden werden, kann ihr Volumen voll auf das Raum-Leistungs-Verhältnis gemäß Kurve 4 angerechnet werden.

Mittelbarer Verbrennungsluftverbund:
In vielen Wohnungen ist der unmittelbare Verbrennungsluftverbund nicht möglich, da die Räume direkt neben dem Aufstellraum zu klein sind oder gar kein Fenster haben. Dann kommt der mittelbare Verbrennungsluftverbund zur Anwendung. Hier strömt die Verbrennungsluft aus jedem Verbrennungsluftraum über dessen Innentür in einen oder mehrere hintereinanderliegende Verbundräume und von dort über die Aufstellraumtür zum Gasgerät (Bild)

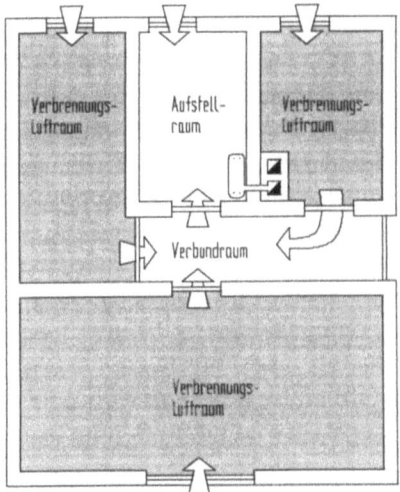

Mittelbarer Verbrennungsluftverbund

Für die lufttechnischen Verbindungen gelten folgende Anforderungen:
Zwischen dem Aufstellraum und dem Verbundraum ist unabhängig vom Rauminhalt immer eine Verbrennungsluftöffnung von 150 cm² erforderlich.
Ist der Aufstellraum kleiner als 1 m³ je 1 kW Gesamtnennwärmeleistung, muss zuerst auch hier der Abgasverdünnungsraum mit 2 x 150 cm² zu direkt benachbarten Räumen geschaffen werden. Die Berücksichtigung des Schutzzieles Nr. 1 erfüllt zugleich die Anforderungen des Schutzzieles Nr. 2.
Für die Verbindung zwischen dem Verbundraum und den Verbrennungslufträumen gelten die gleichen Vorschriften wie beim unmittelbaren Verbrennungsluftverbund. Das bedeutet:
Ermittlung der anrechenbaren Wärmeleistung in Abhängigkeit von Rauminhalt der Verbrennungslufträume und der Beschaffenheit ihrer Innentüren gemäß Kurven 1 bis 3 des DVGW-TRGI-Diagramms (Bild) oder jeweils eine Öffnung mit 150 cm² in den Innentüren und Ermittlung der anrechenbaren Wärmeleistung gemäß Kurve 4.
Vielfach sind allerdings Öffnungen in Innentüren unerwünscht, so dass vorzugsweise die erstgenannte Lösung gewählt werden sollte.

Berechnungen für das Grundrissbeispiel, 1. Möglichkeit:
Fall 1:
1. Schritt: Prüfung der Aufstellraumgröße:
Da das Volumen des Aufstellraumes kleiner ist als 1 m³/kW Gesamtnennwärmeleistung, sind 2 Öffnungen von je 150 cm² in der Badezimmertür erforderlich.
2. Schritt: Ermittlung der anrechenbaren Wärmeleistung nach DVGW-TRGI:
Da sich der Verbrennungsluftverbund nur mittelbar (über den Flur als Verbrennungsraum) herstellen lässt, ist in der Badezimmertür ein Öffnungsquerschnitt von 150 cm² erforderlich. Er wird durch die Öffnung für Schritt 1 schon erreicht.

Aufstellraum mit Fenster	5,0 kW
Wohnzimmer Tür ohne besondere Dichtung, Türblatt ungekürzt	16,1 kW
Küche Tür ohne besondere Dichtung, Türblatt ungekürzt	6,0 kW
Ergebnis:	27,1 kW

Da die Ermittlung der anrechenbaren Wärmeleistung mit 27,1 kW einen größeren Wert als 23,3 kW ergeben hat, ist eine ausreichende Verbrennungsluftversorgung gewährleistet.

Fall 2:
Schritt 1: Prüfung der Aufstellungsraumgröße:
Da das Volumen des Flures kleiner ist als 1 m³/kW Gesamtnennwärmeleistung, müssen auf jeden Fall zwei Öffnungen von je 150 cm² zu einem Nachbarraum geschaffen werden, der ein Fenster oder eine Tür ins Freie hat, z.B. zur Küche.
Schritt 2: Ermittlung der anrechenbaren Wärmeleistung

Aufstellraum

Heizung – Anlagentechnik

Kein Fenster	0 kW
Küche	
2 Öffnungen je 150 cm^2 zum Flur	6,7 kW
Wohnzimmer	
Türblatt ungekürzt, umlaufende Dichtung	5,5 kW
Schlafzimmer	
Türblatt ungekürzt, umlaufende Dichtung	4,4 kW
Badezimmer	
<u>Türblatt ungekürzt, umlaufende Dichtung</u>	<u>3,3 kW</u>
Ergebnis	19,9 kW

Da die Ermittlung der anrechenbaren Wärmeleistung mit 19,9 kW einen größeren Wert als 17 kW ergeben hat, ist eine ausreichende Verbrennungsluftversorgung gewährleistet.

Fall 3:
Schritt 1: Prüfung der Aufstellraumgröße
Da das Volumen des Aufstellungsraums größer ist als 1 m^3/kW Gesamtnennwärmeleistung, sind die Vorschriften erfüllt.
Schritt 2: Ermittlung der anrechenbaren Wärmeleistung
Da sich der Verbrennungsluftverbund nur mittelbar, über den Flur als Verbundraum herstellen lässt, ist in jedem Fall ein Öffnungsquerschnitt von 150 cm^2 in der Küchentür erforderlich.

Aufstellraum anrechenbar mit Fenster	6,7 kW
Wohnzimmer	
<u>Türblatt ungekürzt, umlaufende Dichtung</u>	<u>5,5 kW</u>
Ergebnis:	12,2 kW

Da die Ermittlung der anrechenbaren Wärmeleistung mit 12,2 kW einen größeren Wert als 11 kW ergeben hat, ist eine ausreichende Verbrennungsluftversorgung gegeben.

 **Was bedeutet Kraft-Wärme-Kopplung (KWK)?**

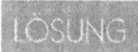 Kraft-Wärme-Maschinen erzeugen aus einem flüssigen oder gasförmigen Brennstoff mechanische Energie und wandeln diese in einem Generator in Strom um. Die dabei entstehende Abwärme wird nicht wie üblich in einem Kühlturm vernichtet, sondern als Nutzwärme für die Heizung bzw. Warmwasserbereitung genutzt. Dadurch erfolgt eine höhere Ausnutzung der Primärenergie als bei konventionellen Kraftwerken. Deshalb spricht man von Kraft-Wärme-Kopplung.

Der Wirkungsgrad bei der Kraft-Wärme-Kopplung liegt bei 95 %, im Vergleich dazu liegt der Wirkungsgrad bei konventioneller Stromerzeugung bei 35-40 %.

 **Was sind Blockheizkraftwerke (BHKW)?**

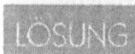 BHKW sind kleine, kompakte Anlagen zur Kraft-Wärme-Kopplung. Dieselmotoren, Diesel-Gasmotoren und Otto-Gasmotoren mit Katalysatoren dienen als Antriebsart. BHKW arbeiten wirtschaftlich, wenn auch im Sommer Wärme abgenommen werden kann, wie z.B. in Schwimmbädern zur Warmwasserbereitung oder als Prozesswärme für Industriezweige.

 **Wann spricht man bei einer Fernheizung von einem direkten, wann von einem indirekten Hausanschluss?**

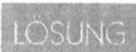 Beim direkten Anschluss wird die Hausanlage von Heizwasser aus dem Fernwärmenetz durchflossen. Hierbei muss die Hausanlage bezüglich Druck (evtl. Druckminderung bei zu hohem Netzdruck), Temperatur (evtl. Rücklaufbeimischung bei zu hoher Netztemperatur) und Material die von den Versorgungsunternehmen geforderten Eigenschaften besitzen.

Von einem indirekten Hausanschluss spricht man, wenn der Heizwasserkreislauf des Fernnetzes bei zu hohem Druck von dem der Hausanlage durch einen Wärmeübertrager getrennt ist. Die besonderen technischen Anforderungen eines direkten Anschlusses können hier entfallen.

 **Nennen Sie fünf Vorteile der Fernheizung.**

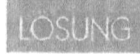 Vorteile der Fernheizung:

- Wegfall von Heiz-, Brennstofflagerraum und Abgasanlage
- hohe Wirtschaftlichkeit durch optimale Brennstoffausnutzung und Verwendung billiger Brennstoffe, z.B. Müll
- hohe Betriebssicherheit
- einfache Bedienung
- geringere Umweltbelastung, z.B. durch Abgasreinigungsanlagen, regelmäßige Wartung

Heizkraftwerke stellen zudem eine günstige Kombination von Strom- und Wärmeerzeugung dar:
- Durch Nutzung der Abwärme spart man teure Brennstoffe
- Der Wirkungsgrad erhöht sich von knapp 40 % bei reiner Stromerzeugung (ca. 60 % der erzeugten Wärmeenergie geht verloren) bis 95 % bei Kopplung der Strom- und Heizwärmeerzeugung.

Welche Wärmeträger werden bei Fernheizungen eingesetzt?

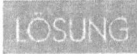

Bei Fernheizungen kommen folgende Wärmeträger zum Einsatz:
- Warmwasser bis 120 °C
- Heißwasser bis 180 °C
- Überhitzter Wasserdampf, wobei dieser wegen der Korrosionsgefahr nur noch selten eingesetzt wird.

Heizung – Wärmeerzeuger

 **Weshalb muss man für Ölbrennermotoren träge Sicherungen verwenden?**

 Die Anlaufstromstärke ist erheblich höher als die Normalstromstärke. Bei einer normalen (flinken) Sicherung würde der Stromfluss unterbrochen, weil diese den hohen Stromstoß nicht aushielte.

 **Aus welchen Werkstoffen bestehen Heizkessel und was sind ihre wesentlichen Merkmale?**

 Heizkessel aus Gusseisen oder Stahl sind funktionell gleichwertig
Gusskessel:
- aus einzelnen Gliedern zusammengesetzt
- dauerhaft, da höhere Korrosionsbeständigkeit
- Veränderung der Leistung durch den Anbau weiterer Glieder

Stahlkessel:
- geringeres Gewicht
- Lieferung als anschlussfertige Einheiten
- Stahlkessel gewinnt an Bedeutung
- als ganze Einheit, wird nur noch an der Verwendungsstelle aufgebaut

Vergleich zu Guss:
Vorteile:
- geringerer Materialeinsatz
- geringeres Gewicht
- größere Leistung je Einheit
- leichte Reparaturen durch Schweißen
- gute Materialverformung

Nachteile:
- größere Korrosionsgefahr
- keine Möglichkeit der Kesselvergrößerung durch zusätzliche Glieder
- Transportschwierigkeiten bei großen Kesseln
- Reparaturschwierigkeiten an unzugänglichen Stellen.

 **Einzelheizöfen werden nach dem Raumheizvermögen im Handel angeboten. Was versteht man darunter und wie lässt sich diese Größe begründen?**

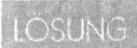 Das Verfahren der Auslegung enthält DIN 18 893. Vor der eigentlichen Größenbestimmung des Einzelheizofens ist der zu beheizende Raum nach den örtlichen Verhältnissen einer der 3 Raumgruppen:

· mit günstigem Wärmebedarf (Heizlast)
· mit weniger günstigen Wärmebedarf (Heizlast) oder
· mit ungünstigem Wärmebedarf (Heizlast)

nach folgenden Verfahren zuzuordnen:

Bewertungsgruppe I, je 1 Bewertungspunkt für
— Nord-/ Ostlage
— Raum mit 1 bis 3 unbeheizten Innenflächen
— Freistehendes Haus
— Orte über 600 m Meereshöhe und besonders kalte Orte
— Jede Außenwand eines Raumes

Bewertungsgruppe II, je 2 Bewertungspunkte für
— starken Windanfall
— Dachgeschossräume
— Räume neben oder über offenen Durchfahrten
— Räume mit 4 oder mehr unbeheizten Innenflächen
— Räume mit starkem Durchgangsverkehr
— Räume, die auch bei großer Kälte Temperaturen von 20 °C erfordern
— Barackenräume ohne Unterkellerung und ohne Dachgeschoss

Einstufung dann mit:
— < 4 Punkten: günstiger Wärmebedarf (Heizlast)
— 5 bis 9 Punkte: weniger günstiger Wärmebedarf (Heizlast)
— > 9 Punkte: ungünstiger Wärmebedarf (Heizlast)
— > 12 Punkte: besonders ungünstiger Wärmebedarf (Heizlast). Es ist ein Einzelheizofen mit der nächst größeren Normheizfläche zu wählen.

 **Wie funktioniert ein Brennwertkessel?**

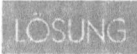 Brennwertkessel sind in der Lage, die Latentwärme aus den Abgasen fast vollständig zu nutzen. Dabei wird der im Abgas enthaltene Wasserdampf im nachgeschalteten Wärmetauscher soweit abgekühlt (mit Hilfe niedriger Rücklauftemperaturen), dass er kondensiert und nutzbare Wärme freisetzt. Auf diese Weise wird der Wirkungsgrad wesentlich erhöht. Gegenüber modernen Niedertemperatur-Heizkesseln lässt sich eine Energieeinsparung von bis zu 15 %-Punkten erreichen.

 **Wo lassen sich Brennwertkessel einsetzen?**

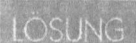 Grundsätzlich lassen sie sich überall zum Heizen und zur Warmwasserbereitung einsetzen, in Neubauten ebenso wie bei der Heizungsmodernisierung. In erster Linie für Gasfeuerung geeignet.

 **Kann ein Gas-Brennwertkessel auch im Dachgeschoss installiert werden? Muss der Schornstein bis auf die Kellersohle heruntergeführt werden?**

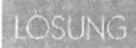 Ja, es ist immer einfacher, eine Gasleitung bis in das Dachgeschoss als einen Schornstein bis zum Keller zu führen. Der Schornstein muss nicht bis zur Kellersohle geführt werden, es gibt Abgasanlagen aus Metall mit geringem Eigengewicht. Sie lassen sich auf jede Geschossdecke aufsetzen.

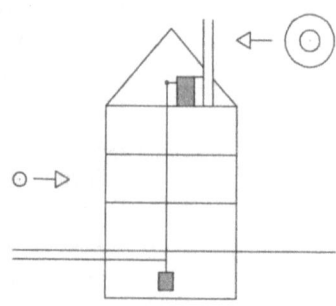

 **Warum brauchen Brennwertkessel eine spezielle Abgasführung?**

Die Abgase haben bei Eintritt in die Abgasanlage nur noch eine Temperatur von 30 °C bis 50 °C. Sie haben daher nicht

ständig ausgeführt werden (einschl. Rohrverbindungen und Dichtungen). Herkömmliche Schornsteine sind für diese Bedingungen nicht geeignet.

 **Welche besonderen Konstruktionsmerkmale haben Gas-Brennwertkessel?**

 Diese Gasgeräte unterscheiden sich vor allem durch folgende konstruktive Merkmale von herkömmlichen Wärmeerzeugern:
- Sie besitzen vergrößerte Wärmetauscherflächen
- Sie haben korrosionsbeständige Wärmetauscherflächen, die für den ständigen kondensierenden Betrieb geeignet sind
- Sie verfügen meist über eine mechanische Abgasabführung, die für den notwendigen Auftrieb sorgt. Je nach Gerätetyp ist dann ein Gebläse auf der Verbrennungsluftseite oder ein Ventilator im Abgasweg angeordnet
- Sie sind so ausgestattet, dass das anfallende Kondenswasser aufgefangen und abgeleitet werden kann.

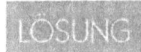 **Welche Möglichkeiten zur Abführung von Abgasen aus Brennwertkesseln gibt es?**

Es gibt spezielle Abgasleitungen, die in einem Schacht oder einen vorhandenen Schornstein eingezogen werden. Sie können aus korrosionsbeständigen Werkstoffen wie Metall, Kunststoff, Keramik oder Spezialglas bestehen.

Möglichkeiten sind:
- Dichte, feuchtigkeitsunempfindliche Abgasleitungen (Neubauten)
- Kombinierte Verbrennungsluft-/Abgasleitungen (LAS) direkt durch die Außenwand oder über Dach ins Freie
- Abgasleitungen innerhalb eines Schornsteins, als hinterlüftete Abgasleitung in konzentrischer Anordnung (Sanierung).

 **Was passiert mit dem Kondenswasser von Brennwertkesseln?**

 Es wird im Gerät aufgefangen und von dort in das häusliche Abwassersystem eingeleitet. Da das Kondenswasser aus Gas-Brennwertkessel leicht sauer ist, sind eventuell Auflagen der Unteren Wasserbehörde zu beachten, die eine Neutralisierung des Kondenswassers vorsehen. Die Kondenswasserableitung spricht nicht gegen einen verstärkten Einsatz der Brennwertkessel. Wie Untersuchungen gezeigt haben, wird das Abwasser weder durch Menge noch durch Inhaltsstoffe des Kondenswassers nennenswert belastet. Deshalb geht der Trend dahin, nicht nur bei kleinen, sondern auch bei größeren Anlagen auf eine Neutralisation zu verzichten.

Neutralisation, Materialauswahl und Abwassereinleitung für Brennwertkessel sind im ATV-Merkblatt A 251 geregelt. Kondensatanfall im Jahresmittel 1.0 bis 1.5 l/m³ Erdgaseinsatz (ca. 0.16 kg/(kWh)). Für den Kondensatablauf ist ein Geruchverschluss mit einer Sperrwasserhöhe von mindestens 150 mm vorzusehen.

 **Welche Vorteile bietet Erdgas für die Brennwertnutzung?**

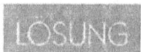 In der Heizungstechnik rechnet man üblicherweise mit dem Heizwert H_u, der die im Wasserdampf enthaltene Energie nicht berücksichtigt. Bei Erdgas liegt der Brennwert (brennstoffbezogene Energie, die bei vollständiger Verbrennung frei wird) rund 11 % über dem Heizwert. Deshalb ist die Brennwertnutzung hier besonders günstig. Durch den hohen Wasserdampfgehalt der Abgase lässt sich ein deutlich größerer Wärmegewinn erzielen als bei anderen Brennstoffen.

 **Warum kann der Nutzungsgrad eines Brennwertkessels größer als 100 % sein?**

 Es ist üblich in der Heizungstechnik den Nutzungsgrad eines Heizkessels auf den Heizwert H_u der eingesetzten Energie zu beziehen, der die im Wasserdampf enthaltene Energie nicht berücksichtigt.
Für Brennwertkessel hat man diesen Bezugspunkt beibehalten, um sie besser mit herkömmlichen Kesseln vergleichen zu können. Durch den Wärmegewinn der Kondensation von

Wasserdampf in den Abgasen erhöht sich der Wirkungsgrad bezogen auf den Heizwert H_u auf mehr als 100 %.

Wie viel Energie kann man mit Gas-Brennwertkessel sparen?

Bei neuen Anlagen können im Vergleich zu Niedertemperatur-Kesseln bis zu 15 % Energie eingespart werden. Bei der Modernisierung älterer Anlagen liegen die Energiespareffekte noch höher.

Was bedeutet Brennwertnutzung?

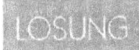
Wenn die Abgase bis unter eine bestimmte Temperatur (den sogenannten Taupunkt) abgekühlt werden, kondensiert der mitgeführte Wasserdampf teilweise und setzt dabei Wärme frei. Brennwertgeräte können diese Wärme für das Heizsystem nutzbar machen. Dadurch arbeiten sie besonders energiesparend, was auch zu einer verringerten Umweltbelastung führt.

Was versteht man unter einem Brennwertkessel und wieso kann bei einem solchen Kessel der Wirkungsgrad über 100 % betragen?

Steigerung des Wirkungsgrades von Gas-Wärmeerzeugern nach dem Brennwertprinzip durch eine weitestgehende Nutzung der im Abgas noch vorhandenen Restwärme. Bei der Abkühlung der Abgase bis unter den Taupunkt wird neben der nahezu restlos gewonnenen fühlbaren Wärme auch noch ein Teil der Kondensationswärme (latente Wärme) des Wasserdampfanteils im Abgas für Heizzwecke nutzbar gemacht. Diese Wirkungsgradsteigerung beträgt bis 15 %-Punkte, d.h. der Wirkungsgrad kann über 100 % liegen.

Aus welchen Gründen wird bei einem „Brennwertkessel" überwiegend Gas als Brennstoff benutzt und wozu braucht ein solcher Heizkessel einen Geruchverschluss?

Gas als Brennstoff wird bei einem „Brennwertkessel" aus folgenden Gründen genutzt:

- Wasserdampfanteil bei Erdgas ist verhältnismäßig hoch, dadurch ist entsprechend viel Wärme in den Abgasen gebunden
- Erdgas ist nahezu schwefelfrei, dadurch wird die Kondensationswasserentsorgung einfacher

Gründe für einen Geruchverschluss:
- damit keine Nebenluft vom Ventilator angesaugt und dadurch der Verbrennungsluftstrom verändert wird bzw. damit kein Abgas durch die Kondensatleitung in den Aufstellraum austreten kann.

Wie werden Wärmeerzeuger nach der Art des Heizmediums, der Art des Brennstoffes, der Energieausnutzung und des Materials unterschieden?

Wärmeerzeuger können auf folgende Art und Weise unterschieden werden:
- Nach der Art des Heizmediums: Warmwasser-, Heißwasser-Dampfkessel, Lufterhitzer
- Nach Art des Brennstoffes: Öl-, Gas-, Holz-, Kohle-, Koks-Kessel
- Nach Art der Energieausnutzung: Standard-, Niedertemperatur-, Brennwertkessel, (Brennstoffzelle)
- Nach Art des Materials: Guss-, Stahlheizkessel, Heizkessel aus Verbundwerkstoffen: Stahl, Guss, Aluminium, Keramik.

Was versteht man unter einem Spezialheizkessel, einem Umstell- bzw. Wechselbrandkessel / Zweistoffkessel?

Spezialheizkessel sind nur für eine bestimmte Feuerungsart geeignet, z.B. Öl-/Gas-Heizkessel. Kessel mit Brenner werden als Units bezeichnet mit optimaler Abstimmung des Brenners auf den Heizkessel sowie vereinfachte Montage und Einstellung der Betriebskennwerte.

Umstellbrandkessel können auf eine andere Brennstoffart durch Anbau oder Abbau von Kesselteilen, z.B. Brennraumtür, Roste betrieben werden.

Wechselbrandkessel lassen sich ohne den besonderen Montageaufwand des Umstellbrandkessels durch Ein-/Ausschwenken des Brenners auf eine andere Brennstoffart umstellen. Sonderbauform ist der Zweistoffkessel mit getrennten Brennkammern. Eine gleichzeitige Verbrennung unterschiedlicher Brennstoffe wird durch eine Verriegelung verhindert.

 **Was versteht man unter einem Kesselwirkungsgrad und unter dem Nutzungsgrad eines Heizkessels?**

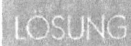 Kesselwirkungsgrad: Verhältnis der an den Wärmeträger (Heizwasser, Dampf, Luft) abgegebenen nutzbaren Wärmeleistung zur Feuerungsleistung; d.h. der Feuerung mit dem Brennstoff zugeführten Wärmeleistung.

Nutzungsgrad: Verhältnis der abgegebenen Nutzwärme und der zugeführten Feuerungs- bzw. Brennstoffwärme in einem bestimmten Zeitraum, z.B. der Heizperiode. Durch den Nutzungsgrad werden alle Verluste des Wärmeerzeugers berücksichtigt: Abgas-, Strahlungs-, Stillstands-, Betriebsbereitschaftsverluste.

 **Welches sind die Eigenschaften eines Niedertemperaturkessels?**

 Ein Heizkessel, der kontinuierlich mit einer Eintrittstemperatur von 35 °C bis 40 °C betrieben werden kann, in dem es auch zu Kondensationen kommen kann, ohne dass der Kessel dadurch geschädigt wird (DIN 4702 und EWG Richtlinie 92/42). Nach der EnEV gelten auch Heizkessel als Niedertemperatur-Heizkessel, die gleitend zwischen 75 °C und 40 °C oder tiefer betrieben werden bzw. auf max. 55 °C eingestellt werden können.

Taupunktkorrosion wird vermieden durch die Ausführung der Brennkammer und der Nachströmfläche mit korrosionsbeständigem Material oder keramischer Beschichtung der Brennkammer-Innenseite oder einer heißen Brennkammer oder mehrschalig ausgebildeten Heizflächen mit Dosierung des Wärmeübergangs. Eine weitere Maßnahme ist die Rücklaufeinführung im Bereich hoher Abgastemperaturen; gegenüber Standardheizkesseln haben Niedertemperaturheizkessel geringere Abgas-, Strahlungs- und Bereitschaftsverluste, einen höheren Nutzungsgrad und Brennstoffeinsparung (Umweltentlastung; niedrige Heizkosten).

 **Bevorzugte Einsatzgebiete und wesentliche Merkmale von Gas-Umlaufwasserheizern?**

 Bevorzugte Einsatzgebiete sind kleinere Gebäude (Ein-, Zweifamilienwohnhäuser, Geschosswohnungen) und bei der Altbausanierung. Leistung bis etwa 30 kW. Reine Heizgeräte oder Kombi-Gaswasserheizer für Heizung und Warmwasserversorgung.
Wesentliches Merkmal der Geräte: sehr kleiner Wasserinhalt, das Heizwasser wird während des Durchströmens des Gerätes erwärmt, Brenner ohne Gebläse, geringer Platzbedarf für die Aufstellung (Flur, Schrank, WC, Küche usw.).

 **Was ist ein NT-Kessel?**

 Die Energieeinspar-Verordnung (EnEV) definiert Niedertemperaturkessel (NT-Kessel) als Wärmeerzeuger, die für einen Dauerbetrieb mit Rücklauftemperaturen in Abhängigkeit von der Außentemperatur oder einer anderen geeigneten Führungsgröße und der Zeit zwischen 35 °C und 40 °C ausgelegt sind oder die auf nicht mehr als 55 °C eingestellt sind. Dafür müssen die Kessel, aufgrund erhöhter Korrosionsgefahr, durch Konstruktion und Materialauswahl geeignet sein. NT-Kessel werden in Verbindung mit entsprechender Regelungstechnik gleitend betrieben.

Welche Merkmale eines Wärmeerzeugers können nebenstehender Skizze entnommen werden?

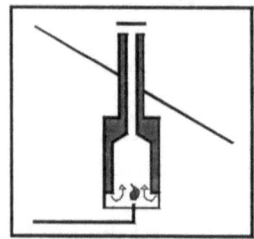 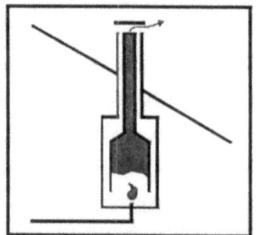 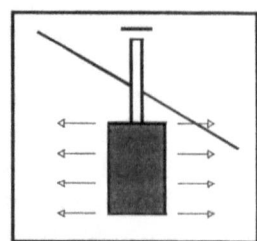

 Raumluftunabhängige Betriebsweise durch Luftansaugung über Dach, Dachheizzentrale mit kurzem Abgasweg über Dach, kein Schornstein durch das Gebäude notwendig, geringe Abstrahlungsverluste.

 **Um welches "Gerät" der Heizungstechnik handelt es sich bei der Skizze? Hauptaufgabe dieses Gerätes? Funktionsweise?**

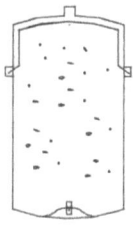 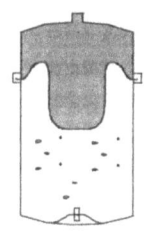 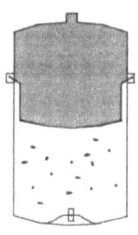

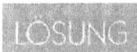 Gerät ist ein Membran-Ausdehnungsgefäß für Warmwasser-Zentralheizungen. Das Stahlgefäß enthält eine Stickstofffüllung und Gummimembran.
Beschreibung der verschiedenen Zustände eines geschlossenen Membranausdehnungsgefäßes
Einbausituation: Gefäß enthält nur Stickstoff-Füllung und am Gefäß anliegende Membran (links).
Unter Normal-Heizungsbetrieb: Das Heizungswasser füllt das Gefäß, die Membrane wird zum Stickstoffpolster verschoben (mitte).
Unter Maximaldruck: Maximale Ausdehnung des Heizungswasser bei höchster Temperaturbeanspruchung (rechts).
Eine weitere Kompression des Stickstoffpolsters ist nicht mehr möglich. Bei weiterem Druckanstieg wird das Sicherheitsventil der Kesselanlage ansprechen. Das Membranausdehnungsgefäß wird am Rücklauf des Heizkessels angeordnet, um Temperatureinflüsse des Heizwassers auf das Membranausdehnungsgefäß fernzuhalten.

 **Wozu dient ein Temperaturregler am Wärmeerzeuger?**

 Er hält durch Ein- und Ausschalten der Feuerung die Temperatur des Wärmeerzeugers auf dem eingestellten Sollwert.
Dieser höchste Einstellwert muss unter dem Schaltpunkt des Sicherheitstemperaturbegrenzers liegen.

 **Trinkwassererwärmungsanlagen unterscheiden sich nach der Zahl der bevorzugten Entnahmestellen, nach der Art des Trinkwassererwärmers und nach der Art der Beheizung. Erläuterungen hierzu?**

Heizung – Wärmeerzeuger

 Nach der Zahl der Entnahmestellen wird unterschieden in Einzelversorgung: jede Entnahmestelle erhält einen eigenen Wassererwärmer; Gruppenversorgung: mehrere Entnahmestellen werden von einem Wassererwärmer versorgt; Zentralversorgung: alle Entnahmestellen eines Gebäudes werden von einer zentralen Wassererwärmungsanlage versorgt.

Art der Trinkwassererwärmer: offene, drucklose Geräte, die ständig mit der Atmosphäre in Verbindung stehen, z.B. Kochendwassergeräte, Ölheizbadeöfen; nach dem Prinzip, dass beim Öffnen des Warmwasserzapfventils Kaltwasser in den Erwärmer strömt und das erwärmte Wasser über den offenen Auslauf aus dem Behälter herausläuft. Geschlossene, druckfeste Trinkwassererwärmer stehen unter dem Druck der Kaltwasserleitung und können mehrere Entnahmestellen (Gruppenversorgung) oder zur Zentralversorgung, d.h. Versorgung aller Entnahmestellen eines Gebäudes herangezogen werden.

Beheizung: direkte, unmittelbar beheizte Trinkwassererwärmer (als Wärmequelle feste, flüssige, gasförmige, elektrische Energie) und indirekte, mittelbar beheizte Trinkwassererwärmer (als Wärmequelle dienen Heizwasser, Dampf, Abgas, Sonnenenergie usw.).

 **In der Heizungstechnik wird von Kachelgrundöfen und Warmluftöfen gesprochen, Erläuterung der Funktionsweise dieser beiden Ofentypen?**

Der Kachelgrundofen gibt im Aufstellungsraum seine Wärme überwiegend durch Wärmestrahlung ab, zusätzliche Wärmeabgabe durch Konvektion über eine Luftzirkulationsröhre.

Ein Warmluftofen gibt vorwiegend die Wärme durch Konvektion an den/die Räume ab. Neben den Zuluftöffnungen, ggf. über Warmluftkanäle sind Abluftöffnungen zwischen dem Raum/den Räumen erforderlich, ggf. über Warmluftkanäle. Von Nachteil ist die Staubverschmutzung, Geruchsübertragung, Geräusche usw. Von Vorteil ist die schnelle Raumerwärmung beim Warmluftofen gegenüber der höheren Aufheizzeit beim Kachelgrundofen.

 **Welche verschiedenen offenen Kaminanordnungen in einem Raum gibt es, die Vor- und Nachteile sind zu erläutern.**

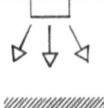 An der Wand freistehend angeordnet mit 3 Strahlungsflächen.

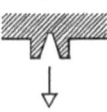 An der Wand freistehend angeordnet mit einseitiger Strahlungsfläche.

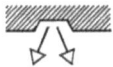 In der Wand angeordnete mit einseitiger Strahlungsfläche

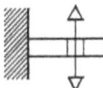 Als Raumteiler angeordnet.

Vorteile: Anschaffungskosten niedrig, beliebtes Gestaltungselement. Nachteile: Geringer Wirkungsgrad (10 bis 30 %), zeitraubende Bedienung, Schmutzeintrag in den Aufstellungsraum, im Winter ist Zusatzheizung notwendig.

 **Als Zusatzheizung werden Kachelgrundöfen und Warmluftöfen immer beliebter. Erläutern Sie die beiden Arten und welchen Typ würden Sie Ihrem Bauherren empfehlen? (Begründung)**

 Kachelgrundofen:

– Rauchgase werden durch Kanäle aus Schamotteplatten bis zum Schornstein geführt, dabei geben sie ihre Energie an die Schamottesteine und die Kacheln ab
– Wärme wird gespeichert und von den Ofenkacheln sanft abgestrahlt

- Kachelgrundöfen heizen mit viel Strahlungs- und wenig Strömungswärme (Konvektion), Staub nicht aufgewirbelt
- durch den Verbrennungsprozess entsteht im Zimmer ein leichter Unterdruck, so dass natürlich befeuchtete Außenluft durch Fensterfugen angesaugt wird
- große Masse der Öfen: es dauert nach dem Anheizen mehrere Stunden bis Wärme abgegeben wird

Warmluftofen:

- ihr Kern ist ein industriell gefertigter Heizeinsatz aus Gusseisen oder Stahlblech, der je nach Bauart mit Holz, Erdöl, Gas, Kohle oder Briketts befeuert werden kann
- der Heizeinsatz wird von Luft umspült, die sich erwärmt und durch regelbare Gitteröffnungen in den Wohnraum gelangt (Konvektion dominiert)
- Warmluftöfen heizen vor allem mit Strömungswärme (Konvektion) und wirbeln deshalb im Vergleich zum Kachelgrundofen viel Staub auf.

 **Erklären Sie den Unterschied zwischen einem „Dauerbrandofen" und einem „leichten irischen Ofen".**

 Dauerbrandofen:

— Wärmeabgabe folgt ohne große Verzögerung der Verbrennung
— geregeltes Weiterbrennen

Leichter irischer Ofen:

— keine Wärmespeicherung
— rasche Verbrennung des gesamten Brennstoffinhaltes
— schnelle Wärmeabgabe.

 **Die Kondensatleitungen aus Brennwertgeräten werden an die Abwasserleitung der Hausinstallation angeschlossen. Welche Art von Rohrmaterialien kommen hier neben Kunststoff zur Anwendung?**

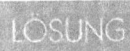 Es ist zu beachten, dass die häuslichen Entwässerungssysteme aus Werkstoffen bestehen, die gegenüber dem sauren Kondenswasser beständig sind. Im Entwässerungssystem findet allerdings durch die übrigen häuslichen Abwässer ein Ausgleich des pH-Wertes statt. Abwasser aus Waschmaschinen beispielsweise ist stark basisch.

Nach ATV-Arbeitsblatt M 251 können für kondensatführende Leitungen eingesetzt werden:
— Steinzeugrohre
— PVC-Hart-Rohre
— PVC-Rohre
— PE-HD-Rohre
— PP-Rohre
— ABS/ASA-Rohre
— Nicht rostende Stahlrohre
— Borosilikat-Rohre.

Zementgebundene Werkstoffe sind nicht kondensatbeständig.

Sofern von der Einleitungs- bis zu einer Sammelstelle eine Leitung ausschließlich für Kondenswasser genutzt wird und keine Verdünnung – auch nicht gelegentlich – stattfindet, sollten speziell geeignete Werkstoffe verwendet werden.

Der Kondenswasserablauf zum Kanalanschluss muss einsehbar, also offen sein. Die Einleitungsöffnung sollte mit einem Geruchsverschluss versehen werden.

Heizung – Raumheizflächen

 **Welche Arten der Wärmeübertragung gibt es bei Raumheizflächen?**

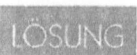 Konvektion, d.h. Wärmemitführung, während des Vorbeiströmens der Raumluft wird Wärme von der Heizfläche an die Luft übertragen.
Strahlung, Wärmeübertragung von der höheren Heizflächentemperatur an die kühleren Raumumschließungsflächen.
Die Wärmeleistung, d.h. die Wärmeabgabe der Raumheizfläche ist abhängig von der Art und den Abmessungen der Raumheizfläche sowie den Raum- und mittleren Heizflächentemperaturen. Nach DIN EN 442 gilt als Normtemperatur der Heizfläche 75 °C/65 °C, Raumlufttemperatur 20 °C.

 **Wie erfolgt die Größenbestimmung von Raumheizflächen, hier: Plattenheizkörper und Stahlradiatoren, auf der Grundlage der Heizlast eines Raumes?**

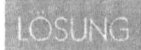 Sowohl für Plattenheizkörper als auch für Stahlradiatoren gibt es – je nach Höhe, Ausführung, Anordnung usw. – bestimmte Norm-Wärmeleistungen nach DIN EN 442, die für Plattenheizkörper je Meter Baulänge, für Stahlradiatoren je Glied angegeben sind. Teilt man nun die Heizlast eines Raumes durch diese Normwärmeleistung, so ergibt sich bei Plattenheizkörpern die Baulänge in Meter, bei Stahlradiatoren die Anzahl der notwendigen Glieder. Über die Breite eines Gliedes – hier 5 cm – erhält man die Baulänge des Stahlradiators.

 **Was verstehen Sie unter der mittleren Oberflächentemperatur T_m einer Heizfläche? Erklären Sie in diesem Zusammenhang auch den Begriff Übertemperatur ΔT.**

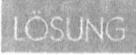 DIN EN 442 legt zur Messung der Wärmeleistung von Heizflächen z.B. eine Vorlauftemperatur von 75 °C und eine Rücklauftemperatur von 65 °C zugrunde. Die mittlere Oberflächentemperatur T_m einer Heizfläche beträgt somit 70 °C. Bezogen auf eine Raumtemperatur von 20 °C ergibt sich eine Übertemperatur von $\Delta T = 50$ °C.

 **Welche Faktoren bestimmen die Auslegung von Heizflächen?**

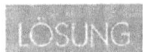 Neben der nach DIN 4701 ermittelten Heizlast für den zu beheizenden Raum und die Art der Heizfläche ist die mittlere Heizwassertemperatur, d.h. die Differenz zwischen Vorlauf- und Rücklauftemperatur, zu beachten. DIN EN 442 legt eine mittlere Heizwassertemperatur T_m von 70 °C zugrunde. Abweichungen nach oben bedeuten z.b. eine Verkleinerung der Heizkörpergröße und Abweichungen nach unten eine Vergrößerung der Heizfläche.

 **Weshalb sind Raumheizflächen regelmäßig von Staubablagerungen zu befreien?**

 Staubablagerung verschlechtern die Raumluft bei Oberflächentemperaturen der Raumheizflächen ab etwa 55 °C bis 60 °C. Deshalb müssen Heizflächen öfters gründlich gereinigt werden.

 **Welche Raumheizflächen sind für den Niedertemperaturbereich (NT-Bereich) geeignet, was ist bei der Auslegung zu beachten?**

 Bei der Auslegung von Raumheizkörpern im Niedertemperaturbereich sind geeignete Heizflächen:
- Stahlradiatoren
- Gussradiatoren
- Plattenheizkörper
- Fußbodenheizung
- Wandstrahlungsheizung
- Deckenstrahlungsheizung.

Heizflächen sollen einen hohen Strahlungsanteil und einen niedrigen Konvektionsanteil aufweisen, somit weniger Staubaufwirbelung.
Glieder- und Plattenheizkörper müssen bei NT-Betrieb erheblich größer bemessen werden als bei 90/70 °C-Auslegung, um die gleiche Wärmeleistung zu erbringen (z.B. um etwa das 2,5-Fache bei einer 55/45 °C-Auslegung.

– Problem des Platzbedarfes (bei einer Nische unter dem Fenster und bei der Altbausanierung).

 **Manchmal kommt es vor, dass es beim Einschalten der Heizung in den Heizkörpern gluckert und pfeift. Wie erklären Sie sich das?**

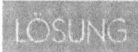 Gluckern: Luft in der Heizung - Entlüftung der Heizkörper
Pfeifen: Strömungsgeräusch, das auf zu hohen Pumpendruck zurückzuführen ist, tritt bei ungeregelten Umwälzpumpen auf, die unabhängig vom Wärmebedarf und von der benötigten Wassermenge immer mit maximaler Drehzahl laufen.
Bei nur leicht geöffneten Thermostatventilen erzeugt der unverminderte Druck des Heizungswassers die Pfeifgeräusche
– Abhilfe: differenzdruckgesteuerte Umwälzpumpe

 **Erläutern und beschreiben Sie die Luftströmungen (Konvektion) eines Glieder- oder Röhrenheizkörpers, Konvektors mit Schacht und eines mehrreihigen Plattenheizkörpers vor einer Fensterbrüstung.**

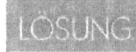 Luftströmungen vor einer Fensterbrüstung erfolgen für einen Glieder- oder Röhrenheizkörper:
– einzelne Glieder sowie Rohrlagen werden aus dem Raum frei angeströmt
– Luft durchdringt den Heizkörper zur Rückwand hin (die vom Heizkörper bestrahlt als Sekundärheizfläche ebenfalls konvektiv Wärme abgibt)
Konvektor mit Schacht:
– ausschließlich eine geführte Auftriebsströmung
– je nach Höhe des Schachtes wird die geführte Auftriebsströmung im Konvektor verstärkt
mehrreihiger Plattenheizkörper:
– als Gesamtkörper wie ein Kubus, der von vorne frei angeströmt wird, während sich zwischen Rückseite Heizkörper und Rückwand eine geführte Auftriebsströmung entwickelt
– die vom Heizkörper angestrahlte Rückwand bildet mit dem Plattenheizkörper einen Schacht und wirkt als Sekundärheizfläche

– zwischen den einzelnen Platten findet eine geführte Auftriebsströmung (wie beim Konvektor) statt

Weshalb ist das Anordnen der Raumheizflächen unter dem Fenster günstiger als an der Innenwand?

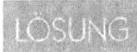

Die am Fenster abfallende Kaltluft wird durch die aufsteigende Warmluft an der Raumheizfläche abgefangen, wodurch die Raumbenutzer vor Zugerscheinungen geschützt sind. An der Innenwand aufgestellte Raumheizflächen können Fensterkaltluft nicht abfangen.

**Untenstehende Skizze zeigt den Küchengrundriss eines Wohnhauses. Würden Sie den Heizkörper so wie im Raum vorgeschlagen einbauen, oder hätten Sie einen anderen Vorschlag? Begründung!
Heizkörpertyp: Röhrenheizkörper**

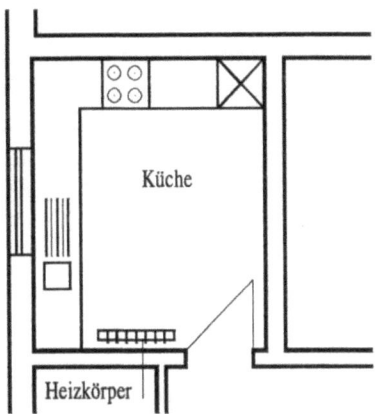

Grundsätzlich sollen Raumheizflächen unter dem sogen. „Wärmeloch", dem abgeschirmten Fenster aufgestellt werden, um den Kaltluftabfall am Fenster abzufangen und einen Warmluftschleier vor die Glasfläche zu legen. Zu diesem Zweck muss die Arbeitsplatte eine Aussparung erhalten für ein Warmluftgitter mit Aufkantung. Vor dem Heizkörper soll sich kein Unterschrank befinden. Der in der Skizze an der Innenwand angeordnete Heizkörper gibt zwar durch Strahlung und Konvektion ungehindert Wärme ab, verhindert aber nicht den Kaltluftabfall am Fenster über der Arbeitsplatte.

Hinweis: Die Brüstungshöhe am Fenster sollte ca. 1,2 m betragen, damit beim Öffnen des Fensterflügels keine Gegenstände auf der Arbeitsplatte umgeworfen werden.
- Heizkörper unter Fenster
- Arbeitsplatte mit Lüftungsschlitzen
- bessere Warmluftverteilung im Raum
- vor der Heizfläche keine Einbauschränke
- ausreichende Brüstungshöhe.

 **Durch welche Einflüsse wird die Wärmeleistung von Gliederheizkörper herabgesetzt?**

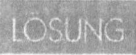 Der Anstrich mit Silberbronze vermindert die Wärmeabgabe durch Verkleinerung der Strahlungszahl bis zu etwa 10 %. Gliederheizkörper dürfen nur mit Heizkörperlack gestrichen werden. Der Unterschied im Farbton (z.B. schwarz, gelb, grün) verändert die Wärmeabgabe nur geringfügig.
Heizkörperverkleidungen dagegen mindern die Leistung des Gliederheizkörpers erheblich. Die Wärmeabgabe durch Strahlung entfällt z. T., die Abgabe durch Konvektion verringert sich durch die Behinderung der Luftzirkulation. Angaben zur Leistungsminderung mit Einbauhinweisen enthält DIN 4703. Die Verkleidung muss leicht abnehmbar hergestellt sein, damit das Reinigen der Gliederkörper und der Nische leicht möglich ist.

 **Welche Anforderungen ergeben sich bei der Heizkörpermontage?**

 Es gibt 3 Möglichkeiten Heizkörper aufzustellen:
frei vor der Wand,
vor einer Fensterbrüstung
und in einer Heizkörpernische.
Der Mindestabstand zwischen einem Heizkörper und Wand / Fensterbrüstung muss mind. 50 mm betragen, der Abstand zum Fertigfußboden mind. 100 mm.
Der Mindestabstand zwischen einem Heizkörper und Wand / Fensterbrüstung in einer Nische muss mind. 40 mm betragen, der Abstand zum Fertigfußboden mind. 70 mm. Darüber hinaus sollte die Heizkörpernische ca. 200 mm größer als der

Heizkörper sein, damit ausreichend Platz für das Thermostatventil und die Entlüftung vorhanden ist.

 **Sind Flachheizkörper für den Betrieb mit Niedertemperatur geeignet?**

 Ja, es kommt nicht auf die Form des Heizkörpers an, sondern auf die Größe seiner Oberfläche.

 **Welche Angaben bestehen zur Ausführung und Leistung von Radiatoren?**

 Radiatoren (engl. Strahler) sind Gliederheizkörper nach DIN 4703 aus Stahl, Gusseisen, Stahlröhren. Die gusseisernen Gliederheizkörper bestehen aus einzelnen Gliedern, die durch Nippel verbunden werden. Die Glieder von Stahl- und Stahlröhrenradiatoren werden in den Naben zu Blöcken verschweißt. Die Größe eines Gliederheizkörpers erfolgt nach Angaben: Nabenabstand, Bautiefe. Die Baulänge eines Gussradiatorengliedes beträgt 60 mm, eines Stahlradiatorengliedes 50 mm. Stahlgliederheizkörper sind billiger, bruchsicherer, haben eine kürzere Aufheizzeit, von Nachteil ist die geringe Korrosionsbeständigkeit, schnelle Abkühlung, ungeeignet für Dampf als Wärmeträger.

Die Leistungsangaben sind genormt in DIN EN 442 für die Vor-/Rücklauftemperaturen 75 °C / 65 °C und Raumtemperatur 20 °C. Eine Leistungsminderung erfolgt durch ungünstige Heizkörperanschlüsse (wechselseitig), Heizkörperbeschichtung (Bronze-, Metallicfarben), Heizkörperverkleidungen (bis zu 15 %), Nischeneinbau (bis zu 4 %), falschen Wand- und Bodenabstand (<50 mm, >100 mm, bis zu 50 %) und unzureichende Entlüftung.

 **Welche Vorteile hat die Normung der Gliederheizkörper gebracht?**

 Durch die Normung in DIN 4720 und DIN 4722 wurde die Zahl der Größen vermindert. Die äußere Form, die bei früheren Modellen bei den einzelnen Herstellern verschieden war, wurde vereinheitlicht. Dadurch ist die Lagerhaltung einfa-

cher geworden. Die Erzeugnisse der verschiedenen Hersteller sind gegeneinander austauschbar.

 **Wodurch wird die Wärmeleistung eines Plattenheizkörpers bei gleichbleibender Breite und Höhe vergrößert?**

 Durch zwei- oder dreireihige Bauweise, Anordnen von Konvektionsblechen auf der Rückseite der Plattenheizkörper, senkrechte Profilierung der glatten Oberflächen.

 **Was ist ein Kompaktheizkörper?**

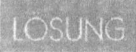 Als Kompaktheizkörper werden Plattenheizkörper dann bezeichnet, wenn hinter den glattwandigen oder senkrecht profilierten Stahlblechplatten Lamellenschächte angeordnet werden. Dies führt zu einer Verbesserung der Heizleistung, da zu der Wärmeabgabe der Platte durch Strahlung noch eine zusätzliche durch Konvektion über die Lamellenbleche (Konvektorbleche) hinzukommt.

 **Bei Kompaktheizkörpern findet man als Bezeichnung Typ 10, Typ 11, Typ 21, Typ 22 und Typ 33. Was bedeuten diese Typenbezeichnungen?**

 Die Typenbezeichnung gibt mit der ersten Ziffer die Anzahl der Heizplatten an, mit der zweiten Ziffer die Anzahl der Konvektorbleche (Lamellenbleche).
Somit bedeutet:

Typ 10	1 Heizplatte	+ 0 Konvektorblech
Typ 11	1 Heizplatte	+ 1 Konvektorblech
Typ 21	2 Heizplatten	+ 1 Konvektorblech
Typ 22	2 Heizplatten	+ 2 Konvektorbleche
Typ 33	3 Heizplatten	+ 3 Konvektorbleche

 **In einem Altbau ist eine Heizkörpernische für einen Radiator im einschaligen Mauerwerk und einen Flachheizkörper im mehrschaligen Mauerwerk als Horizontalschnitt zu skizzieren. Alle wesentlichen Bauteile sind dabei zu bezeichnen. Der Maßstab ist freigestellt.**

Heizung – Raumheizflächen

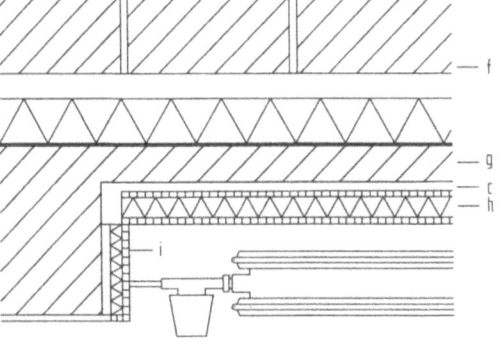

Gliederheizkörper

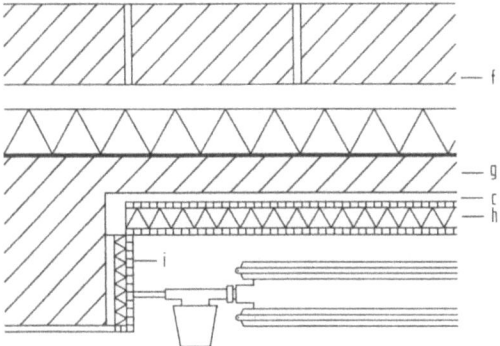

Plattenheizkörper, mehrlagig

Ausbildung von Heizkörpernischen in ein- und mehrschaligem Mauerwerk mit unterschiedlichen Dämmstoffen.
a Egalisierender Pinselputz
b Feuchtigkeitsabweidende Sperrschicht
c Mörtelbett
d Holzwolleleichtbauplatte
e Putz
f Hinterlüftete Vormauerschale
g Innere Wandschale zur Befestigung von Konsolen
h/i Gipskarton (GK)-Verbundplatten mit Polystyrolhartschaum

Warum verwendet man Sockelkonvektoren mit Stellklappe? Vor- und Nachteile sind zu nennen.

Sockelkonvektoren besitzen eine kleine Heizfläche je lfd. Meter Länge. Dies ist ihr Vorteil, weil man bei ihrem Einbau Rohrlänge sparen kann, aber auch zugleich ihr Nachteil, weil man eine große Länge einbauen muss, um eine verlangte Heizleistung zu erhalten. Sockelkonvektoren eignen sich vor allem zum Einbau in waagerechten Einrohrheizungsanlagen, weil dabei die Rohrersparnis ins Gewicht fällt. Nachteilig ist, dass die Stellklappen nicht dicht schließen. Deshalb werden auch bei Abschluss noch etwa Anteile von 30 % der vollen Leistung an den Raum übertragen.

 **Welchen Einfluss hat ein Farbanstrich bei einem Heizkörper? Sind dunkle Heizkörper besser zur Wärmeübertragung geeignet als helle Heizkörper oder umgekehrt? Begründung!**

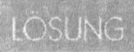 Der Farbanstrich hat keinen Einfluss auf die Wärmeübertragung. Wärmeabgabe durch Strahlung ist eine Molekülbewegung, die unabhängig vom Farbanstrich ist, jedoch abhängig vom Material, z.B. Stahl, Guss.
Ausnahme Silberbronze. Reflektierende metallische Anstriche können bei hohem Strahlungsanteil der Heizfläche die Wärmeabgabe um bis zu 10 % vermindern.

 **Welche verschiedenen Formen und Anordnungen von Plattenheizkörpern gibt es?**

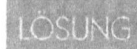 Wandplattenheizkörper:
Sie ähneln in ihrer äußeren Form flachgedrückten Rohren, Anordnung in mehreren Lagen übereinander, hintereinander, horizontal oder vertikal. Auch die abgewinkelte oder gebogene Form ist möglich.

Flachheizkörper:
Sie bestehen aus profiliertem Stahlblech mit waagerechter oder senkrechter Profilierung. Genormt in DIN 4703. Sie können zu Register über- und nebeneinander angeordnet werden.

Konvektoren-Heizkörper:
Auf der Vorderseite als Wandplatten- oder Flachheizkörper gefertigt, auf der Rückseite zusätzliche Lamellenbleche (Luftkanäle) angeordnet, sie mindern die Wärmeabstrahlung nach der Außenwand (einlagig) und verbessern die konvektive Wärmeabgabe durch erhöhte Luftumwälzung.

 **Wie hängen Aufbau und Wärmeleistung eines Konvektors zusammen?**

 Der Konvektor wird in einem Schacht mit Verkleidung durch eine Frontplatte und einer unteren Einlassöffnung sowie einer oberen Auslassöffnung angeordnet. Die Wärmeabgabe erfolgt ausschließlich durch Konvektion. Die Verkleidung bewirkt bezüglich des Leistungsverhaltens den grundsätzlichen Unterdruck der Konvektion. Gegenüber Gliederheizkörpern und Plattenheizkörpern „muss" ein Konvektor verkleidet werden, ein Radiator „kann", bei Leistungsminderung bis zu 15%, verkleidet werden.

Die Leistung des Konvektors hängt entscheidend von der Höhe des Schachts (Auftrieb der Luft) ab, Minderung durch zu große oder zu kleine Luftein- und Luftaustrittsöffnungen sowie vom Abstand der Heizflächenlamellen von der Schacht- und rückseitigen Wandung. Leistungsminderung auch durch Verschmutzen des Schachtes und der Lamellen.

Bei Unterflurkonvektoren entsteht der notwendige Schacht durch Verkleidungen, die am Konvektor angebracht werden. Unterflurkonvektoren sind mit einem begehbaren Gitter abgedeckt. Im Schacht können die Unterflurkonvektoren raumseitig (Bild links unten), fensterseitig oder mittig (Bild rechts unten) angeordnet werden.

Die Leistungsregelung erfolgt bei Konvektoren luftseitig durch Regelkappen und wasserseitig durch Ventile.

Eine Steigerung der Wärmeleistung ist möglich durch Gebläse-Konvektoren mit Drehzahlregelung. Sie haben sehr kurze Anheizzeiten und finden besonders Anwendung in Büros, Läden, Konferenzräumen sowie Gaststätten usw.

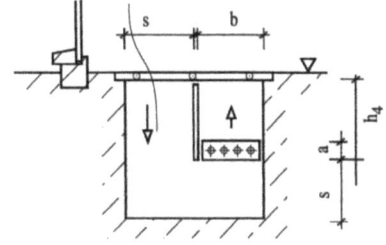 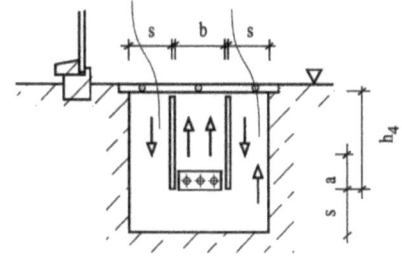

 Vergleich von Heizkörpern, Fußbodenheizung, Heizleisten bzw. Wandheizung hinsichtlich Wirtschaftlichkeit, Raumklima, Raumgestaltung und Schnelligkeit der Wärmeverteilung.

 Hinsichtlich Wirtschaftlichkeit, Raumklima, Raumgestaltung und Schnelligkeit der Wärmeverteilung ergibt sich bei

Heizkörper:
– Wirtschaftlichkeit: gut, Heizung kann mit niedrigen Vorlauftemperaturen betrieben werden
– Raumklima: mäßig, Staubverwirbelungen (Allergien!), geringer Anteil an direkter Wärmestrahlung
– Raumgestaltung: Akzent im Raum (z.B. farbige Heizwände)
– Schnelligkeit: sehr.gut, bei modernen Heizkörpern

Fußbodenheizung:
– Wirtschaftlichkeit: sehr gut, besonders bei Brennwertkesseln, niedrigere Vorlauftemperatur
– Raumklima: gut, keine Staubaufwirbelungen, Wärme von unten wird als belästigend empfunden
– Raumgestaltung: sehr gut, Fußbodenbelag beachten
– Schnelligkeit: mäßig bis schlecht, besser bei teuren „Klimaböden"

Heizleisten:
– Wirtschaftlichkeit: gut
– Raumklima: sehr gut, angenehme Wärmestrahlung
– Raumgestaltung: mäßig, Möblierung berücksichtigen, Leisten kein attraktives Gestaltungselement
– Schnelligkeit; gut bis mäßig, Wärmezufuhr in das in der Leiste laufende Rohr kann schnell gestoppt werden

Wandheizung:
– Wirtschaftlichkeit: gut bis mäßig
– Raumklima: sehr gut, Wärmestrahlung
– Raumgestaltung: gut bis mäßig, Möblierung berücksichtigen
– Schnelligkeit: mäßig bis schlecht

Heizung - Raumheizflächen

 **Nach der Art der Heizkörperanschlüsse an Vorlauf und Rücklauf sowie nach der Lage der Hauptverteilung unterscheidet man bei Zweirohrsystemen 3 verschiedene Möglichkeiten der Leitungsführungen. Welche sind dies?**

 Nach der Lage der Hauptverteilung unterscheidet man:
Zweirohrheizung mit oberer Verteilung
– die Hauptverteilung liegt im Dachgeschoss und bei einer konventionellen Schwerkraftheizung erfolgt eine schnelle, gleichmäßige Erwärmung der Heizkörper.
– Vorteil bei Dachheizzentralen sind die kurzen Verbindungswege.
Zweirohrheizung mit unterer Verteilung
– Vor- und Rücklaufleitungen liegen an der Kellerdecke und führen zu den Steigleitungen nach oben. Von Vorteil ist die einfache und übersichtliche Montage im Keller und durch den Wegfall des Sicherheitsvor- und -rücklaufs ist weniger Rohrmaterial notwendig, das System also wirtschaftlicher.
Zweirohrheizung mit horizontaler Verteilung
– es wird eine zentrale Vor- und Rücklaufleitung angeordnet und von der aus werden alle einzelnen Heizkörper angeschlossen.
– Vorteil der horizontalen Verteilung, es ist nur ein Steigschacht erforderlich und keine weiteren Schlitze oder Deckendurchbrüche, also eine besonders wirtschaftliche und montagefreundliche Art der Verlegung.
– Von Nachteil ist die entsprechend hohe Dicke der Dämmschicht bei Verlegen der Rohre im schwimmenden Estrichs.

 **Was sind die Vor- und Nachteile von Konvektoren gegenüber Gliederheizkörpern?**

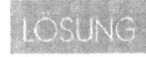 Konvektoren haben gegenüber Gliederheizkörpern folgende Vorteile:
– Geringe Masse
– Kurze Aufheizzeit
– Hohe Wärmeleistung
– Viele Einbaumöglichkeiten.

Nachteile:
- Schlechte Reinigungsmöglichkeiten
- Hoher Anschaffungspreis durch die Verkleidung
Große Staubaufwirbelungen.

 **Schildern Sie als bauleitender Architekt stichpunktartig den zeitlichen Ablauf einer Heizkörpermontage bei einem Einfamilienhaus in Massivbauweise.**

 Der zeitliche Ablauf der Heizkörpermontage lässt sich folgendermaßen darstellen:
- Nach der Rohbaufertigstellung erfolgt die Montage der Heizungsanlage, der Vor- + Rücklaufleitungen, der Halterungen/Konsolen und der Heizkörper
- Abdrücken der Heizungsanlage und Heizprobe
- Nach erfolgreicher Druckprobe Abnahme der Heizkörper
- Schließen der Wand- und Deckendurchbrüche
- Fertigstellung der Heizkörpernischen (falls vorhanden) mit Dämmung und Putz
- Einbau des Estrichbodens
- Decken- und Wandanstrich
- Fertigmontage der Heizkörper
- Bodenbelagsarbeiten.

 **Welche Konsequenzen hat die Umstellung der Temperaturspreizung 90 °C/70 °C auf 55 °C/45 °C der Heizungs-Anlage für die Heizflächen und den Schornstein?**

 Infolge einer Gebäudesanierung wird der Wärmebedarf reduziert, so dass der vorhandene Heizkessel meist überdimensioniert ist, die vorhandenen Heizflächen:
- zu klein dimensioniert
- Konvektoren nicht geeignet

Schornstein:
- Auftrieb nicht mehr gewährleistet
- kleinerer Durchmesser notwendig
- eventuell Ventilator
- feuchteunempfindlich
- hinterlüftet
- Ablauf für Kondenswasser (Brennwertkessel)

 **Erläutern Sie den Aufbau und die Wärmeleistung von Fußbodenheizungsanlagen?**

 Fußbodenheizungen zählen zu den Flächenheizungen (mit Decken-, Wandheizungen) und geben die Wärme hauptsächlich durch Strahlung ab (andere Bezeichnung auch Strahlungsheizung).
Bei der für Fußbodenheizungen üblichen Nasseinbettung werden die Heizrohre schlangen- oder spiralförmig auf einer Wärmedämmschicht mit darüberliegender Trägermatte verlegt. Die Befestigung erfolgt z.B. mit Drahtbügeln oder Rohrclipsen. Die Dämmschicht muss mit einer Folie abgedeckt sein (gegen Eindringen von Feuchte); dann wird der Heizestrich aufgebracht. Randdämmstreifen ermöglichen die Ausdehnung des Estrichs und verhindern ein Ausbreiten des Trittschalls über die Wände. Jeder mit einer Fußbodenheizung ausgestattete Raum erhält je nach erforderlicher Wärmeleistung einen oder mehrere Heizkreise. Vor großen Fensterflächen wird in einer Randzone eine engere Rohrverlegung gewählt. Die Vor- und Rückläufe aller Heizkreise in einem Geschoss werden an einen zentral gelegenen Verteiler bzw. Sammler angeschlossen.
Bei der Trockenverlegung werden die Heizrohre auf Wärmedämmplatten verlegt, die mit Rillen oder Kanälen versehen sind, eine darüber liegende Folie dient als Feuchtesperre. Darauf wird der Estrich aufgebracht oder Trockenbauplatten.
Für Fußbodenheizungen werden heute bevorzugt Kunststoffrohre aus Polyethylen (PE), vernetztem Polyethylen (PE-X), Polypropylen (PP) und Polybutylen (PB) verwendet. Die Rohre sind sauerstoffdiffusionsdicht (sonst besteht Gefahr von Korrosionsschäden). Maximale Fußbodenoberflächentemperaturen je nach Raumnutzung in Aufenthaltsräumen, Wohnräumen, Büros $\leq 29\ °C$, Bäder sowie Randzonen der Räume $\leq 35\ °C$.
Vorlauftemperaturen nicht höher als 50 °C, Anwendung in Wohnhäusern, Sporthallen, Kirchen, Gewerbe- und Industriehallen, Schwimmbädern usw. Vorteile der Fußbodenheizung aus architektonischer Sicht: Keine sichtbaren Raumheizflächen, günstige Temperaturverteilung im Raum; von Nachteil: höhere Anschaffungskosten gegenüber anderen Raumheizflächen, träge Regelung, nicht für alle Fußboden-

beläge geeignet. Gefahr des Kaltluftanfalls bei schlecht gedämmten und fugendurchlässigen Fenstern.

 Bei der Fußbodenheizung gibt es nassverlegte und trockenverlegte Systeme. Bei welchem System ist die Heizmitteltemperatur niedriger?

 Bei der Fußbodenheizung gibt es folgende Verlegesysteme:
Nassverlegtes System:
– Verlegung der Rohre der Heizung im Estrich
  → mittlere Heizmitteltemperatur

Trockenverlegtes System:
– Verlegung der Rohre der Heizung in der Dämmschicht
  → größte Heizmitteltemperatur

Klimaboden:
– Verlegung der Rohre der Heizung auf vorgefertigten Rillen oder Kanälen von Hartschaumplatten, Abschirmung der Wärmestrahlung nach unten durch ein Wärmeleitblech → geringste Heizmitteltemperatur.

 Eine Fußbodenheizung, die im Heizestrich eingebettet war, ist nach kurzer Zeit defekt geworden. Nach dem Ausbau der metallische Leitungen werden punktförmige, nach außen sich erweiternde Anfressungen festgestellt. Welche Ursachen können zu der Zerstörung geführt haben?

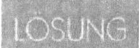 Punktförmige, kegelig erweiterte Anfressungen deuten auf das Fließen von Strömen hin: Solche sogenannte vagabundierende Ströme entstehen in der Nähe elektrischer Anlagen, z.B. durch in der Nähe laufende Straßenbahnen, bei denen schlecht verbundene Schienen das Abspringen (Vagabundieren) von Strömen bewirken. Auch der Anschluss von Erdungsleitern und des Telefonnetzes an die Wasserleitung kann solche Schädigungen herbeiführen.

 Nennen Sie Randbedingungen für die Auslegung einer Fußbodenheizung.

 Randbedingungen für die Auslegung einer Fußbodenheizung sind:
- Thermischer Komfort
- Höhere Anforderungen an die Wärmedämmung von Fenstern und Außenwänden, Decken und Böden und damit eine gleichmäßige Temperaturverteilung im Raum
- Absenkung des Wärmebedarfs
- Platzersparnis und freie Gestaltungsmöglichkeiten
- Problemlose Montage
- Durch niedrigere Vorlauftemperatur Heizkostenersparnis.

 **Wie sind Strahlplatten gebaut, die zur Beheizung hoher Räume, z.B. von hohen Fabrikhallen, verwendet werden? Wie werden sie installiert und wie wirken sie?**

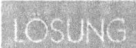 Strahlplatten sind aus Stahlblech gepresst. Die Platten sind mit Halbrundungen versehen zur Aufnahme von Heizrohren, die mit Heißwasser oder Dampf beschickt werden. Auf der Oberseite werden sie mit einer Dämmmatte belegt, damit der Strahlungsverlust nach oben gering bleibt. Strahlplatten können nur zur Beheizung hoher Fabrikhallen verwendet werden, weil ihre Strahlwirkung bei niedriger Aufhängung zu groß ist. Die Platten können in beliebiger Lage stumpf aneinander gestoßen werden. Heizplatten werden gewöhnlich an einer Deckenkonstruktion der Halle pendelnd aufgehängt. Sie sind so zu verlegen, dass sie sich einwandfrei entlüften.

 **Inwiefern haben nachträgliche Wärmedämmmaßnahmen und der Einbau von statischen Heizflächen Einfluss auf eine vorhandene Luftheizungsanlage? Geben Sie Vor- und Nachteile an.**

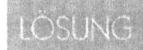 Nachträgliche Wärmedämmmaßnahmen und der Einbau von statischen Heizflächen haben folgenden Einfluss auf eine vorhandene Luftheizungsanlage:
- Luftheizungsanlage dann überdimensioniert
- evtl. Überheizen des Raumes
- Radiatoren liefern Strahlungswärme → angenehmer
- Konvektion: Staubaufwirbelung, Verschwelung

 **Bei Fußbodenheizungen besteht die Gefahr der „Sauerstoff-Diffusion". Erklären Sie den Begriff. Welche Maßnahmen werden dagegen bei Neu- bzw. bei Altanlagen getroffen?**

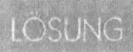 Die Gefahr der „Sauerstoff-Diffusion" tritt vor allem bei Kunststoffrohren auf. Bei der Verwendung von Kunststoffrohren kann Sauerstoff durch die Molekularstruktur des Rohrmaterials in das Heizwasser eindringen. An Eisenteilen verursacht der Sauerstoff Korrosionsvorgänge mit Rostbildung.

Bei Neuanlagen werden nur noch sauerstoffdichte Rohre verwendet, dazu sind die Rohre mehrschichtig, mit mindestens einer sauerstoffdichten Schicht, aufgebaut.

Bei Altanlagen muss bei Rostschlammbildung das Rohrsystem gespült werden, damit es nicht zu Verstopfungen kommen kann. Durch regelmäßige Beigaben von Inhibitoren (sauerstoffbindende Mittel) lassen sich diese Korrosionsschäden weitgehend vermeiden.

 **Erläutern Sie die Bezeichnung 25 – 600 x 220 eines Radiators.**

 Bei dieser Bezeichnung bedeuten:
25 – Anzahl der Glieder
600 – Bauhöhe in mm
220 – Bautiefe in mm.

 **Welche zwei Rohrverlegungsarten (Rohrführungen) unterscheidet man bei Fußbodenheizungen?**

 Die Rohre der Fußbodenheizung können schlangenförmig (mäanderförmig) oder spiralförmig (bifalar) verlegt werden. Bei der spiralförmigen Verlegung erhält man eine gleichmäßigere Fußboden-Oberflächentemperatur. Bei der schlangenförmigen Verlegung können in den Randzonen, z.B. unter Fenstern, höhere Wärmeleistungen erzielt werden, wenn man dort mit dem Vorlauf beginnt oder die Rohrabstände verringert.

In der Literatur findet man vielfach den Hinweis, dass Heizkörper bei moderner Isolierverglasung nicht zwingend vor den Fenstern platziert werden müssen. Gilt diese Aussage auch bei großen, bis zum Fußboden reichenden Fensterflächen?

Simulationen und Messungen der Temperaturschichtung ergeben übereinstimmend in der Praxis, dass bei -14°C Außentemperatur die Differenztemperaturen zwischen Kopfhöhe und 10 cm über dem Fußboden erst unterhalb eines U-Wertes von 0,85 W/(m^{2}K) sicher im behaglichen Bereich liegen. Für moderne Zweischeiben-Wärmeschutzverglasungen (U-Wert des Fensters um 1,6 W/(m^{2}K)) gibt es hingegen Fälle, in denen Behaglichkeit bezüglich der Temperaturschichtung nicht erreicht wird. Es kann daher nur empfohlen werden, weiterhin Heizkörper vor der Fensterbrüstung einzuplanen. Bei großen, bis zum Fußboden reichenden Fensterflächen sind Heizkörper nicht zu empfehlen – es sei denn, die U-Werte der Fenster bleiben unter 0,85 W/(m^{2}K).

Heizung – Regelung

 Nach der Energieeinsparverordnung (EnEV) müssen Zentralheizungsanlagen mit Regelungseinrichtungen ausgestattet sein. Mit welchen?

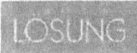 Mit zentralen, selbsttätig wirkenden Einrichtungen, die die Wärmezufuhr in Abhängigkeit von der Außentemperatur oder einer anderen Führungsgröße regeln und zeitabhängig ein- und ausgeschaltet werden können. Ferner mit selbsttätig wirkenden Einrichtungen zur Raum-Temperaturregelung, z.B. Thermostatventile, Zonenventile.

 Welche Aufgaben haben Heizkörper-Thermostatventile?

 Heizkörper-Thermostatventile begrenzen automatisch den Heizwasserstrom, wenn die Raumlufttemperatur über den eingestellten Wert ansteigt. Dabei wirkt eine Mechanik, ein mit einem Ausdehnungsmittel gefülltes Wellrohrelement, auf einen Ventilkegel, der je nach Temperatur das Ventil öffnet oder schließt.
Die Ventilgehäuse werden je nach Lage des Anschlusses hergestellt als:
– Durchgangsventil
– Eckventil
– Axialventil
– Winkel-Eckventil.
Bei geschlossenem Thermostatventil bewirkt ein Frostschutz, dass der Raum auf einer Temperatur von ca. 5 °C gehalten wird.

 Warum werden moderne Heizungsanlagen zusätzlich zu den Thermostatventilen mit einer außentemperaturgeführten Vorlauftemperatursteuerung ausgestattet? Erklären Sie in diesem Zusammenhang den Unterschied zwischen Heizungs-Regelung und Heizungs-Steuerung.

 Moderne Heizungsanlagen werden zusätzlich mit außentemperaturgeführter Vorlauftemperaturreglung ausgestattet:
– witterungsgeführte Vorlauftemperaturreglung
– Fühler an der Nordseite des Hauses

- mit zentraler Steuereinheit
- Aufgabe der Vorlauftemperaturreglung ist es, die Temperatur des Heizwassers gerade so hoch einzustellen, dass trotz sich ändernder Außenlufttemperatur die Raumlufttemperatur auf dem gewünschten Wert gehalten werden kann.
- Vorlauftemperatur muss deshalb ständig angepasst werden, um die Verluste von Kessel und Rohrsystem möglichst klein zu halten und einen optimalen Betrieb der Einzelraumregelung zu gewährleisten.
- Thermostatventil: zur Temperaturregelung eines einzelnen Raumes.

Regeln: läuft automatisch
Steuern:
- wird entsprechend (von Hand) eingestellt
- der Nutzer steuert die Anlage.

 **Wann benötigt ein Thermostatventil einen getrennt montierten Fühler und wann einen getrennt montierten Sollwerteinsteller?**

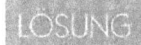 Der Thermostatkopf eines Heizkörpers sollte im Normalfall ungehindert von der Raumluft umspült werden. Entsteht jedoch ein Wärmestau durch Vorhänge oder Verkleidungen, muss der Fühler vom Thermostatventil getrennt werden. Ist zusätzlich der Sollwerteinsteller schlecht oder nur schwer zugänglich, z.B. bei Unterflur-Konvektoren, wird der Fühler zusammen mit dem Sollwerteinsteller montiert.

 **Weshalb soll man bei größeren Gebäuden mit besonders leichter Bauweise und solchen mit vielen Glasflächen der witterungsabhängigen Steuerung den Vorzug geben?**

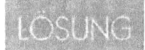 Die Raumtemperaturen in solchen Gebäuden schwanken je nach Witterungs- und Sonneneinfluss besonders stark. Deshalb ist das schnelle Anpassen der Heizungs-Vorlauftemperatur an die herrschenden Raumtemperaturverhältnisse sehr wichtig.

 **Was versteht man unter den folgenden Begriffen der Regelungs-/Steuerungstechnik:**

A) Regelgröße, B) Sollwert, C) Istwert, D) Störgröße, E) Messglied, F) Messort, G) Stellglied, H) Stellgröße, I) Regelstrecke

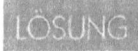
Zu A) Eine Größe, die auf einem bestimmten Wert gehalten werden soll, die zu regelnde Größe, z.B. eine Temperatur, ein Druck, eine Wasser- oder Luftmenge.
Zu B) Eine bestimmte Größe, die bei allen möglichen Einflüssen gehalten werden soll, z.b. die Raumtemperatur unter dem Einfluss des äußeren Witterungseinflusses.
Zu C) Der Wert, der augenblicklich vorhanden ist, die Abweichung vom Sollwert also z.B. Anstieg der Raumtemperatur unter dem Einfluss des äußeren Witterungseinflusses.
Zu D) Einflüsse, welche den Sollwert zum Istwert wandeln, z.b. Wind, Sonneneinstrahlung, Änderung der Außentemperatur, Aufheizung von Räumen durch Menschen oder andere Wärmequellen oder Abkühlung durch eingebrachte Gegenstände usw.
Zu E) und F) Das Messglied, z.B. ein Temperaturfühler, stellt die Regelgröße am Messort fest. Beispiele: Raum- und Außenfühler, Fühler im Vor- und Rücklauf einer Heizungsanlage usw.
Zu G) und H) Das Stellglied verändert die Regelgröße z.B. durch Änderung des Ventilhubes. Beispiele: Begrenzung des Heizmittelflusses zum Gegenstromapparat oder zum Warmwasserspeicher zur Neuregelung der Vorlauftemperatur auf einen gewünschten Wert.
Zu I) Die Regelstrecke soll durch die Regelung gegen Änderungen des gewünschten Sollwertes gesichert werden. Regelstrecken können z.B. der Kesselkreis oder der Heizungskreis sein.

 **Wie wird die Regelung der Heizung in Mehrfamilienhäusern zweckmäßig vorgenommen?**

Die Regelung sollte witterungsabhängig erfolgen, weil die Auswahl eines Testraumes dabei schwierig ist. Die Heizungsvorlauftemperatur wird in Abhängigkeit von der Außentemperatur gesteuert. Ein elektrischer Regler, der seine Impulse von einem Außenfühler und vom Thermostaten im Heizungsvorlauf erhält, verändert witterungsabhängig nach

einer Regelkurve die Vorlauftemperatur des Heizungswassers. In jedem Raum des Gebäudes werden an den Raumheizflächen thermostatische Regelventile angeordnet, die lokale Witterungseinflüsse, z.B. durch Sonneneinstrahlung, Raumbelegung usw. durch Messen der Raumtemperatur erfassen und die Leistung der Raumheizfläche dem Sollwert der Raumtemperatur anpassen.

Welche Gründe sprechen für eine selbsttätige Temperaturregelung in Zentralheizungen?

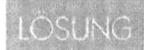
Durch die selbsttätige Temperaturregelung wird eine gewünschte Raumtemperatur ohne Bedienungsaufwand ständig erhalten und dadurch Brennstoff gespart. Bei 1 K Überheizung entsteht ein Brennstoffmehrverbrauch von etwa 4 % bis 6 % im Jahresmittel.

Der Motor einer Heizungsumwälzpumpe hat eine Leistungsaufnahme von 120 Watt. Wie hoch sind die Kosten für den Betrieb im Jahr, wenn die Pumpe 4000 Stunden läuft und 1 kWh kostet 0,10 €?

Kosten = 0,12 kW · 0,10 €/kWh · 4000 h/a = 48,00 €/a.

Weshalb muss man für Ölbrennermotoren träge Sicherungen verwenden?

Die Anlaufstromstärke ist erheblich höher als die Normalstromstärke. Bei einer normalen (flinken) Sicherung würde der Stromfluss unterbrochen, weil diese den hohen Stromstoß nicht überbrückt.

Erklären Sie die Regelung der Raumtemperatur mit thermostatischen Heizkörperventilen.

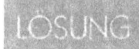
Die Regelung der Raumtemperatur durch thermostatische Heizkörperventile hat den Vorteil, dass die Temperatur in den einzelnen Räumen nach individuellem Wunsch eingestellt werden kann, z.B. unterschiedlich im Bad, im Wohnraum, im Schlafzimmer. Die höheren Kosten der thermostati-

schen Ventile werden dadurch ausgeglichen, dass ein Vorlaufthermostat zur Steuerung des Ölbrenners genügt. Die Vorlauftemperatur der Heizungsanlage muss etwas höher eingestellt werden, als sie der Außentemperatur entspricht, damit die gewünschten Raumtemperaturen mit Sicherheit erreicht werden.

In einem Gebäude werden verschiedene Bereiche durch Konvektoren, Radiatoren und Fußbodenschlangen beheizt. Wie sorgt man dafür, dass die Anlage zufriedenstellend arbeitet?

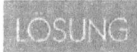

Radiatoren und Konvektoren benötigen unterschiedliche Vorlauftemperaturen, wenn sie einwandfrei arbeiten sollen. Für die Fußbodenheizung ist eine wesentliche niedrigere Temperatur erforderlich. Deshalb wird man die Anlage in drei getrennte Heizkreise unterteilen. Jeder Anlageteil muss unter Verwendung von Dreiwegeventilen mit einer Beimischung aus dem Rücklauf in den Vorlauf ausgerüstet werden. Jeder Heizkreis erhält eine eigene Zirkulationspumpe.

Was verstehen Sie unter dem „hydraulischen Abgleich" bei Heizungsanlagen? Nennen Sie Einrichtungen für den „hydraulischen Abgleich".

Der hydraulische Abgleich ist eine Grundvoraussetzung für den ordnungsgemäßen Betrieb einer Heizungsanlage. Die Druckverhältnisse und Volumenströme einer Heizungsanlage werden durch den hydraulischen Abgleich so reguliert, dass z. B. jeder Raum entsprechend seines Wärmebedarfs mit Wärmeenergie versorgt wird.

Der hydraulische Abgleich kann durch Begrenzung der Durchflussmenge und durch Regulierung des Differenzdruckes bzw. hydraulische Entkopplung des Kesselkreislaufes vom Verbraucherkreislauf (hydraulische Weiche) vorgenommen werden.

Als Einrichtungen für die Durchfluss- und Differenzdruckregulierung werden verwendet:

– Voreinstellbare Thermostatventile

- Heizkörper-Rücklaufverschraubung
- Strangregulierventile
- Durchflussregler
- Differenzdruckregler
- Differenzdruckregler mit Durchflussbegrenzung
- Überströmventil.

Heizung – Aufstellräume, Heizräume

 **Was versteht man unter dem Begriff „Heizraum"?**

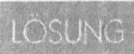 Als Heizraum gilt gemäß Muster-Feuerungsverordnung (MFeuVO) ein Raum, der eine oder mehrere Feuerstätten mit einer Gesamtnennwärmeleistung größer als 50 kW für feste Brennstoffe enthält, die zur zentralen Wärmeerzeugung für eine Heizung oder Warmwasserbereitung sowie zur Erzeugung von erwärmtem Betriebs- oder Wirtschaftswasser dienen. In einzelnen Bundesländern gelten davon abweichende Regelungen in den Feuerungsverordnungen.

 **Wie viel Heizöl darf in einem Aufstellraum bis 50 kW Gesamtwärmeleistung gelagert werden und welche Bedingungen sind zu erfüllen?**

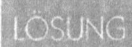 In einem Aufstellraum bis 50 kW Gesamtwärmeleistung dürfen in der Regel bis zu 5000 Liter gelagert werden. Der Fußboden des Raumes muss ölundurchlässig sein. Falls ein Abfluss vorhanden ist, muss dieser durch eine Heizölsperre gesichert sein. Wände und Decken müssen mindestens feuerhemmend sein. Entfernung des Öllagerbehälters bis Kessel oder Abgasrohr mindestens 2 m, beim Anbringen eines Strahlungsschutzes mindestens 1 m.

 **Weshalb darf ein Heizraum keine Verbindung zu dauernd bewohnten Räumen haben?**

 Brand-, Explosionsgefahr,
Gefahr durch schädliche Verbrennungsgase, Rauch.

 **In welche Gruppen lassen sich Aufstellräume hinsichtlich ihrer unterschiedlichen Anforderungen an die Räumlichkeiten unterscheiden?**

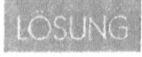 Hinsichtlich ihrer unterschiedlichen Anforderungen an die Räumlichkeiten lassen sich Aufstellräume unterscheiden in:
– Aufstellräume mit raumluftunabhängigen Feuerstätten

- Aufstellräume mit raumluftabhängigen Feuerstätten bis 50 kW Gesamtwärmeleistung, betrieben mit Gas, Heizöl oder festen Brennstoffen.
- Aufstellräume mit raumluftabhängigen Feuerstätten über 50 kW Gesamtwärmeleistung, betrieben mit Gas oder Heizöl.
- Heizräume für Feuerstätten über 50 kW Gesamtwärmeleistung, betrieben mit festen Brennstoffen.

Welche Anforderungen werden an die Verbrennungsluftversorgung für Feuerstätten bis zu 50 kW gestellt und auf welche Weise kann dies erfolgen?

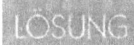

Nach der Muster-Feuerungsverordnung ist eine stündliche Verbrennungsluftmenge von 1,6 m³/1 kW Gesamtnennwärmeleistung erforderlich. Dies gilt für Feuerstätten mit festen, flüssigen oder gasförmigen Brennstoffen, soweit sie die Verbrennungsluft dem Aufstellraum entnehmen. Diese ausreichende Verbrennungsluftversorgung kann auf natürliche oder durch technische Maßnahmen erfolgen:

Über „Außenfugen des Aufstellungsraums", Türen und Fenster ins Freie, Rauminhalt mindestens 4 m³/kW Gesamtnennwärmeleistung

Über „Öffnungen ins Freie", mindestens 150 cm² lichter Querschnitt, Rauminhalt mindestens 1 m³/kW Gesamtnennwärmeleistung

Über „Lüftungsleitung ins Freie", Rauminhalt mindestens 1 m³/kW Gesamtnennwärmeleistung. Bei dieser Verbrennungsluftversorgung ist der Querschnitt der Verbrennungsluftleitung zu beachten, z.B. 10 m gerade Leitung: 300 cm² Querschnitt. Bei Richtungsänderungen sind die Bogen als Längenzuschlag zu berücksichtigen, Bogen 90°: 3 m Zuschlag, Bogen 45°: 1,5 m Zuschlag

Über einen „Schacht über Dach", Rauminhalt mindestens 1 m³/kW Gesamtnennwärmeleistung. Die Schachthöhe darf max. 4 m betragen. Der lichte Querschnitt muss 230 cm² sein.

Über „Außenfugen und Außenluftdurchlasselemente im Aufstellungsraum"

Über „Lüftungen wie für Heizräume"

Über „Außenfugen im Verbrennungsluftverbund", für solche Aufstellräume mit zu geringem Volumen.

 Nach dem Vorschlag eines Fachmannes soll bei einer kleinen Kesselleistung (< 50 kW) die notwendige Verbrennungsluft über ein Kellerfenster (nicht dicht schließende Fugen) dem Heizraum zugeführt werden. Die Bauaufsichtsbehörde erkennt diese Planung nicht an und fordert, die Luftzufuhr auf andere Weise sicherzustellen. Machen Sie einen Vorschlag!

 Nach der Muster-Feuerungsverordnung §5 muss mindestens eine Zuluftöffnung vorhanden sein, die unmittelbar ins Freie führt. Der Querschnitt des Zuluftschachtes muss mindestens eine 150 cm² große Öffnung oder eine Leitung ins Freie haben. Die Luftöffnung darf höchstens 50 cm über dem Fußboden des Heizraumes liegen. Wird die Zuluft über einen auf der Außenseite des Gebäudes liegenden Schacht entnommen, so muss dessen Querschnitt 50 % größer als der Zuluftquerschnitt selbst, und seine Sohle 30 cm unter der unteren Kante der Zuluftöffnung liegen.
Durch Gitter darf der freie Querschnitt nicht unter den erforderlichen Wert verringert werden. Engmaschige Gitter sind nicht zugelassen.

 **In welchen Räumen ist eine Aufstellung von Feuerstätten verboten?**

 Unzulässige Räume für die Aufstellung von Feuerstätten sind:
– Treppenräume in Gebäuden mit mehr als zwei Wohnungen
– Allgemein zugängliche Flure, die als Rettungsweg dienen
– Garagen
– Räume, in denen sich leicht entzündliche oder explosive Stoffe befinden.

 **Nennen Sie Vor- und Nachteile einer Heizzentrale auf dem Dach bzw. im Dachgeschoss.**

 Von Vorteil sind: Kosteneinsparung und Platzersparnis durch Fortfall des Aufstellungs- bzw. Heizraumes im Kellergeschoss, Fortfall der Schornsteinanlage (Zunahme vermietbarer Fläche je Geschoss), nur kurzer Abgasweg vom Gerät bis über Dach, meist gasbetriebene Wärmeerzeugung, d.h. höherer Kesselwirkungsgrad durch niedrige Abgastemperaturen (durch die kurzen Abgaswege geringe Wärmeverluste). Keine Gefahr bei Hochwasser.

Von Nachteil sind: Kaum ölgefeuerte Wärmeerzeuger wegen hoher Sicherheitsanforderungen an Öltransport zum Dach, Maßnahmen gegen Auslaufen von Heizöl und Wasser aus dem Wärmeerzeuger, lange Brennstoffleitungen z.B. für Gas, erhöhte Schallschutzmaßnahmen, Montage und Austausch des Wärmeerzeugers können Transportprobleme bereiten. Schwierigkeiten, eine Wohnung unter einer Maschinenanlage zu vermieten.

Heizung – Brennstofflagerung

 **Wodurch entsteht in Öllagerbehältern Innenkorrosion? Welche Gegenmaßnahmen kann man vorsehen?**

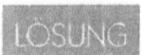 Veranlasst durch Kondenswasser und wässrige Ausscheidungen aus dem Heizöl oder durch die Schwankungen des Ölspiegels und der frei liegenden Wandung durch feuchte Luftberührung. Hierdurch entsteht meist Lochfraß. Gegenmaßnahmen: Beschichtung der Innenwandung mit Kunststoff. Einbau einer ölbeständigen Kunststoffhülle mit Lecksicherungsgerät, Verwenden doppelwandiger Öllagerbehälter mit Leckwarngerät oder Behältermaterial das korrosionsfest ist, z.B. glasfaserverstärktes Polyester.
Im Bereich der Sohle sind zusätzliche Maßnahmen in Form eines Bodenbleches erforderlich, da sich Wasser aufgrund seiner Dichte vor allem im unteren Bereich absetzt und eine aggressive Ablagerung bildet.

 **Wie kann man Heizöl S (schwerflüssig), das im Erdreich in einem Behälter gelagert ist, pumpfähig machen?**

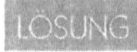 Schweres Heizöl ist nicht pumpfähig, weil es bei Erdreichtemperatur zu dickflüssig ist. Um es pumpfähig zu machen, muss ein Ölerwärmer in den Behälter eingebaut werden, der mit Dampf oder elektrischem Strom beheizt wird.

 **Wie lauten die rechtlichen Grundlagen für die Heizöllagerung, Lagerbedingungen und Anforderungen?**

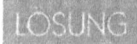 Rechtliche Bestimmungen befinden sich in den Landesbauordnungen der Länder und der Muster-Feuerungsverordnung. Zu beachten sind ferner das Wasserhaushaltsgesetz (WHG), die Technischen Regeln für brennbare Flüssigkeiten (TRbF), die „Verordnung über brennbare Flüssigkeiten", die Vorschriften für Wasserschutzgebiete und die DIN 4755 „Ölfeuerungsanlagen".
Die Lagerung kann unterirdisch, oberirdisch im Freien und in Gebäuden erfolgen. Nicht erlaubt ist der Transport und die Lagerung in Wasserschutzgebieten. Im weiteren Bereich von Wasserschutzgebieten kann die Lagerung zulässig sein.

Bei der unterirdischen Lagerung werden doppelwandige zylindrische Stahlbehälter angeordnet, zwischen den Wandungen befindet sich eine Kontrollflüssigkeit, die mit einem Leckanzeigegerät kontrolliert wird. Die Dichtheit wird alle 5 Jahre überprüft.

Lagerung im Brennstoffraum in Zylinderbehälter, Batteriebehälter, geschweißtem Kellerbehälter (Lagerraum ist optimal nutzbar), jeweils mit Auffangraum sowie in doppelwandigen Behältern, PE-Kombi-Behälter ohne Auffangraum.

Oberirdische Lagerung im Freien im einwandigen Zylinderbehälter mit Auffangraum sowie doppelwandigem Zylinderbehälter ohne Auffangraum. Auffangraum ist ein öldichter Lagerraum unter und um den Behälter, ohne Ablauf und ohne Türen usw. Bemessungen nach der Muster-Feuerungsverordnung.

 **Welche Ausrüstung gehört zu einem Heizöl-Lagerbehälter?**

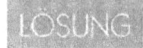 Entnahmeleitung beim Einstrangsystem mit Schnellschlussventil und Rückschlagventil (sogenanntes Fußventil), verhindert das Zurückfließen des in der Leitung stehenden Öls in den Behälter, beim Zweistrangsystem: mit Rücklaufleitung ohne Absperreinrichtungen.

Das Saugrohr zur Heizölentnahme ist von oben in den Ölbehälter einzuführen bis max. 10 cm über dem Behälterboden. Saug- und Rücklaufleitungen werden in Kupferrohr ausgeführt.

Füllrohre mit Verschluss, die Mündung des Füllrohres im Ölbehälter muss sich im unteren Drittel befinden, das verhindert ein starkes Aufschäumen des Öles beim Füllen. Verlegung mit Gefälle zum Behälter hin, absperrbare Kappe.

Grenzwertgeber, Sicherung gegen Überfüllung des Ölbehälters ist am Tankwagen angebracht, Grenzwertgeber löst die Abfüllsicherung aus.

Der Füllgrad der Behälter – 95 % bis 97 % – berücksichtigt, dass sich das Heizölvolumen durch höhere Lagertemperatur vergrößert.

Ölstandsanzeiger dienen zur Bestimmung des Tankinhalts. Die Kontrolle des Flüssigkeitstandes im Ölbehälter ist möglich durch Peilstab mit Rohr, mechanisches Anzeigegerät mit

Schwimmer oder pneumatisches Anzeigegerät (Fernanzeige bei unterirdischer Lagerung). Durchsichtige oberirdische Kunststofftanks benötigen keine Ölstandsanzeige.
Durch die Entlüftungsleitung soll verhindert werden, dass Gefahren durch positiven Überdruck oder negativen Überdruck (Unterdruck) entstehen, z.B. beim Füllen. Entlüftungsleitungen dürfen nicht absperrbar sein, keine Verengungen aufweisen, sie dürfen nicht in Räume münden und sind vor Nässe zu schützen.

Im Zuge der Umweltdiskussionen rücken im Erdreich verlegte Heizölbehälter verstärkt ins Blickfeld der Aufsichtsbehörden. Was ist bei der Planung/Ausführung eines unterirdischen Heizölbehälters zu beachten?

Die Anordnung eines unterirdischen Heizölbehälters bietet vor allem Platzvorteile, benötigte Aufstellungsräume im Gebäude können entfallen oder für andere Zwecke genutzt werden. Jedoch ist bei der Lagerung von Heizöl die Gefahr der Verunreinigung des Grundwassers auszuschließen.
Es werden verschiedene Behälterlösungen angeboten:
Doppelwandige Stahlbehälter, Hohlraum mit Kunststoffflüssigkeit gefüllt. Bei Undichtigkeit meldet Leckanzeigegerät Signal.
Einwandige Behälter aus glasfaserverstärktem Kunststoff (GFK). Aufstellung außerhalb von Wasserschutzgebieten, ohne Leckagesicherung.
Doppelwandige Behälter aus glasfaserverstärktem Kunststoff, Hohlraum mit Kunststoffflüssigkeit gefüllt, Leckanzeigegerät.
Kugelbehälter aus Beton, Tragkörper aus Spezial-Kunststoffbeton, innen glasfaserverstärkte Kunststoffschicht, dazwischen Leckwarnkanal mit Meldegerät.
Einbauhinweise:
Behältereinbau in Gruben mit Sandbettung, Sohlengefälle $\geq$ 1 % zum Ende, Grubenabstand $\geq$ 20 cm von den Behälteraußenmaßen. Grube ist so groß herzustellen, dass der Behälter bei Einbau nicht beschädigt werden kann. Erdüberdeckung $\geq$ 30 cm, unter Fahrbahnen bis zu 1 m mit statischem Nachweis. Kontroll-/Revisionsöffnungen. Abstand des Behälters zu Gebäuden $\geq$ 60 cm, Nachbargrundstücken und öffentliche

Versorgungsanlagen ≥1 m, Behälter untereinander ≥ 40 cm. TÜV-Abnahme. Prüfung alle 5 Jahre (2,5 Jahre in Wasserschutzgebieten). Bei hohem Grundwasserstand „Aufschwimmen" des Behälters durch Verankerungen mittels Betonfundamenten verhindern oder entsprechend schwere Betontanks verwenden.

AUFGABE **Erläutern Sie, weshalb Flüssiggase nicht in Räumen gelagert werden dürfen, deren Fußböden tiefer liegen als die angrenzende Erdoberfläche?**

LÖSUNG Flüssiggase sind wesentlich schwerer als Luft (1,8 mal so schwer). Aus diesem Grund sammelt sich austretendes Flüssiggas in Fußbodennähe und bildet in Verbindung mit Luft eine gefährliche Brand- und Explosionsquelle.

AUFGABE **Welche Arten der Lagerung für Flüssiggase sind zulässig?**

LÖSUNG Lagerung in ortsbeweglichen Druckgasbehältern, Stahlflaschen mit mehr als 14 kg Füllmenge können innen und außerhalb eines Gebäudes nur in einem besonderen Raum (feuerbeständig) aufgestellt werden. Schutzzonen sind zu beachten. Bis 14 kg Füllmenge dürfen in einer Wohnung (nicht in Schlafräumen) 2 Flaschen gelagert werden.

Lagerung in ortsfesten Druckgasbehältern, entweder oberirdisch im Freien, halboberirdisch im Freien, erdgedeckt im Freien oder innerhalb von Räumen.

Schutzzonen für Flüssiggasbehälter sind von den Abmessungen und von der Art der Gasentnahme (flüssig, gasförmig) und vom Behältervolumen abhängig. Im Schutzbereich dürfen sich keine Schächte, Fenster, Kanaleinläufe ohne Geruchverschluss, brennbare Materialien, Zündquellen befinden.

AUFGABE **Geben Sie fünf Vorschriften an, die beim Einbau eines unterirdischen Öllagerbehälters zu beachten sind.**

LÖSUNG Folgende Einbauvorschriften sind beim Einbau eines unterir-

dischen Lagerbehälters zu beachten:
- Setzungen müssen verhindert werden (Abriss von Leitungen)
- gleichmäßiges Aufliegen des Behälters auf der gesamten Länge
- Mindestabstände der Behälter: untereinander 40 cm, zu Nachbargrundstücken und Versorgungsleitungen 100 cm
- Die Verfüllschichtdicke aus Sand beträgt 20 cm
- Die Erddeckung beträgt mind. 0,3 m und max. 1 m
- Verlegung mit 1 % Gefälle zum Domschacht hin.

Der einwandfreie Zustand der Behälterisolierung ist vor dem Einbau durch einen Sachkundigen (z.B. Hersteller) mit einer Hochspannungsprüfung festzustellen. Ein Fachbetrieb muss den ordnungsgemäßen Einbau des Behälters bestätigen. Herstellerfirmen liefern die Behälter auch komplett
- in Normal- oder Sicherheitsausführung
- mit aufgeschweißtem Domschacht (DIN 6626)
- mit montierter Behälterarmatur (Füllrohr, Peilrohr und Peilstab, Entnahmearmatur und Entlüftung)
- mit montiertem Grenzwertgeber
- mit Kontrollflüssigkeitsbehälter und Prüfhahn
- auf Wunsch wird auch die Einbauüberwachung übernommen.

Geben Sie zwei Behälterausführungen aus Stahl an, die bei der unterirdischen Heizöllagerung zulässig sind.

Bei der unterirdischen Heizöllagerung sind folgende Ausführungen zulässig:

- doppelwandige Zylinderbehälter aus Stahl nach DIN 6608-1 und 6608-2
- einwandige Stahltanks in bestehenden Anlagen (mit Kunststoffinnenhülle und Warngerät bei Leckagen).

Zugelassen sind auch einwandige Stahl-Behälter DIN 6608 mit Auffangwanne und Warngerät sowie GFK-Tanks. Doppelwandige Behälter werden in Normal- und in Sicherheitsausführung (ST) angeboten. Hierbei erhält der Tank einen zusätzlichen Schutz vor Innenkorrosion.

 **Beschreiben Sie Aufbau und Schutz unterirdischer Lagerbehälter nach DIN 6608-2.**

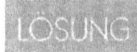 Unterirdische Behälteranlagen nach DIN 6608-2 sind doppelwandige zylindrische Stahlbehälter. Zwischen den Wänden befindet sich eine Kontrollflüssigkeit, die mit einem Leckanzeigegerät überwacht wird. Die Behälter weisen außen eine durch Glasvlies verstärkte hochspannungsgeprüfte (14000 V) Bitumenisolierung auf. Die Sohle der Sicherheitsausführung ist zusätzlich innen kunststoffbeschichtet.

Bei einem Leck außen oder innen läuft die Kontrollflüssigkeit aus. Dabei wird durch das Leckanzeigegerät ein Warnsignal abgegeben.

Heizung – Abgasanlagen

 **Was sind Abgase?**

 Abgase entstehen bei der Verbrennung eines Brennstoffes mit Sauerstoff.

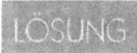 **Woraus besteht das Abgas von Gasfeuerstätten?**

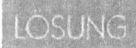 Die Abgase von Gasfeuerstätten bestehen zu einem erheblichen Teil aus Wasserdampf. Außerdem entstehen Kohlendioxid (CO_2) und in geringen Mengen Stickoxide (NO_x), Schwefeldioxide sowie andere Verbindungen.

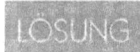 **Wie werden Abgase abgeführt?**

 Abgase werden meist über einen Schornstein oder eine Abgasleitung, nach Möglichkeit über Dach in den freien Windstrom, abgeführt. Unter bestimmten Bedingungen können sie auch z.B. durch die Außenwand ins Freie geleitet werden. Hierzu muss der zuständige Bezirksschornsteinfegermeister bzw. das zuständige Gasversorgungsunternehmen angesprochen werden.

 **Was ist eine Abgasleitung?**

Die Abgasleitung ist ein dichtes Rohrsystem aus hochwertigem Kunststoff, Edelstahl oder Glas, durch das die Abgase - meist hinterlüftet in einem vorhandenen Schornstein - ins Freie geführt werden. Sie wird in erster Linie bei Gas-Brennwertgeräten eingesetzt und anderen Gasfeuerstätten mit niedrigen Abgastemperaturen. Eine Abgasleitung ist nicht russbrandbeständig, deshalb dürfen an eine Abgasleitung keine Feuerstätten für feste Brennstoffe angeschlossen werden.

Was ist bei einer gemeinsamen Abgasanlage zu berücksichtigen?

Nur Gasgeräte gleicher Art dürfen an eine gemeinsame Abgasanlage angeschlossen werden. Angeschlossen wird jede

Gasfeuerstätte mit einem eigenen Verbindungsstück (Abgasrohr), wobei zu berücksichtigen ist, dass der Abstand zwischen Einführung des untersten und obersten Verbindungsstücks nicht mehr als 6.50 m beträgt.

Was ist eine Abgasanlage?

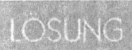

Eine Abgasanlage ist der Oberbegriff für alle Arten der Abgasführung. DIN 18160-1 definiert eine Abgasanlage als eine aus Bauprodukten hergestellte Anlage, wie Schornstein, Verbindungsstück, Abgasleitung oder Luft-Abgas-System für die Ableitung der Abgase von Feuerstätten bis ins Freie.

Was ist ein Schornstein?

Ein Schornstein ist eine russbrandbeständige Abgasanlage. Feuerstätten für feste Brennstoffe (Holz, Kohle) müssen an Schornsteine angeschlossen werden. Bei der Verbrennung von festen Brennstoffen kann Ruß entstehen. Lagert sich dieser Ruß innerhalb des Schornsteines ab, kann es zu einem Russbrand kommen. Feuerstätten für flüssige und gasförmige Brennstoffe können auch an einen Schornstein angeschlossen werden.

Was ist ein Luft-Abgas-System (LAS)?

Das Luft-Abgas-System besteht aus nebeneinander oder ineinander angeordneten Schächten. Es führt den Feuerstätten Verbrennungsluft im Ringspalt zwischen Innenrohr und Mantelstein oder in einem getrennten Luftschacht zu und leitet gleichzeitig die Abgase der angeschlossenen Gasgeräte über das Innenrohr ins Freie ab. Das System arbeitet also unabhängig von der Raumluft. Es können hier mehr Geräte angeschlossen werden als bei herkömmlichen Schornsteinen (je nach System bis zu 10 Geräte). Auch bestehende Schornsteine können unter bestimmten Voraussetzungen nach Umrüstung als Luft-Abgas-Schornstein genutzt werden (Bestands-LAS).

 **Es ist der Begriff "Abgasklappe" nach DIN 3388 zu erklären und der Zweck des Einbaus bei nebenstehender Skizze?**

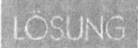 Abgasklappen aus Edelstahl sind thermisch oder mechanisch gesteuerte Einrichtungen im Abgasweg eines Wärmeerzeugers, die während der Stillstandzeiten das Ausströmen der Heizraumluft über den Kessel in den Schornstein verhindern. Der Einbau von Abgasklappen, die nur bei Betrieb des Wärmeerzeugers geöffnet sind, dient somit der Energieeinsparung und kann Probleme durch zu geringen Schornsteinzug beheben.

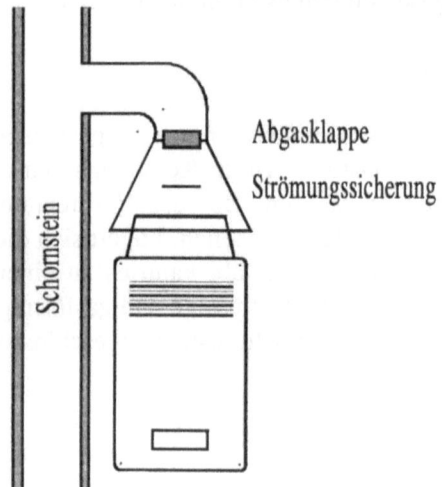

Bei nebenstehender Skizze handelt es sich um eine thermisch gesteuerte Abgasklappe, die unmittelbar hinter der Strömungssicherung eingebaut ist. Sie haben mehrere Absperrscheiben die durch Bimetallfedern bewegt werden. Bei Erwärmung durch die Abgase werden sie geöffnet. Die Klappe ist bis 50 °C geschlossen und zwischen 50 °C und 80 °C geöffnet. Sie darf nicht dicht schliessen, damit eine geringe Strömung auch während der Stillstandzeiten möglich ist.

 **Was ist eine Strömungssicherung, welche Wirkung hat sie?**

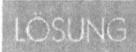 Eine selbsttätige Strömungssicherung wird bei Gasheizgeräten mit atmosphärischen Brennern (Brenner ohne Gebläse) eingesetzt, um kurzzeitige, die Verbrennung beeinflussende, Schwankung des Zuges zu regulieren. Im Falle eines Staus – etwa bei Inbetriebnahme der Gasfeuerstätte, wenn die Abgasanlage noch kalt ist – kann eine kurzzeitige Ablenkung der Gase erfolgen. Bei Rückstrom, z.B. starkem Wind, wird das Ausblasen der Flamme verhindert. Durch Zugunterbrechung kann ein zu großer Schornsteinzug verhindert werden.

Heizung – Abgasanlagen

 **Von welchen Faktoren ist ein Schornsteinzug abhängig?**

 Ein Schornsteinzug ist abhängig vom Temperaturunterschied zwischen heißem Abgas und kalter Außenluft, der wirksamen Schornsteinhöhe, dem Schornsteinquerschnitt (≥ 100 cm^2) und der Ausführung des Schornsteins mit möglichst glatten Innenflächen und der Fugendichtigkeit.

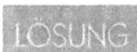 **Was ist eine Nebenluft-Vorrichtung?**

Nebenluft-Vorrichtungen sind Zugbegrenzer, dienen also der Begrenzung eines zu großen Schornsteinzuges. Außerdem dienen sie zur Durchlüftung des Schornsteins, damit das bei niedrigen Abgastemperaturen entstandene Kondenswasser trocknen kann.

 **Welche Anforderungen werden an Schächte für Abgasleitungen gestellt?**

Diese Schächte müssen innerhalb von Gebäuden eine Feuerwiderstandsklasse von 90 Minuten aufweisen, in Gebäuden geringer Höhe von mind. 30 Minuten. Ebenso müssen sie während der gesamten Widerstandsdauer die Rauchübertragung in andere Geschosse und Brandabschnitte verhindern, was wiederum die Standsicherheit und Stabilität der baulichen Anlage voraussetzt.

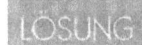 **Vorteile des Ringspalts?**

Ist eine Dämmung der Abgasleitung nicht erforderlich, wie z.B. bei Gasheizkesseln mit niedrigen Abgastemperaturen, dient der Zwischenraum als Hinterlüftung. Bei einer raumluftunabhängigen Feuerstätte kann der Ringspalt für die Zuluftzuführung eines Luft-Abgas-Systems genutzt werden und der Gesamtwirkungsgrad der Heizanlage verbessert werden.

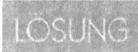 **Was versteht man unter Abgasführung über Dach?**

Diese Lösung bietet sich für raumluftunabhängige Gasgeräte an, die im Dachgeschoss aufgestellt werden (oder in Räumen, bei denen sich über der Decke nur noch die Dachkon-

139

struktion befindet). Ein Doppelrohr übernimmt die Zuführung der Verbrennungsluft und leitet die Abgase ins Freie. Es kann senkrecht oder waagerecht durch die Dachfläche geführt werden. Die Abgasmündung liegt oberhalb der Zuluftöffnung und ist von ihr getrennt, so dass sich Abgas und Zuluft nicht mischen.

Nach der Muster-Feuerungsverordnung gelten bestimmte Regelungen bezüglich den Abständen zwischen Dach und Mündungen von Schornsteinen und Abgasleitungen.

 **Weshalb muss man Abgasrohre dämmen?**

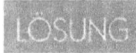 Abgase sollen möglichst warm in den Schornstein gelangen, damit guter Auftrieb erzeugt wird. Das ist besonders bei Öl- und Gasfeuerung wichtig, weil in Öl und Gas ein großer Anteil Wasserstoff enthalten ist. Bei der Verbrennung entsteht Wasserdampf, der sich bei Abkühlung unter 100 °C im Schornstein niederschlägt. Rauchrohre dämmt man zweckmäßig mit Mineralwolle oder mit Matten auf Drahtgeflecht.

 **Ein Schornstein „ zieht" schlecht. Welche Fehler in Planung und Ausführung können dazu beigetragen haben?**

 Mangelnde Abstimmung des Querschnitts mit der wirksamen Schornsteinhöhe (> 4,0 m) und die Belastung des Schornsteins (Planung nach DIN 4705) nicht beachtet, schlechte Bauausführung dadurch Falschlufteintritt durch undichte Rohre, Reinigungsverschlüsse, Setzrisse u.ä., mangelnder Auftrieb durch rasche Abkühlung der Gase (schlechte Dämmung, besonders über Dach, Dachraum), Schornsteinmündung nicht in freiem Windstrom (Fallwinde drücken Abgase in den Schornstein zurück). Querschnittsverengung durch Flugasche, Vogelnester usw., zu stark gezogener Schornstein.

 **Erläutern Sie an einem Beispiel, wann Abgasleitung hinterlüftet werden muss und wann nicht!**

 Wird eine Abgasleitung mit Überdruck betrieben (z.B. Brennwertkessel), muss der Zwischenraum zwischen Abgasleitung und Schacht belüftet werden

Eine Belüftung ist nicht erforderlich, wenn die Abgase in der Abgasleitung durch thermischen Auftrieb (Unterdruckbetrieb) abgeleitet werden.

 **Dürfen Schornsteine auch schräg geführt werden?**

 Ja, Schornsteine dürfen einmal schräg geführt werden. Die Schrägführung muss in einem stets zugänglichen Raum liegen. Der Winkel zwischen der Schornsteinachse und der Waagerechten darf nicht weniger als 60° betragen.

 **Welche Bauarten unterscheidet man bei Schornsteinen?**

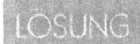 Einschalige Schornsteine aus Mauer- oder Formsteinen,
Mehrschalige Schornsteine, meist dreischalig (Innenschale z.B. Schamotterohr, Wärmedämmung und Außenschale z.B. Leichtbeton-Mantelstein mit und ohne Hinterlüftung),
Feuchteunempfindliche Schornsteine mit kondensatdichter Innenschale und Hinterlüftung z.B. aus Schamotterohr mit Innenglasur, Edelstahlrohre oder Glasrohre,
Luft-Abgas-Systeme (LAS) aus konzentrischen oder nebeneinanderliegenden Schächten, von denen einer der Feuerstätte die Verbrennungsluft zuführt und der andere Schacht die anfallenden Abgase ableitet. Von Vorteil: es können raumluftunabhängige Gasfeuerstätten angeschlossen werden.

Anmerkung: Herkömmliche Schornsteine sind für Brennwertkessel wegen der Durchfeuchtungs- und Versottungsgefahr und in der Regel notwendigen Zwangsführung der Abgase durch einen Ventilator nicht zugelassen. Zur Anwendung kommen Abgasleitungen aus Schamotte, Edelstahl, Glas oder Kunststoff.

 **Was versteht man unter der wirksamen Schornsteinhöhe?**

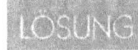 Höhenunterschied zwischen Abgaseinführung und Schornsteinmündung: Nach DIN 4705 beträgt die wirksame Schornsteinhöhe für einfach belegte Schornsteine mindestens 4 m, für gemeinsame, mehrfach und gemischt belegte

Schornsteine mindestens 5 m bei festen und flüssigen Brennstoffen und mindestens 4 m bei gasförmigen Brennstoffen.

 **Welche Gesetzmäßigkeiten sind bei Mündungen von Schornsteinen über Dach zu beachten? Skizzen mit Vermaßung und Erläuterungen.**

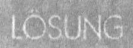 Schornsteine sollen aus gestalterischen und funktionalen Gründen bei geneigten Dächern nahe am First angeordnet werden. Der über Dach und freistehende Teil des Schornsteins ist dann relativ kurz. Damit ist auch der Aufwand für den Witterungsschutz des Kopfes und die Gewährleistung der Standsicherheit gering. Dachkonstruktion und Schornstein sind so aufeinander abzustimmen, dass der Schornstein mit einem den Vorschriften entsprechenden Abstand an den Dachsparren vorbeigeführt werden kann.

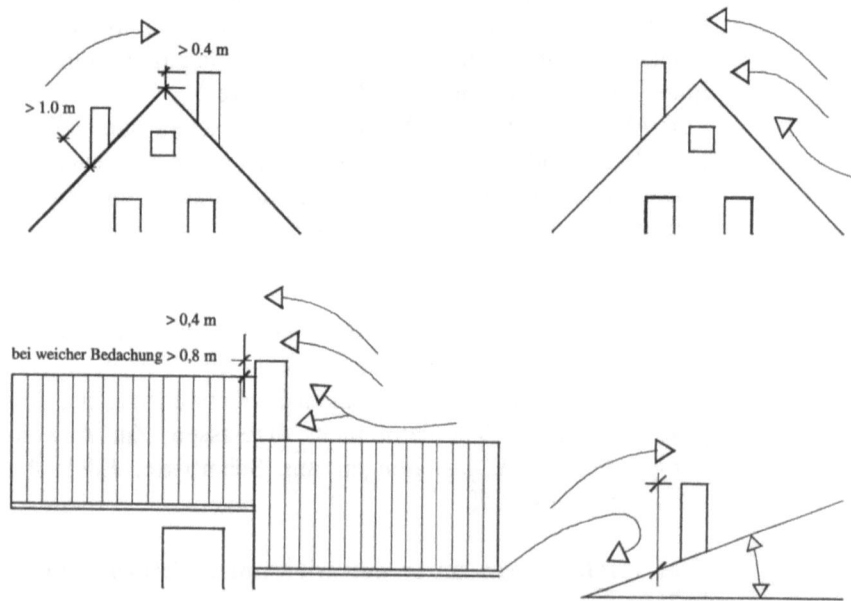

Nach DIN 18160-1 müssen die Mündungen von Schornsteinen den First um mindestens 40 cm überragen oder von der Dachfläche mindestens 1,0 m entfernt sein. Schornsteine in Gebäuden mit weicher Bedachung müssen den First mindestens 80 cm überragen.

Mündungen von Schornsteinen müssen Dachaufbauten und Öffnungen zu Räumen um mindestens 1,0 m überragen, soweit deren Abstand zu den Schornsteinen weniger als 1,5 m beträgt.

Mündungen von Schornsteinen müssen ungeschützte Bauteile aus brennbaren Baustoffen, ausgenommen Bedachungen, um mindestens 1,0 m überragen oder von ihnen mindestens 1,5 m entfernt sein.

Was kann bei Verbrennungsstörungen getan werden, ohne den Kessel auszuwechseln oder den Schornstein zu eliminieren?

Erhöhung der Abgastemperatur, was für den Kesselwirkungsgrad sehr schlecht ist. Außerdem machen die Kesselhersteller hierzu spezielle Angaben, die unbedingt zu beachten sind.

Einbau einer Nebenluftvorrichtung. Hierzu ist DIN 4795 bezüglich Funktion und Anwendung zu beachten. Die Norm unterscheidet 3 Bauarten:

Selbsttätige Nebenluftvorrichtungen zur Begrenzung und- Konstanthaltung des Schornsteinzuges (sogen. Zugbegrenzer). Sie geben abhängig vom Schornsteinzug eine Öffnung frei, durch die Nebenluft in den Schornstein gelangen kann.

Zwangsgesteuerte Nebenluftvorrichtungen mit Motorantrieb zur Durchlüftung des Schornsteins. Aus dem Aufstellraum wird „Nebenluft" während der Stillstandszeiten des Brenners in den Schornstein eingeführt.

Kombinierte Nebenluftvorrichtungen, die beide vorgenannten Funktionen vereinen. Während des Betriebes der Feuerstätte wird selbsttätig der Schornstein geregelt. Während der Stillstandzeit erfolgt eine Durchlüftung des Schornsteins durch eine motorisiert betriebene „Nebenluft"-Zuführung.

 Nach Austausch eines alten Standardkessels durch einen neuzeitlichen Niedertemperaturheizkessel zeigt sich am Schornstein beginnende Versottung. Welche Gegenmaßnahmen sind in Erwägung zu ziehen?

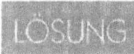 Vor Umstellung hätte geprüft werden müssen, ob alter Schornstein und neuer Wärmeerzeuger aufeinander abgestimmt sind. Der Schornsteinfeger und die Fachfirma müssen prüfen, ob die Abgastemperatur, der Abgasmassenstrom und der erforderliche Schornsteinzug durch den neuen Wärmeerzeuger beim alten Schornstein geeignet sind. Sollte keine Übereinstimmung bestehen, muss der Schornsteinfeger bzw. die Fachfirma nach VOB Teil C bzw. DIN 18380 Bedenken wegen der ungeeigneten Bauart des Schornsteins geltend machen.

 Welche Möglichkeiten gibt es zur Sanierung von Schornsteinen?

 Ältestes Verfahren ist das Schornsteinausschleifen mit Drahtbesen, Jutesack, Schleifmaschine usw. Anschließend werden die Fugen neu vermörtelt.

Einbringen einer Schale aus Mörtel oder Leichtbeton ist eine Weiterentwicklung dieser Anwendungstechnik. Die Leichtbetonschalen werden zunehmend durch flexible Edelstahlrohre ersetzt. Der Zwischenraum zwischen Schornsteininnenseite und Edelstahlrohr wird mit einer Dämmmasse ausgefüllt. Durch die starke Belastung werden zunehmend Leichtbetonschalen oder flexible Edelstahlrohre durch starre Edelstahlrohre mit und ohne Dämmschale sowie Schamotterohre mit Säurekitt versetzt und in Dämmschüttungen hinterfüllt ersetzt.

Neu ist das Einziehen von Spezialglas als Sanierungsmaterial oder das Einbringen von Fasersilikatmaterial. Falls der vorhandene Querschnitt für die Sanierung nicht ausreicht, werden die Schornsteine ausgebohrt durch spezielle Bohraggregate.

 **Was ist eine „weiche" Bedachung bzw. Dacheindeckung?**

 Bedachungen ohne ausreichenden Schutz gegen Flugfeuer und strahlende Wärme werden als „weiche" Bedachung bezeichnet. Als „weich" gelten Dacheindeckungen, die aus brennbaren Baustoffen wie Stroh, Rohr oder Reet bestehen oder mit brennbaren Baustoffen gedichtet sind.

 **Welche Materialien können bei der Sanierung von Schornsteinen eingesetzt werden?**

 Bei der Sanierung von Schornsteinen werden folgende Materialien eingesetzt:
– Rostfreier Edelstahl
– Keramikrohre
– Kunststoffrohre aus den Werkstoffen PVDF (Polyvinylidenfluorid) und PP (Polypropylen)
– Aluminium als Abgasleitungen, meist mit einem Gasgerät geprüft und systemzertifiziert.

 **Welche Anforderungen an den Schornstein werden beim Einbau moderner, neuzeitlicher Wärmeerzeuger gestellt?**

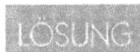 Moderne Wärmeerzeuger arbeiten mit niedrigen Abgastemperaturen und kleinem Luftüberschuss (hohem CO_2-Gehalt) wegen der geringen Abgasverluste. Dies erfordert gut wärmegedämmte und feuchteunempfindliche Schornsteinsysteme. Die Leistung eines modernen Wärmeerzeugers hat einen geringeren Abgasmassenstrom (um ca. 50 %), was bei Anordnung an einen „alten" vorhandenen Schornstein zu beachten ist. Folge: niedrige Oberflächentemperaturen im Schornstein und damit steigt durch den geringeren Luftüberschuss die Wasserdampf-Taupunkttemperatur um bis zu 20 K, Feuchtigkeit aus den Abgasen fällt früher aus. Durch die geringere Leistung des modernen Wärmeerzeugers wird die Laufzeit des Brenners bei gleicher Heizlast (Wärmebedarf) erhöht. Die Betriebsstillstandzeiten, also die Zeiten, in denen evtl. ausgefallene Feuchte austrocknen könnte, werden verringert. Die Abgastemperaturen eines modernen Wärmeerzeugers liegen gegenüber einer alten Anlage meist um 100 K

bis 200 K tiefer. Daher Überprüfung der Eignung eines vorhandenen Schornsteins.

 **Welche Wärmedurchlasswiderstandsgruppen und Bauarten von Schornsteinen kennen Sie?**

 3 Wärmedurchlasswiderstandsgruppen:

- Art I: $1/\Lambda \geq 0{,}65$ $(m^2K)/W$
  dreischaliger Aufbau,
  Formsteine aus Leichtbeton bzw. Ziegel,
  Wärmedämmung, ca. 4 cm Dicke,
  keramisches Innenrohr,
- Art II: $1/\Lambda > 0{,}22 \leq 0{,}64$ $(m^2K)/W$
  zwei- oder dreischaliger Aufbau,
  Formsteine aus Leichtbeton bzw. Ziegel,
  gemauerter Schornstein, 24 cm Wanddicke
  Wärmedämmung, ca. 4 cm Dicke,
  keramisches Innenrohr,
- Art III: $1/\Lambda \geq 0{,}12 \leq 0{,}21$ $(m^2K)/W$
  Einschalige Schornsteinsysteme

Bauarten:
- Einschalige Schornsteine gemauert
  oder aus Formsteinen,
- mehrschalig mit und ohne Dämmung,
- Luft-Abgas-System mit niedrigen Abgastemperaturen betrieben mit Unterdruck,
- freistehende Schornsteine aus Stahl, Stahlbeton oder Klinker.

 **Eine Frage, die immer wieder gestellt wird, lautet: Gemauerter Schornstein oder Stahlschornstein? Für die Entscheidung sind verschiedene Faktoren zu berücksichtigen. Stichpunktartig sind einige Argumente „Für und Wider" zu nennen!**

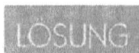 Stahlschornsteine:
Schnelle Aufheizzeit und geringe Wärmespeicherung,
Korrosionsbeständig, absolut gasdicht,
Geringes Gewicht, leichte Montage,

Preislich teuer,
Für Umstellung auf andere Brennstoffe nicht geeignet

Gemauerter Schornstein aus Formsteinen:
Bewährte Technik,
Preislich günstig,
Großes Gewicht, Langsame Aufheizzeit,
Gefahr von Versottungen bei unsachgemäßer Anwendung.

 **Die Skizze zeigt einen Systemschnitt für ein Luft-Abgas-System (LAS). Wirkungsweise, Funktion und Verwendung eines solchen Systems sind zu erläutern?**

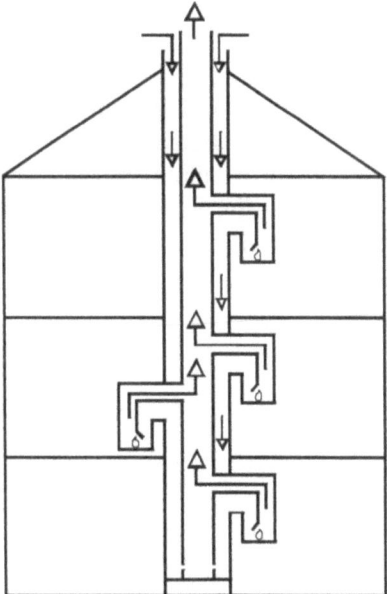

Wirkungsweise:
Das Luft-Abgas-System führt den Feuerstätten Verbrennungsluft zu und leitet gleichzeitig die Abgase über das Dach ins Freie.
Funktion:
Außenluft (Verbrennungsluft) wird von der Außenschale der Abgasanlage über einen Querkanal angesaugt, die Abgase werden verdünnt über Dach abgeführt.
Verwendung:
Zum Anschluss von Feuerstätten, die ihre Verbrennungsluft nicht aus dem Aufstellungsraum entnehmen können. Feuerstätten mit geschlossener Verbrennungskammer.

 **Welche Vorteile bietet das Luft-Abgas-Ssytem für den Architekten/Planer, für den Bauunternehmer/Installateur und für den Bauherrn/Betreiber selbst?**

 Architekten/Planer:
Keine speziellen Maßnahmen zur Sicherung der Verbrennungsluftzuführung in den Räumen. Z. B. entfallen Anforderungen an die Größe der Aufstellräume für Wärmeerzeuger.
Einfache Ermittlung aller für die Planung erforderlichen Daten anhand von Bemessungstabellen.

Bauunternehmer/Installateur:
Für sie ist das LAS-System genau so einfach wie eine herkömmliche Lösung zu handhaben. Die mit den Geräten gelieferten Anschlussstücke ermöglichen einen problemlosen Anschluss.

Bauherr/Betreiber:
Raumgewinn durch die Möglichkeit des Anschlusses von je nach Fabrikat bzw. örtlichen Gegebenheiten bis zu 10 Geräten, während an konventionelle Schornsteine nach den LBO nur maximal 3 Geräte angeschlossen werden dürfen.

Architektonisch vorteilhafte Lösung der Verbrennungsluftführung. Keine speziellen Lüftungsöffnungen in Türen und/oder Wänden erforderlich.

 **Eine Schornsteinanlage mit Abluftschacht ist darzustellen. Für Feuerstätten benötigt man Abgasschornsteine, die für feste und flüssige Brennstoffe anders gezeichnet werden als für gasförmige Brennstoffe. Schächte dienen z.B. der Entlüftung von Heizräumen. Lichte Querschnitte in den 3 Anlagen: 18 cm / 18 cm.**

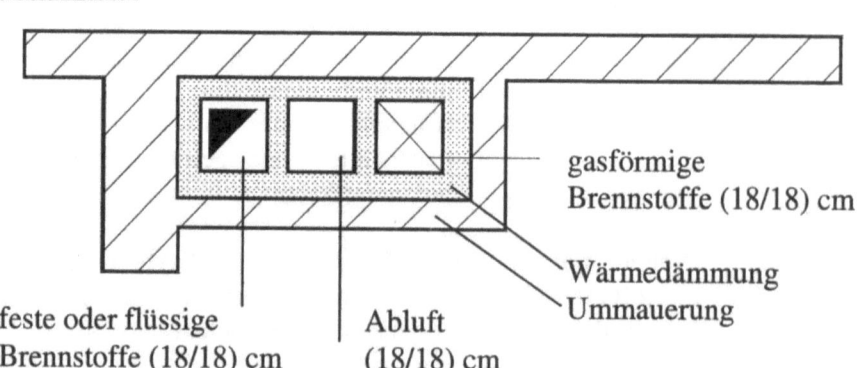

Heizung – Rohrleitungen, -verlegung, Armaturen

 **Wodurch wird in Rohrleitungen Lochfraß verursacht und wodurch Kontaktkorrosion?**

 Lochfraß:
Durch Mischinstallation, wenn z.b. Teilchen eines edleren Metalls eingeschwemmt werden.
Durch Ablagerung von Fremdstoffen, z.B. Sand, Schlamm, Dichtungsreste (Hanf) auf der Unterseite des Rohrquerschnittes.
Durch Gasblasen, die sich an der Oberseite des Rohrquerschnittes festsetzen.
Durch Potentialumkehr bei verzinkten Stahlrohren mit Wassertemperaturen > 60 °C (Zink wird edler als Eisen) werden Warmwasserleitungen zerstört.
Kontaktkorrosion:
Kontaktkorrosion entsteht, wenn zwei verschiedene Metalle (z. B. Eisen, Kupfer) direkt aneinander grenzen und ein Elektrolyt vorhanden ist: Wasser, Feuchtigkeit. Es bildet sich so ein galvanisches Element, Eisen geht in Lösung über und wird zerstört.

 **Nennen Sie Vorzüge von Verbundrohren gegenüber Kunststoffrohren?**

Vorzüge von Verbundrohren gegenüber Kunststoffrohren sind:
— Vollkommene Sauerstoffdichtheit, keine Sauerstoffdiffusion
— Wesentlich geringere Längenausdehnung
— Formstabilität, keine Rückfederung beim Biegen
— Verbundrohre vereinigen die Vorteile von Metallen bzw. Kunststoffen, z.B. werden die bei Kunststoffrohren üblichen Rückstellkräfte beim Biegen durch das innenliegende Aluminiumrohr ausgeglichen; der Kunststoff wiederum verhindert Ablagerungen und Korrosion.

 **Welche Kupferrohre werden in der Heizungstechnik verwendet? Nennen Sie Lieferformen?**

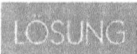 Die Norm schreibt sauerstofffreies Kupfer (SF-Cu) vor. Sie müssen das DVGW-Prüfzeichen tragen.
In Heizungsanlagen können auch Rohre nach DIN 59 753 verwendet werden. Diese haben geringere Wanddicken;
Kupferrohre nach DIN 1786 werden in Ringen (weich) zu 25 m oder 50 m oder in Stangen (hart) mit 4 m oder 5 m Länge geliefert. Die Rohre werden außerdem von den Herstellern auch kunstoffummantelt oder ähnlich wärmegedämmt angeboten.

 **Was versteht man unter WICU-Rohren und Verbundrohren?**

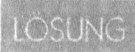 WICU-Rohre sind wärmeisolierte Rohre aus Kupfer mit einer zulässigen Betriebstemperatur von 100 °C. Diese Rohre werden vom Hersteller bereits mit einer Wärmedämmung z.B. aus Polyurethan-Hartschaum mit PVC-Schutzhülle versehen. Kupferrohre kleineren Durchmessers werden mit einem PVC-Stegmantel geliefert.
Verbundrohre sind mehrschichtige Rohre aus Metall - meist Aluminium - und Kunststoff, z.B. PE-X. Das Rohr besteht i.d.R. aus 5 Schichten (von innen nach außen): Kunststoff, Haftvermittler, Metall, Haftvermittler, Kunststoff. Meist bezeichnet als Kunststoff-Metall-Verbundrohre.

 **Erläutern Sie die Vorteile und Nachteile von Kupferrohren gegenüber Stahlrohren?**

Kupferrohre haben gegenüber Stahlrohren folgende:
Vorteile
— Leichte und schnelle Montage (biegen, löten)
— Gute Korrosionsbeständigkeit
— Glatte Wandungen, geringe Rohrreibungen bzw. Druckverluste.

Nachteile
— Wesentlich größere Wärmedehnung (Verlegung!)
— Bei gleicher Dimension sind Kupferrohre teurer
— Einsatz von Kupfer-Rohren daher nur bei kleineren Heizungsanlagen, Heizölbrenner-Installationen, Gas- und Flüssiggasanlagen, Trinkwasserinstallationen.

Heizung – Rohrleitungen, -verlegung, Armaturen

 **Welche Stahlrohrarten werden im Heizungsanlagenbau verwendet?**

 Folgende Stahlrohrarten werden im Heizungsanlagenbau verwendet:
— Mittelschwere Gewinderohre nach DIN 2440 bei Rohrgrößen von DN 10 bis DN 32. Diese Stahlrohre werden mit einer Längsnaht (z.B. stumpfgeschweißt) hergestellt oder nahtlos gezogen, mit schwarzer unbehandelter Oberfläche oder verzinkter Oberfläche;
— Schwere Gewinderohre nach DIN 2441 bei Rohrgrößen von DN 10 bis DN 50 für hohe Drücke. Rohre nach DIN 2441 haben größere Wanddicken gegenüber Rohren nach DIN 2440;
— Nahtlose Stahlrohre nach DIN 2448 vor allem ab Rohrgrößen DN 32. Der Werkstoff ist ein allgemeiner Baustahl (St) mit einer Mindestzugfestigkeit von 450 N/mm²;
— Geschweißte Rohre nach DIN 2458 bei sehr großen Rohrdurchmessern ab ca. DN 250;
— Präzisionsstahlrohre nach DIN 2391, DIN 2392 und DIN 2393, maßgenaue (kaltverformte) dünnwandige Weichstahlrohre aus unlegiertem Stahl mit Dimensionen von 10x1 bis 35x2 mm. Sie benötigen äußeren Korrosionsschutz; Mindestzugfestigkeit 350 N/mm². Anwendung z.B. in Altbauten wegen der einfachen Montage.

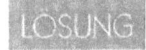 **Ein 15 m hoher Steigstrang von DN 20 einer geschlossenen Warmwasserheizungsanlage wird beim Entleeren nicht belüftet. Wie hoch ergibt sich die Wasserstandshöhe, bis zu der sich der Steigstrang entleert?**

Unabhängig vom Rohrdurchmesser, der gleichbleibend über dem Steigstrang ist, beträgt der hydrostatische Druck der Flüssigkeitssäule p = 10 mWS = 1 bar, der Steigstrang kann bis zu einer Wasserstandshöhe von h = 10 m entleert werden.

 **Weshalb soll man die Wasserfüllung einer Warmwasserheizungsanlage nur in dringenden Fällen – z.B. bei Reparaturen – ablassen?**

Mit jeder neuen Wasserfüllung gelangen Härtebildner und Sauerstoff in die Anlage. Dadurch vermehren sich die Ablagerungen und es entsteht erneut Korrosion.

Welche Rohrhalterungen bzw. -aufhängungen werden für Heizungsrohrleitungen mit kleinen und mittleren Dimensionen verwendet?

Bei kleineren Rohrdurchmessern dienen zweiteilige Rohrschellen als Halterungen der Rohre. Rohre mittlerer Größe werden pendelnd mit Aufhängungen aus Rund- oder Flachstahl und Schellen aus Stahl oder mit Lochbändern aufgehängt. Bei einfachen Montagen eignen sich z.B. Doppelhalter für den Vor- und Rücklauf.
Die Befestigung mittels Innengewindedübel und Gewindestangen ist u.U. sehr aufwendig. Durch Montageschienen z.B. direkt in die Decke einbetoniert wird die Rohraufhängung erleichtert.

Welche Probleme ergeben sich beim nachträglichen Dachausbau in Bezug auf Anschluss mit Kupferrohren an die bestehende Heizungsanlage und welche Rolle spielt dabei die Fließregel?

In Heizungsanlagen spielt die Einhaltung der Fließregel und somit eine eventuelle Mischinstallation (an vorhandene Stahlrohre) keine Rolle. Vorraussetzung ist, dass es sich um eine geschlossene Anlage handelt. Heizungsanlagen sind so auszulegen und zu betreiben, dass ständiger Zutritt von Sauerstoff in das Heizungswasser (z.B. über ein Ausdehnungsgefäß) und schädliche Steinbildung verhindert werden. Schon bei der ersten Aufheizung des Wassers in einer geschlossenen Anlage wird der für die Korrosion so wichtige Reaktionspartner, der Sauerstoff, thermisch ausgetrieben. Die verbleibenden Sauerstoffreste werden durch die Metalloberfläche der Rohre gebunden; eine Neuaufnahme ist bei einer fachgerechten Installation praktisch ausgeschlossen, zumal Kupferrohre diffusionsdicht sind. Bei Kunststoffrohren, die diffusionsdicht vernetzt sind, besteht ebenfalls keine Gefahr.

 **In welche Gruppen lassen sich Absperrarmaturen unterteilen?**

 Absperrarmaturen lassen sich in folgende Gruppen unterteilen: Absperrventile, Absperrschieber, Absperrhähne, Absperrklappen.

 **Erklären Sie den Unterschied zwischen Absperrventilen, Absperrschieber, Absperrhähnen und Absperrklappen.**

 Absperrventile:
Besitzen einen Ventilkegel, der beim Schließen durch mehrere Umdrehungen einer Spindel, per Handrad oder Stellantrieb, auf den Ventilsitz gedrückt wird. Ventilsitz und Ventilgehäuse sind den unterschiedlichen geometrischen Formen des Abschlusskörpers angepasst. Die Abdichtung erfolgt durch metallisch dichtende oder weich dichtende Ventile.
Absperrschieber:
Schieber werden vorwiegend zur Sperrung oder Freigabe eines Durchflussmediums eingesetzt. Der Durchfluss wird quer zur Strömungsrichtung gesperrt. Eingeschwemmte Schmutzpartikel können bewirken, dass ein Schieber nicht mehr dicht absperrt.
Absperrhähne:
Haben kugelförmige, kegelförmige oder konische Abschlusskörper mit einer strömungsgünstigen Durchgangsöffnung. Bei einer Drehung um 90° (Viertelumdrehung) des Abschlusskörpers wird ein schnelles Öffnen und Schließen ermöglicht.
Absperrklappen:
Besitzen einen kreisförmigen Abschlusskörper, der durch eine mittig angeordnete Drehachse im Durchflussquerschnitt des Gehäuses unterschiedlich positioniert werden kann.

 **Welche beiden grundsätzlichen Befestigungsmöglichkeiten von Rohrleitungen können Sie nennen?**

 Die beiden grundsätzlichen Befestigungsmöglichkeiten von Rohrleitungen sind einmal die bewegliche Befestigung, die so genannte Gleitbefestigung, und zum anderen die Fest-

punktbefestigung. Beide Befestigungsarten können als Aufhängung oder als Unterstützung ausgeführt sein.

 **In welche Gruppen lassen sich Absperrventile aufteilen?**

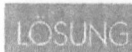 Absperrventile lassen sich in folgende Gruppen unterteilen:
Nach der Gehäuseform in
— Durchgangsventile,
— Eckventile,
— 3-Wege-Ventile

Nach der Stellung des Ventilsitzes in
— Geradsitzventile,
— Schrägsitzventile

Nach der Art des Abschlusskörpers in
— Tellerventile,
— Kegelventile,
— Nadelventile,
— Kugelventile,
— Kolbenventile,
— Membranventile

Nach der Anzahl der Ventilsitze in
— Einzelsitzventile
— Doppelsitzventile

Nach der Art des Stellantriebes in
— Schwimmerventile
— Magnetventile
— Motorventile
— Thermostatventile
— Ventile mit pneumatischen Stellantrieb
— Ventile mit hydraulischem Stellantrieb

Nach der Aufgabenstellung in
— Absperrventile
— Regel- bzw. Drosselventile
— Schnellschlussventile
— Rückschlagventile.

 **In welche Gruppen lassen sich Armaturen in der Heizungstechnik unterteilen?**

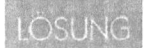 Armaturen in der Heizungstechnik lassen sich in folgende Gruppen unterteilen: Absperrarmaturen, Regelarmaturen, Mess- und Anzeigearmaturen, Sicherheits- und Sicherungsarmaturen.

 **Welche sicherheitstechnischen Einrichtungen müssen nach 4751-2 geschlossene Warmwasserheizanlagen mit Öl-/Gasfeuerung und Vorlauftemperaturen bis 120 °C aufweisen?**

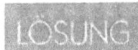 Geschlossene Warmwasserheizungsanlagen mit Öl-/Gasfeuerung und Vorlauftemperaturen bis 120 °C müssen folgende sicherheitstechnische Einrichtungen aufweisen:
— Ausdehnungsgefäß
— Sicherheitsventil
— Temperaturregler
— Sicherheitstemperaturregler
— Manometer
— Thermometer
— Fülleinrichtung
— Entleerungseinrichtung
— Wassermangelsicherung
— Druckbegrenzer
— Entspannungstopf (> 350 kW).

Heizung – Solartechnik, Regenerative Energieformen

 **Was verstehen Sie unter dem Begriff Globalstrahlung?**

 Die von der Sonne ausgestrahlte Energiemenge wird auf dem Weg durch die Atmosphäre durch Reflexion, Strahlung und Absorption verringert. Unter Globalstrahlung versteht man die auf der Erde nutzbare Strahlungsleistung der Sonne.

 **Die Globalstrahlung setzt sich aus drei Strahlungsarten zusammen. Nennen Sie diese.**

 Die Globalstrahlung setzt sich aus direkter, diffuser und reflektierter Strahlung zusammen.

 **Nennen Sie die fünf Hauptbestandteile einer thermischen Solaranlage zur Trinkwassererwärmung.**

Eine thermische Solaranlage zur Trinkwassererwärmung besteht aus folgenden Hauptbestandteilen:
- Kollektoren
- Solarkreis mit Sicherheitseinrichtungen
- Solarspeicher
- Regelung
- Nachheizung.

 **Welche Eigenschaften soll ein Absorber einer Solaranlage besitzen?**

Ein Absorber einer Solaranlage sollte folgende Eigenschaften besitzen:
- möglichst vollständige Umwandlung der auftreffenden Sonnenstrahlen in Wärmeenergie
- geringe Aufheizzeit
- Temperaturfestigkeit
- Korrosionsbeständigkeit
- gute Wärmeübertragung an die Wärmeträgerflüssigkeit.

 **Welche Aufgabe hat ein Sonnenkollektor?**

 Ein Sonnenkollektor hat die Aufgabe, die von der Sonne

ausgestrahlte Energiemenge zu absorbieren, in Wärme umzuwandeln und an ein Wärmeträgermedium (Soleflüssigkeit) abzugeben.

 **Welche Kollektorbauarten können Sie benennen?**

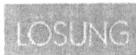
1. Flachkollektoren
   - Standard Flachkollektoren
   - Vakuum Flachkollektoren
2. Schwimmbadkollektoren
3. Speicherkollektoren
4. Vakuum-Röhrenkollektoren
   - mit direkter Anbindung
   - mit trockener (Heat-Pipe) Anbindung
5. Fokussierende Kollektoren.

 **Welche Aufgaben hat die Glasabdeckung eines Kollektors?**

 Die Glasabdeckung des Kollektors soll folgende Aufgaben erfüllen:
- Einfallende Sonnenstrahlen gut durchlassen
- Wärmeabstrahlung des Absorbers minimieren
- Wärmeverluste durch Konvektion möglichst verhindern
- Dauerhaft beständig gegen Witterungseinflüsse sein.

 **Beschreiben Sie den Aufbau eines Flachkollektors?**

 Ein Flachkollektor besteht aus folgenden Bauteilen und Materialien:
- Einscheibenglas-Abdeckung bestehend aus transparentem reflexionsarmem, bruch- und hagelbeständigem Sicherheitsglas
- Absorberfläche mit hochselektiver Spezialbeschichtung
- Dämmung zur Vermeidung von Wärmeverlusten unter der Absorberfläche
- Kollektorgehäuse aus Aluminium, Edelstahl oder glasfaserverstärktem Kunststoff.

 **Beschreiben Sie den Aufbau eines Vakuum-Röhrenkollektors?**

Aufbau:
Sie bestehen aus nebeneinanderliegenden evakuierten (luftleeren) Glasröhren, welche mit einem Sammelrohr, das vom Anlagenkreislauf durchflossen wird, verbunden sind. Konvektionsverluste sind aufgrund des Vakuums ausgeschlossen.

**Welche Speicherarten bei Solaranlagen werden nach Anforderungen und nach Speicherdauer unterschieden?**

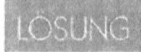Kurzzeitspeicher mit Temperatur- und Schichtenspeicherung:

- Speicher für Warmwasserbereitung
- Speicher für Heizungsunterstützung
- Kombispeicher für Heizung- und Warmwasserbereitung

Langzeitspeicher (Saisonspeicher):

- Gebäudeintegrierte Großspeicher
- Erd-Betonspeicher
- Kies-Wasser-Speicher
- Aquiferspeicher
- Erdsondenspeicher
- Latentspeicher.

**Welche Sicherheitseinrichtungen in einer geschlossenen Solaranlage müssen nach DIN 4757-1 vorhanden sein?**

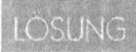Folgende Sicherheitseinrichtungen müssen nach DIN 4757-1 in einer geschlossenen Solaranlage vorhanden sein:
- Sicherheitsventil mit Anschlussleitung zum Auffangbehälter
- Manometer
- Rück- und Vorlaufthermometer
- Geschlossenes Ausdehnungsgefäß.

**Kann beim nachträglichen Einbau einer Solaranlage der vorhandene Warmwasserspeicher der Heizungsanlage weiter verwendet werden?**

In der Regel nicht. Die vorhandenen Warmwasserspeicher besitzen nur einen Anschluss für einen Wärmetauscher. Als

Speicher für die Warmwasserbereitung bedarf es jedoch eines bivalenten Systems, d.h. die Übertragung der Solarwärme erfolgt durch einen im unteren Teil des Speichers eingebauten Wärmetauscher. Das Warmwasser wird im oberen Teil des Speichers entnommen. Hier erfolgt auch die Nachheizung (2. Wärmetauscher) des Speichers bei geringer Solarstrahlung.

 **Die Bilder zeigen oben einen Flachkollektor, unten einen Röhrenkollektor. Benennen Sie die Hauptbestandteile.**

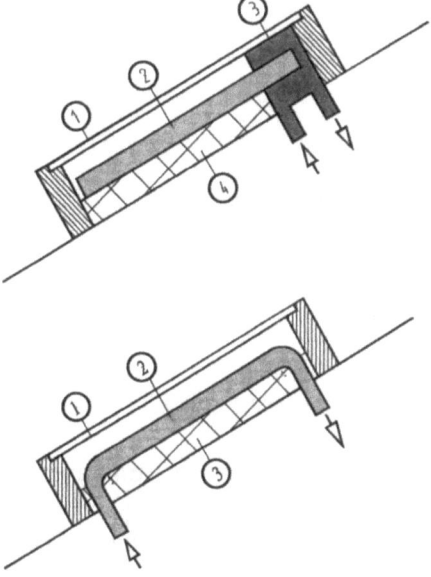

 Röhrenkollektor:
1: Glasabdeckung
2: Mattschwarz gefärbte Absorberflächen mit eingepressten Röhren
3: Wärmedämmung.

Flachkollektor:
1: Glasabdeckung
2: Luftleeres Rohr, Wärmerohr
3: Wärmetauscher, gefüllt mit Wärmeträgerflüssigkeit
4: Wärmedämmung.

Heizung – Solartechnik, Regenerative Energieformen

 Erläutern Sie anhand der nachstehenden Skizze den Aufbau und die Arbeitsweise einer Solarheizungsanlage.

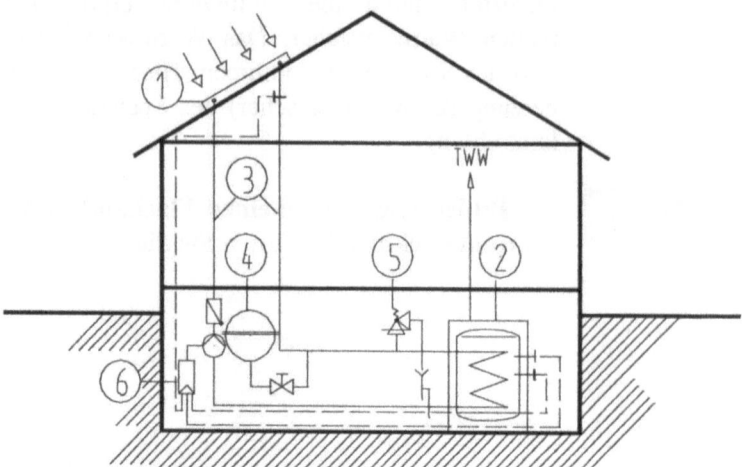

 1: Sonnenkollektor (Sammler)
2: Wärmetauscher und Wärmespeicher
3: Solarkreis mit Wärmeträgerflüssigkeit
4: Ausdehnungsgefäß
5: Sicherheitsventil
6: Regelanlage mit Fühler
TWW: Trinkwarmwasserleitung

Der Sonnenkollektor nimmt die Strahlungsenergie der Sonne auf und überträgt sie an eine Flüssigkeit, die als Wärmeträger dient. Diese transportiert die absorbierte Wärme vom Kollektor zu einem Wärmetauscher und gibt sie dort an einen Speicher ab. Die Umwälzpumpe fördert so lange, bis zwei Fühler durch eine Differenzmessung nur noch eine geringfügig höhere Temperatur im Kollektor als im Speicher feststellen (d.h. Temperatur-Differenz-Regelung). Ein Temperaturbegrenzer schaltet die Pumpe ab, wenn die maximale Speichertemperatur erreicht ist.

 Fragen zur Aufstellung einer Solarkollektoranlage:
a.) Ist die Orientierung eines Solarkollektors beliebig?
b.) Ist der günstigste Kollektorwinkel beliebig?
c.) Lässt sich mit Solarkollektoren Warmwasser erzeugen?
d.) Kann man mit Solarkollektoren heizen?

Zu a) Nein, der Kollektor soll nach Süden ausgerichtet sein.
Zu b) Nein, der Kollektor soll senkrecht zum mittleren Sonnenstand liegen.
Zu c) Ja, mit Solarkollektoren lässt sich Warmwasser erzeugen. Besonders natürlich im Sommer.
Zu d) Ja. Solarkollektoren eignen sich als Zusatzheizung im Frühjahr und Herbst für eine Zentralheizung.

 **Von welchen Faktoren hängt die Leistung eines Solarkollektors ab?**

 Die Leistung ist außer von der Bauart von folgenden Faktoren abhängig:
— Von der Intensität der Sonneneinstrahlung
— Von der jährlichen Sonnenscheindauer
— Von der Abweichung von der Südrichtung
— Vom Neigungswinkel (30° bis 45°)

Um die erforderliche Leistung zu erzielen, werden meist mehrere Kollektoren zusammengeschlossen. Damit kein Kollektor „vor- oder nachläuft", werden sie so angeschlossen, dass die Länge von Vor- und Rücklauf für jeden Kollektor gleich ist. Dadurch entstehen für jeden Kollektor gleiche Druckverluste (sog. Tichelmannsches System).

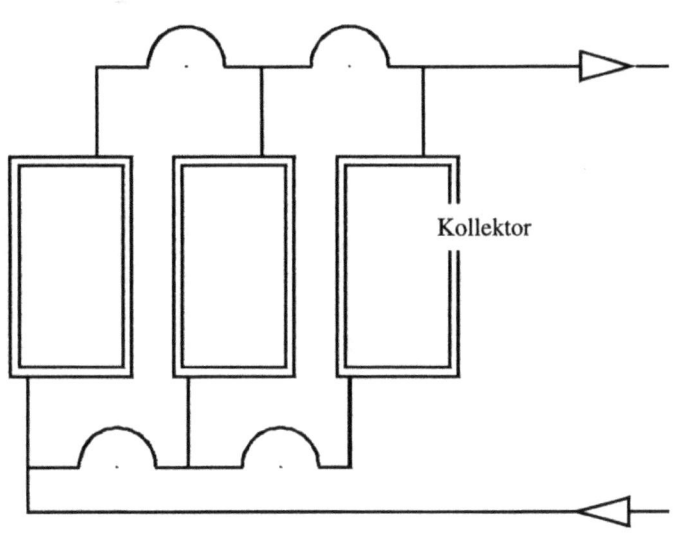

 Solarheizungsanlagen werden meist bivalent oder multivalent betrieben. Was ist darunter zu verstehen. Erläuterung an nachstehender Zeichnung.

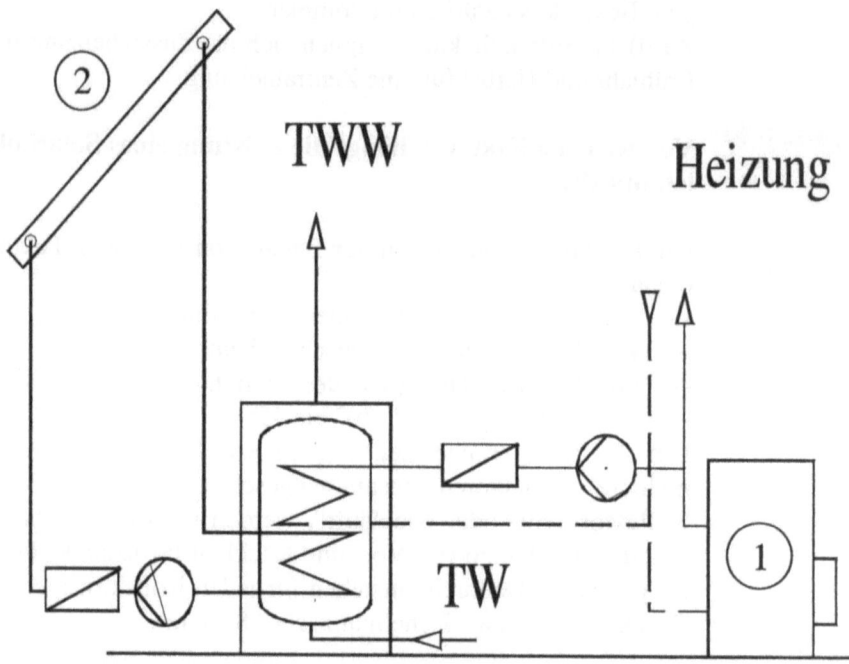

LÖSUNG Die im Kollektor (2) aufgenommene Sonnenenergie wird über einen Wärmetauscher mit Heizschlangen an einen Speicher übertragen. Dieser hat die Aufgabe, bei geringerer Sonneneinstrahlung Wärme für einige Tage zu speichern. Solarspeicher müssen daher eine besonders gute Wärmedämmung besitzen. Wird der Speicher nur von einem Wärmeerzeuger, z.B. dem Sonnenkollektor, mit Energie versorgt, so spricht man von einer monovalenten Heizung. Auch in den Wintermonaten oder während einer Schlechtwetterperiode wird Warmwasser benötigt. Über einen zweiten Wärmetauscher wird dann der Speicher von einem Wärmeerzeuger (1) beheizt. Man bezeichnet dies als bivalenten Heizbetrieb. Sind mehrere Wärmeerzeuger angeschlossen, spricht man von einer multivalenten Heizung, z.B. bei einer elektrischen Zusatzbeheizung des Speichers. TW: Trinkwasserzuleitung, TWW: Trinkwarmwasserleitung.

 **Welche Aufgabe hat der Temperaturdifferenzregler einer Solaranlage?**

 Regelt die Solaranlage; über Temperaturfühler werden die Kollektortemperatur und die Speichertemperatur miteinander verglichen. Bei ausreichender Temperaturdifferenz von 7...10 K wird die Umwälzpumpe ein- , bei zu geringer Temperaturdifferenz (z.B. trüber Tag) wird die Pumpe ausgeschaltet.

 **Nennen Sie die möglichen Energiequellen für Wärmepumpen?**

 Mögliche Energiequellen für Wärmepumpen sind:

- Luft; Außenluft, Abwärme aus Räumen, Abluft von Lüftungsanlagen
- Wasser; Grundwasser, Oberflächenwasser, häusliche Abwässer, Industrieabwässer
- Erdreich; Erdreich-Kollektoren, vertikale Erdsonden
- Außenabsorber; Flächen-, Kompakt-, Massivabsorber.

 **Für welche Einsatzzwecke ist eine Wärmepumpe geeignet?**

 Wärmepumpen werden zur Beheizung von Gebäuden vorwiegend in bivalenter, aber auch monovalenter Betriebsweise eingesetzt. Zur Trinkwassererwärmung werden vorwiegend Warmwasserspeicher mit Luft-Wasser-Wärmepumpe und elektrischer Zusatzheizung eingesetzt.

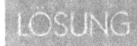 **Warum sind Luft-Wasser-Wärmepumpen nicht für monovalente Betriebsweise geeignet?**

Eine Luft-Wasser-Wärmepumpe in monovalenter Betriebsweise muss als einziger Wärmeerzeuger die Versorgung des Gebäudes mit Wärme das ganze Jahr über gewährleisten. Dazu ist Luft als Energiequelle in unseren Breitengraden nicht geeignet.

 Das Bild zeigt den prinzipiellen Aufbau einer Wärmepumpenanlage. Die einzelnen Komponenten 1 bis 5 sind zu nennen, ferner ist die Wärmeleistung der Wärmepumpe und der Begriff Leistungszahl zu erläutern.

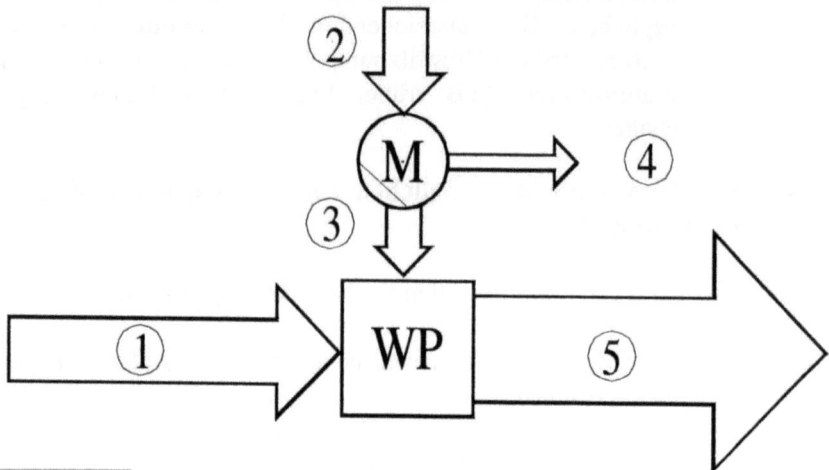

1 Wärmeleistung aus der Umwelt $\dot{Q}_U$ (Luft, Wasser, Erde)
2 Zugeführte Motorleistung P_{zu}
3 Abgegebene Motorleistung P_{ab}
4 Verlustleistung des Motors $P_{zu} - P_{ab}$
5 Wärmeleistung der Wärmepumpe $\dot{Q}$

Wärmeleistung der Wärmepumpe setzt sich zusammen aus der Wärmeleistung aus der Umwelt $\dot{Q}_{zu}$ und aus der abgegebenen Motorleistung P_{ab},
$\dot{Q} = \dot{Q}_{zu} + P_{ab}$.
Die Leistungszahl ε bei der Wärmepumpe ist vergleichbar mit dem Wirkungsgrad. Es ist das Verhältnis abgegebener Leistung zur zugeführten Leistung, wobei als zugeführte Leistung die für den Antrieb, nicht aber die Leistung aus der Umwelt gerechnet wird.
Die Leistungszahl ε ist stets größer als 1, $\varepsilon = \dot{Q} / P_{zu}$.
Die Leistungszahl ε gibt somit die Wirtschaftlichkeit einer Wärmepumpe an, mit $\dot{Q}$ als der Wärmeleistung der Wärmepumpe und P_{zu} der zugeführten Motorleistung.

Wenn also z.B. eine Wärmepumpe eine Wärmeleistung von 8,0 kW hat und die zugeführte Antriebsleistung 2,5 kW beträgt, berechnet sich die Leistungszahl zu:

$\varepsilon = \dot{Q} / P_{zu} = 8{,}0 \text{ kW} / 2{,}5 \text{ kW} = 3{,}2.$

 **Welche Aufgabe übernimmt der Pufferspeicher in einer Wärmepumpen-Heizungsanlage?**

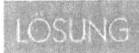 Ein Pufferspeicher verhindert ein zu häufiges Schalten der Wärmepumpe und sichert auch in Spitzenlastzeiten eine ausreichende Wärmeversorgung eines Gebäudes.

 **Was verstehen Sie unter einer CO_2-neutralen Energieversorgung?**

 CO_2-neutrale Energieversorgung bedeutet eine Produktion von Endenergie auf Basis regenerativer Energien. Im Gegensatz zu fossilen Energien verursachen regenerative Energien wie Wasserkraft, Solarenergie und Windkraft keine direkten CO_2-Emissionen. Bei der Herstellung von Energie durch die Verbrennung von Biomasse werden zwar CO_2-Emissionen ausgestoßen, diese entsprechen jedoch nur der Menge, die während des Wachstums der Pflanze (Photosynthese) aufgenommen wurde. Hierbei handelt es sich um einen geschlossenen CO_2-Kreislauf, bei dem kein zusätzliches CO_2 ausgestoßen wird. Somit bleibt der natürliche CO_2-Haushalt der Natur im Gleichgewicht und der Treibhauseffekt wird vermindert.

 **Warum ist die Energiegewinnung durch die Brennstoffzelle sehr umweltschonend?**

 Brennstoffzellen nutzen die Energie, die frei wird, wenn sich Wasserstoffionen H^+ mit Sauerstoffionen O_2^- zu Wassermolekülen H_2O verbinden. Da als Endprodukt dieser „Verbrennung" Wasser entsteht, ist diese Form der Energiegewinnung äußerst umweltschonend, zudem werden keine umweltschädlichen Abgase emittiert.

 **Wie funktioniert eine Brennstoffzelle?**

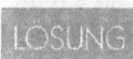 Brennstoffzellen bestehen aus zwei katalytisch wirksamen Elektroden aus Metall oder metallbeschichteter Kohle, zwischen denen sich ein ionenleitender Stoff (Elektrolyt) befindet. In Umkehrung der klassischen Elektrolyse reagieren Wasserstoff (z.B. aus Erdgas) und Sauerstoff aus der Luft zu Wasser. Über die beiden Pole (Anode und Kathode) kann ein elektrischer Strom abgenommen werden. Dieser Gleichstrom lässt sich in Wechselstrom umwandeln und so nutzbar machen. Die beim Prozess anfallende Reaktionswärme wird ebenfalls zur Raumheizung und Warmwasserbereitung genutzt.

 **Was ist eine Brennstoffzelle?**

In einer Brennstoffzelle lässt sich elektrischer Strom bei hohem Nutzungsgrad und minimaler Umweltbelastung erzeugen. Die gleichzeitig entstehende Wärme wird zur Heizung genutzt. Ähnlich wie in einer Batterie wird chemisch gebundene Energie auf direktem Wege in elektrische Energie und Wärme umgewandelt.

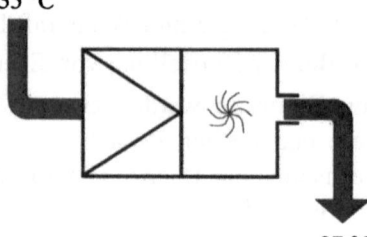

Zum Antrieb dieses Prozesses kann z.B. Erdgas (Methan, CH_4) eingesetzt werden. In der besonderen Kraft-Wärme-Kopplung (KWK) liegt der hohe Nutzen der Brennstoffzelle.

 **Welche Vorteile haben Brennstoffzellen?**

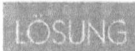 Verglichen mit konventionellen Kraft-Wärmekopplungs-Anlagen (KWK) mit Gasmotoren oder Gasturbinen haben Brennstoffzellenanlagen im Wesentlichen folgende Vorteile:
- Deutlich höhere elektrische Wirkungsgrade (zu anderen Stromerzeugern mit 40 %)
- Geringere spezifische CO_2-Emissionen.

Raumlufttechnik – Grundlagen

 **Wie lautet die Bezeichnung der einzelnen Luftarten nach DIN 1946?**

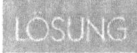 Nach DIN 1946 werden die einzelnen Luftarten wie folgt bezeichnet:
- Zuluft: ist die dem Raum zugeführte Luft
- Abluft: ist die aus dem Raum abströmende Luft
- Umluft: ist der Teil der Abluft, der dem Raum wieder zugeführt wird
- Außenluft: ist die aus dem Freien angesaugte Luft
- Fortluft: ist die ins Freie geblasene Abluft.

 **In die folgende Skizze sind die richtigen Bezeichnungen für eine Raumlufttechnische Anlage einzutragen:**
Abluft, Außenluft, Druckluft, Fortluft, Frischluft, Fugenluft, Klimakammer, Lüftungskammer, Mischkammer, Raumluft, Reinluft, natürliche Lüftung, Sauglüftung, Schachtlüftung, Umluft, Zirkulationsluft, Zugluft, Zuluft.

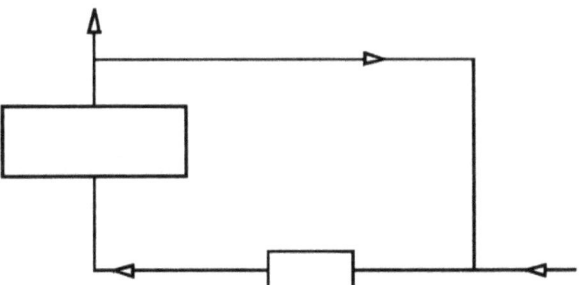

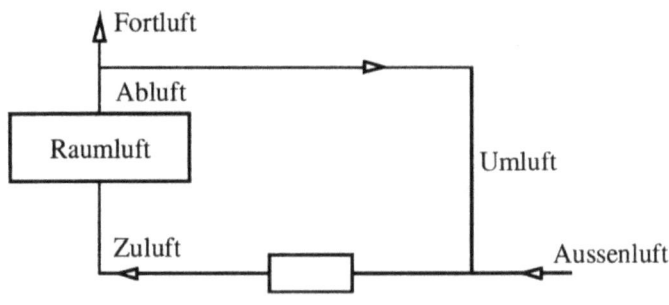

Lüftungs-(Klima)-Kammer

 **Welche vier möglichen Einflussfaktoren sind für die Be- und Entlüftung einer Wohnung erforderlich?**

 Die Raumlufttemperatur und der Luftwechsel in einem Raum sind bestimmend für eine Be- und Entlüftung, weiterhin der Geräuschpegel, die Raumluftfeuchte und z.B. ob es sich um einen fensterlosen Raum oder Raum mit Außenfenster handelt.

 **Nennen Sie mögliche Einflussfaktoren, die die Be- und Entlüftung einer Wohnung erfordern.**

 Einflussfaktoren, die die Be- und Entlüftung einer Wohnung erfordern sind:
- Küche: Beseitigung von Gerüchen durch Dunstabzugshaube
- WC, Bad: Beseitigung von Gerüchen, Verringerung der Luftfeuchtigkeit
- innenliegende Räume
- raumluftabhängige Feuerstellen
- Reinigung der Luft
- Erwärmung und Kühlung
- Be- und Entfeuchtung
- Wenn eine bestimmte Raumluftqualität gefordert ist.

 **Welche Gründe gibt es, Lüftungsleitungen in Gebäuden (Wohn-, Bürogebäude, Industrie und Hochhaus) einzuplanen?**

 Gründe für die Einplanung von Lüftungsleitungen in Gebäuden:
- Trend: ständige Verbesserung der Dichtung von Fenstern und Türdichtungen, dadurch Minderung des hygienisch notwendigen Luftwechsels
- Ableiten der Küchengerüche, Dunstabzugshaube
- Installation mit Wärmerückgewinnung
- Lüften von Innenräumen über Einzel- oder Sammelschächte
- Lüften von Räumen hinter Schallschutzfenstern an lauten Straßen

- Lüften wegen Menschenansammlung: Versammlungsräume, Gaststätten
- Lüften wegen fester Verglasung: z.B. bei Hochhäusern oder vollklimatisierten Gebäuden.

 **Aus welchen Anteilen setzt sich die Luft zusammen?**

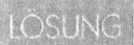
Sauerstoff ≈ 21 Vol-%
Stickstoff ≈ 78 Vol-%
Argon ≈ 0,93 Vol-%
Kohlendioxid ≈ 0,03 Vol-%
Weiterhin u.a. Edelgase wie Neon, Helium.

 **Was bezeichnet die Pettenkofer- Zahl?**

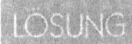
Der CO_2-Gehalt der Luft stellt eine Bezugsgröße für lufttechnische Berechnungen dar. Die Pettenkofer-Zahl bezeichnet dabei den Maximalwert der CO_2-Konzentration der Luft. Sie beträgt z.B. in einem Raum ≈ 0,1 Vol-%, bei einer Außenluft von ≈ 0,03 Vol-%. Höhere Werte als 0,1 Vol-% bedeuten eine schlechte Luftqualität, z.B. 0,5 Vol-%. Bei CO_2-Werten von ca. 3 Vol-% treten Atembeschwerden auf.

 **Was versteht man unter dem Taupunkt der Luft?**

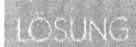
Er bezeichnet die Temperatur, bei der die Luft durch Abkühlung mit Wasserdampf gesättigt ist, d.h. die maximale Luftfeuchte x_s. Bei weiterer Abkühlung scheidet sich Wasser an kalten Flächen als Tau, d.h. Kondenswasser, aus.
Z.B. Luft 30 °C, x = 15 g/kg nach einer Wasserdampftabelle. Abkühlung dieser Luft auf 20 °C, d.h. x_s = 14,9 g/kg. Wird der Taupunkt überschritten, dann wird eine Kondenswassermenge von 15 g − 14,9 g = 0,1g je kg Luft ausgeschieden.

 **Was versteht man unter absoluter und relativer Luftfeuchte?**

Die absolute Luftfeuchte x gibt die Wasserdampfmenge der Luft in Gramm bezogen auf 1 kg trockene Luft an.

Die relative Luftfeuchte φ gibt das Verhältnis der tatsächlichen Wasserdampfmenge x in g/kg zur maximalen Wasserdampfmenge x_s in g/kg in % an. $\varphi = x/x_s \cdot 100$ in %
Luft 25 °C, x = 10,2 g/kg gemessen, ergibt nach einer Tabelle für die Luftfeuchte:
$x_s = 20{,}34$ g/kg und $\varphi = 10{,}2 / 20{,}34 \cdot 100 = 50{,}2\,\%$

 **Man hört immer wieder das Argument: „Wenn im Spätherbst bei Temperaturen um 0 °C und sehr hohen Luftfeuchtigkeiten (Nebel, ungefähr 90 – 100 % relative Luftfeuchtigkeit) die Fenster geöffnet werden, dann holen wir uns doch die Feuchtigkeit ins Gebäude!" Ist es deshalb sinnvoll in dieser Jahreszeit zu lüften?**

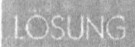 Es ist auf jeden Fall sinnvoll zu lüften. Aufgrund nahezu luftdichter Gebäudehülle, zusätzlich mangelnder Fensterlüftung und somit nicht ausreichendem hygienischem Luftwechsel und bei gleichzeitig eingeschränktem Heizen kann es zu Tauwasser- und Schimmelbildung kommen:
– deshalb (kurze) Stoßlüftung sehr wichtig (nicht ständig Fenster gekippt!)
– eindringende Feuchtigkeit → aufheizen der Luft → „trocknen" der Luft
– warme Luft kann mehr Feuchte aufnehmen als kalte Luft
– innen: höhere Temperatur → niedrigere Luftfeuchte.

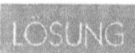 **Stimmt die Aussage „Kühle Luft ist immer trockene Luft"?**

 Luft besteht aus Luftfeuchte (Wasserdampf) und trockener Luft. Mit zunehmender Temperatur kann Luft mehr Wasserdampf aufnehmen. Luft mit niedrigen Temperaturen, also kühle Luft, kann nur sehr wenig Feuchte speichern und scheidet diese mit immer weiterer Temperaturabsenkung aus. Die Aussage ist also richtig.

 **Wie ist die relative Luftfeuchtigkeit φ definiert?**

Die relative Luftfeuchtigkeit φ ist definiert als das Verhältnis von Wasserdampfpartialdruck zu Sättigungsdruck des Wasserdampfes: $\varphi = p_D/p_S$. Sie ist eine dimensionslose Größe, die häufig auch in Prozent angegeben wird, z.B. $\varphi = 0{,}5 = 50\,\%$.

 **Wie ist der Wasserdampfgehalt x feuchter Luft definiert? Welche Einheit hat er?**

 Der Wasserdampfgehalt x ist definiert als das Verhältnis von der Masse des Wasserdampfes zur Masse der (trockenen) Luft: $x = m_D/m_L$. Er ist im Prinzip eine dimensionslose Größe (kg/kg), wird aber der besseren Zahlenwerte wegen meist in g/kg angegeben, z.B. $x = 12$ g/kg.

 **Welcher Zusammenhang besteht zwischen der relativen Luftfeuchtigkeit φ und dem Wasserdampfgehalt x (auch absolute Feuchte genannt)?**

Das Verhältnis von Wasserdampfgehalt x zu größtmöglichem Wasserdampfgehalt bei Sättigung x_S wird als Sättigungsgrad $\psi = x/x_S$ („psi") bezeichnet. Für unsere Betrachtung ist $\varphi = \psi = x/x_S$.

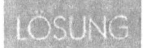 **Erklären Sie den Unterschied zwischen relativer und absoluter Luftfeuchte an einem Beispiel**

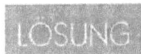 Luft kann Wasserdampf aufnehmen. Die Aufnahmefähigkeit steigt mit zunehmender Lufttemperatur. Man muss die relative Luftfeuchte von der absoluten Luftfeuchte unterscheiden. Die relative Luftfeuchte φ (sprich: Phi) gibt an, zu wie viel Prozent die Luft bei einer bestimmten Temperatur mit Wasserdampf gesättigt ist. Die absolute Luftfeuchte x gibt den Wasserdampfgehalt der Luft in g/kg an. Bei einer relativen Luftfeuchte von 100 % ist die Luft gesättigt, und die maximale Luftfeuchte x_s ist erreicht.

$\varphi = (x / x_s) \cdot 100\,\%$

ϑ	Lufttemperatur in °C	
φ	relative Luftfeuchte	in %
x	absolute Luftfeuchte	in g/kg
x_s	maximale Luftfeuchte	in g/kg

ϑ in °C	-20	-15	-10	-5	±0	5	10	15	20	25	30
x_s in g/kg (φ = 100%)	1	1,2	1,5	2,5	3,8	5,4	7,6	10,6	14,7	20,1	27,2

Beispiel 1:
1 kg Luft von 25 °C enthält 8 g Wasserdampf. Wie groß ist die relative Luftfeuchte?
Nach Tabelle: x_s = 20,1 g/kg

$$\varphi = \frac{x}{x_s} \cdot 100\ \%$$

$$\varphi = \frac{8\ \text{g/kg}}{20,1\ \text{g/kg}} \cdot 100\ \% = 39,8\ \%$$

Beim Abkühlen der Luft erhöht sich die relative Luftfeuchte, da die Wasserdampfaufnahmefähigkeit sinkt. Wird die maximale Luftfeuchte (φ = 100 %) erreicht und sinkt die Lufttemperatur weiter, so wird die Taupunkttemperatur unterschritten. Die Luft scheidet den überschüssigen Wassergehalt durch Kondenswasser aus.

Beispiel 2:
Luft von 30 °C und φ_1 = 60 % kühlt sich auf 25 °C ab. Auf welchen Wert steigt die relative Luftfeuchte φ_2?
Nach Tabelle:

x_s bei 30 °C = 27,2 g/kg
x_s bei 25 °C = 20,1 g/kg

$\varphi = (x/x_s) \cdot 100\ \%$
$x_1 = (x_s \cdot \varphi_1) / 100\ \%$

$$x_1 = \frac{60\ \% \cdot 27,2\ \text{g/kg}}{100\ \%} = 16,32\ \text{g/kg}$$

$$\varphi_2 = \frac{16,32\ \text{g/kg}}{20,1\ \text{g/kg}} \cdot 100\ \% = 81,2\ \%$$

Wird die Luft erwärmt, nimmt die relative Luftfeuchte ab, da die Wasserdampfaufnahmefähigkeit der Luft zunimmt.

Raumlufttechnik – Grundlagen

 **Was bedeutet MAK-Wert?**

 Maximale Arbeitsplatzkonzentration, Höchstgrenze gesundheitsschädlicher Stoffe in der Luft (Gase, Dämpfe, Verunreinigungen).

 **Wozu dient das Mollier-Diagramm?**

 Das Mollier-Diagramm dient der grafischen Ermittlung der physikalischen Größen der feuchten Luft, wie absolute und relative Luftfeuchte, Lufttemperatur, Wärmeinhalt und Dichte der Luft.

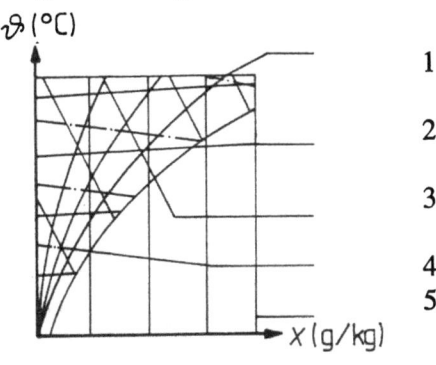 **Welche physikalischen Größen (1–5) sind im Mollier-Diagramm dargestellt?**

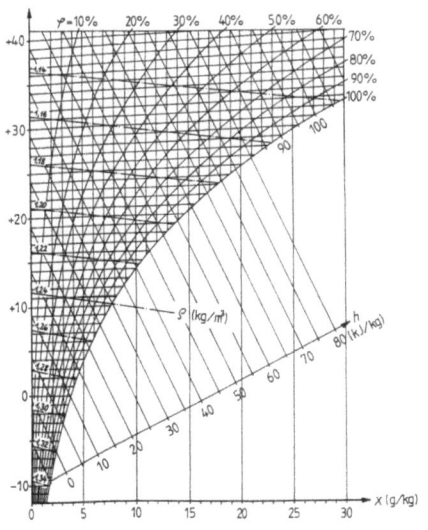

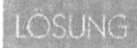 Das Mollier-Diagramm wird auch h-x-Diagramm genannt. Mehrere Größen, die den Zustand der Luft bestimmen, sind darin grafisch einander zugeordnet:
- 1 : Relative Luftfeuchte φ in %: gekrümmte Linien.
- 2 : Lufttemperatur ϑ in °C: von links nach rechts leicht ansteigende Linien
- 3 : Wärmeinhalt h der Luft in kJ/kg: von links nach rechts abfallende Linien
- 4 : Dichte der Luft in kg/m³: von links nach rechts leicht abfallende Linien
- 5 : Absolute Luftfeuchte x in g/kg: senkrechte Linien

AUFGABE Welche Zusammenhänge lassen sich aus nachstehendem h-x-Diagrammen ablesen?

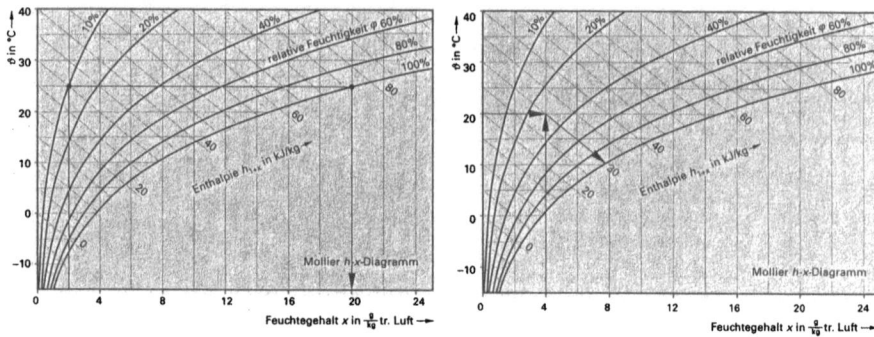

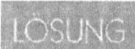 Auf dem linkem Diagramm lässt sich der Zusammenhang zwischen Temperatur, absoluter Feuchte und Enthalpie ablesen.
Luft mit einer Temperatur ϑ = 20 °C und einer absoluten Feuchte x = 4 g/kg enthält einen Wärmeinhalt (Enthalpie) von h = 30 kJ/kg.
Auf dem rechten Diagramm lässt sich der Zusammenhang zwischen relativer und absoluter Feuchte ablesen.
Luft mit einer Temperatur ϑ = 25 °C und einer relativen Feuchte φ = 10 % enthält eine Wasserdampfmasse von x = 2g/kg, bei Sättigung, also bei φ = 100 %, 20 g/kg.

AUFGABE Was versteht man unter Luftmischung?

LÖSUNG Der Mischpunkt von 2 Luft-Massenströmen, die sich nach Masse, Temperatur und relativer Luftfeuchte unterscheiden (Luftzustände 1 und 2), liegt im Mollier-Diagramm auf der Verbindungsgeraden der Zustandspunkte 1 und 2. Die Mischungstemperatur ϑ_M kann nach der Mischungsformel berechnet werden.

$$\vartheta_M = \frac{\dot{m}_1 \cdot \vartheta_1 + \dot{m}_2 \cdot \vartheta_2}{\dot{m}_1 + \dot{m}_2}$$

AUFGABE Was versteht man unter der Kühllast?

LÖSUNG Das ist die Wärmeleistung, die einem Raum in einem bestimmten Zeitraum entzogen werden muss. Dabei ist zu unterscheiden in:
— Innere Kühllast, das ist die Wärmeabgabe durch Menschen, Maschinen und Einrichtungen sowie Beleuchtungswärme
— Äußere Kühllast, das ist die Transmissionswärme sowie Strahlungswärme der Sonne durch Fenster und ähnliche transparente und nichttransparente Flächen.

AUFGABE Durch welche Komponenten wird der Begriff Behaglichkeit beschrieben?

LÖSUNG Thermische Behaglichkeit: wenn die Personen im Raum mit der Temperatur, der Feuchte und der Luftbewegung in ihrer Umgebung zufrieden sind und weder wärmere noch kältere, weder trocknere noch feuchtere Raumluft wünschen:

— Lufttemperatur   20 °C – 26 °C
— Relative Luftfeuchte   35 % – 60 %
— Geräuschpegel je nach Raumart 30 dB(A) – 50 dB(A)
— Luftgeschwindigkeit Aufenthaltszone 0,1 m/s – 0,3 m/s
— Temperatur Umschließungsflächen 2 K bis 4 K unter/über der Raumtemperatur.

 **Was versteht man unter Luftwechsel?**

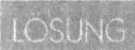 Der Luftwechsel besagt, wie oft das Raumluftvolumen durch Zufuhr von Außenluft in einer Stunde auszutauschen ist. Die Angaben werden für einfach konzipierte Lüftungsanlagen benötigt. Die Werte weichen in der Praxis erheblich voneinander ab. Von Einfluss sind die Raumhöhe, die Luftführung, Art des Raumes usw.
Beispiele:
Bad   n = 4 bis 6fach
Büroräume   n = 3 bis 6fach
Toiletten   n = 6 bis 8fach
Gaststätten   n = 6 bis 8fach

Beispiel für eine Toilette mit $V_R = 200$ m³ Raumvolumen, n = 7-facher Luftwechsel als Mittelwert

$$\dot{V} = 7 \text{ h}^{-1} \cdot 200 \text{ m}^3 = 1400 \text{ m}^3\text{h}^{-1}.$$

 **Was versteht man unter einer Außenluftrate und wie groß ist diese für 60 Personen bei Raucherlaubnis?**

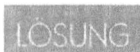 Die Außenluftrate gibt an, wie viel m³ Außenluft für eine Person je Stunde einem Raum zugeführt werden müssen. Anhaltswerte enthält DIN 1946-2, z.B. für:
Theater, Kinos   30 m³/h je Person
Gaststätten   40 m³/h je Person
Großraumbüros   50 m³/h je Person
Bei starker Luftverschmutzung z.B. durch Tabakrauch sind weitere 20 m³ je Person und Stunde zu veranschlagen.
Für den Gastraum gilt:

$$V = (40 \text{m}^3\text{h}^{-1} + 20 \text{m}^3\text{h}^{-1}) \text{ je Person} \cdot 60 \text{ Personen}$$

$$= 3600 \text{ m}^3\text{h}^{-1} \text{ Außenluftvolumenstrom.}$$

 In den letzten Jahren wurden zunehmend zwecks Energieeinsparung neue Fenster mit niedrigen Fugendurchlasskoeffizienten eingebaut. Geringe Luftwechselzahlen, mangelnde Fensterlüftung und eingeschränktes Heizen führen zu Tauwasser-/Schimmelbildung. Welche Möglichkeit bietet die Gebäudetechnik zur Vermeidung solcher Probleme?

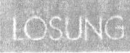 Zur Vermeidung solcher Probleme bietet die Gebäudetechnik folgende Möglichkeiten:
- Raumlufttechnische Anlagen (RLT-Anlagen):
 Steuerung der Zuluft und Abluft
 Regelung der Luftfeuchte und der Lufttemperatur
 Ausreichender Luftwechsel kann gesichert werden.
- Küche: Dunstabzugshaube, dadurch höherer Luftwechsel
- Sanitärtechnische Räume: Lüftungsschacht mit Ventilator, dadurch werden Wasserdampf und Gerüche abgeführt

 **In den meisten von Raumlufttechnischen Anlagen (RLT) geregelten Räumen soll gleicher Luftdruck herrschen, so dass die Zu- und Abluftleistung gleich ist. Welche Ausnahmen können Sie nennen?**

 In folgenden von Raumlufttechnischen Anlagen (RLT) geregelten Räumen ist die Zu- und Abluftleistung nicht gleich:
- Räume, die aus Gründen der Geruchs- oder Staubbelästigung Unter- oder Überdruck benötigen
- Überdruck: Wohnbereich
- Unterdruck: Küche, Bad, WC
- Einschränkung der Geräuschbelästigung (Luftschall) durch den Druckunterschied.

 **Ein angenehmes und gesundes Raumklima kann in Räumen, in denen gekocht, gebraten und gebacken wird, nur durch eine richtig geplante und optimal ausgeführte Be- und Entlüftung erreicht werden.**
Welche Aussagen können Sie hierzu machen? Welche Leistung muss eine solche Anlage für eine 12 m² große Küche besitzen?

 Eine optimale Be- und Entlüftung wird durch eine Dunstabzugshaube erreicht. Unterschieden werden Abluftgeräte und Umluftgeräte.
- Abluftgeräte: Absaugen der Abluft über Fettfilter, Ausblasen direkt durch das Mauerwerk oder über ein Abluftrohr.
- Umluftgeräte: Durch einen zusätzlichen Geruchsfilter kann die gefilterte Luft dem Raum zugeführt werden.

Leistung: Luftwechsel der Küche: 6 bis 12facher Luftwechsel für Haushaltsküchen pro Stunde:
12 m² Küche, Raumhöhe 2,50 m
$\dot{V}$ = 12 m² · 2,50 m · (6 bis 12) 1/h = 180 bis 360 m³/h
Zuweisung des richtigen Gerätes mit ≈ 300 m³/h.

 **Was bedeutet die Aussage: Der Luftwechsel ist ein Maß für den Schwierigkeitsgrad der Luftführung im Raum?**

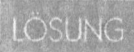 Der Luftwechsel gibt an, wie oft pro Stunde das gesamte Luftvolumen des Raumes ausgewechselt werden muss, um hygienischen Ansprüchen zu genügen. Je größer der Luftwechsel, desto aufwendiger die Planung der Luftführung und der Raumlufttechnischen Anlagen. Zugerscheinungen sollten vermieden werden.
- $n = (0,5 - 0,8)$ h⁻¹ notwendiger Luftwechsel im Raum, aus hygienischen Gründen gefordert
- n größer bei Küchen: Dunst, Fettpartikel
- mechanische Dunstabzugshaube notwendig, um dies zu gewährleisten
- bei Versammlungsräumen: Raumlufttechnische Anlage, Klimaanlage
- Aussage trifft zu, zusätzliche Anlagen zur Luftversorgung und Luftaufbereitung werden bei steigend benötigten Luftwechsel notwendig und auch aufwendiger.

 **Welche Arten von „freier Lüftung" gibt es und wodurch wird die „freie Lüftung" bewirkt?**

 Selbst-, Fenster-, Schachtlüftung.
Druckunterschiede durch Temperatur, Wind.

 **Was ist „Freie Lüftung" und worauf beruht sie? Was bedeutet erzwungene Lüftung?**

 Unter natürlicher oder freier Lüftung versteht man den Luftwechsel, der durch die Massenunterschiede der Luft bei Temperaturdifferenzen zwischen Innen- und Außenluft, ferner durch Winddruck ohne Verwendung von Ventilatoren hervorgerufen wird.

Bei der erzwungenen Lüftung erfolgt die Luftbewegung durch Ventilatoren unabhängig von den natürlichen Temperatur- und Druckverhältnissen.

 **Erläutern Sie die Möglichkeiten der Luftführung in Räumen bei Raumlufttechnischen Anlagen?**

 Möglichkeiten der Luftführung in Räumen bei Raumlufttechnischen Anlagen:
- Quelllüftung: Luft strömt im unteren Bodenbereich eines Raumes ein, erwärmt sich durch Wärmequellen (Apparate, Menschen, usw.) und strömt durch Auftrieb und Mischung mit der Raumluft zur Decke mit den Abluftdurchlässen.
- Verdrängungslüftung: Luft strömt über eine Filterdecke über den gesamten Raum ein, verdrängt die Raumluft und wird über einen rostähnlichen Boden aus dem Raum abgeleitet.
- Mischlüftung: Über Luftauslässe wird im oberen Raum die Zuluft eingeblasen (Induktion), der Luftstrahl reißt durch raumfüllende Strömung die Raumluft mit und vermischt sich walzenförmig mit ihr. Über obere oder untere Abluftöffnungen wird die Luft aus dem Raum gezogen.
- Induktionsgeräte: Kastenförmige Geräte im Brüstungsbereich saugen dabei über einen Wärmetauscher geführte Raumluft an. Im Winter wird so die Raumluft erwärmt, im Sommer gekühlt.

 **Was versteht man in Raumlufttechnischen Anlagen unter Wärmerückgewinnung?**

 Bei der Wärmerückgewinnung wird über einen Wärmetauscher der Fortluft ein Teil der Wärme entzogen und auf die kältere Außenluft übertragen.

Wärmetauscher in unterschiedlichen Konstruktionen: Plattenwärmetauscher, zwischen parallel angeordneten Platten strömen Außen- und Fortluft im Kreuzstromsystem, wobei die Außenluft durch die Fortluft erwärmt wird. Rotationswärmetauscher bestehen aus einem Gehäuse mit rotierendem Wärmetauscher aus Speichermasse (Keramik, Alu-Folie usw.), durch den langsam rotierenden Speicher wird im Gegenstrom Außen- und Fortluft geleitet, wobei ein Wärme- oder ein Feuchteaustausch erfolgt, man bezeichnet dies als ein regeneratives Verfahren. Beim Wärmepumpenverfahren wird der Fortluft im Verdampfer Wärme entzogen, im Kondensator wird die Wärme an die Außenluft abgegeben und vorgewärmt:

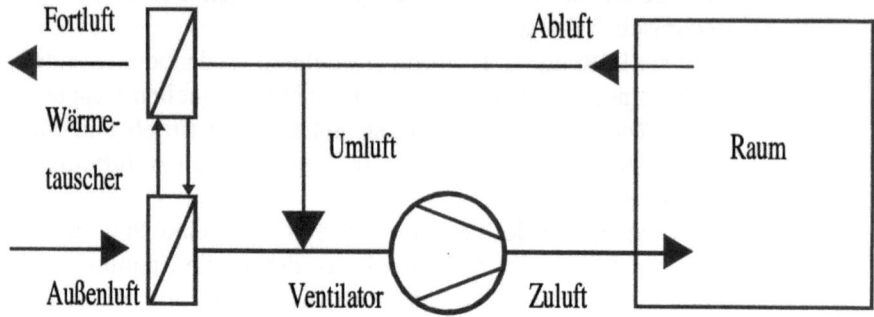

 **Wie wirkt sich die Druckverteilung durch Windeinfluss an einem rechteckigen Gebäude aus? Wie soll demnach der Grundriss eines Gebäudes, z. B. Wohnhaus, gestaltet werden?**

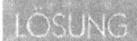 Auf der vom Wind angeblasenen Seite („Luv") entsteht ein Überdruck und auf der windabgelegenen Seite („Lee") ein Unterdruck. Im Sommer wie im Winter hängt die natürliche Lüftung einer Wohnung im Wesentlichen von den unterschiedlichen Druckverhältnissen durch Windanfall der verschiedenen Gebäudeseiten ab. Deshalb kann die Hauptwindrichtung wichtig für die Grundrissorientierung sein. So sollten Küche und WC auf der windabgewandten Gebäudeseite angeordnet werden, damit keine Gerüche in andere Räume dringen.

Gestaltung eines Wohnungsgrundrisses:

Raumlufttechnik – Grundlagen

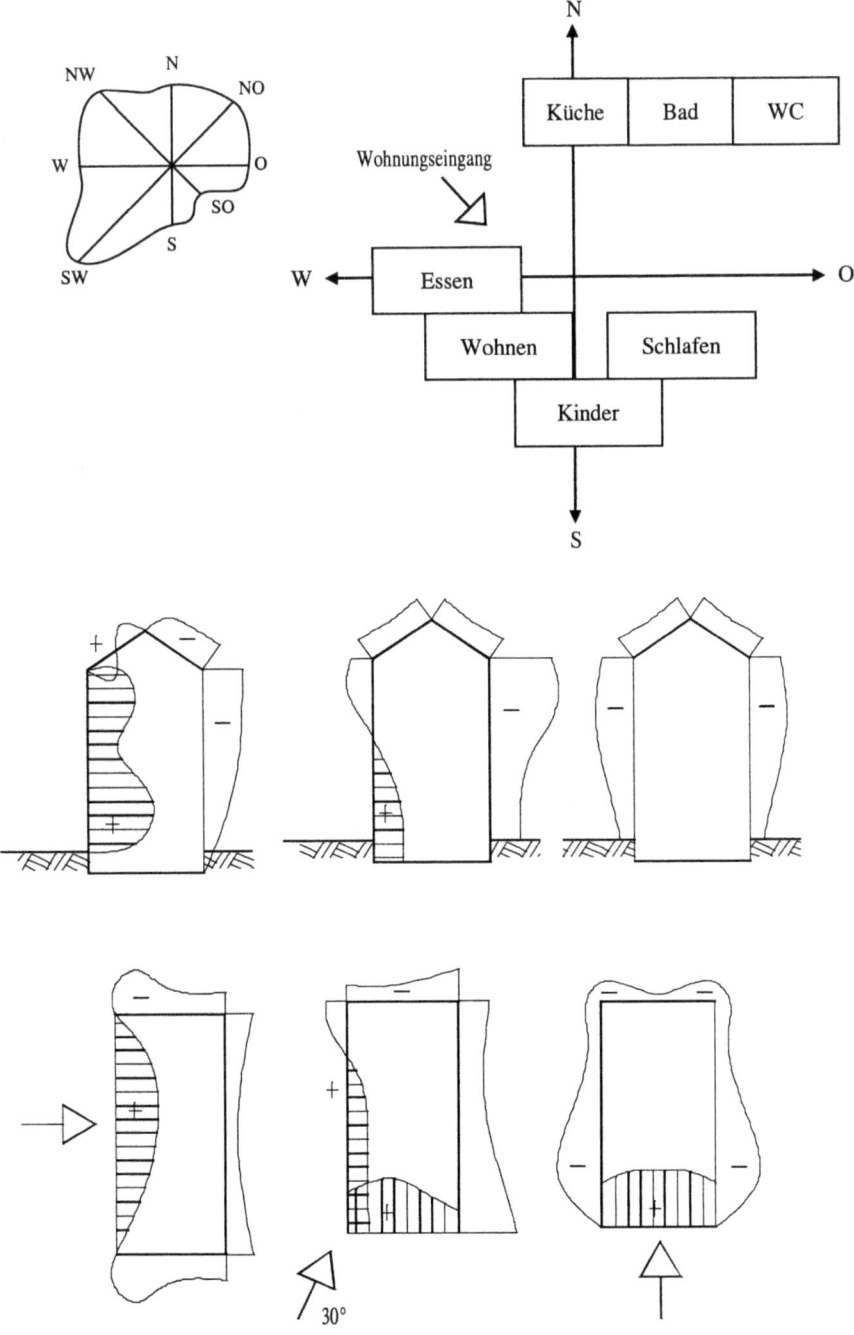

 **Aus welchen Teilen besteht die DIN 18017 – Lüftung von Bädern, Toilettenräumen und Küchen – und was ist deren wesentlicher Inhalt?**

 Gültig ist nur noch Teil 3:
Anlagen mit Ventilatoren
- Lüftung von Bädern und Toilettenräumen ohne Außenfenster in Wohnungen und ähnlichen Aufenthaltsbereichen
- andere Räume können ebenfalls über solche Anlagen entlüftet werden

Zuluft:
- Nachströmen durch Undichtigkeiten in den Außenbauteilen ($n \leq 0{,}8$ h^{-1})
- Nachströmöffnung: 150 cm^2 freier Querschnitt
- Abluftführung: nahe der Decke, Abluft ins Freie
- in Bädern: keine Luftgeschwindigkeit über 0,2 m/s im Aufenthaltsbereich des Unbekleideten.

 **Wie wird in der Lüftungstechnik der Außenluftvolumenstrom definiert?**

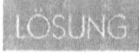 Der Außenluftvolumenstrom (Außenluftrate) wird entweder personen- oder flächenbezogen ermittelt oder aus der Schadstoffkonzentration errechnet. Der errechnete Mindest-Außenluftvolumenstrom muss in jedem Fall gewährleistet sein.

 **Worin unterscheiden sich die Begriffe Mindestluftwechsel, personenbezogene Außenluftrate und Luftwechsel bezüglich ihrer praktischen Anwendung?**

 Bezüglich ihrer praktischen Anwendung unterscheiden sich die Begriffe folgendermaßen:
- Mindestluftwechsel gibt den notwendigen stündlichen Luftaustausch des Raumes an, d.h. bei einem geforderten einfachen Luftwechsel wird das Raumluftvolumen in der Stunde einmal ausgetauscht
- personenbezogene Außenluftrate (ALR) ist bei Aufenthaltsräumen zu bemessen. Je nach Raumart und nach der

Anzahl der gleichzeitig anwesenden Personen wird die ALR bemessen.
- Luftwechsel gibt an, wie oft innerhalb einer Stunde die gesamte Raumluft erneuert wird. Ein hoher Luftwechsel bedeutet eine hohe Leistung und kennzeichnet damit den lüftungstechnischen Aufwand einer Anlage.

 **Erläutern Sie detailliert die untenstehende Prinzipskizze einer gebäudetechnischen Anlage!**

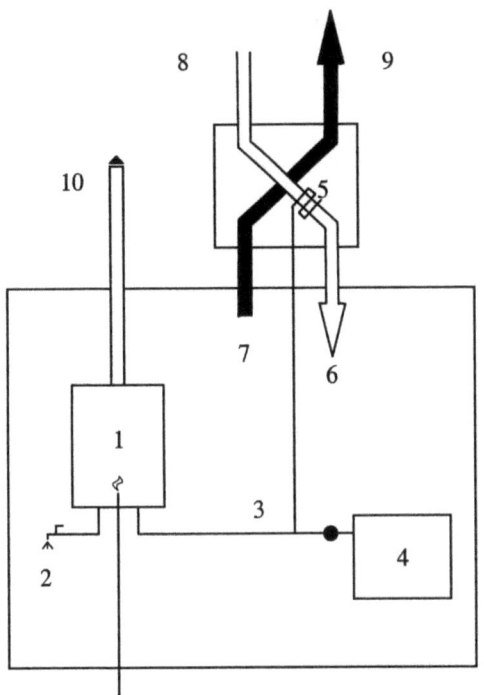

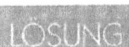 1: Gasheiztherme
2: Warmwasserzapfstelle
3: Heizleitungen
4: Heizkörper
5: Wärmetauscher
6: Zuluft
7: Fortluft
8: Außenluft
9: Fortluft
10: Abgasanlage

 **Was verstehen Sie unter Redundanz?**

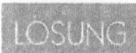 Redundanz ist die Absicherung des unterbrechungsfreien Dauerbetriebs von Anlagen durch automatische Zuschaltung von Reserve-Aggregaten. So werden z.B. bei großen EDV-Räumen üblicherweise mehrere Geräte zur Kühlung eingesetzt, wobei mindestens ein Gerät als Reserve dient, falls eines ausfallen sollte oder zu Wartungszwecken abgeschaltet werden muss.

 **Von welchen Einflussgrößen ist das thermische Behaglichkeitsempfinden des Menschen beim Aufenthalt in geschlossenen Räumen abhängig?**

 Folgende Einflussgrößen spielen für das thermische Behaglichkeitsempfinden des Menschen eine Rolle:
Beim Mensch:
– Bekleidung
– Aktivitätsgrad
– Aufenthaltsdauer

Raum:
– Luft-Temperatur, Temperatur der Raumumschließungsflächen sowie sonstiger Wärmestrahler

RLT-Anlage:
– Lufttemperatur
– Luftgeschwindigkeit
– Luftfeuchte
– Luftführung im Raum.

 **Was verstehen Sie unter diffuser Luftströmung?**

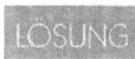 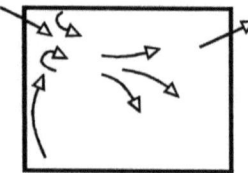 Diffuse Luftströmung bezeichnet die überwiegend angewandte Durchmischungsströmung im Raum. Die eingeblasene Zuluft vermischt sich dabei schnell mit der Raumluft. Geschwindigkeit und Temperaturunterschiede werden relativ schnell abgebaut (je nach Art des Zuluftauslasses).

 **Was verstehen Sie unter laminarer Luftströmung?**

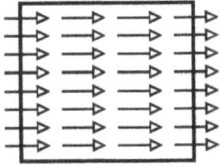
Verdrängungslüftung unter Vermeidung von Raumluft-Induktion, in vollkommener Form nur in der Reinraum-Lufttechnik. Die Zuluft wird großflächig, geschichtet und mit geringer Luftgeschwindigkeit in den Raum eingeblasen. Beimischung von Raumluft zur Zuluft findet kaum statt. Man kann sich die Zuluft als "Kolben" vorstellen, der durch den Raum geschoben wird. Wirbel kommen im Idealfall nicht vor.

 **Was versteht man unter der Außenluftrate bei RLT-Anlagen?**

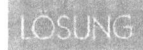 Die Außenluftrate (ALR) gibt an, wieviel m^3 Außenluft für eine Person je Stunde einem Raum zugeführt werden muss. Die Außenluftrate gilt für Versammlungsräume, wo die Luftverschlechterung durch die anwesenden Personen verursacht wird.

Werte in m^3/h je Person
Theater, Kinos: 30
Klassenräume, Einzelbüros: 30
Großraumbüros: 50
Gaststätten: 40

Der Wert kann bei Außentemperaturen unter 0 °C bzw. über 26 °C um 50 % reduziert werden (Energieeinsparung). Bei starker Luftverschlechterung, z.B. durch Tabakrauch, sind weitere 20 m^3/h je Person zu veranschlagen.

 **Geben Sie Kenngrößen an, mit denen der Außenluftvolumenstrom einer RLT-Anlage berechnet wird?**

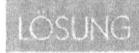 Die Berechnung des Luftstromes kann – entsprechend den Voraussetzungen – mit Hilfe der
– Außenluftrate (ALR) oder
– des stündlichen Luftwechsels erfolgen.

In beiden Fällen wird von Erfahrungswerten ausgegangen, die Tabellen zu entnehmen sind.

Volumenstrom durch Kühllastberechnung: Bei der Zuluft dürfen die Untertemperaturen $\Delta\vartheta$ max. 5-12 °C betragen („Zug"). Unter dieser Annahme kann mit der Formel für die Kühllast der Volumenstrom $\dot{V}$ berechnet werden:

$$\dot{V} = \frac{\dot{Q}_K}{c_V \cdot \Delta\vartheta}$$

$\dot{Q}_K$ = Kühllast (W)
c_V = spez. Wärmekapazität
c_V = 0,34...0,35 Wh/(m³K)

Raumlufttechnik – Anlagentechnik

 Grundsätzlich können lüftungstechnische Anlagen in vier Hauptgruppen eingeteilt werden, in welche?

 Lüftungstechnische Anlagen werden in folgende vier Hauptgruppen eingeteilt:
- Lüftungssysteme mit freier Lüftung die aufgrund von Temperaturunterschieden oder Windanfall Raumluft gegen Außenluft austauschen
- Mechanische Lüftungsanlagen ohne Luftbehandlung mit einem zwangsweisen Luftaustausch der Raumluft gegen Außenluft mit Ventilatoren
- Mechanische Lüftungssysteme mit Luftbehandlung, wobei die Zuluft nur erwärmt wird
- Klimaanlagen mit zusätzlicher Luftbehandlung, wobei die Luft gefiltert, erwärmt, gekühlt, entfeuchtet, befeuchtet werden kann.

 Welche Problemkreise sind bei der Planung und Festlegung von Lüftungs- und Klimaanlagen abzufragen?

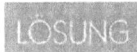 Folgende Problemkreise sind bei der Planung und Festlegung von Lüftungs- und Klimaanlagen abzufragen:
- Festlegung des Luftwechsels, der eine ausreichende Be- und Entlüftung sichert
- Richtige Luftverteilung im Raum
- Untersuchung der einzelnen Kühllastkomponenten und ihre Auswirkungen auf den Luftvolumenstrom
- Festlegen der einzelnen Luftaufbereitungsstufen
- Überlegungen zur Verwirklichung von Wärmerückgewinnungsanlagen
- Energiesparende Lösungen zur optimalen Wärme- und Kälteversorgung.

 Welche Aufgaben haben Lüftungsanlagen?

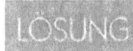 Lüftungsanlagen haben die Aufgabe, den Zustand der Raumluft hinsichtlich Temperatur, relativer Luftfeuchte, Reinheit

und Bewegung innerhalb bestimmter Grenzen zu halten. Eine Lufterneuerung in den Räumen ist hauptsächlich aus zwei Gründen erforderlich:
- Beseitigen von Verunreinigungen der Raumluft: Gas, Staub, Geruch u.ä.
- Aufrechterhalten eines behaglichen Klimas der Raumluft: Temperatur, relative Luftfeuchte.

 **Welche Aufgaben haben Klimaanlagen?**

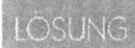 Klimaanlagen haben die Aufgabe, Temperatur und Feuchte der Raumluft ganzjährig innerhalb angegebener Werte selbsttätig zu regeln. Ferner Reinigung und Erneuerung der Raumluft.
Komfortklimaanlagen für Aufenthaltsräume der Menschen unter Beachtung der Behaglichkeitskriterien.
Industrieklimaanlagen sichern die Fertigung von Produkten.

 **Was ist der Unterschied zwischen Klimazentrale und Klimagerät?**

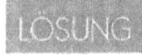 Klimageräte mit kleiner Leistung dienen zur Luftbehandlung in einzelnen Räumen und bestehen aus Klimaschränken, Klimatruhen, Kastenklimageräten.
Klimazentralen dienen zur Luftbehandlung für Gebäude mit vielen Räumen und haben große Leistungen. Sie werden nach dem Baukastensystem gefertigt.
Der prinzipielle Aufbau ist bei beiden Systemen gleich, sie bestehen aus Ventilatoren, Filter, Erhitzer, Kühler und Befeuchter.

 **Die Luftkühlung in einem Klimagerät erfolgt in einem Wärmetauscher (kühlen), der von einem Kühlmedium durchflossen wird.
Welche Kühlmedien kommen infrage?**

 Folgende Medien kommen für die Luftkühlung in einem Klimagerät in Frage:
Brunnenwasser mit Vorlauftemperaturen 10 °C bis 12 °C.
Brunnenwasser steht selten zur Verfügung.

- Flusswasser mit sehr schwankenden Temperaturen. Die Wassertemperatur ist relativ hoch. Die Anlage benötigt umfangreiche Reinigungsstufen.
- Trinkwasser mit Vorlauftemperaturen von ≈ 15 °C. Wird kaum angewandt, da zu teuer und nicht immer zulässig.
- Kaltwasser aus einer Kältemaschine mit Vorlauftemperaturen 6 °C bis 8 °C.
- Kältemittel mit Direktverdampfung im Kühler.
- Die Kühlmedien Brunnenwasser, Flusswasser und Trinkwasser werden kaum eingesetzt, da sie nur in begrenzter Menge zur Verfügung stehen (Brunnenwasser), zu hohe Temperaturen haben (Flusswasser) oder zu teuer sind (Trinkwasser). Üblicherweise wird durch eine Kältemaschine gekühlt, wobei die Kälteenergie durch das Kältemittel direkt oder über einen Kaltwasserkreislauf zugeführt wird.

Erläutern Sie den Unterschied zwischen Saug- und Drucklüftungsanlagen?

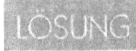
Bei der Sauglüftung (Entlüftung) wird durch einen Abluftventilator Luft aus dem Raum abgesaugt. Dadurch entsteht im Raum ein Unterdruck (d.h. negativer Überdruck). Die Luft strömt aus dem Raum ins Freie. Anwendbar ist das Verfahren nur für kleinere Räume, z.B. Küche, wo Gerüche, Dämpfe die Luft verschlechtern und diese schlechte Luft abgesaugt wird, z.B. Absaugehaube über der Herdplatte.

Bei der Drucklüftung (Belüftung) wird über einen Ventilator dem Raum Luft zugeführt. Die Raumluft kann über Fenster, Türen entweichen. Im Raum entsteht ein Überdruck, der verhindert, dass aus angrenzenden Räumen schlechte Luft in den Raum eindringt. Im Winter muss die angesaugte Außenluft über einen Lufterhitzer vorgewärmt werden.
Meist werden die beiden Funktionen Saug- und Drucklüftung gemeinsam betrieben als Be- und Entlüftungsanlagen, d.h. Zuluftventilator und Abluftventilator. Je nach Regelung der Luftströme der beiden Ventilatoren kann im Raum Über- bzw. Unterdruck entstehen.

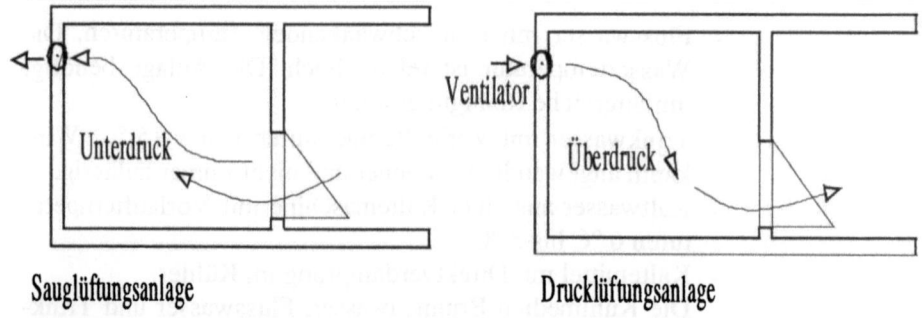

Saugluftungsanlage   Druckluftungsanlage

AUFGABE Welches ist der Unterschied zwischen Fugen- und Fensterlüftung?

LÖSUNG Durch die Fugen von Fenster und Türen dringt durch einen Temperaturunterschied zwischen kälterer Außenluft und wärmerer Raumluft oder durch Windanfall Luft über die Fugen ein. An der Außenwand des Raumes entsteht dabei oben ein positiver Überdruck und unten ein negativer Überdruck (Unterdruck) gegenüber der Außenluft. Somit strömt Luft unterhalb der neutralen Linie ein und oben aus.
Bei der Fensterlüftung erfolgt der Luftaustausch durch kurzzeitiges Öffnen der Fenster. Diesen Luftaustausch bezeichnet man allgemein als Stoßlüftung.

AUFGABE Arten der Luftführung in Räumen bei Raumlufttechnischen Anlagen?

LÖSUNG Quellüftung: Luft strömt im unteren Bodenbereich eines Raumes ein, erwärmt sich durch Wärmequellen (Apparate, Menschen, usw.) und strömt durch Auftrieb und Mischung mit der Raumluft zur Decke mit den Abluftdurchlässen.
Verdrängungslüftung: Luft strömt über eine Filterdecke über den gesamten Raum ein, verdrängt die Raumluft und wird über einen rostähnlichen Boden aus dem Raum abgeleitet.
Mischlüftung: Über Luftauslässe wird im oberen Raum die Zuluft eingeblasen, der Luftstrahl reißt durch raumfüllende Strömung die Raumluft mit und vermischt sich walzenförmig mit ihr (Induktion). Über obere oder untere Abluftöffnungen wird die Luft aus dem Raum gezogen.
Induktionsgeräte: Kastenförmige Geräte im Brüstungsbereich saugen über einen Wärmetauscher geführte Raumluft

an. Im Winter wird so die Raumluft erwärmt, im Sommer gekühlt.

AUFGABE **Was ist der Unterschied zwischen einer Klimaanlage und einer Lüftungsanlage?**

LÖSUNG Klimaanlagen erneuern, reinigen, be- und entfeuchten und erwärmen oder kühlen die Luft. Entscheidend ist die selbständige Regulierung dieser Luftzustände.
Lüftungsanlagen bewirken, dass eine bestimmte Raumluftmenge durch Außenluft ersetzt wird. Hierbei ist die Außenluft zu filtern und nötigenfalls so weit zu erwärmen, dass keine Zugerscheinungen auftreten.

AUFGABE **Eine alltägliche Situation: Zwecks Energieeinsparung werden neue Fenster mit kleinem Fugendurchlasskoeffizienten eingebaut. Geringer Luftwechsel, mangelnde Fensterlüftung und eingeschränktes Heizen führen zu Tauwasser-/Schimmelbildung. Welche (zukunftsträchtige) Möglichkeit bietet die Haustechnik zur Vermeidung solcher Probleme?**

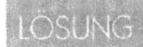
Kombinierte mechanische Be- und Entlüftungsanlagen mit Rückgewinnung der Fortluftwärme.

AUFGABE **Es sind der Aufbau und die Gütemerkmale einer kontrollierten Wohnungslüftung mit Wärmerückgewinnung zu beschreiben.**

LÖSUNG Es wird die verbrauchte Luft (Abluft) aus den Nasszellen, Küche, Bad, WC usw. abgesaugt und über einen Wärmetauscher geführt, wo sie ihre überschüssige Wärme an die angesaugte Außenluft abgibt. Will man die im Fortluftstrom noch enthaltene Restwärme zusätzlich nutzen, so ist dies durch Hinzunahme einer Wärmepumpe möglich. Gütemerkmale:
Ausreichender Luftaustausch, ggf. können unterschiedliche Luftmengen für einzelne Räume bereitgestellt werden.
Die Räume werden von Geruchsstoffen und Raumluftfeuchte entsorgt.
Die Lüftungswärmeverluste werden erheblich reduziert.
Bei Bedarf: Luftfilter zur Sicherstellung der Luftqualität.

Schutz gegen Außenlärm, da ein Fenster zu öffnen entbehrlich gemacht werden kann.

 **Welche Systeme zur Wohnungslüftung sind bekannt, Wirkungsweise?**

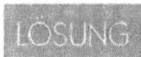 System 1: Schwerkraftlüftung
Das Dichteverhältnis zwischen kalter Außenluft und wärmerer Innenraumluft bewirkt die Auftriebskraft der Lüftung. Daraus folgt, dass die Schwerkraftlüftung außentemperaturabhängig ist. Eine optimale Lüftung ist nur mit Systemen, die einen bestimmten Luftaustausch gewährleisten, zu erreichen. D.h., das System entspricht dieser Forderung nicht.
System 2: Ventilatorbetriebene Abluftanlage
Hier dient zur Abführung der Luft ein Ventilator. Aus den zu lüftenden Räumen, z. B. Küche, WC, Bad, wird eine bestimmte Raumluftmenge abgesaugt.
Arten :
Abluftanlage mit Einzelventilatoren, Abführung über Dach
Abluftanlage mit Einzelventilatoren und gemeinsamer Abluftführung
Zentrale Abluftanlage mit mehreren getrennten Hauptleitungen/Nebenleitungen.
System 3: Ventilatorbetriebene Abluftanlage mit Lüftungsanlage kombiniert.
Abluft- und Belüftungsanlagen
Die Luftführung in einer Wohnung wird nur dann vollständig beherrscht, wenn den Wohnräumen eine bestimmte Luftmenge zugeführt wird.
Unterschied zu System 2: Anstelle einer Außenluftzuführung durch Nachströmöffnungen wird die abgesaugte Luft aus Küche, Bad, WC fortgeleitet und durch eine separate Belüftungsanlage den Wohnräumen Zuluft zugeführt.
Wohnungslüftung mit Wärmerückgewinnung. Bevor die Luft ins Freie geleitet wird, wird in einem Gegenstromwärmetauscher eine Wärmerückgewinnung aus dieser Fortluft an die angesaugte Außenluft vorgenommen. Mit der Wärme der Fortluft wird Außenluft vorgewärmt und den Wohnräumen zugeführt, rund 60 % der Wärme aus der Fortluft lassen sich rückgewinnen. Die Restwärme muss entweder in einem

Nachheizkörper der Zuluft zu den Räumen zugeführt werden oder über die Beheizung dieser Räume.

 **Im folgenden ist die Lüftungsanlage eines Hörsaals dargestellt.
Bezeichnen Sie die Luftarten bzw. Bauelemente von a–f!**

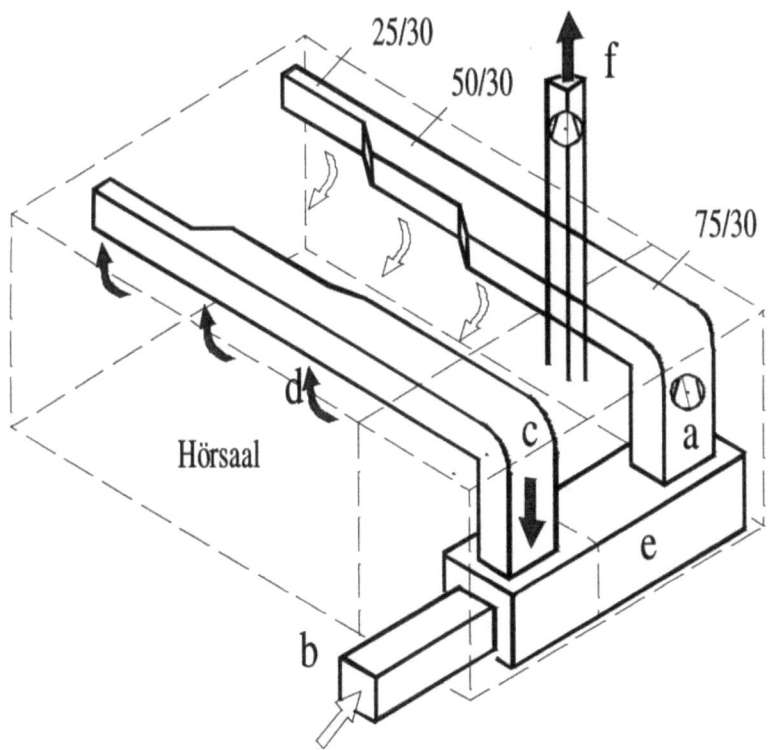

Darstellung der Luftkanäle
nicht masstäblich im Verhältnis zum Raum

    a: Zuluft
    b: Außenluft
    c: Umluft
    d: Abluft
    e: Zentrale Luftaufbereitungsanlage
    f: Fortluft.

 **Für eine Wohnküche ist eine Dunstabzugshaube über dem Herd anzuordnen. Was ist hierbei zu beachten (Größe, Abstand, Luftleistung etc.)?**

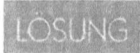 Dunstabzugshauben werden unterschieden in Abluftgeräte und Umluftgeräte.
Abluftgeräte saugen die Abluft über einen Fettfilter ab und blasen sie dann direkt durch die Wand oder über ein Abluftrohr ins Freie. Dieses Abluftrohr hat einen Durchmesser von etwa 100 bis 125 mm und es kommen etwa bis zu 5 m lange, starre oder flexible Rohre in Frage. Sie können hinter den Oberschränken verlegt werden.

Umluftgeräte besitzen neben einem Fettfilter einen zusätzlichen Geruchsfilter (Aktivkohlefilter). Die gefilterte Luft wird dann der Raumluft wieder zugeführt. Die Reinigungswirkung ist deshalb begrenzt.

Dunstabzugshauben werden mit einem Abstand von mindestens 65 cm über dem Kochbereich montiert, als Unterbau- oder als Einbaugerät eines Oberschrankes.

 **Welche Arten an Dunstabzugshauben werden unterschieden, was ist beim Einbau zu beachten?**

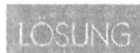 Anbau- und Unterbau-Dunstabzugshauben werden frei montiert oder unter einem Oberschrank über den Kochstellen angebracht. Der Schirm ist ausklappbar.
Einbau- und Zwischenbau-Dunstabzugshauben können in einen Einbauschrank fest eingebaut werden oder zwischen zwei Oberschränke gehängt und mit einer Möbeltür verkleidet werden. Der Wrasenschirm ist ausschwenkbar.
Flachschirmhauben sind für den Einbau in einen Oberschrank geeignet. Der Flachschirm ist ausziehbar. Lüfterbausteine sind zum Einbau in eine Küchenesse aus Holz, Metall oder Mauerwerk bestimmt. Wand- oder Inselhauben sind dekorative Geräte aus Chromstahl, Kupfer, Messing oder lackiertem Stahlblech mit eingebautem Sauggaggregat.
Die Dunstabzugshaube sollte mindestens so breit wie die Kochstelle sein. Je breiter die Haube, desto größer ist die Dunstauffangfläche.

Folgende Breiten werden angeboten: 55 cm, 60 cm, 90 cm, 100 cm sowie Sondermaße.
Zwischen Kochfläche und Unterkante der Haube muss ein Mindestabstand von 65 cm eingehalten werden:

Welche Anschlussmöglichkeiten von Dunstabzugshauben sind möglich?

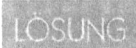
Dunstabzugshauben haben einen elektrischen Anschlusswert von 200 bis 500 Watt. Sie können an eine Steckdose angeschlossen werden. Wenn die Voraussetzungen bestehen, wird aufgrund der besseren Wirkung der Abluftbetrieb bevorzugt. Die Abluftführung kann hinten, zur Seite oder nach oben erfolgen. Je kürzer der Abzugsweg, je größer der Rohrdurchmesser und je weniger Rohrkrümmungen, um so besser die Wirkung.

Welche Forderungen ergeben sich aus DIN 18022 bezüglich der Dunstabzugshauben? Größe, Abstand, Luftleistung? Wie kann man die erforderliche Leistung (Volumenstrom) einer Dunstabzugshaube ermitteln?

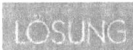
Dunstabzugshauben mit Fortluftbetrieb (kein Umluftbetrieb). Abzugshauben sind mit mindestens 65 cm Abstand über dem Kochbereich anzuordnen. Breite ≥ 60 cm, besser 100 cm.
Luftleistung: $\dot{V}_L = n \cdot V_R$
Worin bedeuteten:
$\dot{V}_L$ Volumenstrom der Dunstabzugshaube
n Luftwechselrate
V_R Raumvolumen der Küche.

Welche Arten der Luftführungen bieten sich bei Dunstabzugshauben an?

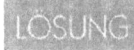
Folgende Luftführungen bieten sich an:
Durch das Mauerwerk, z.B. über einen verstellbaren Mauerkasten. Dieser enthält eine Rückstauklappe, die sich bei Betrieb automatisch öffnet und beim Ausschalten schließt und so das Einströmen von Kaltluft verhindert, durch Küchende-

cke und Dach, in einen Lüftungsschacht, in einen stillgelegten Schornsteinzug.
Werden mehrere Dunstabzugshauben für Abluftbetrieb an einen Lüftungsschacht angeschlossen, so ist eine Rückschlagklappe vorzusehen, um das Eindringen von Gerüchen aus dem Luftschacht in die Küche zu verhindern.
Luftzufuhr:
Für wirksamen Abluftbetrieb ist ausreichende Luftzufuhr erforderlich. Gegebenenfalls ist eine zusätzliche Luftzufuhr im oberen Bereich des Raumes zu schaffen, z.B. durch einen Ab- und Zuluftmauerkasten oder Lüftungsschlitze im oberen Teil einer Tür.

 **Welche Arten der Wartung sind an Dunstabzugshauben durchzuführen?**

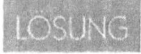 Fettfilter regelmäßig – je nach Benutzung – auswechseln oder auswaschen. Mit Fett vollgesogene Filter erhöhen die Brandgefahr. Geruchsfilter ein- bis zweimal jährlich wechseln (ca. 120 Std. Betriebsdauer). Wenn der Fettfilter gesättigt ist, ist auch die Geruchsentfernung schlechter.

 **Die Landesbauordnungen betrachten fensterlose Bäder und Toilettenräume (sogen. gefangene Räume) als nur zulässig, wenn eine wirksame Lüftung gewährleistet ist. Wie kann eine wirksame Lüftung von innenliegenden sanitärtechnischen Räumen erreicht werden?**

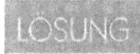 Schachtlüftung nach DIN 18017-3 mit Ventilatorbetrieb. Verschiedene Systeme: Zuluftführung entweder über eine Türaussparung oder gesonderten Zuluftschacht. Entlüftung über Einzel- oder Sammelschacht. Beim Sammelschacht ist ein Ventilator für alle angeschlossenen innenliegenden Räume in Betrieb, bei einer Abluft-Einzelschachtanlage enthält jeder Schacht einen Abluftventilator, meist über die Nutzungsmöglichkeit (Licht) des Raumes gesteuert.

 **Welche Systeme der Entlüftung innenliegender Bäder würden Sie im Geschosswohnungsbau wählen? Begründung!**

 Folgende Systeme der Entlüftung innenliegender Bäder können im Geschosswohnungsbau eingesetzt werden:

- Einzellüftungsanlagen sind Anlagen mit einem eigenen Ventilator für jeweils einen Aufenthaltsbereich. Diese Anlagen besitzen entweder eine eigene Abluftleitung für jede Wohneinheit oder sie haben für mehrere Wohnungen eine gemeinsame Abluftleitung.
- Zentrallüftungsanlagen besitzen einen gemeinsamen Ventilator für mehrere Räume oder Wohneinheiten. Drei Ausführungsarten werden hier unterschieden:
- Anlagen mit gemeinsam veränderlichem Gesamtvolumenstrom
- Anlagen mit wohnungsweise veränderlichen Volumenströmen
- Bewohner können den Volumenstrom durch Einstellung der Abluftventile wohnungsweise oder raumweise anpassen, alle Abluftventile haben fest eingestellte Volumenströme
- Anlagen mit unveränderlichen Volumenströmen. Diese Anlagen stellen einen konstanten, druckunabhängigen Abluftvolumenstrom aus den zu entlüftenden Räumen sicher. Ein zentraler Ventilator ständig in Betrieb. Eine Reduzierung des Volumenstromes ist nicht möglich.

 **Beschreiben Sie den Aufbau und Gütemerkmale einer kontrollierten Wohnungslüftung mit Wärmerückgewinnung!**

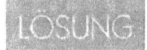 Zentrales Zu- und Abluftgerät bzw. Klimaanlage, am besten im Dachgeschoss, Wärmetauscher Luft/Luft wird zugeschaltet.

 **Welche Systeme zur Wohnungslüftung kennen Sie?**

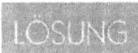 Zur Be- und Entlüftung einer Wohnung können folgende Systeme unterschieden werden:
Natürliche Lüftung
- Fugenlüftung
- Fensterlüftung
- Schachtlüftung

Mechanische Lüftung
- Entlüftungsanlagen mit Ventilatoren (Einzel-, Zentrallüftungsanlagen)
- Kombinierte Be- und Entlüftungsanlagen
- Klimaanlagen.

 **Erläutern Sie Ihrem Bauherren welches Lüftungssystem Sie ihm zur Energieeinsparung und Begrenzung der Lüftungswärmeverluste empfehlen würden!**

 Folgende Lüftungssysteme zur Energieeinsparung und Begrenzung der Lüftungswärmeverluste können empfohlen werden:
- Mechanisches Abluftsystem wird mit mechanischem Zuluftsystem gekoppelt
- Zuluft gefiltert und vorgewärmt
- ausgeglichene Be- und Entlüftung
- kontrolliert gleich große Luftmengen
- zusätzlich Wärmetauscher, Wärmerückgewinnung.

 **Was ist in der Klimatechnik der Unterschied zwischen einer Niederdruckanlage und einer Hochgeschwindigkeitsanlage?**

 Eine Klimaanlage hat die Aufgabe, trotz unterschiedlicher und wechselnder Störgrößen (Außentemperatur, Sonneneinstrahlung, Luftfeuchtigkeit usw.) den Raumluftzustand auf einem gewünschten Niveau zu halten. Das Arbeitsmittel der Klimaanlage ist Luft. Diese Luft transportiert Heizwärme, Luftfeuchtigkeit und Luftsauerstoff in die Räume. Gleichermaßen werden von dieser Luft Überschusswärme, -feuchtigkeit und Luftverunreinigungen jeder Art abtransportiert.
Kommt eine Klimaanlage mit Luftströmungsgeschwindigkeiten bis max. 8 m/s aus, spricht man von einer Niederdruckanlage. Bei Hochgeschwindigkeitsanlagen strömt die Luft mit 10 bis 14 m/s durch das Kanalsystem. Die Ventilatoren müssen dafür natürlich auch höhere Förderdrücke aufweisen (1000...2000 Pa), weshalb auch die Bezeichnung Hochdruckanlagen zu finden ist.

Die höheren Drücke erfordern einen stabileren Aufbau des Kanalsystems und als einzigen apparativen Unterschied zu Niederdruckanlagen eine Druckminderungseinheit (Entspannungsgerät) kurz vor den Raumluftauslässen.

 **Welche Anforderungen sind an die Luftleitungen zu stellen?**

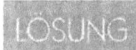 An Luftkanäle und Rohrleitungen werden folgende Anforderungen gestellt:
- Korrosionsbeständigkeit
- glatte Innenfläche
- formstabil
- luftdicht
- wasserabweisend
- nicht brennbar
- leicht.

Als Rohrwerkstoffe kommen je nach Verwendungszweck bzw. Anforderungen zum Einsatz:
- verzinkte Stahl-Bleche
- Aluminium-Bleche
- Mauerwerk und Beton (z.B. Schächte)
- Faser-Zement (asbestfrei)
- Kunststoffe aus PE oder PVC (gegen aggressive Gase beständig)
- Platten aus Gips
- Hartschaum.

 **Wofür werden flexible Rohre und Schläuche eingesetzt?**

 Da flexible Rohre die Montage vereinfachen, werden sie häufig bei Kanalabzweigungen, Geräteanschlüssen oder zur Verbindung von Luftdurchlässen (z.B. Anschluss von Deckenluftauslässen an den Luftkanal) eingesetzt.
Die Schläuche und Rohre werden z.B. aus gewickelten Alu-, Gummi- oder Kunststoffbändern hergestellt. Eine einfache und sichere Verbindung der Rohre lässt sich mit Schlauchschellen herstellen, die z.B. mit Kalt- oder Warmschrumpfbändern abgedichtet werden.

 **Beschreiben Sie die Arbeitsweise einer Klimazentrale im Sommerbetrieb.**

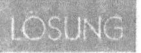 Der Ventilator saugt Außenluft an, die sich in der Mischkammer mit Umluft mischt. Ein Filter reinigt die Mischluft. Im Luftkühler wird die Luft abgekühlt und dabei Wasser ausgeschieden. Der Nacherhitzer erwärmt die Luft auf die notwendige Zulufttemperatur.

 **Beschreiben Sie die Luftaufbereitung in einer Klimazentrale im Winterbetrieb.**

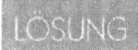 Außenluft wird von einem Ventilator angesaugt und in der Mischkammer mit Umluft gemischt. Die Mischluft wird im Filter gereinigt. Im Vorerhitzer wird die Luft vorgewärmt und anschließend in der Düsenkammer befeuchtet; die Luft kühlt dabei ab. Nicht zerstäubtes Wasser wird durch einen Tropfenabscheider zurückgehalten. Im Nacherhitzer wird die Luft auf die erforderliche Zulufttemperatur erwärmt.

 **Welche Aufgabe erfüllen Luftwäscher?**

 In Luftwäschern (Sprühbefeuchter, Düsenkammer) kommt es zur Berührung der Luft mit zerstäubtem Wasser. Dadurch lassen sich verschiedene Luftzustände herbeiführen. Am wichtigsten ist die Befeuchtung und Abkühlung der Luft bei gleichbleibender Enthalpie (adiabater Wäscher). Zudem wird die Luft von grobem Staub und Gasen, z.B. SO_2 gereinigt.

 **Was versteht man unter Quelllüftung?**

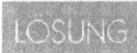 Bei der Quelllüftung strömt die Luft mit Untertemperatur im unteren Bereich ein und verteilt sich über dem Boden. Durch Verdrängung und Auftrieb der Luft (Wärmequellen) entsteht eine vertikale Strömung. Es kommt hierbei zur Mischung von Luft. In Deckennähe herrscht erneut Verdrängungsströmung. Dort befinden sich auch die Abluftdurchlässe.

 **Was versteht man unter Strahllüftung (Mischlüftung)?**

 Bei der Strahllüftung soll der eintretende Luftstrahl Raumluft mitreißen und mit Zuluft mischen (Induktion), um eine raumfüllende Strömung zu erreichen. Die Geschwindigkeit und Temperaturdifferenz der Luft nehmen rasch ab. Die Strömung erfolgt tangential (Walzen) oder diffus.

Raumlufttechnik – Anlagenteile

 **Worin unterscheiden sich Axial- und Radialventilatoren?**

 Axialventilatoren, sogen. Schraubenventilatoren, saugen die Luft in Richtung der Laufradachse an und fördern die Luft in gleicher Strömungsrichtung. Radialventilatoren saugen die Luft im Gehäuse seitlich an in Richtung Mitte zur Laufradachse. Durch Zentrifugalkraft wird die Luft in Richtung des Luftaustritts radial beschleunigt. Der Luftstrom erfährt also eine Umlenkung.

Axialventilatoren nur für kleine Luftleistungen, z.B. als Wand- und Fensterlüfter. In Raumlufttechnischen Anlagen finden fast ausschließlich Radialventilatoren Anwendung wegen großer Förderleistung und Pressung. Drehzahlregelung über Keilriemen zwischen Motor und Trommel des Laufrades. Geringe Geräusche, nur kleine Druckänderungen bei großen Volumenstromänderungen. Durch Auswechseln der Keilriemenscheiben lassen sich unterschiedliche Drehzahlen und Leistung einstellen.

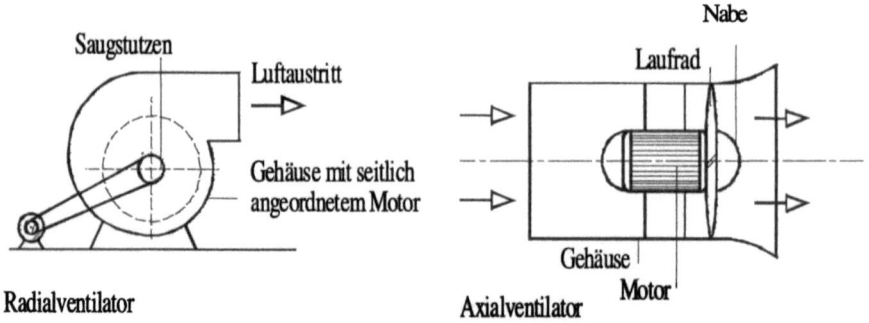

 **Welche Möglichkeiten bestehen, um Luft in Raumlufttechnischen Anlagen zu befeuchten?**

 Folgende Möglichkeiten bestehen um Luft in Raumlufttechnischen Anlagen zu befeuchten:
– Luftwäscher: In einem Gehäuse sind Sprühdüsen angeordnet. Befeuchtung durch Berührung der strömenden

Luft mit dem zerstäubenden Wasser. Die Luft wird so befeuchtet und ggf. gekühlt. Luft wird so von Staub und Gasen gereinigt.
- Rieselbefeuchter: Quer zum Luftstrom sind in einem Gehäuse Füllkörper als Schicht angeordnet, die mit Wasser berieselt werden. Auf der Oberfläche der Füllkörperschicht verdunstet das Wasser in der durchströmenden Luft.
- Dampfbefeuchtung: Elektrisch oder mit Dampf betriebener Befeuchtungsstab im Luftstrom angeordnet, wobei Dampf in diesen eingeblasen wird. Vorteil gegenüber den vorgenannten Verfahren: hygienisch von Vorteil, Keimfreiheit, geruchlos.

Aus welchen Einzelgruppen bestehen Raumlufttechnische Anlagen? Welche Funktionen werden den Gruppen zugeordnet?

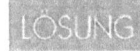

Raumlufttechnische Anlagen bestehen aus folgenden Einzelgruppen:

I. Gruppe „Luftaufbereitung"
- Mischkammer
- Filter
- Kühler
- Erhitzer
- Befeuchter
- Entfeuchter

II. Gruppe „Luftförderung"
- Ventilatoren
- Schalldämpfer

III. Gruppe „Luftverteilung"
- Kammern
- Kanäle
- Gitter

IV. Gruppe „Wärmerückgewinnung"
- Tauscher

V. Gruppe „Einzelklimageräte" (Raumklimageräte)
- Kastenklimageräte
- Truhenklimageräte
- Klimaschrankgeräte.

 **Welche Materialen werden für Luftverteilungsrohre und -kanäle verwendet?**

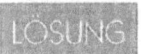 Verzinkte Stahlbleche
Aluminiumbleche
Mauerwerk
Beton
Faser-Zement
Kunststoffe aus PE oder PVC
Platten aus Gips
Hartschaum, Glas
Bänder aus Aluminium, Gummi, Kunststoff.
Anforderungen: Korrosionsbeständig, glatte Innenflächen, formstabil, luftdicht, wasserabweisend, nicht brennbar und leicht. Sonderform sind Wickelfalzrohre aus Blech- oder Kunststoffbändern in runden, elliptischen und rechteckigen Querschnitten.

 **Arten und Aufbau von Luftfiltern in Raumlufttechnischen Anlagen?**

 Unterschieden wird in Grobfilter (Vorfilter), Feinstaubfilter, hochwertige Feinstaubfilter und Schwebstofffilter. Gekennzeichnet werden die Filter durch den Abscheidungsgrad; er liegt über 65 % bei Grobfilter, Feinstaubfilter 90 % bis zu 99,999 % bei Schwebstofffiltern. Der Verschmutzungsgrad wird während des Betriebes gemessen durch die Druckdifferenz vor und hinter dem Filter über ein Manometer. Die bekanntesten Filterarten sind:

Rollbandfilter: Das Filterband wird quer zum Luftstrom von einer oberen Rolle auf eine untere Rolle mittels Elektromotor transportiert. Die verschmutzten Rollen werden entsorgt.

Faserfilter: Das sind Vliese aus Kunststoffen, Glasfaser, Naturstoffen (z.B. Zellulose), die als Taschenfilter, ebene Filterzellen oder als V- bzw. Zickzackform in Plattenform in Strömungsrichtung eingebaut werden. Die verschmutzten Filter werden entsorgt. Früher verwendete man auch ölgetränkte Filterplatten.

Elektrofilter: Die Staubpartikel werden durch positiv geladene Wolframdrähte ionisiert. In Aluminiumplatten, die abwechselnd positiv bzw. negativ geladen sind, scheiden sich die Partikel ab. Die Reinigung der Platten erfolgt durch Abwaschen der Platten.

 **Welche Aufgabe haben Brandschutzklappen in Raumlufttechnischen Anlagen?**

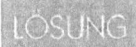 Sie sollen die Ausbreitung eines Feuers bzw. Rauches in andere Brandabschnitte verhindern. Einbau in Decken und Wänden. Auslösung erfolgt über ein Schmelzlot, das die im Betrieb geöffnete Klappe mechanisch schließt. Zusätzlicher Auslöse- bzw. Schließprozess durch Fernbedienung (elektrischer Stellantrieb). Die Brandschutzklappe muss eine Feuerwiderstandsklasse besitzen, die der Decke, Wand usw. entspricht. Die Vorgabe K90 bezeichnet eine Feuerwiderstandsdauer von 90 Minuten, K steht als Bezeichnung für „Klappe". Hierzu würde eine Feuerwiderstandsklasse der Decke, Wand mit F90 gehören.

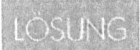 **Anforderungen des baulichen Brandschutzes an Lüftungsleitungen.**

Vorkehrung: Brandschutzklappen K30, K90, Verwendungsnachweis: Zulassung, Brandschutzklappen K30 bzw. K90.
Ummantelungen von Lüftungsleitungen oder Lüftungsleitungen in feuerwiderstandsfähiger Bauart L30, L90. Ausführung nach DIN 4102-4, Nr. 8,5 oder als besonders geprüfte Bauart mit Prüfzeugnis als Verwendbarkeitsnachweis.

 **Aus welchen Bauteilen besteht eine kontrollierte Wohnungslüftung mit Wärmerückgewinnung?**

 Zu den Bauteilen einer kontrollierten Wohnungslüftung mit Wärmerückgewinnung gehören:
– Zentralgerät mit 4 Anschlussstutzen für Außenluft vom Freien, Fortluft ins Freie, Abluft aus den Räumen und Zuluft zu den Räumen. Weiterhin befinden sich im Gehäuse des Zentralgerätes ein Wärmetauscher aus Aluminium, geräuscharme Ventilatoren für Zu- und Abluft, ein Vorfil-

ter für Grobstaub und 2 Feinfilter für Feinstaub. Ein Kondensatablauf wird über einen Geruchsverschluss an die Hausentwässerung angeschlossen. Ein Vereisungsschutz am Zentralgerät verhindert bei niedrigen Temperatur den Ausfall des Wärmetauschers.
– Warmwasser-Heizregister ist für die Nachheizung zuständig.
– Steuergeräte im Wohnbereich zur Leistungsregelung.
– Zu- und Abluftöffnungen sind so anzuordnen, dass die Räume luftdurchströmt werden.
– Rohrleitungen, welche Zentralgerät und Zu- und Abluftöffnungen miteinander verbinden, sollen korrosionsbeständig und glattwandig sein. Dafür eignen sich Kunststoffrohre oder Wickelfalzrohre.

Welche Möglichkeiten kennen Sie, die notwendige Lüftung innen liegender Sanitärräume durch Ventilatoren zu steuern?

Folgende Möglichkeiten steuern die notwendige Lüftung innen liegender Sanitärräume durch Ventilatoren:
– Einschaltverzögerung ca. 45 Sekunden über einen Lichtschalter
– Nachlauf (5 Minuten für innen liegende WCs und Bäder)
– Raumlichtsteuerung
– Bewegungssensor
– Feuchtesensor, speziell für Dusch- und Baderäume
– Intervallschaltung
– Grundlastschaltung, ständiger Betrieb, abschaltbar
– Dreistufenschaltung, 3 Volumenströme sind einzeln wählbar.

Sanitärtechnik – Planungsgrundlagen

 Welche Kriterien sind bei der Planung von Nassbereichen in Wohnhäusern bezüglich Bewegungsablauf, Belichtung, Belüftung, wirtschaftliche Ver- und Entsorgung und Schallschutz zu beachten?

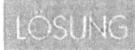 Das Bad sollte, abgeschirmt vom Wohnbereich, dem Schlafbereich, ein zusätzliches Gäste-WC dem Empfangsbereich zugeordnet sein. Bad und WC müssen von einem Flur aus zugänglich sein.
Die Belichtung und Belüftung erfolgt über die Außenwand mittels Fenster (geforderte Größe: mindestens 1/8 der Grundfläche des Raumes) oder bei innenliegender Anordnung nur die Lüftung über entsprechende Entlüftungsanlagen. Eine günstige Abluftführung im oberen Raumbereich ermöglichen hochliegende Kipp-, Drehkipp- oder Schwingfenster. Zuglufterscheinungen sind zu vermeiden. Die zentrale Anordnung der Installationsleitungen (mit kurzen Anschlussleitungen) von Bad, WC und Küche vor oder in einer Wand bzw. in einem Schacht ist aus wirtschaftlichen und bauakustischen Gründen günstig. Der von Wasserversorgungs- und Abwasseranlagen verursachte Schallpegel darf nach DIN 4109 in fremden Wohn-, Schlaf- und Arbeitsräumen 35 dB nicht überschreiten. Daher ist in der Grundrissplanung die Anordnung von schallmäßig empfindlichen Räumen an Sanitärräume oder angrenzende leitungsführende Wände zu vermeiden.

 Es ist skizzenhaft ein Grundriss eines innenliegenden Badezimmers für eine vierköpfige Familie zu entwerfen. Die zur Verfügung stehende Grundfläche beträgt 6 m². Sind auch eine Stellfläche und Anschlüsse für eine Waschmaschine möglich?

 Mit den Maßen nach DIN 18022 ergeben sich zwei Darstellungen.
Rechts: Baderaum mit Badewanne, Doppelwaschtisch, WC-Becken;
Links: Badewanne, Waschtisch, Sitzwaschbecken (Bidet) und WC-Becken.

Sanitärtechnik – Planungsgrundlagen

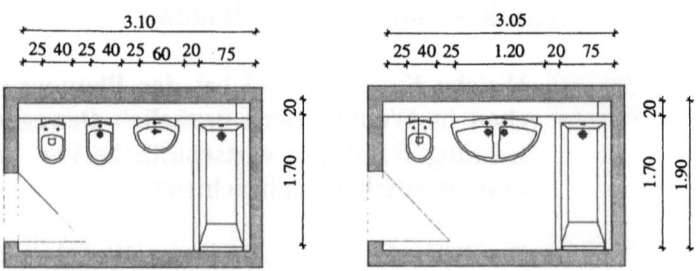

DIN 18022 sieht keine Anforderungen an die erforderliche Mindestausstattung von Sanitär- und Wirtschaftsräumen vor. Die Aufstellung einer Waschmaschine (Stellfläche 60 cm x 60 cm; Bewegungsfläche davor 90 cm) ist bei der vorgegebenen Grundfläche von 3,05 m x 1,90 m = 5,80 m² nicht möglich. Um eine Waschmaschine integrieren zu können, müsste der Raum mindestens 2,25 m (= 60+90+55+20) lang oder 3,85 m (= 3,05+60+20) breit sein.

3,85 m x 1,90 m = 7,32 m² oder 3,05 m x 2,25 m = 6,86 m² d.h. die zur Verfügung stehende Grundfläche reicht nicht aus.

 In der Mitteilungsschrift „Sanitär und Hygiene" des VDS in Hagen war Folgendes zu lesen: „Ein funktionales, modernes Bad braucht keine Traumbad-Ausmaße. Wer nicht unbedingt unter Palmen Badewannenkapitän sein möchte, kann sich auf rund 5,2 m² ein Badezimmer mit Waschbecken, WC, Sitzwaschbecken (Bidet) und Badewanne einrichten." Überprüfen Sie skizzenhaft diese Angaben!

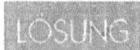 Auch wenn der Abstand zwischen Waschtisch und Badewanne bis auf 0 verringert wird, reicht die vorgegebene Fläche von 5,2 m² nicht aus. 3,10 m x 1,90 m = 5,89 m².

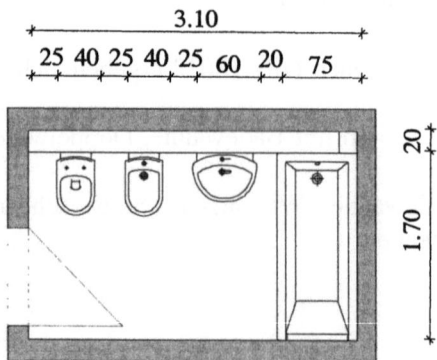

Sanitärtechnik – Planungsgrundlagen

 Eine sinnvolle und komfortable Nutzungsmöglichkeit sanitärtechnischer Einrichtungsgegenstände hängt wesentlich davon ab, welche Nutzfläche ihnen zugeordnet wird. Welche Angaben sind nach DIN 18022 erforderlich – mit Skizzen – für: WC-Becken, Waschbecken, Badewanne. Erläutern Sie in diesem Zusammenhang die Begriffe Stellfläche, Bewegungsfläche und Nutzfläche.

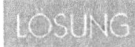 Stellfläche: Abmessung der Objekte (Breite x Tiefe)
Nutzfläche: Stellfläche + Bewegungsfläche
Bewegungsfläche: Die zur Nutzung der Objekte erforderliche Fläche, d.h. seitlicher Mindestabstand + Mindestabstand zu gegenüberliegenden Objekten oder Wänden.
Der Mindestabstand von beweglichen Einrichtungsgegenständen zu Wänden (auch zu Duschabtrennungen) beträgt 3 cm (7 cm bei beidseitigen Wänden).

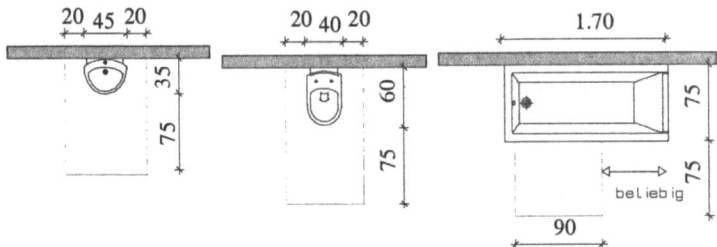

 Ermitteln und skizzieren Sie die Mindestgröße eines Duschraumes mit Duschwanne (80 x 80 cm), WC-Becken und Handwaschbecken unter Berücksichtigung der Rohrleitungsführung (Wasser, Abwasser). Verwenden Sie hierzu die Angaben zur Objektgröße, Abstands- und Bewegungsflächen gemäß DIN 18022.

 Geradlinige Anordnung aller Sanitärobjekte an die Vorwandinstallation;
Mindestabstände zwischen den einzelnen Objekten und zur Wand: 20 cm;
Mindestabstände vor den Sanitärobjekten: 75 cm;
Die Anordnung und Höhe der Vorwandinstallation ist zu beachten, besonders bei der Dusche.

Sanitärtechnik – Planungsgrundlagen

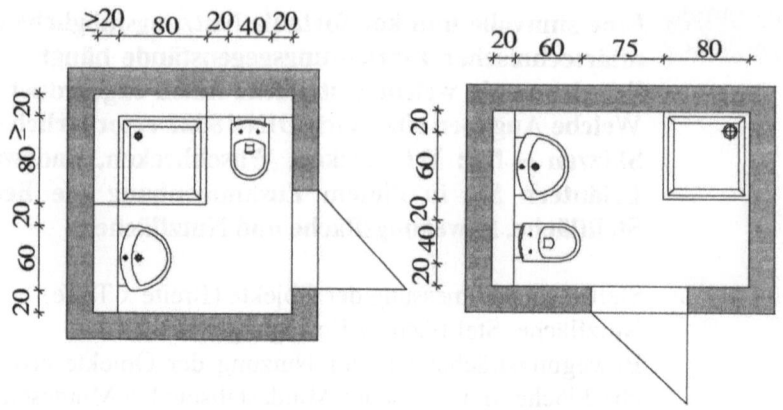

1,95 m x 1,80 m = 3,51 m²   2,35 m x 1,55 m = 3,64 m²

 Welches sind die Mindestanforderungen an den Platzbedarf für ein normales Badezimmer einer vierköpfigen Familie? Skizzieren Sie hierfür einen Grundriss mit Angabe der Stellflächen und der Abstandsmaße der Sanitärobjekte gem. DIN 18022. Beachten Sie auch die Rohrleitungsführung.

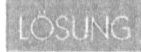 Einrichtungsgegenstände:
Beispiel 1:
– Badewanne   75 cm x 170 cm
– Waschbecken   60 cm x 55 cm
– WC   40 cm x 60 bis 75 cm
– Bidet   40 cm x 60 cm

Beispiel 2:
– Dusche   80 cm x 80 cm oder 90 cm x 90 cm
– Badewanne   75 cm x 170 cm
– Waschbecken   60 cm x 55 cm
– WC   40 cm x 60 cm bis 75 cm
– Bidet   40 cm x 60 cm

Bewegungsflächen vor den Sanitärgegenständen: 75 cm;
Rohrleitungsführung: Vorwandinstallation (d ≥ 15 cm).

Sanitärtechnik – Planungsgrundlagen

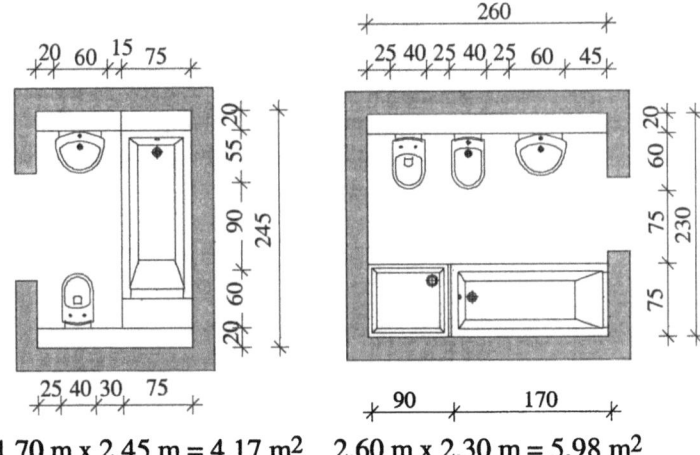

1,70 m x 2,45 m = 4,17 m²   2,60 m x 2,30 m = 5,98 m²

Bei der Badewanne ist eine Breite von mindestens 90 cm und eine Tiefe von 75 cm vor der Wanne erforderlich.

Ermitteln Sie für drei verschiedene Grundrissbeispiele von WC-Räumen den Platzbedarf auf der Grundlage der DIN 18022 (incl. Rohrleitungsführung!).

WC: seitlich 20 cm, bei beidseitiger Wand: 25 cm Abstand
Handwaschbecken: seitlich 20 cm Abstand
Mindestabstände zu Wandflächen oder gegenüberliegenden Objekten: 75 cm
Leitungsverlegung (Abwasser, Kalt- und Warmwasser) in Vorwandinstallationen (Tiefe ≥ 15 cm).

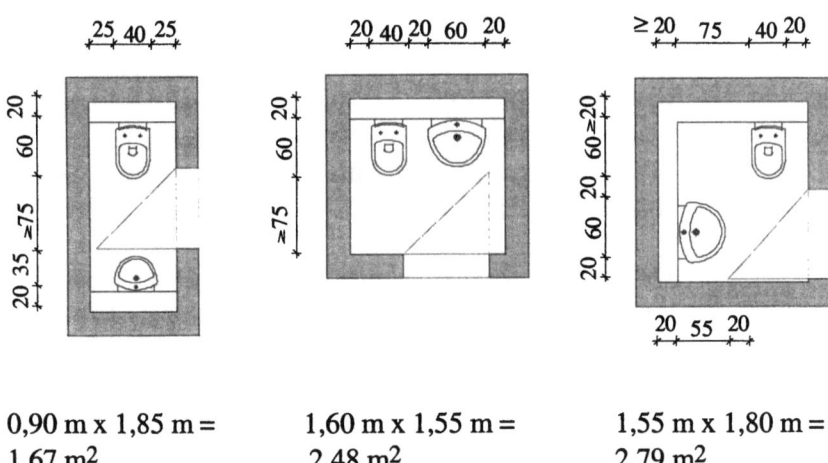

0,90 m x 1,85 m = 1,67 m²   1,60 m x 1,55 m = 2,48 m²   1,55 m x 1,80 m = 2,79 m²

 Gegeben ist ein Grundrissausschnitt eines Mehrfamilienhauses (Wohnung 1 + Wohnung 2). Überprüfen Sie kritisch die gegebene Grundrissanordnung im Hinblick auf die Bauakustik! Sind die Forderungen des Schallschutzes nach DIN 4109 erfüllt? Würden Sie eine andere Grundrisslösung vorschlagen?

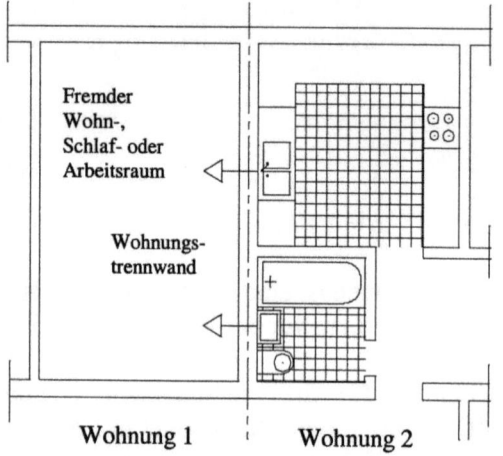

 In einschaligen Wohnungstrennwänden sind Installationsaussparungen unzulässig. Bei der Grundrissanordnung sollten nach Möglichkeit schallempfindliche Räume nicht an leitungsführende Wände bzw. Sanitärräume grenzen. Eine Überschreitung des Schallpegels von 35 dB in Schlafräumen, verursacht durch Wasserversorgungs- und Abwasseranlagen, ist nicht zulässig. Die Objektanordnung im Beispiel ermöglicht jedoch eine zentrale Be- und Entwässerung an einer Wand, wenn in Wohnung 1 Küche und Sanitärraum an die der Wohnung 2 angrenzen. Neue Grundrisslösung: Vorwandinstallation, Badewanne, WC und Waschbecken an einer Wand reihen. Evtl. Installationsschacht zwischen dem Sanitärraum und der Küche.

 DIN 18022 schreibt keine besonderen Stellflächen bzw. Ausstattungen für Hausarbeitsräume vor. Die Einplanung eines solchen Raumes für verschiedene Haushaltsarbeiten ist jedoch sinnvoll. Ermitteln Sie den Platzbedarf eines Hausarbeitsraumes. Wie sollte dieser im Wohnungsgrundriss angeordnet sein?

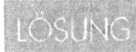 Größe des Hausarbeitsraumes: > 6 bis 8 m²
Der Hausarbeitsraum dient der Unterbringung folgender Einrichtungen:
- Wäschepflege: Waschmaschine, Wäschetrockner, Ausgussbecken, Schmutzwäschebehälter;
- Kleiderpflege: Bügelgerät, Nähmaschine, Arbeitsplatte zum Arbeiten im Stehen und im Sitzen;
- Wohnungspflege: Schränke zur Unterbringung von Reinigungs- und Pflegemitteln, Schuhputzzeug, Werkzeug u.a.
- Die sinnvolle Anordnung im Wohnungsgrundriss ist in der Nähe der Küche oder dem Bad und WC-Raum.
- Man unterscheidet den trockenen und den nassen Hausarbeitsraum, d.h. ohne bzw. mit Wasseranschluss; da der Hausarbeitsraum bauaufsichtlich als Aufenthaltsraum gilt, muss er den Anforderung für Aufenthaltsräume bezüglich Belichtung und Belüftung entsprechen.

 **Geben Sie skizzenhaft Größe, erforderliche Einrichtungs- und Ausstattungsgegenstände sowie deren Abmessungen für einen „nassen" Hausarbeitsraum an.**

 Eine zweizeilige oder U-förmige Anordnung mit genügend Bewegungsraum und Schrankfläche ist günstig. Der „nasse" Hausarbeitsraum beinhaltet Kalt-, Warm- und Abwasseranschlüsse. (Toleranzmaß 3 cm)

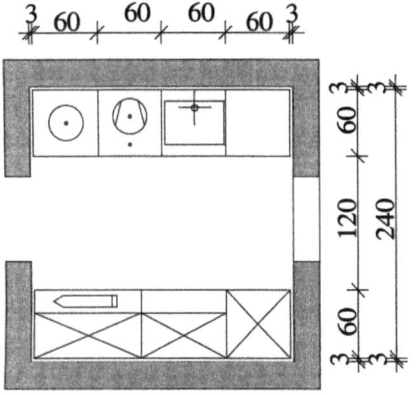

Schmutzwäschebehälter B = 60 cm
Waschmaschine B = 60 cm
Wäschetrockner B = 60 cm
Spülbecken B = 60 cm
Bügelgerät B = 100 cm
Arbeitsplatten
Unterschränke
Oberschränke
Abfallkorb.

AUFGABE Nennen und erläutern Sie die verschiedenen Küchenarten!

LÖSUNG Kochnische: Raumbedarf ca. 5 bis 6 m^2; in einem anderen Raum integriert, nur für kleine Wohnungen mit bis zu zwei Aufenthaltsräumen;

Arbeitsküche: Raumbedarf ca. 8 bis 10 m^2; eigener Raum, zweckmäßige und platzsparende Einrichtung;

Essküche: Raumbedarf ca. 10 bis 15 m^2; wie Arbeitsküche, jedoch mit Essplatz für bis zu vier Personen (beansprucht 5 m^2 der Gesamtfläche);

Wohnküche: Raumbedarf >15 m^2; geräumige Küche mit Essplatz; Raumerweiterungen möglich bis hin zum integrierten Wohnraum.

AUFGABE Nennen Sie die Arbeitszentren einer Wohnungsküche, aus denen sich eine Grundzeile zusammensetzt und bringen Sie sie von links nach rechts in die richtige Reihenfolge (Linkshänderküche).

LÖSUNG Aufbewahren, Nahrungszubereitung, Kochen, Backen, Arbeitsfläche, Spülen, Abstell- und Abtropfflächen, Mindeststellfläche: 3,00 m x 0,60 m = 1,80 m^2.

AUFGABE Wie hoch sollte in einer Küche die Fensterbrüstung bei dazwischenliegender Arbeitsfläche und wie groß der Abstand zwischen Unter- und Oberschrank sein?

LÖSUNG Fensterbrüstung mit davor liegender Arbeitsfläche: 1,00 m bis 1,25 m über OKF.
Zu beachten ist dabei der Platzbedarf für Armaturen und Abstellmöglichkeiten.
Abstand zwischen Unter- und Oberschrank: 50 cm bis 65 cm.

AUFGABE Wie groß ist die Mindestbreite einer Küche bei folgender Anordnung: einzeilig; zweizeilig; U-förmig; G-förmig? Was ist eine günstige Form des Arbeitsdreiecks?

 Einzeilig: 300 cm bis 360 cm x 60 cm
Zweizeilig: 300 cm bis 360 cm x 240cm

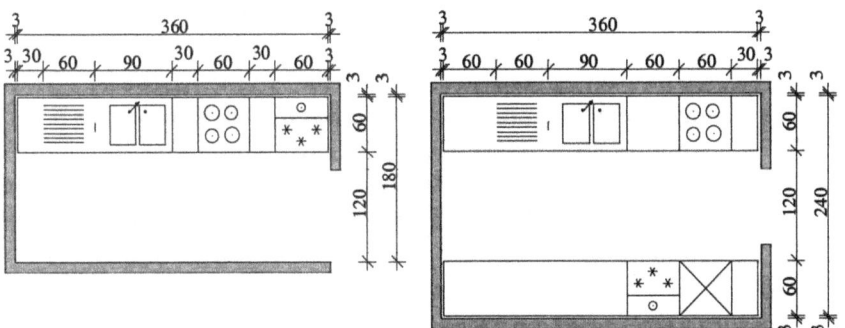

U-förmig: 300 cm bis 360 cm x 240 cm
G-förmig: 330 cm bis 360 cm x 360 cm

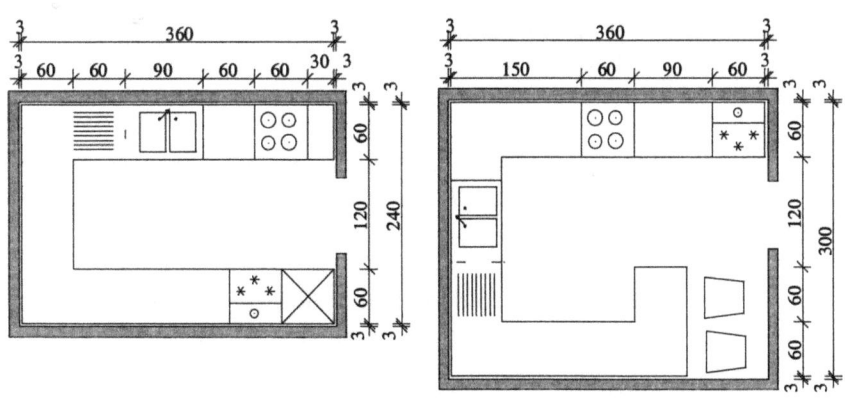

Günstige Form
des Arbeitsdreiecks

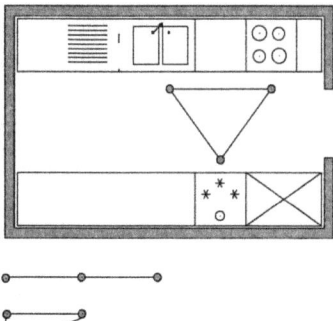

Ungünstige Formen

Fensterbrüstung mit davor liegender Arbeitsfläche:
100 cm bis 125 cm
Abstand zwischen Unter- und Hängeschrank:
50 cm bis 65 cm.

 Erläutern Sie anhand von Skizzen und Stichwörtern die wesentlichen Grundzüge der Küchenplanung (für Wohnungen entspr. DIN 18022). Größe, Breite, Stellflächenbreite, Arbeitshöhen, Fensterbrüstung, Lüftung, Ess- und Imbissplatz.

 Wesentliche Grundzüge der Küchenplanung (für Wohnungen entspr. DIN 18022):

– Grundmodul für die Stellflächenbreiten: 30 cm und Vielfaches
– Arbeitsplattenhöhe: 85 bis 92 cm
– Abstand zwischen Ober- und Unterschränken: ≥ 50 cm
– Oberschränke: max. 40 cm tief

– Bewegungsfläche zwischen Einrichtungsgegenständen bzw. zwischen Wand und Einrichtungsgegenständen: ≥ 1,20 m

– Summe der erforderlichen Stellflächenbreiten im Durchschnittshaushalt gemessen an den Vorderkanten von Einrichtungsgegenständen: ca. 7,00 m (Mindestwert 5,70 m)

– Für einen günstigen Arbeitsablauf werden die Stellflächen wie folgt von rechts nach links (bezogen auf Rechtshänderküche) angeordnet: Abstellfläche, Herd, kleine Arbeitsfläche, Spüle, Abstell- oder Abtropffläche.

– Typen: einzeilig, zweizeilig, U-Küche, L-Küche mit Imbissecke, G-Küche mit Essbar, usw.

– Fensterbrüstung 1,00 m–1,25 m

– Lüftung: Fenster, Dunstabzugshaube.

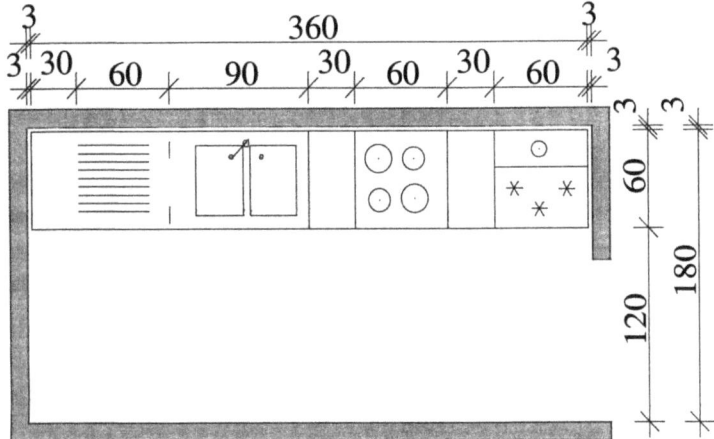

 **Nennen Sie die wesentlichen Punkte, die bei der Planung von behindertengerechten Sanitärräumen (Küche, Bad, WC, Hausarbeitsraum) zu beachten sind (ohne Maße).**

 Bei der Planung von behindertengerechten Sanitärräumen sind nach DIN 18025-1 und 2 zu beachten:
- Ausreichende Türbreiten, im Sanitärbereich nach außen aufschlagend
- Stell-, Bewegungs- und Wendekreisflächen für Rollstühle
- Abmessungen von Verkehrsflächen
- Bad/ WC-Raum:
  - Montagehöhen und Abmessungen von Sanitärgegenständen
  - mit Rollstuhl befahrbarer Duschplatz oder unterfahrbare Badewanne (auch nachträglicher Einbau im Bereich des Duschplatzes muss gewährleistet sein)
  - Halte- und Stützvorrichtungen neben bzw. über allen Sanitäreinrichtungen
  - Abstellplatz für Rollstuhl neben dem WC-Becken, Umsteigehilfe (Griffe, Deckenschiene...)
  - Waschtisch unterfahrbar
  - Spüleinrichtung eventuell mit automatischer Spülung, Wasserdusche und Lufttrocknung
  - Armaturen, Einhebelmischbatterien mit Temperaturbegrenzung und schwenkbarem Auslauf
  - Unterputz- bzw. Flachaufputzsiphon

- Küche:
  - Eine zusätzliche mechanische Lüftung nach DIN 18017-3 ist auch bei Fensterlüftung notwendig
  - Ausreichend Bewegungsflächen vor den Kücheneinrichtungen
  - Anpassen der Arbeitshöhe an individuelle Bedürfnisse
  - Uneingeschränkte Unterfahrbarkeit von Hauptarbeitsbereichen wie Herd, Spüle, Arbeitsplatte
  - niedrige Oberschränke, evtl. höhenverstellbar
  - Einbaugeräte in Greif- und Sichtweite
- Hausarbeitsraum:
  - Die Planung von Hausarbeitsräumen für Behinderte wie die Anforderungen an Türbreiten, Bewegungsflächen, Arbeitshöhen, Unterfahrbarkeit bleiben gleich denen der Küchen- und Sanitäreinrichtungen.

 Welchen Inhalt haben die beiden Teile der Norm DIN 18025? (kurze Erläuterung)

 DIN 18 025-1: Barrierefreie Wohnungen, Wohnungen für Rollstuhlbenutzer
DIN 18 025-2: Barrierefreie Wohnungen; Wohnungen für Blinde und Sehbehinderte, Gehörlose und Hörgeschädigte, Gehbehinderte, Menschen mit sonstigen Behinderungen, ferner für ältere Menschen, Kinder, klein- und großwüchsige Menschen mit zum Teil geringeren Anforderungen an die Maße der Bewegungsfläche.

 **Ermitteln und skizzieren Sie die Mindestgröße eines rollstuhlgerechten Duschraumes mit Duschwanne, WC-Becken und Handwaschbecken unter Berücksichtigung der Rohrleitungsführung (Wasser, Abwasser). Verwenden Sie hierzu die Angaben zur Objektgröße, Abstands- und Bewegungsflächen gemäß DIN 18025-1.**

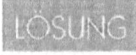 Nach DIN 18025-1 ist eine Bewegungsfläche von 150 cm x 150 cm vorzusehen.
Duschplatz mit Fußbodenablauf;

Alternativ mit Lifter unterfahrbare Badewanne b ≥ 150 cm; t > 150 cm

Waschtisch (unterfahrbar)   b ≥ 60 cm; t > 55 cm
Spülklosett h ≥ 48 cm; b ≥ 40 cm; t ≥ 70 cm, nach Fabrikat.

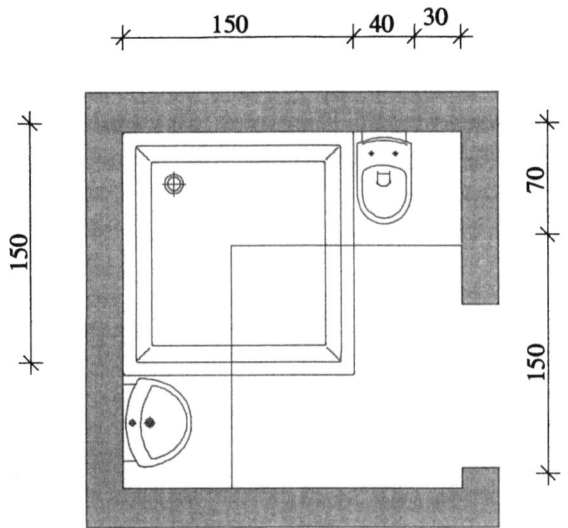

 Skizzieren und erläutern Sie eine zweckmäßig eingerichtete Küche für einen behinderte Person.

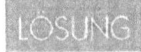
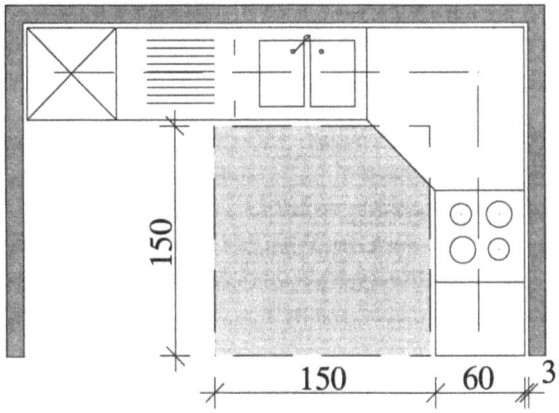

Übereck-Anordnung.
Hauptarbeitsbereich wegen Unterfahrbarkeit mit einer lichten Höhe von 69 cm.

 Ein Architekturbüro plant die Modernisierung einer öffentlichen Toilettenanlage
für Damen: 1 Handwaschbecken, 3 WC-Becken
für Männer: 1 Handwaschbecken, 1 WC-Becken, 1 Urinal.
Wie groß ist der Mindestplatzbedarf der Anlagen? Beachten Sie die Vorräume, Bewegungsflächen, Abstände, Öffnungsrichtungen der Türen etc.

 Damen   Herren

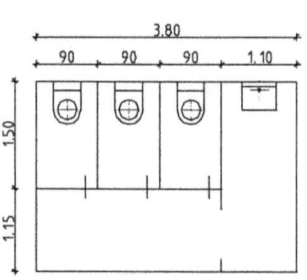 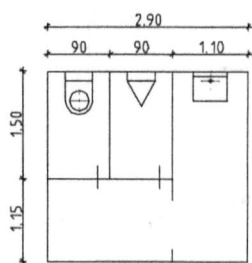

WC Damen: $2,65 \times 3,80 \text{ m}^2 = 11 \text{ m}^2$
WC Herren: $2,65 \times 2,90 \text{ m}^2 = 8 \text{ m}^2$
gesamt: 19 m^2

Ein belüfteter Vorraum mit Handwaschbecken muss durch eine Wand von den Toilettenanlagen abgetrennt sein.

Damen:
- Toilettenräume 150 cm x 90 cm, Türen nach innen aufschlagend
- Gangbreite davor 115 cm
- Vorraum mit Waschbecken, Breite ≥ 110 cm
- Gesamtfläche ≥ 2,65 m x ≥ 3,80 m, ca. 11 m²

Herren:
- Toilettenraum 150 cm x 90 cm, Tür nach innen aufschlagend
- Gangbreite davor 115 cm
- Urinal: Breite 40 cm, seitlich je 25 cm
- Vorraum mit Waschbecken, Breite ≥ 110 cm
- Gesamtfläche ≥ 2,65 m x ≥ 2,90 m, ca. 8 m².

 **Welche Anforderungen werden an einen behindertengerechten Duschplatz gestellt?**

 Bodenbündiger, etwa 1 bis 1,5 cm abgesenkter, mit dem Rollstuhl befahrbarer Duschplatz mit Fußbodenablauf, von zwei Seiten zugänglich. DIN 18025-1 fordert eine Stellfläche von 150 cm x 150 cm für Personen im Rollstuhl. Nach DIN 18025-2 genügen ansonsten 120 cm x 120 cm. Günstig ist die Anordnung des Duschplatzes neben dem Spülklosett um die Fläche zum Umsteigen vom Rollstuhl zu nutzen. In der Dusche sollte in einer Höhe von ca. 50 cm ein klappbarer Sitz vorgesehen werden.

 **Welche Anforderungen werden an WC-Anlagen in Arbeitsstätten gestellt?**

Toilettenräume sollen höchstens 100 m bzw. eine Geschosshöhe von ständigen Arbeitsplätzen entfernt sein. Der Weg zu den Toilettenräumen darf nicht durchs Freie führen. Vorräume mit Handwaschbecken müssen gut belüftet und von den Toilettenanlagen durch eine raumhohe Wand abgetrennt sein. Vorräume können dann entfallen, wenn nur eine Toilette zugeordnet ist und der Zugang von einem Flur erfolgt.

Bei mehr als 5 Beschäftigten sind getrennte Toilettenräume für Damen und Herren vorzusehen. Nach Möglichkeiten sollen einem Toilettenraum nicht mehr als 10 WC-Anlagen zugeordnet sein. Für je 5 WC-Anlagen sind mindestens ein Waschbecken vorzusehen. Die einzelnen WC-Anlagen werden – meist durch Leichtbauweise – voneinander getrennt (Mindesthöhe ≥ 1,90 m, maximaler Bodenabstand 10 bis 15 cm). Die Anordnung der Fenster darf eine Einsicht in die Toilettenanlage nicht ermöglichen. Für Besucher, auswärtiges Wartungspersonal einen gesonderten WC-Raum.

 **Was verstehen Sie in der Sanitärtechnik unter einer Schwarz-Weiß-Anlage? Skizzieren Sie (Prinzipschema) eine solche Anlage für einen Betrieb der pharmazeutischen Industrie für männliche Nutzer.**

 Sogenannte Schwarz-Weiß-Anlagen werden in Betrieben mit starker Verschmutzung oder Betrieben mit Kontakt zu giftigen, gesundheitsschädlichen oder geruchsbelästigenden Stoffen gefordert. Bei getrennter Aufbewahrung der Strassen- (weiß) und Arbeitskleidung (schwarz; im industriellen Fertigungsbetrieb) sind beide Räumlichkeiten durch Waschräume zu verbinden. Im Fall der Pharmazeutischen Industrie bedeutet schwarz die Straßenkleidung, weiß die Arbeitskleidung für die speziellen Anforderungen im Betrieb.

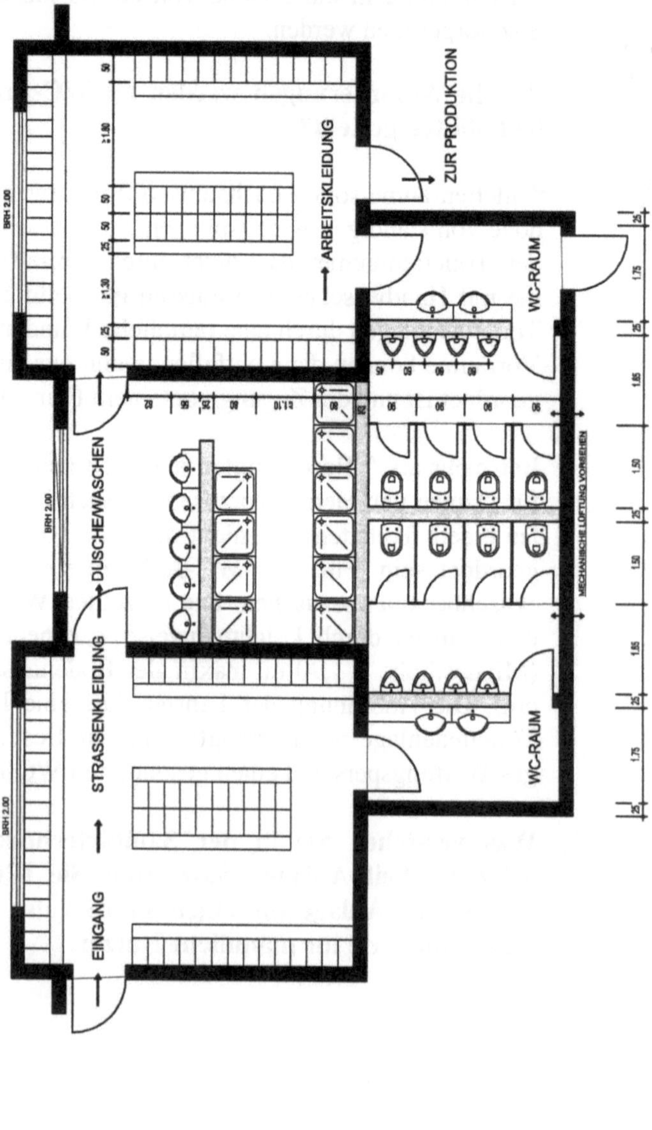

Sanitärtechnik – Planungsgrundlagen

 **Was ist bei der Festlegung des Fliesenrasters zu beachten?**

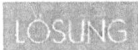 Das Fliesenraster sollte ein symmetrisches Ansichtsbild ergeben. Restfliesen am Randbereich sollten >1/2 der Fliesenbreite sein. Vorsprung, Einrichtungsgegenstände, Installationen und Sanitärobjekte sind auf das Fliesenraster abzustimmen. Die senkrechte Fuge der Wand ist auf das Fugenbild des Bodens abzustimmen. Von großer Bedeutung ist die Festlegung eines Bezugspunktes als Ausgangspunkt für die Verfliesung.

 **Welche Informationen sollte Ihrer Meinung nach die Wandabwicklung eines Badezimmers (M 1:20, 1:10) enthalten und welchen Gewerken sollten diese dienen?**

 Die Wandabwicklung eines Badezimmers sollte folgende Informationen beinhalten:
– Fliesenraster mit Fliesenbezugsachse
– Höhe Vorwandinstallation
– Höhen und Achsen der Sanitärobjekte und Armaturen: Montagehöhen, Auslässe für Wasser und Abwasser
– Auslässe für Steckdosen, Beleuchtung und Schalter
– Position des Heizkörpers
– Gewerke: Fliesenleger, Elektroinstallateur, Sanitärinstallateur, Heizungsbauer.

 **Nennen Sie Schallschutzmaßnahmen, wodurch Geräuschbelästigungen durch sanitärtechnische Anlagen vermindert werden können.**

 Folgende Möglichkeiten ermöglichen die Verminderung der Geräuschbelästigung durch sanitärtechnische Anlagen:
Maßnahmen in der Grundrissplanung:
– Küchen und Bäder übereinander anordnen, in gleichem Geschoss benachbarte Anordnung
Maßnahmen der Leitungsverlegung:
– geradlinig und ausreichend dimensioniert
– elastische Aufhängung mit Zwischenschalten einer Dämmschicht
– Ummantelung der Rohrleitungen

- Vorwandinstallation statt Wandaussparungen
- Zusammenfassen der Installationen in der Vorwand

Maßnahmen im Bereich der Armaturen:
- Verwendung von Armaturen mit niedrigem Geräuschpegel (Armaturengruppe I)

Maßnahmen im Bereich der Sanitärobjekte:
- wandhängende Sanitärobjekte mit körperschalldämmender Zwischenlage an der Wand befestigen
- bodenstehende Sanitärobjekte auf schwimmenden Estrich stellen
- strömungsgünstigen Wanneneinlauf zur Vermeidung von Aufprallgeräuschen.

Zitat: „Der Schallschutz steht und fällt mit der Gebäudeplanung. Der Installateur ist in einer fast hoffnungslosen Lage, wenn er versuchen wollte, Grundrissmängel durch Geräteauswahl und Isoliermaßnahmen auszugleichen." Welche Zusammenhänge muss der Planer schon im Vorentwurf beachten?

Installationen in Gebäuden schwächen die homogene Wand- und Deckenkonstuktion, verbinden unterschiedlich genutzte Bereiche, übertragen und erzeugen Geräusche, die sich über das Rohrsystem sowie die Umfassungswände und Decken in die Nachbarbereiche ausbreiten. Nur eine konsequente Einhaltung schalldämmender Möglichkeiten verhindert akustische Störungen durch die Installation. Fehler, die während der Rohbauzeit gemacht werden, können nur durch aufwendigste Maßnahmen nach Fertigstellung eines Gebäudes behoben werden.

Geräuschentstehung durch:
- Fließgeräusche in Leitungen und Armaturen durch zu hohe Geschwindigkeit
- Erschütterungen von Pumpen durch Unwucht des Antriebs
- Strömungsgeräusche durch Laufräder von Pumpen, Ventilatoren
- Dehnungsgeräusche durch Wärmespannung bei Rohren
- Füll- und Ablaufgeräusche aus sanitärtechnischen Gegenständen.

In allen Gebäuden sollten Armaturen mit Prüfzeichen verwendet werden. Unterschieden werden nach DIN 4109 Beiblatt: Gerätegruppe I 20 dB
Gerätegruppe II 30 dB
Für den Schallschutz ungünstige (links) oder günstige Grundrisssituation (rechts) als Beispiel:

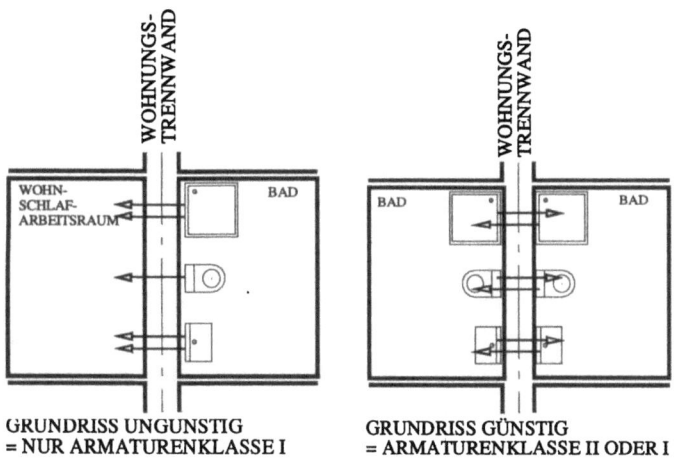

Nennen Sie die nach DIN 4109 definierten schutzbedürftigen Räume.

Die Norm gilt nicht zum Schutz von Aufenthaltsräumen gegen Geräusche aus gebäudetechnischen Anlagen im Einfamilienhaus!
Schutzbedürftige Räume sind:
Wohnräume, einschließlich Wohndiele
Schlafräume, einschließlich Übernachtungsräume in Hotels, Pensionen...und Bettenräume in Krankenhäuser und Sanatorien
Büroräume (ausgenommen Großraumbüros), Praxisräume, Sitzungsräume und ähnliche Arbeitsräume.

Aus welchen Geräuschquellen setzen sich Installationsgeräuschpegel zusammen?

Folgende Geräuschquellen können gebäudetechnische Anlagen verursachen: Füllgeräusche, Armaturengeräusche, Einlaufgeräusche, Ablaufgeräusche, Aufprallgeräusche.

 **Welche Angaben muss eine ordnungsgemäße Planung zur Erfüllung des geforderten Schallschutzpegels enthalten?**

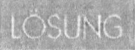 Folgende Angaben muss eine ordnungsgemäße Planung zur Erfüllung des geforderten Schallschutzpegels enthalten:
- Bauakustisch günstige Lage und Anordnung der Nass- und Küchenräume zu schutzbedürftigen Räumen
- Angaben und Nachweise zur flächenbezogenen Masse der Installationswände (mind. 220 kg/ m²)
- Angaben zur Anordnung der Installationswände und flankierenden Wände
- Festlegung einer schallschutzgünstigen Rohrleitungsführung
- Art und Beschaffenheit und Nachweise bezüglich der Rohrleitungen, Befestigungen, Armaturen und Einrichtungsdetails
- Angaben zur Richtungsänderung von Rohrleitungen, insbesondere bei Abwasser
- Wahl der Armaturengruppe, Armaturengruppe I oder II
- Angaben zum Ruhe- und Fließdruck der Anlage
- Angaben zur akustischen Entkopplung des Installationssystems (z.B. Vorwandinstallation)
- Angaben zur akustischen Entkopplung der Sanitärausstattungsgegenstände (z.B. wandhängende WCs, Wannenträger, Waschtische, Ablagen, Urinale...)
- Angaben über zusätzliche Maßnahmen gegen die Übertragung von Körperschall.

 **Welche Anforderungen an den baulichen Schallschutz stellt die DIN 4109 bei Einfamilien-Wohnhäusern?**

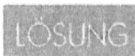 Anforderungen an den baulichen Schallschutz bei Einfamilien-Häusern werden durch die DIN 4109 nicht gestellt. Anforderungen können nur gesondert werkvertraglich vereinbart werden.

 **AUFGABE** Welche zusätzliche Vereinbarungen bezüglich eines erhöhten Schallschutzes in Mehrfamilienhäusern lässt die DIN 4109 für die schutzbedürftigen Räume von Geräuschen aus gebäudetechnischen Anlagen zu?

 **LÖSUNG** Zusätzliche Vereinbarungen bezüglich eines erhöhten Schallschutzes nach DIN 4109 lassen sich in 3 Schallschutzstufen unterteilen:
- Schallschutzstufe I : Mindest-Schallschutz 30 dB(A)
- Schallschutzstufe II : Mindest-Schallschutz 27 dB(A)
- Schallschutzstufe III : Mindest-Schallschutz 24 dB(A).

 **AUFGABE** Welche zusätzliche Vereinbarungen bezüglich eines erhöhten Schallschutzes in Doppel- und Reihenhäusern lässt die DIN 4109 für die schutzbedürftigen Räume von Geräuschen aus gebäudetechnischen Anlagen zu?

 **LÖSUNG** Zusätzliche Vereinbarungen bezüglich eines erhöhten Schallschutzes nach DIN 4109 lassen sich in 3 Schallschutzstufen unterteilen:
- Schallschutzstufe I : Mindest-Schallschutz 30 dB(A)
- Schallschutzstufe II : Mindest-Schallschutz 25 dB(A)
- Schallschutzstufe III : Mindest-Schallschutz 22 dB(A).

Sanitärtechnik – Ausstattung, Einrichtung

 Es sind beispielhaft zu erläutern:
Ausstattung, Einrichtung, Garnitur.

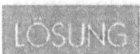 Ausstattung: bauseitig eingebrachte und eingebaute Objekte wie z.B. Sanitärobjekte, Bade-/Duschwanne, WC, Armaturen
Einrichtung: vom Nutzer eingebrachte Objekte, z.B. Waschmaschine, Wäschetrockner, Schränke, Möbel
Garnitur: Zubehör zur Ausstattung oder Einrichtung, z.B. Haltegriff, Spiegel.

 Zu erläutern sind die verschiedenen Badewannentypen!

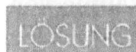 Freistehende Badewanne: Findet nur noch in Krankenhäusern und Sanatorien Verwendung. Von Vorteil ist die gute Behandlungsmöglichkeit des Wannenbenutzers und die gute Wartungsmöglichkeit der freiliegenden Wasser- und Abwasseranschlüsse.
Einbauwanne: Im Wohnungsbau am häufigsten verwendete Wannenform. Der Einbau erfolgt auf Wannenfüßen (diverser Art) nach der Wandverfliesung, jedoch vor der Bodenverfliesung. Die freien Seiten werden abgemauert, der Hohlraum unter der Wanne mit schall- und wärmedämmenden Materialien ausgefüllt.
Schürzenwanne: Findet Einsatz bei der Fertigbauweise. Einbau ähnlich der Einbauwanne, jedoch anstelle der Abmauerung eine nachträglich eingehängte Verkleidung aus Stahlblech.
Stufenwanne (Sitzbadewanne): Einbau in Altenheimen, Behindertenwohnheimen. Die größere Höhe im Vergleich zur „normalen" Liegewanne kann durch kürzere Wannenfüße, Einlassen der Wanne in den Fußboden oder Aufstellen auf der Rohdecke ausgeglichen werden.
Sonderformen: Freie Formen, Eckbadewannen, Großwannen, Whirlpool-Wannen.

 Zu erläutern ist der Einbau, Aufstellungsort, Beckenform und Art der Spüleinrichtung von Spülklosetts.

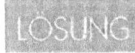
Bei Spülklosetts sind folgende Dinge zu beachten:
Einbau:
- Wandhängende Ausführung (Befestigung an einer tragfähigen Wand oder bei Leichtbauwänden an einem Stahlträgergerüst)
- Hubklosett, kann im eingebauten Zustand bis zu 6 cm angehoben werden
- Duschklosett, ist eine vollautomatische Anlage, bei der die Analgegend völlig berührungslos gereinigt wird
- Stehende Ausführung (Befestigung auf dem Bodenbelag)

Aufstellungsraum:
- WC-Raum
- Badezimmer

WC- Beckenformen:
- Flachspülklosett, geringer Wasserinhalt in flacher Schüssel, Geruchverschluss tiefer liegend
- Tiefspülklosett, trichterförmige Schüssel mündet direkt in den Geruchverschluss
- Zungenklosett, Sonderform des Tiefspülbeckens, mit der Möglichkeit der Stuhlkontrolle
- Absaugeklosett, Sonderform des Tiefspülbeckens, mit breiterem Wassertrichter
- Hockklosett, sind im Fußboden der Toilette eingelassen, in südlichen Ländern üblich

WC-Spüleinrichtungen:
- Spülkasten (Nutzung des im Spülkasten angesammelten Wasserinhaltes, der Spülkasten wird nach jeder Betätigung aufgefüllt, unabhängig vom Druck, nicht ständig betriebsbereit)
- Druckspüler (Spülmenge lässt sich individuell regeln bei Ausnutzung des Leitungsdrucks, ständig spülbereit, geringer Platzbedarf, vom Wasserdruck abhängig).

 **Was bedeutet Gelb- und Rotsiegel bei der Kennzeichnung von Sanitärapparaten?**

 Gelbsiegel: säure- und laugenbeständige Beschichtung aus Porzellanemaille, vorwiegend für medizinische Badeinrichtungen
Rotsiegel: nicht säurebeständig. Für übliche Reinigungsbäder.

 **Welche Materialien für sanitärtechnische Ausstattungen haben sich bewährt?**

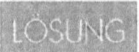 Emailliertes Gusseisen oder Stahlblech, säure- und laugenbeständig (Gelbsiegel), kratzfest für Wannen und Becken. In stark beanspruchten öffentlichen Bereichen Chromnickelstahl. Sanitärporzellan (hochwertiger Ton mit Glasur) für höherwertige Sanitärgegenstände wie Bidet, WC- und Urinalbecken, Handwaschbecken. Steingut für einfachere Sanitärgegenstände ohne besondere Anforderungen. Steinzeug für Labor- und Spülbecken mit hoher Beanspruchung (Säurebeständigkeit). Acrylharz und Polyester für Becken, Wannen und Griffe.

 **Warum hat sich der Einbau von keramischen Scheiben als Abdichtungs- und Mischelement in mechanischen Eingriffmischern durchgesetzt? Gründe?**

 Zuverlässige Abdichtung, sehr geringe Wartung. Grund: Oberflächen genau geschliffen und von sehr hoher Güte. Feststoffe können nicht zwischen die Dichtungsflächen eindringen.
Hohe Verschleißfestigkeit, sehr geringe Abnutzung, Erosion Grund: Diamantähnliche Härte. Sehr lange Lebensdauer.
Formbeständig: Keine maßliche Veränderung der Wasserdurchlassöffnung.
Temperaturbeständigkeit: Lebensdauerverbessernde Wirkung.
Korrosionsfest: chemisch beständig.

 **Erläutern Sie die Begriffe: Fliesen, keramische Platten, Steingut und Steinzeug. Aus welchen Gründen werden in Sanitärräumen Fliesen überhaupt mit Fugen verlegt?**

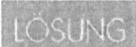 Das Fugenbild ist ein Mittel zur Raumgestaltung. Fugen, Fliesenraster, Einrichtungsgegenstände und Grundriss sollten harmonisch aufeinander abgestimmt sein. Fugen gleichen Maßtoleranzen aus. Die Widerstandsfähigkeit der Fuge ist ausschlaggebend für die Dauerhaftigkeit des Belages.

Keramische Platten:
- Bezeichnung für grobkeramische Bekleidungselemente, die aus nass aufbereiteten Massen durch Strangpressen hergestellt werden
- Verlegung im Dickbett
- glasiert und unglasiert
- Verwendung hauptsächlich in der Industrie und im Außenbereich.

Fliesen:
- Bezeichnung für feinkeramische Bekleidungselemente, die durch Trockenpressen aus pulverförmiger, keramischer Masse hergestellt werden
- Unterteilung nach der Brenntemperatur und Saugfähigkeit in zwei wesentliche Gruppen:

Steingutfliesen:
- Fliesen mit hoher Wasseraufnahme
- nicht frostbeständig
- poröse Konsistenz
- preisgünstig
- glasierte Steingutfliesen können mechanisch nur gering beansprucht werden (Verschleiß)
- Verwendung nur noch in Wohnungsbädern als Wandfliesen und Bodenfliesen

Steinzeugfliesen:
- Fliesen mit niedriger Wasseraufnahme
- frostbeständig
- Verwendung im Innen- und Außenbereich als Wand- und Bodenfliesen
- glasiert und unglasiert
- für höhere Beanspruchung eignen sich unglasierte Steinzeugfliesen (Verschleißfestigkeit und chemische Widerstandsfähigkeit).

Welches sind die wichtigsten Eigenschaften einer Einhebelmischbatterie?

Mit einem einzigen Bedienungshebel lassen sich die Mischwassertemperatur und der Ausflussvolumenstrom gleichzeitig und stufenlos verändern.
Eine Voreinstellung der Mischwassertemperatur ist nur ungefähr möglich.

Die Mischwassertemperatur und der Ausflussvolumenstrom sind nach oben begrenzbar (beschränkte Verbrühungsgefahr, Wassereinsparung).

Von Vorteil ist die einfache Bedienbarkeit, Wasser- und Energieeinsparung aufgrund verkürzter Einstellzeit für Wassertemperatur und Wassermenge.

Der Wasserzufluss (gewünschte Temperatur und Menge) erfolgt über Abdichtungskomponenten mit hoher Lebensdauer und geringer Wartung. Das heute gebräuchliche Dichtungselement, die feste und die bewegliche Keramikscheibe, ist korrosions- und erosionsfest (Nichtmetall, diamantähnliche Härte), dichtet zuverlässig (plangeschliffene Dichtungsflächen) und hat eine hohe Verschleißfestigkeit; das kompakte Regulier- und Abdichtungsorgan ist schnell und sicher aus- wie einbaubar.

Welche Waschtischtypen können Sie nennen?

In der Sanitärtechnik können folgende Waschtischtypen unterschieden werden:
– Einzelwaschtisch
– Doppelwaschtisch
– Schrank- bzw. Möbelwaschtisch
– Aufsatzwaschtisch
– Einbauwaschtisch
– Unterbauwaschtisch.

Was verstehen Sie unter einem „wasserlosen" Urinal?

Ein „wasserloses" Urinal kommt völlig ohne Spüleinrichtung aus. Der Geruchverschluss ist mit einer Sperrflüssigkeit gefüllt, die spezifisch leichter ist als Wasser. Bei der Benutzung durchdringt der „schwerere" Urin die Sperrflüssigkeit und fließt über den Geruchverschluss ab.

Wodurch unterscheiden sich Waschbecken von Waschtischen?

Sie unterscheiden sich aufgrund ihrer Abmessungen. Von

einem Waschbecken spricht man bei Beckenbreite bis 560 mm und mit geringer Ausladung, von einem Waschtisch bei einer Beckenbreite über 560 mm mit Ablageflächen.

 **Welche Auslaufarmaturen kommen für Waschtische und Waschbecken infrage?**

 Als Auslaufarmaturen kommen für Waschtische und Waschbecken folgende Modelle infrage:
- einfachste und übliche Form sind die Standarmaturen, als Einloch-, Mehrloch- oder Untertischbatterie
- Wandarmaturen besitzen den Vorteil, dass sie auf dem Waschbecken und Waschtisch eine freie Ablagefläche ermöglichen, Armatur stört nicht bei der Beckenreinigung, Wegfall der Eckventile
- Selbstschlussarmaturen öffnen auf Knopf- oder Hebeldruck und schließen selbsttätig
- Berührungslos gesteuerte Armaturen sind radar- oder infrarot gesteuert, wenn z.B. eine Hand von den Infrarotstrahlen erfasst wird, setzt verzögerungsfrei der Wasserfluss ein. Der Wasserfluss stoppt, wenn die Hand den IR-Strahlenbereich verlässt.

Sanitärtechnik – Installationstechnik

 Folgende Symbole aus dem Bereich der Gebäudetechnik sind zu erläutern:

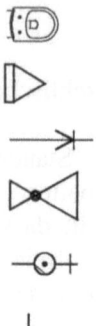

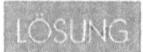 Von oben nach unten:
Bidetbecken (Sitzwaschbecken, stehend oder wandhängend, Abwasseranschluss DN 40-50)
Urinalbecken (Wandurinale meist aus Sanitärporzellan) werden mit und ohne Geruchverschluss hergestellt und mit einem Ablauf DN 50 (DIN 1380) an die Abwasserleitung angeschlossen. Die Montagehöhe ist vom Benutzerkreis abhängig
WC-Druckspüler (Freiliegende oder verdeckte Anordnung, individuell regelbare Spülwassermenge, abhängig vom Leitungsdruck)
Druckminderer, Druckminderventil
Warmwasserbereiter mit unmittelbarem Auslauf
Fernmeldesteckdose.

 Wie viel Platz benötigt eine Vorwand-Installation?
Erläutern Sie am Beispiel eines WC-Beckens und einer Duschwanne die Angaben der DIN 18022 – Sanitärräume im Wohnungsbau.

 Platzbedarf nach DIN 18022: Der Platzbedarf ist abhängig von der Leitungsführung, den Leitungsdurchmessern und den erforderlichen Kreuzungen:

horizontale Leitungsführung: mind. 20 cm
vertikale Leitungsführung: mind. 25 cm
bei Installation ohne Kreuzung: ca. 10 bis 16 cm
bei einseitiger Abzweigung: ca. 16 bis 23 cm
bei zweiseitiger Abzweigung: ca. 21 bis 28 cm
WC-Becken: Stellfläche 40 x 75 cm

Der Spülkasten kann in die Vorwandinstallation eingebaut werden, daher kein zusätzlicher Platzbedarf. Bei halbhoher Vorwand-Installation zusätzliche Ablagefläche.
Bei der Dusche ist eine halbhohe Vorwand ungünstig, entweder Hochführen bis zur Decke oder ohne Vorwand.

„Vorwand-Installation" – Platzgewinnung oder Platzverlust? Diskussionen, ob die Vorwandinstallation als „gestalterisches Element" anzusehen ist oder eine „Platzvergeudung" darstellt, ist freier Lauf gegeben. Wie ist Ihre Meinung? Welche Aussagen können Sie sowohl für Neubauten als auch für die Altbausanierung treffen?

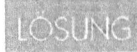
Die Verlegung der Installationsleitungen in einer „Vorwand-Installation" hat folgende Vorteile:
- klare Trennung von Bauwerk und Installation, somit klare Arbeitsteilung zwischen Rohbau- und Ausbaugewerken
- Wegfall von Stemmarbeiten, Schmutz (bei Altbausanierung oftmals Vorwand-Installation nicht möglich)
- keine Schwächung der tragenden oder aussteifenden Wand durch Aussparungen
- Reparaturen, Änderungen, Modernisierung ohne Eingriff in die Bausubstanz möglich
- Zusammenfassung mehrerer Installationen
- besserer Schallschutz, Wärmeschutz und Brandschutz
- keine Unterbrechung der Wärmedämmung bei Außenwänden
- Möglichkeit der Vorfertigung
- Größere Variabilität
- Ablagefläche
- optische Gliederung der Wand
- Möglichkeit des Einbaus des WC-Spülkastens, Wasserzählers

- für Neubauten und Altbausanierung von großem Nutzen, da keine Probleme in Bezug auf Statik, Wärme- und Schallschutz entstehen.
Nachteile:
- größerer Platzbedarf.

Welche Systeme für Vorwand-Installationen in der Sanitärtechnik können Sie nennen? Welche Vor- und Nachteile ergeben sich bei den einzelnen Systemen?

Konventionelle Vorwandinstallation:
Installationen vor Ort vom Handwerker gefertigt und an Rohbauwand montiert. Ausmauern der Zwischenräume zwischen Rohrleitungen und Installationswänden.
Nachteile: zeitaufwendiges Ausmauern, genaue Vorplanung nötig, schlechte Erreichbarkeit der Leitungen, höherer Platzbedarf, um ein akustisch einwandfreies Verhalten herstellen zu können.
Vorwandinstallation mit Montagehilfe: Montage der Installationen und Installationsgegenstände auf Montagegerüsten (Schienen, Halterungen, Befestigungswinkel). Montagegerüste stellen gleichzeitig die Unterkonstruktion für die flächige Beplankung dar. Körperschalldämmende Maßnahmen im Bereich der Befestigungen der Montagegerüste an Wand und Boden.
Vorteile: schnellere, flexiblere und maßgenauere Installation. Direktes Verfliesen der Beplankung möglich.
Vorwandinstallation mit Installationsbausteinen:
Vorgefertigte Elemente mit Ver- und Entsorgungsanschlüssen und Befestigungen für wandhängende Sanitärgegenstände. Der Einbau erfolgt mit zwischengelegter körperschalldämmender Platte. Zwischenräume werden bauseits ausgemauert, Schnelle Montage, Oberfläche fliesenfertig, Tiefe der Blöcke ca. 15 cm.

Was versteht man unter Vorfertigung?

Bei der Vorfertigung werden Installationsteile, die aus Rohren, Fittings und Armaturen bestehen können, in der Werkstatt montiert, auf die Baustelle gebracht und eingebaut. Die Vorfertigung ist grundsätzlich bei allen Arten von Gebäuden anwendbar. Am günstigsten, wenn gleiche Konstruktionselemente häufig installiert werden.

Vorteile der Vorfertigung: Vergleichbar geringere Lohnkosten als bei der individuellen Fertigung auf der Baustelle; Kostenvorteile bei einer genügend großen Stückzahl von gleichen Elementen; kürzere Montagezeiten; gleichbleibende Qualität der Montage; Einsparung von Personal und damit Kostenersparnisse.
Eine frühzeitige exakte Planung ist unerlässlich. Aus Montagegründen sollten die Installationsteile nicht zu schwer sein.

AUFGABE **Erläutern Sie die Funktion und die Notwendigkeit des abgebildeten Bestandteiles der Sanitärinstallation.**

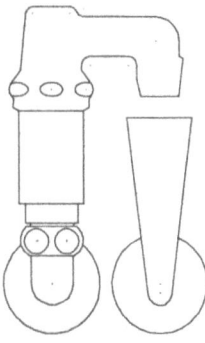

LÖSUNG Es handelt sich um einen Rohrbelüfter, der auf den oberen Endigungen von Kalt- und Warmwasser-Steigleitungen angeordnet wird, um die darin befindliche Luft entweichen zu lassen. Der Rohrbelüfter verhindert außerdem, dass bei Reparaturarbeiten im Leitungssystem ein Unterdruck entsteht und dabei Schmutzwasser in das Wasserleitungsnetz zurückgesaugt wird (z.B. durch Einführen von Luft). Gleichzeitig dienen sie der Entlüftung der Leitungen (an oberster Stelle der Steigleitung) bei Überdruck. In diesem Fall wird der Schwimmer nach oben dicht gegen den Ventilsitz gedrückt. Bei Unterdruck gibt der Schwimmer den Ventilsitz frei und verhindert durch einströmende Luft den Rückfluss des Schmutzwassers durch Heberwirkung.
Ist die Schwimmerdichtung defekt, übernimmt eine Kugel (Bild unten) im Ablaufbogen provisorisch ihre Funktion. Austretendes Leckwasser signalisiert eine Störung und wird

von einem Tropfwassertrichter aufgefangen. Tropfwasserleitungen müssen über einen Geruchverschluss an die Entwässerung angeschlossen werden.

a)   b)

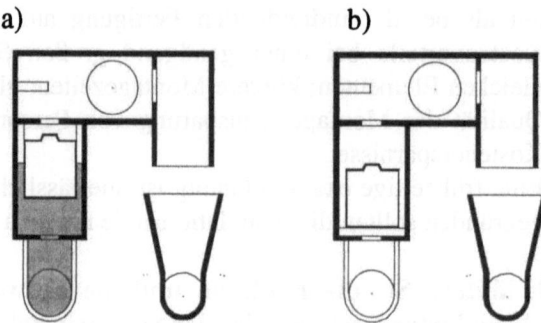

a) nachdem die Luft beim Füllen der Leitung entwichen ist, wird der Schwimmer gegen den Ventilsitz gedrückt.

b) bevor unerwünschter Unterdruck in den Leitungen entsteht, gibt der Schwimmer den Ventilsitz frei und lässt Luft in das Leitungssystem nachströmen.
Rohrbelüfter entfallen, wenn ausschließlich Druckspüler an das Leitungssystem angeschlossen sind.

 **Welche Sicherungsarmaturen für die Trinkwasserinstallation kennen Sie? Erklären Sie deren Funktionsweise.**

 Rückflussverhinderer: Unterbinden den Rückfluss von Wasser entgegen der Fließrichtung durch selbstschließende Ventile.

Rohrunterbrecher: Verhindern bei Unterdruck den Rückfluss von Nichttrinkwasser durch selbsttätiges Belüften der Anlage. Einbau als Einzelsicherung. Hinter den Rohrunterbrechern ist die Leitung so herzustellen, dass kein Aufstau des Wassers erfolgen kann und aus den Belüftungsöffnungen der Rohrunterbrecher kein Wasser austreten kann.

Rohrbelüfter: Bei Unterdruck soll durch einströmende Luft in die Leitungen das Rücksaugen von Wasser unterbunden werden. Bei Überdruck verschließt der Schließkörper (Schwimmer) die Belüftungsöffnung, bei Unterdruck wird der Schwimmer angehoben, Luft strömt ein und verhindert den Rückfluss von verschmutztem Wasser durch Heberwirkung.

Rohrtrenner: sollen vor dem Auftreten eines Unterdruckes in den Rohrleitungen durch „Trennen" der Leitung den atmosphärischen Druck herstellen und dadurch das Rückfließen von Nichttrinkwasser in das Trinkwassernetz verhindern. Beim Absinken des Eingangsdruckes unter einen bestimmten Sicherheitswert wird eine sichtbare Trennung der Leitung hergestellt.

Druckminderer: Dienen der Reduktion des Druckes aus dem öffentlichen Versorgungsnetz durch ein federbelastetes Regelventil. Einbau im Hausanschluss direkt hinter dem Feinfilter.

 **Welchem Zweck dient eine Rohrbegleitheizung bei der Trinkwasserinstallation?**

 In Form selbstregelnder elektrischer Heizbänder können sie evtl. eine Zirkulationsanlage ersetzen.
Heizbänder werden am Rohr unterhalb der Dämmung angebracht. Mit Rückgang der Wassertemperatur werden die Leitungen mittels der Heizbänder nachbeheizt. Bei steigender Temperatur wird die Heizleistung (durch Erhöhung des elektrischen Widerstandes) minimiert.
Kosten für die relativ teure Heizenergie kann kompensiert werden durch den Fortfall von Zirkulationsleitung und Pumpe. Damit verbunden entstehen geringere Wärmeverluste, Strom- und Reparaturkosten.

Mittels der Rohrbegleitheizung kann auch nach längeren Zapfpausen und größeren Entfernungen zwischen zentraler Warmwassererzeugung und Zapfstelle sofort warmes Wasser entnommen werden.

 **Wozu dienen Zirkulationsleitungen bei der Gebäudebewässerung?**

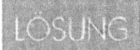 Zirkulationsleitungen ermöglichen die sofortige Entnahme von warmem Wasser ohne längere Wartezeit auch bei längerem Nichtgebrauch oder größeren Entfernungen zwischen dem zentralen Warmwassererzeuger und den Zapfstellen. Das in den Rohrleitungen abgekühlte Wasser wird mittels Zirkulationsleitungen zur erneuten Aufheizung dem Wärmeerzeuger bzw. Speicher wieder zugeführt. Der Wasserkreislauf wird durch eine Zirkulationspumpe in Bewegung gehalten. Um unnötige Energieverluste zu vermeiden, werden Zeitschaltuhren eingebaut, die die Zirkulation, gerade bei geringem Warmwasserbedarf, auf wesentliche Entnahmezeiten begrenzen.

 **Wesentliche Unterscheidungsmerkmale von Absperrschiebern gegenüber -ventilen?**

 Bei Absperrventilen erfolgt die Unterteilung der Leitungen durch Aufbringen des Ventilkegels auf den Ventilsitz mit Dichtscheibe.
Beim Schieber dient ein quer zur Strömungsrichtung geführtes keilförmiges Schiebeblatt der abschnittsweisen Unterteilung der Leitungen. Schieber haben wegen fehlender Umlenkungen einen geringeren Durchflusswiderstand, sind geräuscharm, dichten aber weniger gut ab und neigen leicht zum Verschmutzen.
Beide Schließmechanismen funktionieren mittels einer drehbaren Spindel. Bei Ventilen werden nichtsteigende und steigende Spindeln unterschieden, anhand derer erkennbar ist, ob das Ventil geöffnet ist.

 **Welche Wirkungsweise und Aufgabe haben Geruchverschlüsse? Nennen Sie die verschiedenen Bauarten.**

 Sie verhindern das Austreten der Kanalgase aus der Entwässerungsanlage durch eine Sperrwasserhöhe in einem besonders geformten Ablauf. Verschiedene Bauarten sind möglich:
– Rohrgeruchverschluss, S-förmig gebogenes Rohr, in dem das Wasser bis zur Biegung steht, s. Skizze
– Flaschengeruchverschluss, s. Skizze
– Glockengeruchverschluss

– Tauchwandgeruchverschluss, eine in den Ablauf eingebaute Tauchwand bildet den Geruchverschluss.
Die Sperrwasserhöhe verhindert ein Leersaugen des Entwässerungsobjektes.

Rohrsiphon

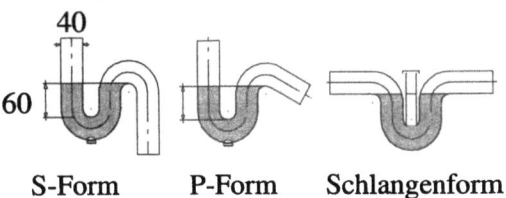

S-Form   P-Form   Schlangenform

Flaschensiphon

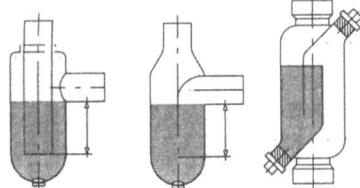

Tauchrohr   Zunge   Doppelzunge

AUFGABE **Erklären Sie die Begriffe „nasse" Feuerlösch-Wasserleitung sowie „trockene" Feuerlösch-Wasserleitung.**

LÖSUNG Löschwasserleitungen sind feste Rohrleitungen mit absperrbaren Feuerlösch-Schlauchanschlussleitungen (DIN 14 462).
Löschwasserleitung „nass"
Als „nasse" Löschwasserleitung bezeichnet man die von Trinkwasser ständig durchflossenen Leitungen, die stets betriebsbereit sind.
Ständig benutzte Entnahmestellen im obersten Geschoss sind vorzusehen, um die Wassererneuerung sicherzustellen. Ist keine ausreichende Wassererneuerung sichergestellt, dann die Löschwasserleitung in „nass/trocken" abändern.
Löschwasserleitung „trocken"
In „trockenen" Löschwasserleitungen wird das Wasser erst nach Bedarf eingespeist. Das erforderliche Löschwasser wird erst im Brandfall mittels Feuerlöschpumpe eines Löschfahrzeuges aus einem Über- oder Unterflurhydranten, Feuerlöschteich oder offenem Gewässer herangeholt.

Von Nachteil: Zustellen der Einspeisearmatur (Räumungsarbeiten), schlechte Verfügbarkeit des Löschwassers, Einsatzverzögerung bei offen stehenden Schlauchanschlusseinrichtungen, schlechter Personenschutz, nicht direkt betriebsbereit. Den Mängeln kann man begegnen durch die Installation von „nass/trocken"-Steigleitungen.

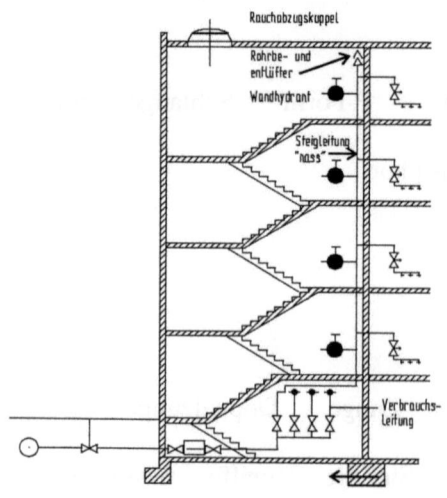

Löschwasserleitung „nass"

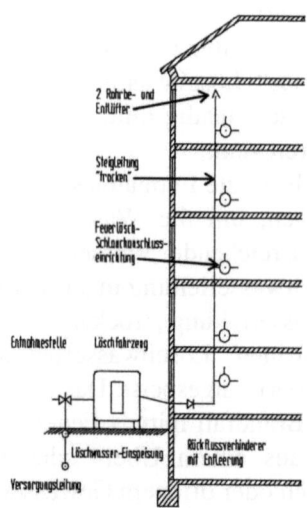

Löschwasserleitung „trocken"

Löschwasserleitung „nass/trocken"
Löschwasserleitungen „nass/trocken" weisen die vorgenannten Nachteile nicht auf. Anlage wird durch Öffnen eines oder mehrerer Wandhydranten automatisch geflutet und nach Schließen aller Wandhydranten automatisch entleert. Die Löschwasserleitung wird nur im Brandfall mit Wasser gefüllt, das Füllen und Entleeren geschieht über eine spezielle Füll- und Entleerungsstation, die über Steuerkabel mit jedem Wandhydranten verbunden ist.

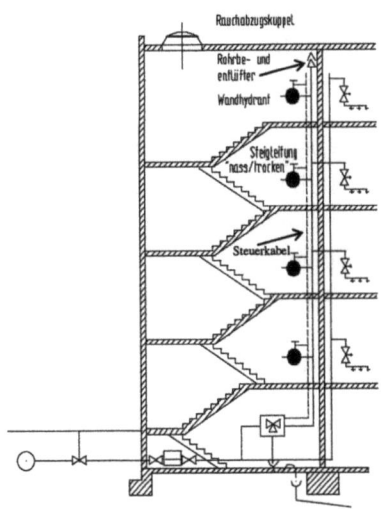

Löschwasserleitung „nass/trocken"

 Die Rohrdehnungskraft soll berechnet werden, die ein Fixpunkt aufzunehmen hat; wenn eine Warmwasserleitung frei und starr verlegt wird, so gilt nach den Gesetzen der Mechanik:

$F_R = A_R \cdot E \cdot \varepsilon = A_R \cdot E \, (\alpha \cdot \Delta T)$

Worin bedeutet

F_R in N:	Rohrdehnungskraft
A_R in mm^2:	Kreisringfläche eines Rohres
E in N/mm^2:	Elastizitätsmodul
ε:	verhinderte Längenänderung
α in mm/(mK):	lineare Ausdehnungszahl
ΔT in K:	Erwärmung der Rohrwand

Welche Bedeutung hat in der vorgenannten Formel die Größe E, Elastizitätsmodul?

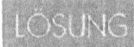

Tritt in einem Rohr (allgemein in einem Körper) ein Spannungszustand (Zug, Druck) auf, so ist die Folge davon eine Deformation (Dehnung, Stauchung) des Rohres (Körpers). Das Maß für den Widerstand, den ein Werkstoff seiner Deformation entgegensetzt, ist der Elastizitätsmodul E

$$E = \frac{\Delta \sigma_Z}{\Delta \varepsilon} \qquad \Delta \sigma_Z: \text{Spannung}$$

$\Delta \varepsilon$: Dehnung E ist eine temperaturabhängige Maßzahl und wird durch Versuche ermittelt.

Aus dem Versuchsdiagramm ist ablesbar:
– Je größer die Steigung der Gerade Null bis P (elastischer Bereich), desto größer muss der E-Modul sein.
– Bei gleicher Spannung $\Delta \sigma_Z$ wird ein zäher Werkstoff A weniger, ein weicher Werkstoff B dagegen mehr gedehnt ($\Delta \varepsilon$).
– Unter der Werkstoffkonstante E-Modul ist somit zu verstehen:

$$E = \frac{\Delta \sigma_Z}{\Delta \varepsilon} = \frac{\frac{F}{A_0}}{\frac{\Delta l}{l_0}} = \frac{F \cdot l_0}{A_0 \cdot \Delta l}$$

$$\text{in } \frac{N \cdot mm}{mm^2 \cdot mm} = \frac{N}{mm^2}$$

Die Kraft F ist notwendig, um ein Rohr von 1 mm Ursprungslänge l_0 und 1 mm² unbelasteter Querschnittsfläche A_0 um 1 mm zu dehnen, Δl.

Beispiel: Ist das E-Modul für Stahl E = 210000 N/mm², so bedeutet dies, dass sich ein Rohr von l_0 = 1000 mm Länge bei einer Zugbelastung von F = 100 N bei einem Querschnitt von A_0 = 1 mm² um folgenden Wert Δl verlängert:

$$E = \frac{\Delta\sigma_z}{\Delta\varepsilon} = \frac{\frac{F}{A_o}}{\frac{\Delta l}{l_o}} = \frac{F \cdot l_o}{A_o \cdot \Delta l} \quad \text{Hieraus: } \Delta l = \frac{F \cdot l_o}{A_o \cdot E}$$

$$\Delta l = \frac{100 \text{ N} \cdot 1000 \text{ mm}}{1 \text{ mm}^2 \cdot 210.000 \frac{\text{N}}{\text{mm}^2}} = 0,4 \text{ mm}$$

Einige E-Modulwerte für 20°C aus Formelbüchern:
Zäh und biegesteif
          CN-St: 220000 N/mm^2
Stahl   St32:   210000 N/mm^2
Guss   GG30:   120000 N/mm^2
Weich und flexibel
          Cu: 72000 N/mm^2
          PVC: 3500 N/mm^2
          PB: 350 N/mm^2

Ausschnitt: Spannungs-Dehnungs-Diagramm

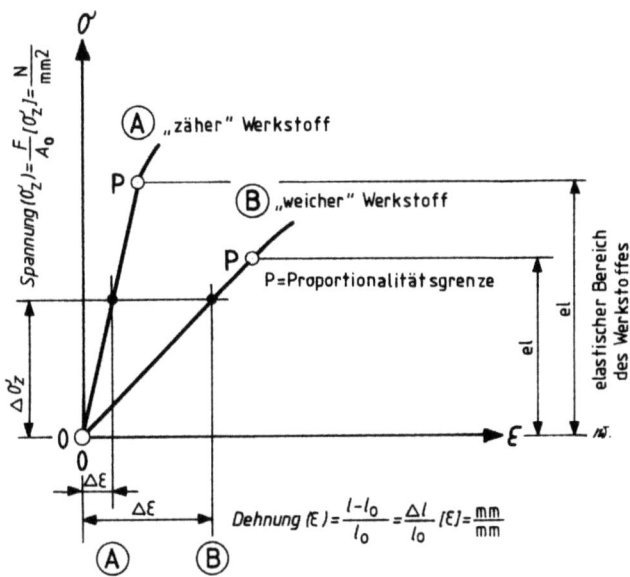

 Für eine Druckprobe einer erdverlegten Trinkwasserleitung sind folgende Überprüfungen erforderlich:
- Kann der Verstrebungsbalken aus Tannenholz die geforderte Druckspannung aufnehmen?
- Wie groß muss die Fläche des Auflagebrettes sein, damit dieses die Druckkraft aufnehmen kann, ohne in die Grabenwand gepresst zu werden.

Gegeben sind:
- Benetzter Durchmesser der Verschlusskappe d = 12,5 cm
- Prüfdruck $p_{prüf}$ = 16 bar
- Länge der quadratischen Balkenseiten s = 60 mm
- Zulässige Druckspannung von Tannenholz:
  $\sigma_{d,zul}$ = 8,5 N/mm²
- Zulässige Bodenpressung der Grabenwandung
  $\sigma_{B,zul}$ = 9 N/cm².

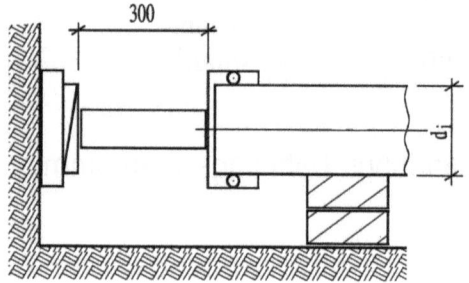

 Nach den Berechnungsformeln der Mechanik gilt:
Bodendruckkraft

$F_{G,B} = p_{prüf} \cdot A$
$= p_{prüf} \cdot d^2 \cdot \pi/4$
$= (16 \text{ bar} \cdot 10 \text{ (N/cm}^2\cdot\text{bar)} \cdot 12{,}5 \text{ cm}^2) \cdot \pi/4 = 19635$ N.

Druckspannung im Balken

$\sigma_d = I_{G,B} / A = F_{G,B} / s^2$
$= 19635 \text{ N}/(60 \text{ mm} \cdot 60 \text{ mm}) = 5{,}45 \text{ N/mm}^2$

Der Balken hat eine Druckspannung von σ_d = 5,45 N/mm² aufzunehmen; zulässig sind σ_{dzul} = 8,5 N/mm².
Die Festigkeitsforderung ist erfüllt - $\sigma_d < \sigma_{d\,zul}$

Wäre der Balken länger, so ist die Knickfestigkeit zu beachten.

Auflagebrettabmessungen

$A_{min} = F_{G;B} / \sigma_{Bzul} = 19635 \text{ N} / 9 \text{ (N/cm}^2\text{)} = 2182 \text{ cm}^2$

$A = s^2$, $s = \sqrt{A}$, $s_{min} = \sqrt{2182 \text{ cm}^2} = 46{,}71 \text{ cm}$

Die errechnete Brettfläche ist keine Garantie, dass der Balken doch nicht in die Grabenwandung eindringt! Die Wahl der Brettdicke ist zu beachten; sie muss mehr als 50 mm betragen!

Eine Warmwasserleitung mit einer 90°-Richtungsänderung wird an der Kellerdecke zwischen den Fixpunkten FP1 und FP2 frei verlegt.

a) zu berechnen ist die Biegeschenkellänge L_{BS}, wenn als Werkstoff für Rohr und Fitting Cu, CNS, Pb und PVC-C gewählt wird. Die Rohrmontage erfolgt ohne Vorspannung.
- Rohraußendurchmesser für Rohr aus
  Pb und PVC-C: 40 mm
  CU und CNS: 42 mm
- Längenausdehnungszahl α für Rohr aus
  PB: 0,13 mm/(mK)
  PVC-C: 0,08 mm/(mK)
  CU: 0,018 mm/(mK)
  CNS: 0,017 mm/(mK)
- Rohrwanderwärmung ΔT um 56 K
- Dehnungsschenkel LDS = 15 m
- Proportionalitätsfaktor f_K für Rohr aus
  PB: 10
  PVC-C: 34
  CU: 58
  CNS: 65

b) Die Ergebnisse sind zu vergleichen.
c) Und zu begründen, warum z.T. erhebliche Unterschiede der Biegeschenkellängen innerhalb der einzelnen Werkstoffgruppen (Metalle, Kunststoffe) bestehen.
d) Alle Werkstoffangaben nach Literaturangaben!

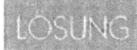 Zu a) Die lineare, thermische Ausdehnung beträgt nach den Gesetzen der Mechanik

$\Delta l = L_{DS} \cdot \alpha \cdot \Delta T$ in mm

Angabe für L_{DS} in m, α in mm/(mK) und ΔT in K.
Es ergibt sich mit den vorgegebenen Werten:

$\Delta l_{PB} = 109{,}2$ mm

$\Delta l_{PVC-C} = 67{,}2$ mm

$\Delta l_{CU} = 15{,}1$ mm

$\Delta l_{CNS} = 14{,}2$ mm

Für die Biegeschenkellänge gilt:
$L_{BS} = f_K \sqrt{\Delta l}$; Angabe für Δl in mm
Es ergibt sich mit den folgenden Werten:

$L_{BS, PB}$ $= 66{,}0$ cm

$L_{BS, PVC-C} = 176{,}2$ cm

$L_{BS, CU}$ $= 146$ cm

$L_{BS, CNS}$ $= 158{,}7$ cm

zu b) Die thermisch bedingte Längenänderung Δl des Rohres von
PB ist gegenüber PVC-C bedeutend größer;
CU ist im Vergleich zu CNS unbedeutend;
Die Biegeschenkellänge L_{BS} des Rohres von
PB ist gegenüber PVC-C extrem kürzer (-110 cm)
CNS ist im Vergleich zu CU länger (+13 cm)

Zu c) Nach den Gesetzten der Mechanik gelten die Einheiten:

E in N/mm^2

σ_{zul} in N/mm^2

L_{DS} in m

α in mm/(mK)

ΔT in K

Hieraus folgt, dass die Zähigkeit des Rohr- und Fittingwerkstoffes, das E-Modul und die Spannung σ_{zul}, die dem Rohr und Fitting an der Einspannstelle (FP und 90°-Richtungsänderung) zugemutet werden darf, die Biegeschenkellänge L_{BS} mitbestimmen. Das einseitig fest eingespannte Rohr des Biegeschenkels muss, werkstoffbedingt, so lang sein, dass das Rohr und der Fitting die gesamte thermische Dehnung bzw. Auslenkung dauernd schadlos aufnehmen können.

 **Folgende Symbole nach DIN 1988 aus der Wasserversorgung sind zu erläutern.**

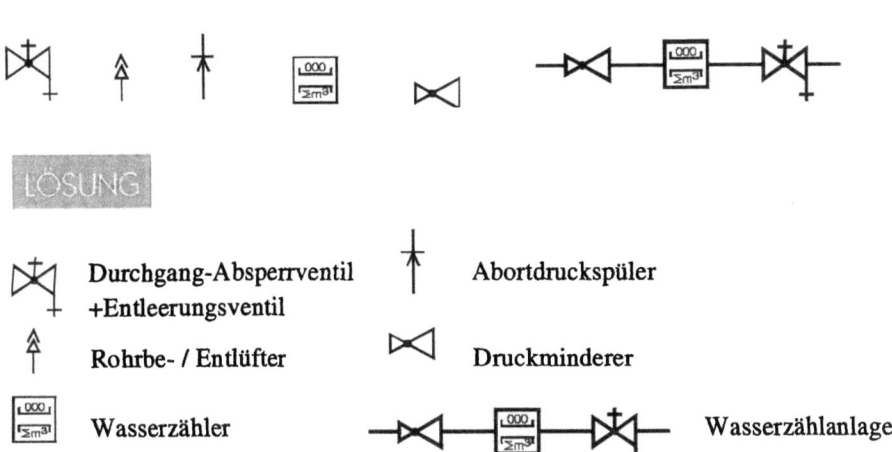

Sanitärtechnik – Trinkwasser

 **Führen Sie einige hygienische, chemische, physikalische und bakteriologische Qualitätsziele für Trinkwasser auf.**

 Folgende Anforderungen werden nach DIN 2000 an Trinkwasser gestellt:
Die Temperatur sollte zwischen 7 °C und 12 °C (an der Entnahmestelle) liegen; Trinkwasser sollte stets klar, farb-, geruch- und geschmacklos sein; möglichst keine Keime, Krankheitserreger oder andere gesundheitsgefährdende Stoffe und Stoffverbindungen enthalten; einen gewissen Gehalt an Salzen, Sauerstoff und Kohlensäure nicht überschreiten; ausreichenden Druck an der Übergabestelle aufweisen. Die Korrosion bei Berührung mit Rohrwerkstoffen muss ausgeschlossen sein.

 **Warum soll die Temperatur des Trinkwassers, das die Auslaufarmatur verlässt, nicht unter 7 °C und nicht über 12 °C liegen?**

 Zu kaltes Trinkwasser kann gesundheitsschädlich sein.
Zu warmes Trinkwasser erfrischt nicht, hat einen faden Geschmack und fördert die Keimvermehrung.

 **In welche 3 Bereiche unterscheidet DIN 1988-1 Trinkwasser?**

 Kaltwasser (KW)   Wasser mit ca. 5 °C bis 15 °C.
Warmwasser (WW)   Erwärmtes Trinkwasser bis 90 °C.
Kochendwasser (KoW) Trinkwasser ab 100 °C.

 **Wer ist verantwortlich, dass die Qualitätsziele für Trinkwasser eingehalten werden?**

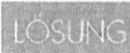 Bis zum Wasserzähler ist das Wasserversorgungsunternehmen (WVU) verantwortlich. Ab dem Wasserzähler ist der Sanitärunternehmer, Sanitärinstallateur, Bauherr, Wohnungseigentümer oder Mieter für die ordnungsgemäße Errichtung, Erweiterung, Änderung und Unterhaltung der Trinkwasseranlage verantwortlich.

 **Welche Wasserinhaltsstoffe geben dem Wasser die sogenannte Härte?**

 Die Wasserhärte wird bestimmt durch gelöste Kalzium- und Magnesiumsalze (gemessen in mmol/l).

 **Welchen Einfluss hat die Wasserhärte auf die Rohrleitungen, Geräte und Produktionsabläufe?**

 Bei hartem Wasser, besonders bei höheren Wassertemperaturen, wird das „Kalk-Kohlensäure-Gleichgewicht" zerstört und somit die Kalkablagerung („Kesselstein") in Rohrleitungen und Geräten gefördert. Außerdem hat hartes Wasser einen Mehrverbrauch an Waschmitteln zur Folge.
Durch fehlende Schutzschichtbildung kann weiches Wasser, besonders unter Einfluss höherer Wassertemperaturen, bei metallischen Rohren und Geräten Korrosion hervorrufen.

 **Was unterscheidet Mineralwasser und Tafelwasser von Leitungswasser? Warum ist das Meerwasser salzig?**

 Natürliches Mineralwasser hat seinen Ursprung in unterirdischen, von Verunreinigungen geschützten Wasservorkommen und wird direkt an der Quelle gefasst. Vorschrift ist, dass es bereits beim Austritt aus der Quelle mikrobiologisch einwandfrei ist.
Tafelwasser ist eine industriell hergestellte Mischung diverser Trinkwasserarten.
Leitungswasser kann aus Rohwasser höchst unterschiedlicher Qualität mit einer Vielzahl von Aufbereitungsverfahren und chemischen Zusatzstoffen hergestellt werden. Leitungswasser, welches der Trinkwasserverordnung und DIN 2000 unterliegt, darf der menschlichen Gesundheit nicht schaden.

Von dem in Flüssen von den Bergen zur Küste fließenden Wasser werden unterwegs Mineralien und Salze aus dem Sand der Flussbetten gewaschen und dem Meer zugeführt. Durch Sonneneinstrahlung verdunsten ständig große Mengen von Wasser. Die gelösten Salze bleiben zurück und lassen das Meerwasser „salzig" erscheinen.

 **Welche Art von Wasser bezeichnet man mit dem Begriff „Betriebswasser"?**

 Als Betriebswasser bezeichnet man Wasser mit unterschiedlichen Güteeigenschaften, das für industrielle, landwirtschaftliche, gewerbliche und ähnliche Zwecke genutzt wird (z.B. Kühlwasser, Löschwasser, Gießwasser u.ä.).

 **Der Preis je m^3 Trinkwasser beträgt zur Zeit einschließlich Entsorgungskosten im Durchschnitt 5 Euro. Wie hoch liegen bei einem 4-Personen-Haushalt die Wasserkosten jährlich? Kann man in diesem Zusammenhang von einer „zweiten Miete" sprechen?**

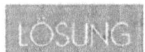 Angenommen 150 bis 250 Liter Wasser je Person und Tag (davon ca. 50 Liter Warmwasser).
Für einen 4-Personen- Haushalt:
    600 bis 1000 Liter pro Tag,
hieraus ergibt sich im Mittel:
    800 Liter pro Tag
    800 Liter/Tag · 365 Tage = 292 000 Liter = 292 m^3
Bei 5 € / m^3 ergeben sich:
    1460 €/a ≈ 1500 €/a, d.h. pro Monat 125 €
Man kann sicher von einer „zweiten Miete" sprechen, da zudem die Kosten für Kanal, Heizung und Strom noch nicht berücksichtigt sind.

 **Welche Arten der Wassergewinnung sind bekannt und welche Schutzvorschriften sind bei einem zentralen Grundwasserwerk in bezug auf die Wassergewinnung vorzusehen?**

 Man unterscheidet zwei Arten der Wassergewinnung:
Anlagen zur örtlichen Wassergewinnung werden nur in Ausnahmefällen zur Versorgung abgelegener Grundstücke und Gebäude genutzt. Die Wassergewinnung erfolgt über Niederschlagswasser, Quellwasser oder Grundwasserbrunnen.
Anlagen zur zentralen Wassergewinnung sind regionale Wasserwerke, die das Wasser in ein öffentliches Versorgungsnetz einbringen. Für die Wassergewinnung kommen Grund- und Oberflächenwasser in Frage. Aus hygienischen

Gründen hat Grundwasser gegenüber Oberflächenwasser stets Vorrang.

Für die örtliche Wassergewinnung kommt, sofern keine andere Möglichkeit der Versorgung besteht, die Nutzung von Niederschlagswasser in Frage. Das von einem Dach o.ä. aufgefangene Wasser wird in Zisternen gespeichert und bei der Entnahme über Filter gereinigt.

Die Grundwasserentnahme erfolgt durch Brunnen. Das Wasser dringt durch eine grobe Kies-Steinschüttung bzw. Metallfilterschicht in den Brunnenschacht bzw. das Brunnenrohr und kann von dort abgepumpt werden. Dabei wird unterschieden in Schacht- und Bohrbrunnen. Ggf. wird das Grundwasser von wasserlöslichen Eisenverbindungen oder Verschmutzungen gesäubert.

Oberflächenwasser ist mechanisch, chemisch und bakteriologisch verunreinigt und wird nur dann zur Trinkwassergewinnung genutzt, wenn eine einwandfreie Prüfung und Aufbereitung möglich und wirtschaftlich tragbar ist. Die Meereswasserentnahme erfordert Aufbereitungsanlagen bei denen durch Verdampfen bzw. Verdunsten der Mineralstoffe Trinkwasserqualität erzeugt wird. Die Wasserentnahme aus Gewässern erfolgt je nach Gewässerart (Talsperren, Seen, Flüssen usw.) in verschiedenen Tiefen und Bereichen. Durch Filterung wird das Wasser aufbereitet.

Schutzvorschriften: Die Wasserentnahmegebiete eines zentralen Grundwasserwerkes werden durch Schutzzonen gekennzeichnet. Jegliche Lagerung von Abfällen und ähnlichen wassergefährdenden Stoffen ist untersagt. Ein ausreichender Abstand zu Abwasseranlagen muss gewährleistet sein. Für Öl, Benzin sowie für andere wassergefährdende Stoffe gelten besondere Transportvorschriften.

 **Welche technischen Bestimmungen gelten für den Bau und den Betrieb von Trinkwasserleitungen? Wesentliche Inhalte?**

 DIN 2000 enthält Anforderungen an Trinkwasser der zentralen Trinkwasserversorgung. Regelungen zur Planung, Errichtung, Änderung und dem Betrieb von Trinkwasseranlagen

sowohl im Gebäude als auch auf Grundstücken enthalten die Technischen Regeln für Trinkwasser-Installation (TRWI), DIN 1988 sowie DVGW-Arbeitsblatt W 308. Danach müssen folgende Forderungen erfüllt sein:
- unmittelbare Verbindungen von Trinkwasserleitungen und Nichttrinkwasserleitungen sind nicht zulässig
- Anschlussleitungen sind i.a. geradlinig mit Steigung zum Grundstück und rechtwinklig zur Grundstücksgrenze frostfrei (1,20 m bis 1,50 m tief) zu verlegen
- der Abstand der erdverlegten Trinkwasserleitung von Grundstücksentwässerungsleitungen soll im Grundriss mindestens 1 m betragen, zu beachten ist, dass in diesem Fall Trinkwasserleitungen nicht tiefer als Abwasserleitungen liegen dürfen
- mit Rücksicht auf Kondensatbildung muss bei übereinanderliegenden Leitungen in Räumen die ungedämmte Kaltwasserleitung unten liegen, der Abstand zu anderen Rohrleitungen muss mindestens 20 cm betragen.

Mündung der Leitungen in einen frostfreien, zugänglichen Raum mit Wasserzähleranlage
- Für jedes Geschoss und für jede Wohnung müssen die Steig- und Stockwerksleitungen einzeln absperrbar und am Fußpunkt entleerbar sein. Am höchsten Punkt sind Rohrbelüfter einzubauen.
- Die Bemessung der Leitungen muss nach DVGW-Arbeitsblatt W 308 erfolgen. Folgende Nennweiten dürfen nicht unterschritten werden:
    für Verteilungsleitungen:
    DN 25 bei Stahl und 28 x 1,5 bei Kupfer
    für Steigleitungen:
    DN 20 bei Stahl und 22 x 1,0 bei Kupfer
    für Stockwerksleitungen:
    DN 15 bei Stahl und 18 x 1,0 bei Kupfer
- Auslegung aller Rohre, Verbindungen und Armaturen für einen Nenndruck von 10 bar, sofern keine höheren Betriebsdrücke eine höhere Druckstufe erfordern
- Ein Rückflussverhinderer muss eingebaut werden
- In Steigleitungen sind Be- und Entlüfter einzubauen
- Die Verlegung längerer waagerechter Leitungen bei nicht unterkellerten Bauten oder Leitungen unterhalb der Kel-

lersohle in Bodenkanälen (mit Revisionsöffnungen) ist sinnvoll.

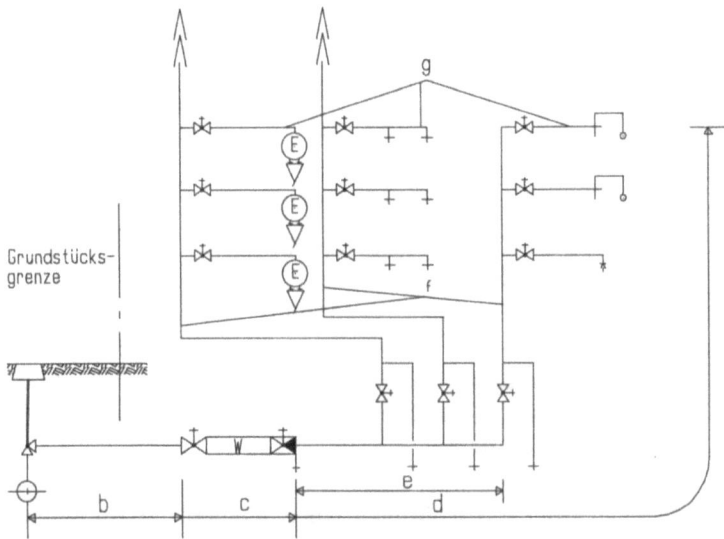

 **Wie werden die Leitungsabschnitte b, c, e, f und g der Wasserversorgungsleitungen im nachstehenden Bild entsprechend DIN 1988-1 bezeichnet?**

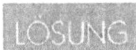 b) Anschlussleitung: Von der Versorgungsleitung bis zur Übergabestelle (Hauptabsperrarmatur)
e) Verteilungsleitung: nach der c) Wasserzähleranlage beginnende Leitung (Steigleitung, Stockwerksleitung und Einzelzuleitung können abzweigen)
f) Steigleitung: senkrecht von Etage zu Etage führende Leitung
g) Stockwerksleitung: von der Steigleitung abzweigende Leitung (innerhalb der Etage).

 **Nennen Sie Entscheidungskriterien für Rohrsysteme bei der Trinkwasserinstallation.**

 Wirtschaftlichkeit, Hygiene, Korrosionsbeständigkeit, Montagefreundlichkeit, Ausdehnung, Schallschutz.

 Wie sieht die Absperr-, Prüf- und Messvorrichtung der Kaltwasserversorgung im Hausanschlussraum aus (Skizze und Bezeichnungen)?

 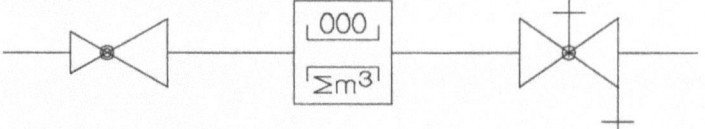

Von außen nach innen:
Wasser-Hauptabsperrventil
Hauswasserzähler
privates Absperrventil mit Entleerungsventil.

 Welche Rohrmaterialien können bei Kalt- und Warmwasserleitungen zum Einsatz kommen? Vor- und Nachteile?

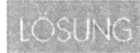 Folgende Rohrmaterialien können bei Kalt- und Warmwasserleitungen zum Einsatz kommen:
- Gussrohre: außerhalb von Gebäuden, unter- und oberirdisch
- verzinkte Stahlrohre: nicht für jedes Wasser geeignet (stark korrosionsgefährdet durch kupferhaltiges Wasser), Einbau nicht hinter kupfernen Bauteilen, sehr widerstandsfähig, rosten leicht an Schnittstellen, dürfen nicht gebogen und geschweißt werden
- Kupferrohre: relativ korrosionsbeständig, frei von Steinansatz, kleinere Rohrnennweiten gegenüber Stahl, billigere Verlegung, längere Lebensdauer, höhere Materialkosten als Stahl, oft mit PVC- oder Wärmeschutzmantel
- Edelstahlrohre: durch Zugabe von Stahlveredelungsmetallen wie Chrom oder Mangan legierter, rostfreier Sonderstahl
- Kunststoffrohre: korrosionssicher, witterungsfest, alterungsbeständig, gasundurchlässig, ungiftig, nichtleitend, leichter als Stahlrohre, empfindlich gegen mechanische Beanspruchung, große Wärmedehnung, Versprödungsgefahr durch UV-Licht und niedrige Temperaturen, zum Einsatz kommen PB-Polybuten-, PP-Polypropylen-, VPE-vernetzte Polyethylen-, PVC-C-Rohre
- Mehrschicht-Verbundrohre (Aluminium).

 **Welche Vorteile bieten Mehrschicht-Verbundrohre?**

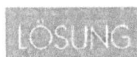 Mehrschicht-Verbundrohre bieten folgende Vorteile:

– Korrosionsbeständig
– Frei von Inkrustationen
– Lebensmittelphysiologisch unbedenklich
– Für jede Wasserqualität geeignet
– Hohe Druck- und Temperaturbeständigkeit (max. Betriebstemperatur 95 °C, max. Kurzzeitbelastung 105 °C, max. Dauerbetriebsdruck 70 °C/10 bar)
– Formstabil, biegefest und trotzdem flexibel
– Minimale Längenausdehnung (vergleichbar mit Kupfer)
– Diffusionsdicht
– Komfortable, saubere Presstechnik
– Schnelle und sichere Montage
– Keine Brandgefahr, da Verbindung kalt (mechanisch) hergestellt wird
– Geringe Lohnkosten.

 **Was ist bei der Planung von Trinkwasserleitungsanlagen von wesentlicher Bedeutung, was muss aus den Plänen für die Verlegung ersichtlich sein und welche Unterlagen sind erforderlich?**

 Von Bedeutung ist die Wasserqualität, die über eine chemische Analyse festgestellt wird, und der im Leitungsnetz zur Verfügung stehende Wasserdruck, der auf die Bemessung des Rohrnetzes einen wesentlichen Einfluss ausübt.

Folgendes muss aus den Plänen ersichtlich sein:
Der Trinkwasseranschluss von der Straßenleitung bis in das Gebäude, die Anordnung der Wasserzählanlage im Hausanschlussraum, die Leitungsführung im Gebäude, das Strangschema für die gesamte Trinkwasserversorgung mit eingetragenen Nennweiten der Versorgungsleitungen, Verbraucherstellen, Entlüftungseinrichtungen u.ä.
Unterlagen: Die Wasserbedarfszahlen der einzelnen Verbraucherstellen, die Rohrleitungsführung bis zu den einzelnen Zapfstellen, der Druckverlust der einzelnen Armaturen

(Wasserzähler, Zapfventile usw.) und die Höhe der entferntesten Entnahmestelle.

 **Welche Teile der Trinkwasserversorgungsanlage für ein Wohnhaus werden vom Wasserversorgungsunternehmen (WVU) installiert? Was ist hierbei alles zu beachten? Kann die Wasserleitung gemeinsam mit dem parallel ausgeführten Abwasserkanal in einen Graben auf dem Grundstück geführt werden?**

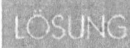 Vom Wasserversorgungsunternehmen ist die Anschlussleitung von der Versorgungsleitung bis zur Hauptabsperreinrichtung zu erstellen (Übergabestelle). Des weiteren bestimmt das Unternehmen die Nennweite und Lage der Hauseinführung. Die anschließende Wasserzähleranlage ist mit Absperr- und Prüfvorrichtungen ausgestattet.

An jede Anschlussleitung ist auf der Straße, möglichst nahe der Versorgungsleitung, eine Absperrvorrichtung (Anbohrschelle mit Gestänge und Straßenkappe) einzubauen und durch ein Hinweisschild nach DIN 4067 zu kennzeichnen.

Die Anschlussleitung ist auf dem kürzesten Weg geradlinig mit Steigung zum Gebäude und rechtwinklig zur Grundstücksgrenze, in frostfreier Tiefe, 1,20 m bis 1,50 m unter dem Gelände zu verlegen. Überbauung und Verlegung über Nachbargrundstücke ist nicht zulässig. Der waagerechte Abstand von Entwässerungsleitungen oder -anlagen $\geq 1,00$ m. Eine Verlegung der Anschlussleitung tiefer als die Entwässerungsleitung ist nicht zugelassen.
Werkstoffe: meist biegsame Polyethylenrohre, seltener verzinktes oder korrosionsschutzbeschichtetes Stahlrohr bis DN 40, gusseisernes Druckrohr >DN 40.

 **Welche Argumente sprechen für die Dämmung von Warmwasserstockwerksleitungen und Einzelzuleitungen. Müssen auch Kaltwasserleitungen gedämmt werden?**

 Folgende Argumente sprechen für die Dämmung von Warmwasserstockwerksleitungen und Einzelzuleitungen:
Bei Warmwasserleitungen:

- kein zu rasches Abkühlen der Rohre und Inhalte
- Energieeinsparung, Senkung der Heizkosten
- Verminderung der CO_2-Emission und Förderung des Umweltschutzes durch weniger Heizöl- und Gasverbrauch
- Schallschutzmaßnahmen.

Bei Kaltwasserleitungen:
- mittels Dämmung gegen Erwärmung durch Sonneneinstrahlung, Schornstein, Heizungs- und Warmwasserbereitungsanlagen etc. zu schützen
- Kaltwasser soll bis zur Entnahmestelle kalt und frisch bleiben
- „schwitzen" der Kaltwasserleitung soll verhindert werden, Schutz vor Tauwasserbildung
- in gemeinsamen Schächten mit Warmwasser- und Zirkulationsleitungen ist eine Dämmung notwendig.

 **Nennen Sie die in der DIN 1988 aufgeführten zehn Sicherungseinrichtungen.**

 In der DIN 1988 sind folgende Sicherungseinrichtungen aufgeführt:

- Freier Auslauf
- Rohrunterbrecher Bauform A1
- Rohrtrenner Einbauart 3
- Rohrunterbrecher Bauform A2
- Rohrtrenner Einbauart 2
- Rohrschleife
- Rohrtrenner Einbauart 1
- Sicherungskombination
- Rückflussverhinderer
- Rohrbelüfter.

 **Trinkwasserenthärtung dient als Korrosionsschutzmaßnahme bei Kupferrohren! Können Sie diese Aussage bestätigen?**

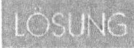 Enthärtung ist keine Korrosionsschutzmaßnahme.
Durch Austausch von Kalzium oder Magnesium gegen Natrium (NaCl=Kochsalz) wird lediglich eine Steinbildung im System verhindert (Trinkwasserenthärtung).
Mit steigender Temperatur neigt Wasser mit höherer Kalzium- und Magnesium-Konzentration (Härtebildung) überproportional zu Kalksteinbildung, so dass derartige Ablagerungsprobleme bevorzugt in Warmwasserbereitern und -leitungen und nur äußerst selten in Kaltwasserleitungen auftreten. Die Folgen der Ablagerungen sind Querschnittsverengungen der Leitungen und schlechterer Wärmeübergang. Im Allgemeinen nimmt mit abnehmender Härte (pH-Wert <7) und steigender Temperatur (>60 °C) die Korrosionsgeschwindigkeit zu.

 **Nennen Sie Ursachen für eine Beeinträchtigung/Gefährdung des Trinkwassers durch Rückfließen von verunreinigtem Wasser. Welche Gegenmaßnahmen können getroffen werden?**

 Durch Rückfließen von verunreinigtem Wasser können Fremd- und Schadstoffe in das Trinkwassersystem gelangen. Ein Rückfluss erfolgt durch geodätische Höhenunterschiede der Entnahmestellen, durch Unterdruck verursachtes Rücksaugen, z.B. bei einem Wasserrohrbruch, oder durch Rückdrücken, wenn in einem Apparat ein höherer Druck entsteht als im Leitungsnetz.

Möglichkeiten zur Verhinderung des Rückflusses:
Rohrbelüfter: Soll mittels einströmender Luft verhindern, dass bei Unterdruck in Trinkwasserleitungen Wasser rückgesaugt wird.
Freier Auslauf: Bestimmter Abstand (meist 2xDN des Zulaufs) zwischen Unterkante Zulauf und dem maximalen Wasserspiegel muss eingehalten werden, um Sicherheit gegen Rückfluss einhalten zu können.
Rohrunterbrecher: Verhindert, wie der Belüfter, das Rücksaugen von Wasser durch Belüften der Anlage bei entstehendem Unterdruck.
Rohrtrenner: „Trennen" der Leitungen schon vor dem Auftreten eines Unterdrucks.

Rückflussverhinderer: Werden in Kombination mit Rohrtrennern und -belüftern eingebaut. Rückfluss des Wassers wird durch ein selbsttätig schließendes Ventil verhindert.

AUFGABE **Welche Gefahr besteht beim Einbau von Kupferrohr-Leitungen für die Trinkwasserversorgung beim Vorhandensein von zu weichem Wasser?**

LÖSUNG Kupferrohre sind für Trink- und Warmwasserleitungen gut geeignet wegen ihrer glatten Innenwandung und der guten Korrosionsbeständigkeit. Sie sind frei von Steinansatz; das Problem bei zu weichem Wasser ist der Lochfraß (chemische Reaktion) wegen fehlender Schutzschichtbildung auf der Rohrinnenseite.

AUFGABE **Möglichkeiten des innenseitigen Korrosionsschutzes bei Warmwasserbereitern aus Stahl?**

LÖSUNG Spezialemaille, Kunststoffbeschichtung, Speziallacke, Verzinkung, Verzinnung, Opferanode.

AUFGABE **Welche Faktoren beeinflussen die Korrosion?**

LÖSUNG Wassertemperatur, Werkstoff der Rohrleitung, Installationsausführung (in Fließrichtung), Wassereigenschaften (Gehalt an Sauerstoff und Kohlensäure, gelöste Salze, Carbonate).

AUFGABE **Was gibt es bei der Auslegung von Trinkwasserleitungen in Hochhäusern zu beachten?**

LÖSUNG Bei Begrenzung des Wasserdruckes in der Straßenleitung auf 4 bis 6 bar kann die Trinkwasserversorgung von hoch gelegenen Entnahmestellen (zur zuverlässigen Funktion von Druckspülern, Durchlauferhitzern und anderen Entnahmestellen ist ein Mindestfließdruck von 1,5 bar notwendig) nicht gewährleistet werden.

Bei Hochhäusern rechnet man mit einer Druckzunahme bzw. Druckabnahme von 100 mbar bei 1m Höhe, die den Einbau von Druckerhöhungsanlagen erforderlich machen. Höhere Gebäude werden aufgrund unterschiedlicher Wasserdrücke in verschiedene Druckzonen unterteilt: Die Unterteilung erfolgt entweder durch verschiedene Druckerhöhungsanlagen, einer zentralen Duckerhöhungsanlage mit vorgeschaltetem Druckminderer für die jeweilige Druckzone oder einer zentralen Druckerhöhungsanlage mit Druckminderer an den Abzweigen der unteren Geschosse. Bei der Planung von Hochhäusern ist zu überprüfen, bis zu welchem Geschoss die Wasserversorgung mit dem Druck aus dem öffentlichen Netz erfolgen kann und wieviel Zonen oder Gruppen der übrigen Geschosse über die Druckerhöhungsanlage versorgt werden müssen.

Der Anschluss an das öffentliche Versorgungsnetz erfolgt entweder durch indirekte oder direkte Druckerhöhungsanlagen (nach DIN 1988-5): Bei der indirekten Anlage strömt das Wasser in einen Druckbehälter und wird von hier über eine Pumpe dem Rohrnetz zugeführt. Durch das Luftpolster wird im Behälter ein Druck erzeugt, der das Wasser in die höheren Geschosse befördern kann.

Beim unmittelbaren Anschluss besteht eine direkte Verbindung zwischen der Druckerhöhungsanlage und der Anschlussleitung des öffentlichen Trinkwassernetzes über drehzahlgeregelte Pumpen ohne Druckbehälter – Schallschutzproblem!

Wie können Rohrleitungen bei der Trinkwasserinstallation miteinander verbunden werden?

Rohrleitungen bei der Trinkwasserinstallation können folgendermaßen miteinander verbunden werden:
- Löten, gebräuchlichstes und bekanntestes Verfahren
- Pressen, durch Verpressen von Fittings
- Klemmen, mechanisch wirkende Verbindung mittels Metall-Klemmverbinder
- Verschweißen, stoffschlüssige Verbindung von zwei gleichartigen Werkstoffen ohne Zusatz von Verbindungshilfsmitteln
- Kleben oder Kaltverschweißen, stoffschlüssige Verbindung von zwei gleichartigen Werkstoffen mittels eines Spezial-Klebstoffs oder Kaltschweißmittels.

 **Wie können Trinkwasserleitungen desinfiziert werden?**

 Folgende Möglichkeiten bieten sich an:

- chemische Desinfektion
- thermische Desinfektion
- UV- Desinfektion
- elektrolytische Desinfektion.

 **Was versteht man unter Stagnation von Trinkwasser?**

 Unter Stagnation versteht man den Zustand, in dem kein Trinkwasser aus Leitungen und Behältern entnommen wird. Bei langer Stagnation kann die Trinkwasserqualität in Speichern, Leitungen und Armaturen stark beeinträchtigt werden. Das ruhende Wasser nimmt dann entweder in höherer Konzentration als fließendes Wasser Bestandteile des Rohrmaterials auf oder ist anfälliger gegen biologische Verunreinigungen (z.B. Bakterien). Das führt über einfach nur unangenehme Empfindungen (Geruch, Aussehen, Geschmack) bis hin zu gesundheitsgefährdenden Veränderungen (z.B. Durchfall, Lungenentzündung).
Zur Aufnahme von Bestandteilen des Rohrmaterials kann es bei Kupfer-, verzinkten Stahl- und Bleileitungen oder Rohren aus ungeeigneten Kunststoffmaterialien kommen. Kupferrohr ist dabei anfällig gegen saures Wasser. Bei verzinkten Stahlrohren ist die Wirkung meist optisch als "Rostwasser" zu erkennen. Bei ungeeigneten Kunststoffen können während langer Stagnationszeiten Weichmacher in das Wasser übergehen.
In längerer Zeit nicht fließendem Wasser kommt es zusätzlich zur deutlichen Vermehrung der immer im Wasser enthaltenen Biokulturen. Diese zeigt sich in verstärkter Bildung von Biofilmen an den Wandungen. Bei Wiederinbetriebnahme des Trinkwassersystems werden davon größere Anteile mitgerissen und führen evtl. zur Überschreitung von Grenzwerten. Nach entsprechender Ablaufzeit nimmt das Wasser dann wieder seine Normalwerte an. Wenn Trinkwasser zur

Speisen- und Getränkezubereitung eingesetzt werden soll, empfiehlt sich diese Vorgehensweise generell.

 **Gilt die Fließregel bei der Mischinstallation in Trinkwasseranlagen auch für das Werkstoffpaar Kupfer/Edelstahl?**

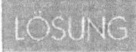 Eine Mischinstallation Edelstahl/Buntmetalle (Messing, Kupfer, Rotguss) ist unabhängig von der Fließregel möglich. Die so genannte Fließregel in Sanitärinstallationen gilt nur für Kupfer und verzinkte Rohrleitungen. Edelstahl und neue verzinkte Rohrleitungen sollen allerdings nicht direkt verbunden werden. Hier muss die verzinkte Rohrleitung gemäß DIN 1988-7 durch den Einbau eines Buntmetall-Bauteils (beispielsweise einer Absperrarmatur) zwischen den beiden Werkstoffen vor eventueller Kontaktkorrosion geschützt werden. Beim Einbau von Edelstahl mit alten vorhandenen Rohrleitungsnetzen aus verzinktem Stahl ist die Gefahr einer Kontaktkorrosion am verzinkten Stahl vernachlässigbar gering.

 **Warum dürfen Grauwasserleitungen niemals mit Trinkwasserleitungen verbunden werden?**

 Aus gesundheitlichen und hygienischen Gründen dürfen Grauwasserleitungen nie direkt mit Trinkwasserleitungen verbunden werden.

Sanitärtechnik – Entwässerung

 Welche Arten der Abwässer werden in der Entwässerungstechnik unterschieden?

 Schmutzwasser ist stark verschmutztes Abwasser. Beispielsweise Hausabwässer aus Sanitär- und Wirtschaftsräumen, fäkalienhaltiges Wasser, Gewerbe- und Industrieabwässer unterschiedlicher Qualität.
Regenwasser bezeichnet Niederschlagswasser in unterschiedlicher Menge und Qualität.
Mischwasser: Durch Zusammenleiten von Schmutz- und Regenwasser in eine gemeinsame Kanalisation entsteht Mischwasser.

 Was sind die Aufgaben und Zielsetzungen der DIN EN 12 056?

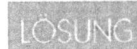 Die Norm ist Regel der Technik: Vereinheitlichung und Rationalisierung aller Anlagen und Bauteile, die zur schadlosen Entwässerung der Gebäude und Grundstücke errichtet bzw. eingebaut werden.
DIN EN 12 056 beinhaltet die Entwässerungsanlagen für Gebäude und Grundstücke:
– Technische Bestimmungen für den Bau
– Ermittlung der Nennweiten für Abwasser- und Lüftungsleitungen
– Regeln für Betrieb und Wartung
– Verwendungsbereiche von Abwasserrohren und -formstücken verschiedener Materialien
– Instandhaltung
– Abwasserhebeanlagen
– Rückstauverschlüsse für fäkalienhaltiges und -freies Abwasser.

 Welches sind die wesentlichen Angaben, die in einer Schnittzeichnung (Strangschema) eines Entwässerungsgesuchs nach DIN 1986 enthalten sein müssen?

 Angabe der Fall- und Entlüftungsanlagen mit Anschlussleitungen und zugehörigen sanitärtechnischen Gegenständen in

wahrer Länge. Darstellung des Anschlusskanals, Hauptgrundleitung, Nebengrundleitungen und Sammelleitungen als Abwicklung in wahrer Länge. Ferner Angaben zu Streckenmaßen, Höhenkoten, Gefälle, Nennweiten, Übergängen, Richtungsänderungen, Material u.ä. und die Höhenlage der Sohle „über Normal-Null".

Bei genehmigungspflichtigen Entwässerungsanlagen ist mit dem Bauantrag ein Entwässerungsgesuch einzureichen. Maßstab der einzelnen Planungsunterlagen mit textlichen Angaben zu den wesentlichen Inhalten.

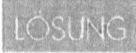
Maßstab des Lageplans: 1:1000 oder größer
Mit Angaben zum Bauvorhaben (Geschosshöhe, Fußbodenhöhe usw.), zu Entwässerungssystemen und -anlagen (Eintragung des Anschlusskanals usw.), zum Baugrundstück (Lage, Nachbarbebauung usw.) und zu vorhandenen oder geplanten Brunnen, Kleinkläranlagen usw.

Grundrisse der einzelnen Geschosse: 1:100
Schematische Darstellung mit Angaben zu den Entwässerungsgegenständen, Fall- und Anschlussleitungen mit Angabe der Nennweiten und der Werkstoffe.

Schnitt: 1:100
Darstellung der Fall- und Lüftungsleitungen, zugehörige Anschlussleitungen und Sanitärgegenstände, Kanalanschluss, Haupt- und Nebengrundleitungen sowie Sammelleitungen als Abwicklung in wahrer Länge mit Angabe des Gefälles.

Grundriss des Kellergeschosses:
Darstellung aller Entwässerungsgegenstände, Angaben zu den Zapfstellen und Abläufen, Absperrschiebern, Rückstauverschlüssen, Abwasserhebeanlagen, Kontrollschächten, Reinigungsöffnungen u.ä. Darstellung der Fall-, Sammel- und Grundleitungen für Schmutzwasser, Regenwasser und Mischwasser bis zum Anschluss an den öffentlichen Kanal mit Angaben der lichten Weite, Werkstoffe, Reinigungsöffnungen.

Sanitärtechnik – Entwässerung

 **Welche für den Entwurf eines Gebäudes maßgeblichen und für die Anfertigung des Entwässerungsgesuchs notwendigen Angaben sind vom Architekten beim Tiefbauamt (oder ähnlichen Institutionen) einzuholen?**

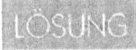 Folgende Angaben sind beim Tiefbauamt für die Anfertigung des Entwässerungsgesuchs einzuholen:
– Vorhandenes oder geplantes Entwässerungssystem
– Kanalsohle, Höhe über NN
– Dimension des Straßenkanals
– Lage (Sohlenhöhe) und Gefälle der (vom Tiefbauamt auszuführenden) Anschlussleitung
– Lage der Prüfschächte
– Lage der vorhandenen oder geplanten Brunnen, Kleinkläranlagen, Gruben, Abscheider, Revisionsschächte, Sickeranlagen usw.

 **Welche Informationen können Sie diesem Lageplan entnehmen und welche Konsequenzen hat dies für eine Unterkellerung des zu planenden Gebäudes auf Grundstück Nr. 1948?**

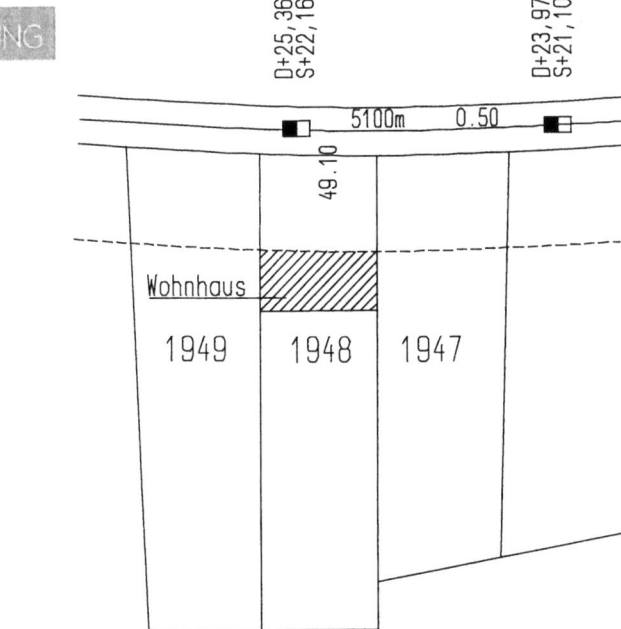

- D +25,36: Oberkante des Kanaldeckels liegt 25,36 m über NN
- S +22,16: die Rohrsohle im Schacht liegt 22,12 m über NN
- 0,50: Durchmesser des Kanalrohres 0,50 m
- 51,00 m: Distanz der Kanaldeckel
- 49,10 m: Anschlussstück im Straßenkanal 49,10 m vom tiefer liegenden Schacht entfernt
- Fließrichtung nach Osten (rechts)

Evtl. Abwasserhebeanlage anordnen, falls WC o.ä. im Kellergeschoss.

Erläutern Sie anhand der dargestellten Übersichtsskizze die einzelnen Leitungsabschnitte einer Grundstücksentwässerungsanlage nach DIN EN 12 056. Können die verschiedenen Leitungsstrecken mit jedem verfügbaren Material ausgeführt werden?

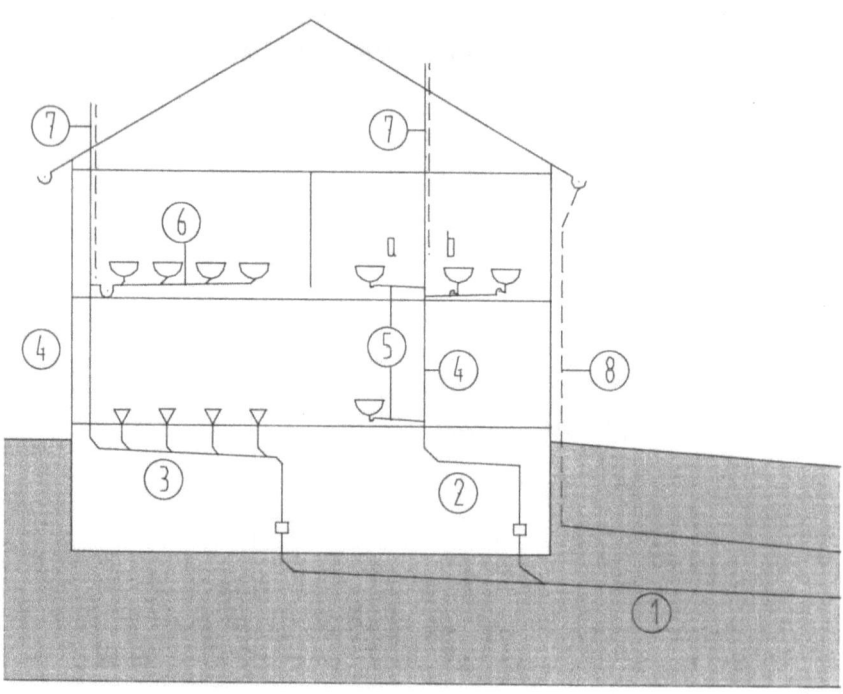

 Folgende Leitungsabschnitte einer Grundstücksentwässerungsanlage nach DIN EN 12 056 sind dargestellt:

1: Schmutzwassergrundleitung:
- im Erdreich unzugänglich verlegte Leitung, die das Abwasser i.d.R. dem Anschlusskanal zuführt, ≥ DN 100
- keine Blechrohre und keine PE-Rohre

2: Sammelleitung:
- liegende Leitung, die nicht im Erdreich oder in der Grundplatte verlegt ist, zur Aufnahme des Abwassers von Fall- und Anschlussleitung
- PVC-Rohre und PE-Rohre
- keine Ausführung in Beton-, Blechrohr

3, 6: Sammelanschlussleitung
- Leitung zur Aufnahme des Abwassers mehrerer Einzelanschlussleitungen bis zur weiterführenden Leitung bzw. zur Abwasserhebeanlage mit Haupt- oder Nebenlüftung
- keine Ausführung in Steinzeug-, Betonrohr

4: Schmutzwasserfallleitung:
- lotrechte Leitung, ggf. mit Verziehung, die durch ein oder mehrere Geschosse führt und über Dach entlüftet wird und das Abwasser einer Grund- oder Sammelleitung zuführt
- keine Ausführung in Steinzeug- (mit Steckmuffe), Beton-, Stahlbeton-, Blech- oder diverse Arten von Kunststoffrohren

5: Einzelanschlussleitung
- Leitung, vom Geruchsverschluss eines Entwässerungsgegenstandes bis zur weiterführenden Leitung
- keine Ausführung in Steinzeug-, Beton-, Stahlbeton-, Blech- oder diverse Arten von Kunststoffrohren

7: Lüftungsleitung

8: Regenwasserfallleitung
- innen- oder außenliegende lotrechte Leitung, ggf. mit Verziehung, zum Ableiten des Regenwassers von Dachfläche, Balkonen, Loggien in eine Grund- oder Sammelleitung
- im Freien keine Steinzeug-, Beton-, Stahlbeton-, Glas-, diverse Kunststoffrohre
- im Gebäude keine Beton-, Stahlbeton-, Blech- und diverse Kunststoffrohre.

 **Erläutern Sie den Aufbau, Inhalt und Zweck des sog. „Strangschemas" (Darstellung der Leitungslängen in wahrer Größe) einer Entwässerungsanlage nach DIN EN 12056.**

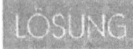 Unter „Strangschema" versteht man die Darstellung (im Maßstab 1:100) aller Fall-, Grund- und Sammelleitungen in wahrer Länge. Es dient u.a. der Bemessung der Leitungen und der Überprüfung, ob aufgrund nicht ausreichendem Gefälle eine Hebeanlage notwendig ist. Ferner müssen folgende Punkte eingetragen sein:
Darstellung der Grundstücksgrenze, der einzelnen Geschosse und der Gebäudehöhe, der Rohrleitung in wahrer Länge und des Lüftungssystems der Rohrleitungen, der angeschlossenen Sanitärobjekte. An den durchnummerierten Punkten entlang der Leitungen (an Abzweigen, Abknickungen und Fußpunkten von Fallleitungen) ist anzugeben das Streckenmaß (beginnend vom Anschluss an den öffentlichen Kanal), die Höhenkoten der Abzweige und Anschlüsse (bezogen auf +0.00 üNN), sowie Gefälle, Durchmesser und Materialien der Leitungen.
Darstellung des Straßenkanals, der Reinigungsöffnungen, Hebeanlagen, Abscheider, Revisionsschächte u.ä.

 **Welche Anforderungen werden laut DIN EN 12 056 an Rohre und Formstücke gestellt?**

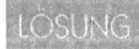 Folgende Anforderungen werden laut DIN EN 12 056 an Rohre und Formstücke gestellt:
– Beständigkeit der Lüftungs- und Abwasserleitungen gegen Abwasser und entstehende Gase und Dämpfe
– Inkrustierungen, Ablagerungen und Verstopfungen sollten durch die innere Oberflächenbeschaffenheit ausgeschlossen werden
– Austauschbarkeit von Rohren und Formstücken gleicher Nennweite und Werkstoff von unterschiedlichen Herstellern muss gegeben sein
– Beständigkeit der Anschluss-, Sammel- und Fallleitungen gegen eine maximale Temperatur von 95 °C, Grundleitungen gegen kurzzeitige Einwirkungen von maximal 45 °C.

 **Welche Anforderungen stellt die DIN 19 543 an Rohrverbindungen?**

 Die allgemeine Unterscheidung erfolgt nach Steck-, Spann-, Schraub-, Kleb-, Stopfbuchsen-, Stemm-, Schweiß- und Flanschverbindungen. Elastische und plastische Werkstoffe werden als Dichtmittel vorgeschrieben. Außerdem muss eine dauernde Dichtheit von Abwasser- und Lüftungsleitungen bei einem inneren oder äußeren Überdruck bis zu 0,5 bar unter den möglichen auftretenden Wechselwirkungen gegeben sein. Ggf. sind in diversen Fällen, wie z.B. Regenwasserleitungen innerhalb von Gebäuden, druckfeste Rohre einzubauen.

 **Welche verschiedenen Werkstoffe stehen für Abwasserrohre zur Verfügung? Welche Vorteile ergeben sich im Einzelnen?**

 Folgende Werkstoffe stehen für Abwasserrohre zur Verfügung:
Steinzeug (STZ)
– Hochwertige bis zur Sinterung gebrannte Tone
– Widerstandsfähigkeit gegenüber Chemikalien aller Art
– Lange Lebensdauer, hohe mechanische Festigkeit
– Verwendung hauptsächlich für Grundleitungen
Betonrohre (B)
– Geringe Abriebfestigkeit
– Unterscheidung der Rohre nach Kreis- und Eiquerschnitt
– Nur begrenzt für Grundleitungen nutzbar
Stahlbetonrohre (STB)
– Einsatzgebiet für Wasser- und Abwasserleitungen in der Industrie
Gusseiserne Rohre (GG)
– Kochwasserbeständig
– Korrosionsbeständig
– Hohe Festigkeit, stoß-, schlag- und abriebfest
– Hohes Gewicht und daher gute Schalldämpfung
– Universell einsetzbar
Stahlrohre (ST)
– Hohe Festigkeit
– Hohe Temperaturbeständigkeit

- Geringeres Gewicht und geringere Wanddicken als Gussrohre
- Kleinere Muffendurchmesser
- Zusätzliche Kunstharzbeschichtung und Feuerverzinkung zum Schutz gegen Korrosion
- Universell einsetzbar

Kunststoffrohre
- Korrosionsbeständigkeit
- Glatte Innenflächen, dadurch gute Abflussbeiwerte und geringe Inkrustierung
- Geringere Rohrdurchmesser
- Geringes Gewicht und dadurch einfache und schnellere Montage, daher auch günstiger Preis
- Nachteilig kann sich die hohe Ausdehnung bei Erwärmung auswirken
- Je nach Kunststoff für verschiedene Leitungen einsetzbar

Faserzementrohre (FZ)
- Korrosionsbeständigkeit gegenüber Chemikalien, außer Säuren
- Glatte Innenflächen durch Acryl-Schutzüberzug
- Geringes Gewicht und dadurch einfachere Verlegung
- Für alle Abwasserleitungen geeignet

Blechrohre
- Nur für Regenwasserleitungen im Freien zu verwenden.

Ein Sanitärfachmann macht den Vorschlag, aus Platz- und Kostengründen Abwasserleitungen für die Lüftung von Räumen (z.B. innenliegendes WC) mitzubenutzen. Ist das zulässig?

Nach DIN EN 12056 ist die Mitbenutzung von Abwasserleitungen für die Lüftung von Räumen unzulässig.

Wie sind die Lüftungsleitungen der Entwässerung zu führen und zu bemessen?

Die Lüftungsleitungen sind als Verlängerung der Fallleitungen mit gleicher Nennweite möglichst geradlinig bis über Dach zu führen. Die Oberkante der Ausmündung muss bei Dächern mit einer Neigung > 15° an der Firstseite der Lüftungsleitung lotrecht gemessen mindestens 300 mm, bei Dä-

chern mit einer Neigung < 15° mindestens 150 mm über die Dachhaut geführt werden. Grund: Schneefreiheit der Ausmündung. Geruchverschlüsse, Schlammfänge und dergleichen dürfen die Lüftung nicht unterbrechen.

Welche unterschiedlichen Lüftungssysteme gibt es für Abwasserleitungen der Haus- und Grundstücksentwässerung. Erläutern Sie die Systeme durch Skizzen.

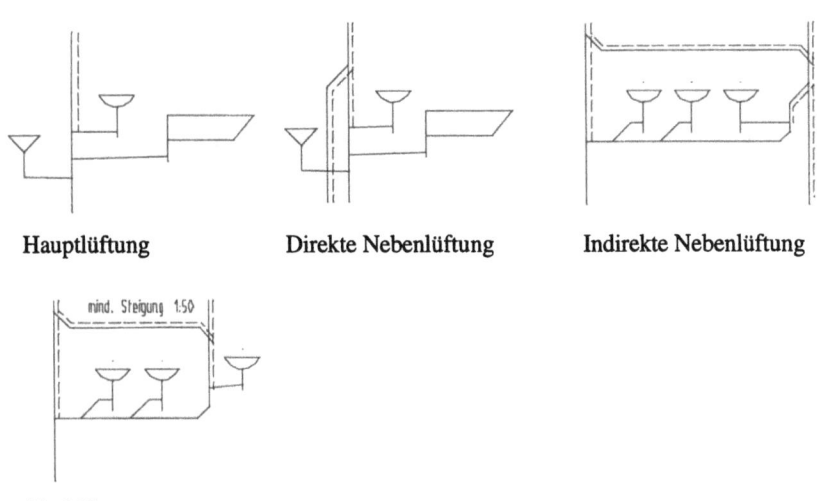

– Hauptlüftung:
Lüftung einzelner (Einzelhauptlüftung EHL) oder mehrerer zusammengefasster (Sammelhauptlüftung SHL) Fallleitungen durch Leitungen von der Anschlussstelle des höchstgelegenen Entwässerungsgegenstandes bis über Dach. Dieses Lüftungssystem wird am Häufigsten genutzt.
– Direkte Nebenlüftung (DNL):
Sie lüftet eine Fallleitung zusätzlich durch eine parallel geführte und in jedem Geschoss mit der Fallleitung verbundene Lüftungsleitung. Der Anschluss erfolgt mit einem Abzweig von 45°. Die direkte Nebenlüftung wird bei höherer Belastung der Entwässerungsleitungen eingesetzt.

– Indirekte Nebenlüftung (IDNL):
Sie lüftet zusätzlich einzelne oder mehrere Anschlussleitungen durch eine Lüftungsleitung über Dach oder durch Rückführung der Lüftungsleitung über der obersten Anschlussstelle an die Fallleitung. Bei stark beanspruchten Sammelanschlussleitungen empfehlenswert.

– Umlüftung:
Umlüftung ist die Lüftung einer Anschlussleitung oder Umgehungsleitung durch Rückführung an die zugehörige Fallleitung oder an eine belüftete Grundleitung.

 **Was versteht die Sanitärtechnik unter folgenden Begriffen: Grundleitung und Lüftungsleitung?**

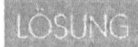 Nach DIN EN 12 056:
Grundleitungen sind unzugänglich auf einem Grundstück im Erdreich (oder im Baukörper) verlegte Leitungen, die das aus den Fall-, Sammel- oder Anschlussleitungen zufließende Abwasser in der Regel dem Anschlusskanal zuführen (evtl. auch Klär- oder Sickeranlage).
Lüftungsleitungen sind Leitungen, die die Entwässerungsanlage be- und entlüften, aber kein Abwasser aufnehmen.

 **Was ist bei der Verlegung von Grundleitungen zu beachten?**

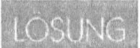 Grundleitungen sind in der Grundplatte oder im Erdreich unzugänglich verlegte Leitungen mit einer Mindestnennweite von DN 100 und einem Normalgefälle von 1:50 (Mindestgefälle ist abhängig vom Querschnitt, Maximalgefälle 1:20). Die in frostsicherer Tiefe verlegten Rohre müssen vollflächig aufliegen. Die Mindest-Erddeckung beträgt etwa 15 cm. Streifenfundamente können schräg oder rechtwinklig durchfahren werden.

 **Skizzieren Sie die Verlegung von Entwässerungsgrundleitungen im Fundamentbereich eines Gebäudes.**

 Durchführung rechtwinklig oder schräg (nicht schleifend) durch das Fundament im Winkel von mind. 45°.

Sanitärtechnik – Entwässerung

Bei der Verlegung parallel zum Fundament ist der Druckausbreitungswinkel des Fundamentes zu beachten. Um die Auswirkung von Bauwerkssetzungen auf die Grundleitungen zu verhindern, müssen sie durch entsprechende Dämmstoffummantelungen geschützt werden.

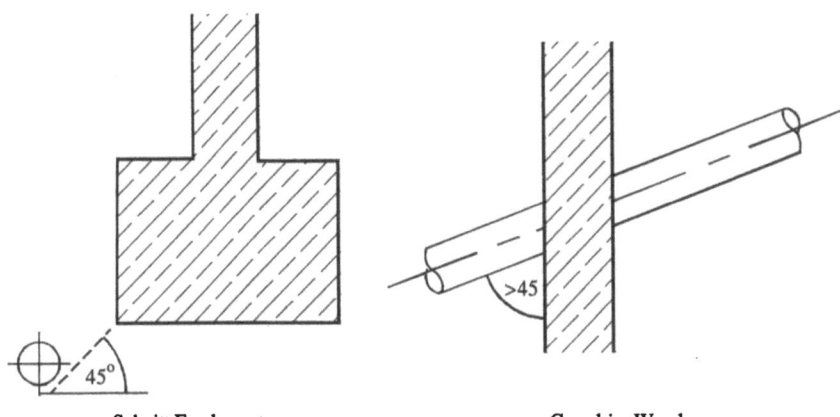

Schnitt Fundament   Grundriss Wand

 **Was ist beim Verlegen von Grund- und Sammelleitungen in bezug auf Richtungsänderungen, Anschlüsse, Reinigungsöffnungen und Schächte für Reinigungsöffnungen alles zu beachten?**

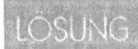 Einzelheiten siehe DIN EN 12 056:

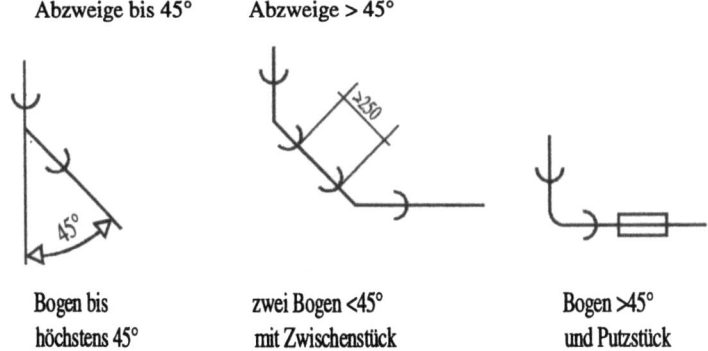

Abzweige bis 45°   Abzweige > 45°

Bogen bis höchstens 45°   zwei Bogen <45° mit Zwischenstück   Bogen >45° und Putzstück

Richtungsänderungen dürfen nur mit Bogen bis 45° ausgeführt werden. Größere Richtungsänderungen sind durch 2 Bogen mit Zwischenstück aufzulösen oder es ist nach dem Bogen ein Reinigungsstück einzubauen.

Richtungsänderung in Grundleitungen

Anschlüsse dürfen max. nur mit Abzweigen von 45° vorgenommen werden. Sie sollen von oben, möglichst schräg, eingeführt werden, um Rückspülungen zu vermeiden. Anschlüsse von der Seite in einer Ebene sind zu vermeiden. Unzulässig sind Doppelabzweige und Abzweige mit mehr als 45°-Anschlusswinkel.

Einbau von Abzweigen in Grundleitungen

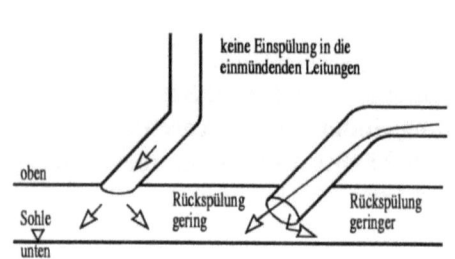

Reinigungsöffnungen in Grund- und Sammelleitungen sind alle 20 m einzubauen, bei DN > 150 mm und geradliniger Leitungsführung mind. alle 40 m, höchstens aber 15 m vom Straßenkanal entfernt, außerdem unmittelbar nach Bögen mit mehr als 45°, bei Sammelleitungen unbedingt auch im lotrechten Teil der Einmündung in die Grundleitung. Reinigungsöffnungen müssen stets zugänglich sein.

Einmündung in liegende Leitungen unter 45°

In Räumen, in denen Lebensmittel zubereitet oder gelagert werden, dürfen Reinigungsöffnungen nicht eingebaut werden.
Schächte für Reinigungsöffnungen müssen bei einer Leitungstiefe von < 0,8 m mindestens 0,6 m x 0,8 m groß sein, darüber mindestens 0,8 m x 1,0 m bzw. 0,9 m x 0,9 m. Durch diese Schächte dürfen keine Leitungen für Trinkwasser, elektrische Energie (Strom), Öl oder Gas geführt werden. Ausführung als standsichere, fugen- und wasserdichte

Schächte. Mittels Abdeckung sind die Schächte gegen Wassereinlauf von oben zu schützen. Bei Entwässerungsanlagen im Trennverfahren sind für Schmutz- und Regenwasser getrennte Schächte vorzusehen.

 **Was bedeutet bei einer Rohrleitung die Gefälleangabe 1:100? Gibt es noch andere Angaben?**

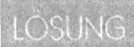 Die Gefälleangabe 1:100 bedeutet, dass das Leitungsende um den hundertsten Teil der waagerechten Leitungslänge tiefer liegt als der Leitungsanfang, z.B. 1 m lange Rohrleitung, Höhendifferenz 1 cm.
Andere Angaben: In Prozent, z.B. 1 %, Höhendifferenz je Meter Rohrlänge, z.B. 1 cm/m.

 **Welche Abzweige sollen bei Anschlüssen an Abwasserfallleitungen verwendet werden?**

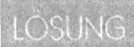 Anschlüsse an Fallleitungen sind mit Abzweigen von ca. 88° vorzunehmen. Dadurch werden zu große Gefälle in den Anschlussleitungen vermieden und eine gute Belüftung sichergestellt und darin Unterdrücke mit nachfolgenden Absaugungen verhindert. Sie bieten außerdem Vorteile bei Installationen im Deckenbereich.

 **Das Maß Mitte-Mitte (Achsenmaß) der Rohre 1 bis 8 der skizzierten Abwasserleitung ist zu ermitteln!**

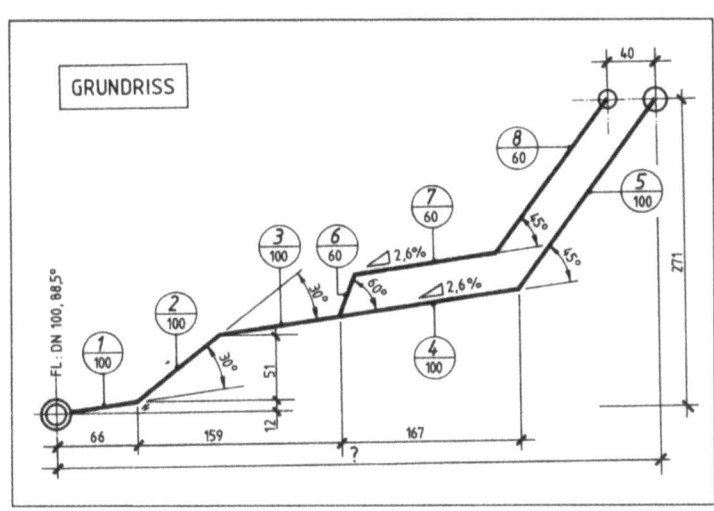

Sanitärtechnik – Entwässerung

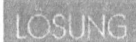

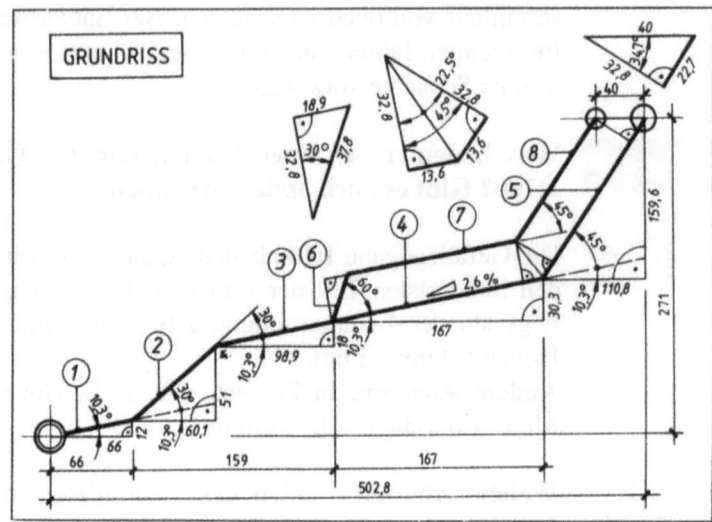

Achsenmaß (Maß Mitte-Mitte) des Rohres unter Beachtung der geometrischen Formeln:

1: 67,1 cm
2: 78,8 cm
3: 100,5 cm
4: 169,7 cm
5: 194,3 cm
6: 37,8 cm
7: 137,2 cm
8: 157,8 cm.

 **Warum wird in der Regel in DIN 1986-100 die Straßenoberkante als „Rückstauebene" festgelegt?**

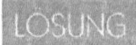 Bei Rückstau im Kanalsystem steigt das Wasser so weit an, bis es in Höhe der Straßeneinläufe austritt. Ein Anstieg des Wasserspiegels über die Straßenoberkante hinaus bleibt aufgrund der großen Ausbreitungsoberfläche minimal. Das Tiefbauamt kann aber eine hiervon abweichende Höhe der Rückstauebene festlegen.

 **Was versteht man in einer sanitärtechnischen Anlage unter Rückstau?**

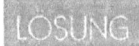 Darunter versteht man ein Zurückdrücken oder einen Aufstau von Abwasser aus dem öffentlichen Abwasserkanal in die angeschlossenen Entwässerungsleitungen auf dem Grundstück. Dabei kann es zum Austritt von Abwässern bei tiefer liegenden ungesicherten Abläufen und Entwässerungsgegenständen kommen. Besonders bei Mischsystemen besteht wegen der Überlastung der Mischwasserleitungen bei starken Regenfällen Gefahr. Alle über der Rückstauebene liegenden Entwässerungsgegenstände sind mit natürlichem Gefälle zu entwässern, alle unterhalb der Rückstauebene liegenden Abläufe durch entsprechende Schutzmaßnahmen gegen Rückstau zu sichern.

 **Im allgemeinen wird die Rückstauebene von der zuständigen Behörde auf Oberkante Straße festgelegt. Wie verhält es sich bei einem stark abfallenden Gelände?**

 Maßgebend ist die Lage der Grundstücksanschlussleitung, die in der Regel von der zuständigen Behörde festgelegt wird.

 **Die nachstehende Skizze zeigt die Situation von sanitärtechnischen Objekten im Kellergeschoss mit Angabe der Rückstauebene. Welche entwässerungstechnischen Maßnahmen sind jeweils bei A, B, C und D zu ergreifen?**

Nach DIN EN 12 056 gilt:
A: Rückstaudoppelverschluss, bei einer Alternative über der Rückstauebene, ansonsten Fäkalienhebeanlage.
B: Rückstaudoppelverschluss
C: Abwasserhebeanlage (Fäkalienhebeanlage)
D: Abwasserhebeanlage

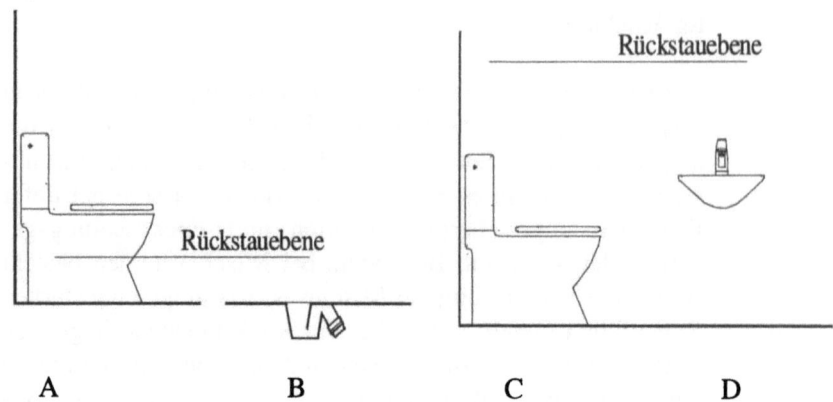

A B C D

 **Welche zwei Möglichkeiten bestehen für die im Keller (unterhalb der Rückstauebene) liegende Dusche gegen Rückstau zu sichern? Wirkungsweise dieser beiden Varianten?**

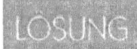 Kellerabläufe, die unter der Rückstauebene liegen, müssen durch einen Rückstauverschluss doppelt gesichert werden.
Arten:
Handbediente Absperrvorrichtung
Automatisch wirkender Verschluss, der bei Rückstau selbsttätig schließt. Bei der automatischen Rückstauklappe für fäkalienfreie Abwässer können mehrere in einem Raum befindliche und auf einer Höhe liegende Entwässerungsgegenstände angeschlossen werden. Während des Rückstaus kann die Dusche nicht benutzt werden, da der Verschluss dann gesperrt ist, eine zweite Dusche oberhalb der Rückstauebene sollte dann vorhanden sein.
Abwasserhebeanlagen müssen eingebaut werden,
– wenn die Grundleitungen nicht mit natürlichem Gefälle entwässert werden können
– wenn ein Rückstauschutz durch einen Rückstauverschluss wegen häufiger Benutzung nicht möglich ist (z.B. WC-Becken)
– wenn Klosett- oder Urinalanlagen, deren Oberkante <25 cm über der Rückstauebene liegen, entwässert werden müssen
– wenn angrenzende Räume absolut gegen Rückstau geschützt werden müssen (z.B. Wohnungen)

 **Wann wird ein Rückstauverschluss, wann eine Abwasserhebeanlage verwendet?**

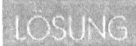 Automatisch wirkender Rückstauverschluss nur für untergeordnete Sanitärobjekte und Bodenabläufe unterhalb der Rückstauebene, sofern auf die Benutzung der Ablaufstellen bei Rückstau verzichtet werden kann.
Für ständig benutzte Ablaufstellen unter der Rückstauebene werden Abwasserhebeanlagen in Form von Fäkalienhebeanlagen eingebaut.
Hebeanlagen für Niederschlagswasser bei Flächen ohne Versickerungsmöglichkeit des Wassers unterhalb der Rückstauebene.

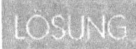 **Abwässer, die unterhalb der Rückstauebene anfallen, müssen grundsätzlich über automatisch arbeitende Hebeanlagen an die Kanalisation angeschlossen werden. Gibt es Ausnahmen?**

 Bei kleineren Regenflächen von Kellerniedergängen.
Bei Versickerung des Regenwassers.
Bei natürlichem Gefälle zum Kanal.
Bei häuslichen Abwässern ohne Anteile von WC- oder Urinalabwässern, Ableitung mit Rückstauverschluss.
Rückstauverschlüsse für fäkalienhaltiges Abwasser von selten benutzten Entwässerungsgegenständen, auf die bei Rückstau verzichtet werden kann.

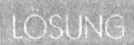 **Wie funktioniert eine Abwasserhebeanlage?**

Sie dient dazu, Abwässer aus Sammelbehältern mittels einem Pumpenaggregat und einer Druckleitung über die Rückstauebene zu heben; für die Verlegung der Druckleitung gilt, dass sie mit einer Schleife über die Rückstauebene zu führen ist, sie darf nicht an die Schmutzwasserfallleitung angeschlossen werden, an diese Leitung darf kein Entwässerungsgegenstand angeschlossen werden und sie muss einen Rückflussverhinderer mit Absperrventil erhalten. Daneben gibt es Abwasserhebeanlagen, die ohne Pumpenaggregat arbeiten, mit einem durch einen Kompressor erzeugten Druckluftpolster.

 **Wie erfolgt die Entwässerung bei einer Abwasserhebeanlage für fäkalienfreie Abwässer?**

Regenwasser oder leicht verschmutztes Abwasser, welches keine Geruchsbelästigung hervorruft, kann in einem wasserdichten Schacht oder Behälter aus Kunststoff mit oberer Abdeckung gesammelt werden. Bei Erreichen eines bestimmten Wasserstandes fördert eine Tauchpumpe, die durch einen Schwimmer selbsttätig ein- und ausgeschaltet wird, das Wasser in eine Druckrohrleitung über die Rückstauebene, um von dort mit natürlichem Gefälle dem Straßenkanal zufließen zu können. Der Einbau eines Rückflussverhinderers ist zwingend. Alle Leitungsanschlüsse müssen flexibel und schalldämmend ausgeführt werden.

 **Was versteht man unter einer Fäkalienhebeanlage? Was ist bei der Anordnung einer solchen Anlage alles zu beachten? Wie ist die Entwässerungsleitung nach der Fäkalienhebeanlage - also in Richtung Straßenkanal - zu dimensionieren?**

Eine Fäkalienhebeanlage dient zur Förderung ungeklärter Abwässer in nicht durch natürliches Gefälle erreichbare Kanalisation. Hauptsächlich für Klosett- und Urinalanlagen, deren Oberkante < 25 cm über der Rückstauebene liegt, verwendet. Das Sammeln der fäkalienhaltigen Schmutzwässer erfolgt in einem geschlossenen, wasser- und gasdichten Behälter aus Stahl oder Kunststoff (Nutzvolumen >20 l). Die Entlüftung der Behälter über eigene Lüftungsleitungen DN 70 über Dach. Das Pumpenaggregat hebt das Abwasser über Druckleitungen >DN 100 mit einer Rohrschleife > 25 cm über die Rückstauebene mit eingebautem Rückflussverhinderer. Die Verlegung der Leitungen erfolgt elastisch und schallgedämmt. Ein optisches oder akustisches Signal zeigt das Ansteigen des Fördergutes bei Stromausfall oder Störungen an. Das Fördern erfolgt dann über eine Handmembranpumpe. Eindringendes Grundwasser (Gefahr für die elektrischen Einrichtungen) oder Sickerwasser wird durch eine Pumpe aus dem Sumpf des vertieften Aufstellungsraumes abgeleitet. Die Aufstellungsräume müssen ausreichende Belichtung und Lüftung erhalten, über und neben den zu bedie-

nenden und zu wartenden Teilen muss ein Arbeitsraum zur Wartung von mindestens 60 cm vorhanden sein.
Der Förderstrom der Pumpe ist bei Regenwasserleitungen dem Regenwasserabfluss, bei Schmutzwasseranlagen dem Schmutzwasserabfluss hinzuzuzählen.

 **In welchen Abschnitten der Grundstücksentwässerungsanlage dürfen Schmutz- und Regenwasser nicht gemeinsam geführt werden und warum?**

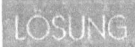 Nach DIN EN 12 056 dürfen Schmutz- und Regenwasserleitungen nur im Außenbereich in der Grundleitung zusammengeführt werden. Grund: Vollfüllung der Leitung, Austritt von Schmutz- und Regenwasser aus den Sanitärgegenständen z.B. bei Sturzregen. Die DIN 1986-100 erlaubt jedoch, dass bei Grenzbebauung die Zusammenführung innerhalb von Gebäuden zulässig ist, wenn dies unmittelbar vor dem Gebäudeaustritt erfolgt.

 **Vor- und Nachteile des Misch- und Trennsystems bei der Entwässerung?**

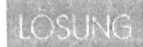 Mischsystem:
Regen- und Schmutzwasser werden in demselben Kanalsystem geführt. Allerdings dürfen Regen- und Schmutzwasser nur außerhalb des Gebäudes in der Grundleitung zusammengeführt werden.
Vorteile: einfachere, billigere und übersichtlichere Anlage des Kanalnetzes.
Nachteil: Überfüllung des Kanals bei starken Regenfällen, was zu Rückstau führen kann, größere Leitungsquerschnitte, d.h. größere Dimensionen und größere Kläranlagen.
Trennsystem:
Regen- und Schmutzwasser werden in getrennten Leitungssystemen geführt. Nur das Schmutzwasser wird in die Kläranlage eingeleitet. Das Regenwasser gelangt in den nächsten Vorfluter.
Vorteile: Regenwasser kann in den nächsten Vorfluter abgeleitet werden, Überfüllung des Straßenkanals nicht möglich, kein Rückstau, kleinere Rohrdimensionen, kleinere Klär-

anlagen, weniger Ablagerungen in den Kanälen, Schmutzwassernetz kann leichter erweitert werden.

Nachteile: Aufwendiger und teurer, da zwei getrennte Systeme von Grundleitungen auf dem Grundstück anzuordnen sind.

 **Maßnahmen zum Zurückhalten schädlicher Stoffe bei der Gebäudeentwässerung?**

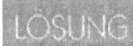 Abscheider dienen dem Rückhalten von nicht in die Kanalisation einleitbaren Stoffen und Flüssigkeiten. Um absetzbare Stoffe zurückzuhalten und die Funktionstüchtigkeit der Abscheidern nicht zu beeinträchtigen, werden Sand- und Schlammfänge in der Regel Benzin-, Heizöl- oder Fettabscheider vorgeschaltet. Differenziert wird in Abscheider für Leichtflüssigkeiten, Fettabscheider und Stärkeabscheider.

- Fettabscheider mit Schlammfang DIN 4041: Fett setzt sich sonst beim Erkalten an den Abwasserleitungen fest und lässt sich nur schwer entfernen. Einsatzgebiete: Großküchen, fleischverarbeitende Industrie, Molkereien und ähnliche Betriebe.
- Stärkeabscheider mit Schlammfang: Stärke verursacht harte Ablagerungen. Einsatzgebiete: kartoffelverarbeitende Betriebe, Kartoffelschälanlagen, Brauereien.
- Benzinabscheider mit Schlammfang DIN 1999: Einsatzgebiete: Kfz-Waschplätze, Werkstätten, Tankanlagen, Raffinerien u.ä.
- Heizölsperre bzw. Heizölabscheider DIN 4043: Einsatzgebiete: Heizräume (Öl), Abfüllstationen.
- Neutralisierungsanlagen, Entgiftungsanlagen: Einsatzgebiete: Labors, galvanische Betriebe, chemische Industrie und ähnliche Betriebe.
- Abwasserdesinfektionsanlagen, thermisch oder durch Chlorung DIN 19 520: Einsatzgebiete: Krankenhäuser und Anstalten, soweit es sich um infektiöse Abwässer handelt oder handeln kann.
- Dekontaminierungsanlagen: Einsatzgebiete: Radioaktive Bereiche.

 **Die Landesbauordnungen fordern, dass Niederschlagswasser durch geeignete Einrichtungen abzuleiten ist. Welche besonderen Maßnahmen müssen bei begehbaren Dachterrassen und bei Balkonen mit geschlossener Brüstung zum Schutz gegen „Wasserschäden" nach DIN EN 12 056 getroffen werden?**

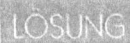 Haben Balkone, Loggien u.ä. eine geschlossene Brüstung, so müssen außer dem Bodenablauf noch Durchlassöffnungen von mindestens 40 mm lichte Weite (Sicherheitsüberlauf) in der Brüstung vorhanden sein. Die Durchlassöffnungen sind so anzuordnen, dass das sich auf dem Boden sammelnde Wasser bei Verstopfung des Bodenablaufs ins Freie ablaufen kann.

 **Was ist beim Einbau von Bodenabläufen in Sanitär- und Wirtschaftsräumen entwässerungstechnisch zu beachten?**

 Die ständige Erneuerung des Sperrwassers muss durch Anschluss eines anderen Entwässerungsgegenstandes gesichert sein. Im Hinblick auf den geringen Bodenaufbau muss auch der Bodenablauf niedrig gehalten werden und einen ausreichend breiten Klebe- oder Pressdichtungsflansch zum Anschluss der Dichtung aufweisen. Die Lage des Bodenablaufs möglichst nicht in der Ecke oder am Rand eines Raumes, um ein ausreichendes Gefälle und sichere Abdichtung zu ermöglichen.

 **Welche Ablaufstellen bilden eine Ausnahme und erhalten keinen Geruchverschluss?**

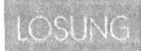 Ablaufstellen für Regenwasser im Trennverfahren
Ablaufstellen für Regenwasser im Mischverfahren, sofern der Abstand der Mündungen oder Einläufe mindestens 1 m über oder 2 m seitlich von Öffnungen von Aufenthaltsräumen liegen
Bodenabläufe, die einen Anschluss über Ferneinläufe an einen Ablauf mit Geruchverschluss oder an Abscheider für Leichtflüssigkeiten haben.

 **Wo können Ablaufstellen mittels Heizölsperren gesichert und wo müssen Abscheider für mineralische Leichtflüssigkeiten (Öl- und Benzinabscheider) eingebaut werden?**

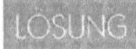 Heizölsperren dienen zur Sicherung von Wasserablaufstellen in Heizräumen von ölgefeuerten Heizungsanlagen und in Heizöllagerräumen, wo nur geringe Mengen von Heizöl austreten, z.B. beim Füllen der Behälteranlage oder bei Störungsfällen.

Benzin- und (Heiz-) Ölabscheider sind notwendig:
in Garagen und Stellplätzen, wo Kraftfahrzeuge gewaschen, gewartet oder betankt werden, z.B. bei Tankstellen, Autoreparaturwerkstätten, Ausnahme: Stellplätze an Wohnungen;
in Betrieben für die Herstellung und den Vertrieb von Benzin, Benzol, Öl oder Schmierstoffen;
in Betrieben, in denen Abwasser und Leichtflüssigkeiten anfallen, z.B. Waschbenzin, in chemischen Werken, Waschanstalten usw. Der Einbau erfolgt so, dass bei möglichem Rückstau kein Benzin austreten kann.

 **Welche Formen der Gebäudedränung kennen Sie, was ist bei der Verlegung von Dränrohren zu beachten und sind die Anschlüsse an beiden Kanalisationssystemen ohne weiteres möglich?**

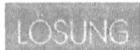 Die Verlegung von Dränrohren soll im Allgemeinen entgegen der Fließrichtung, also von unten nach oben, erfolgen. Anschlüsse werden entweder mittels Abzweig oder (z.B. bei Tonrohren) durch Einleitung von oben vorgenommen.

Bei der Planung von Dränsträngen ist darauf zu achten, dass diese sich mit Grundleitungen und Anschlusskanälen der Gebäudeentwässerung nicht auf gleicher Höhe kreuzen. Liegt ein Dränstrang tiefer als die Fundamentsohle, ist der Druckverteilungswinkel zu berücksichtigen.

Nach ihrer Verlegung sollten Dränrohre sofort mit Filtermaterial abgedeckt werden, um zu verhindern, dass durch Regenfälle in Bewegung gesetzter Schlamm in die ungeschützten Leitungen eindringen kann.

Bei der Verfüllung des Arbeitsraumes ist die äußere Kellerwandabdichtung („Isolierung") durch spitze Gegenstände (Bauschutt, zerbrochene Flaschen) in hohem Maß gefährdet. Es empfiehlt sich daher, die abgedichtete Kelleraußenwand mit einem Schrammschutz zu versehen. Im Handel befindliche Dränwände wirken zudem wasserableitend, in günstigen Fällen auch belüftend.

Ringförmige Dränageringleitungen vor Kelleraußenwand in Höhe des Fundamentes (wegen möglicher Unterspülung niemals unter der Fundamentsohle).
Vertikale Sickerschicht, die vor der Gebäudeaußenwand anfallendes Sickerwasser flächig aufnimmt und zur Dränageleitung ableitet.
Ggf. Filterschicht vor der Sickerschicht bei feinsandigen oder schluffhaltigen Böden zur Verhinderung der Verschlammung der Dränrohre.
Die Dränschicht um ein Dränrohr kann aus Kies, einer Sickerschicht und Filterschicht bestehen.
Sammelschacht und Spülrohre im Abstand von höchstens 50 m oder bei Richtungsänderung. Senkrechte Spülrohre mit einem Durchmesser > 300 mm, um verschlammte Dränrohre zu spülen.

Vorflut- bzw. Versickerungsanlage:
Dränrohre: lichter Durchmesser 100 mm, Verlegung mit Gefälle von 0,5 bis 1 %, allseitig wasseraufnahmefähig, als Material werden gelochte und geschlitzte Dränrohre aus Beton oder Steinzeug, stumpf gestoßene Ton-Rohre, geschlitzte, runde Kunststoffrohre, rechteckige Kunststoff-Kastenprofile eingesetzt.
Flächendränung verhindert bei stark wasserbelasteten Böden Durchfeuchtungsschäden im Bereich der Baugrubensohle.
Ausführung von Dränleitungen unter der Bodenplatte bei bis zu 200 m^2 mit filterstabiler Kiesdränschicht unterhalb der Bodenplatte und Flächendränschicht und Filterschicht.
Dränrohre mindestens DN 100, 0,5 % Gefälle führen das anfallende Wasser durch Streifenfundamente hindurch ab. Mindestens 15 cm starke Kiespackung rund um die Rohre.
Bei Flächen über 200 m^2 werden Sauge- und Kontrolleinrichtungen erforderlich.

Der Anschluss an die Mischkanalisation ist unzulässig, da rückstauendes Mischwasser Fäkalien etc. in Dränage mitführen würde.

Der Anschluss an Regenwasserkanäle des Trennsystems ist möglich, wenn die Behörde es erlaubt. Nach DIN EN 12 056 ist die Ableitung in ein offenes Gewässer (mit Zustimmung der Behörde) oder in ausreichend bemessene und aufnahmefähige Sickerschächte möglich.

Bewerten Sie die Dränagemaßnahmen nach DIN 4095 als Teil der konstruktiven Abdichtung erdberührter Bauteile (DIN 18195) oder als Teil der Gebäude/Grundstücks-Entwässerungsanlage (DIN EN 12 056). Begründen Sie ihre Ansicht.

Dränagemaßnahmen nach DIN 4095 an Gebäuden sind erforderlich bei:
- hoher Bodenfeuchtigkeit, u.a. bei schwer durchlässigen, bindigen Böden
- Hangbebauung mit Wasserandrang von der Hangseite her, ggf. auch bei nichtbindigen Böden
- kurzzeitigem Stauwasser, besonders bei starken Niederschlägen im Verfüllungsbereich der Baugrube und somit
- sowohl Teil der Grundstücksentwässerungsanlage als auch der konstruktiven Abdichtung erdberührter Bauteile.

Neuerdings gehen immer mehr Gemeinden aufgrund Überlastung des öffentlichen Kanalnetzes dazu über, den Anschluss von Gebäudedränagen an den Abwasserkanal nicht mehr zuzulassen! Welche Maßnahmen müssen Sie als Architekt in einem solchen Falle vorsehen, um die ordnungsgemäße Abdichtung des Gebäudes weiterhin zu gewährleisten?

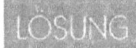
Maßnahmen, um die ordnungsgemäße Abdichtung des Gebäudes weiterhin zu gewährleisten:
- Ableitung in Sickergruben (bei durchlässigem Boden)
- Einleitung in einen Sickerschacht in Flussrichtung des Grundwasserstroms
- Ableitung in eine Kleinkläranlage

Sanitärtechnik – Entwässerung

- Zuleitung zu einem Teich, Biotop
- Rigolen: wasseraufnahmefähige Kiespackungen in wasseraufnahmefähigem Erdreich, diesem wird über ein perforiertes Rohr DN 300 Sickerwasser zugeführt
- Sammeln von Wasser in Speichern.

 **Welches sind die Hauptbestandteile einer ordnungsgemäßen Dränanlage im Hochbau nach DIN 4095? Machen Sie auch Angaben zu Mindestnennweite und Mindestgefälle.**

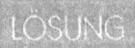 Hauptbestandteile einer ordnungsgemäßen Dränanlage im Hochbau nach DIN 4095 sind:
- Dränleitung: Mindestnennweite DN 100, ca. 20 cm unter OK RFB des KG, Gefälle 0,5 - 1 %, Verlegung in Magerbetonbett oder auf verdichtetem Kies
- Spül- und Kontrollschächte bei jedem Richtungswechsel der Dränung
- Mindestnennweite der Spülrohre DN 300
- Für Kontrollzwecke: Kontrollrohr mit mindestens DN 100
- Mischfilter: Sand-Kies-Gemische nach DIN 1045
- Sickerschicht: leitet anfallendes Wasser aus dem Bereich des erdberührten Bauteils ab
- Filterschicht ist der Sickerschicht vorgeschaltet und verhindert das Einschlämmen der Dränagerohre
- Abdichtung: entsprechend der Wasserbelastung
- Ringdränage/Flächendränage
- Möglich sind auch Mischfilter statt Sicker- und Filterschicht.

 **Aufgrund stark belasteter Abwasserkanäle bekommen Sie zur Auflage gemacht, nicht mehr als 150 l/(s·ha) in den Mischkanal einzuleiten. Die Regenspende wird von der zuständigen Behörde mit 300 l/(s·ha) angegeben. Welche Maßnahmen zur Lösung des Problems können Sie Ihrem Bauherren machen?**

 Wasser kann in Speichern gesammelt werden
Bei fehlender Vorflut wird das Wasser hinter dem Gebäude in einer Sickergrube/in einem Sickerschacht beseitigt

Falls vorhanden, Einleiten in eine Kleinkläranlage auf dem Grundstück
Untergrundverrieselung
Rigolen: wasseraufnahmefähige Kiespackungen im Erdreich.

 **Was ist der Unterschied zwischen Regenspende und Niederschlagsmenge?**

 Regenspende r: Regenwassermenge, die für eine bestimmte Regendauer (z.B. 15 Minuten) und -häufigkeit angesetzt wird in l/(s·ha).
Niederschlagsmenge: Tatsächliche Niederschlagsmenge im Jahr bezogen auf die Niederschlagsfläche in mm/m².

 **Welche Regeln für das Bemessen von Regenfallrohren kennen Sie?**

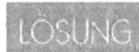 Nach DIN EN 12056 gilt für den Regenwasserabfluss:

$$Q = \frac{\psi \cdot A \cdot r}{10000} \text{ in Liter/s}$$

Bedeutung der einzelnen Parameter:
- ψ Abflussbeiwert
- A   angeschlossene Niederschlagsfläche in m²
- r   Bemessungsregenspende in l/(s · ha)
- 10000   Umrechnungsfaktor
- Q   Regenwasserabfluss in l/s

Die maximale Regenspende ist die Regenwassermenge, die für eine bestimmte Regendauer (D = 5 Minuten) und Regenhäufigkeit angesetzt und bei den zuständigen Behörden oder ersatzweise beim Deutschen Wetterdienst (DWD) zu erfragen ist. Die Jährlichkeit des Berechnungsregens muss für Niederschlagsflächen ohne geplante Regenrückhaltung mindestens einmal in 2 Jahren (T = 2) betragen.
Beispiel: Stuttgart $r_{(5,2)} = 349$ l/(s ha)

Auch bei Belastungsspitzen muss die Ableitung des Regenwassers zügig erfolgen, da sonst z.B. beim Flachdach statische Probleme auftreten können. Verstopfungsgefahr durch

Sanitärtechnik – Entwässerung

Laub etc. muss ausgeschlossen sein. Geeignete Maßnahmen sind der Einbau von Notüberläufen, der Druckentlastung von Freispiegelleitungen usw.

Bemessung nach DIN EN 12056:
1. Berechnung des Regenwasserabflusses Q in l/s, in Abhängigkeit von der Niederschlagsfläche, der Bemessungsregenspende und dem Abflussbeiwert.
2. Ermittlung der Nennweite des Fallrohres aus Tabelle 8 in DIN EN 12056.

 **Aus Kostengründen sollen Regenwasser und fäkalienhaltiges Schmutzwasser in einer gemeinsamen Fallleitung abgeführt werden. Welches Rohrmaterial für die Fallleitung würden Sie empfehlen?**

 Nach DIN EN 12 056 ist eine gemeinsame Fallleitung für Regen- und Schmutzwasser nicht erlaubt. Die beiden Leitungen dürfen im Mischsystem erst außerhalb von Gebäuden in der Grundleitung zusammengeführt werden.

 **Wann erhält ein Regenfallrohr einen Geruchverschluss?**

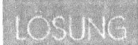 Wenn die Mündungen oder Einläufe bzw. der obere Austritt < 1m über oder < 2m seitlich von Öffnungen von Aufenthaltsräumen liegen, ist in frostfreier Tiefe ein Geruchverschluss im Fallrohr einzubauen.

 **Was bedeutet die Angabe Regenspende r $_{5/100}$ für die Planung und Bemessung einer Dachentwässerung?**

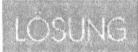 r $_{5/100}$ bedeutet, dass für die Planung und Bemessung einer Dachentwässerung das 5-Minuten-Regenereignis, das einmal in 100 Jahren auftreten kann, zugrunde gelegt wird.

 **Nach welcher Berechnungsregenspende sind Regenwasserfall-, Sammel- und Grundleitungen auszulegen?**

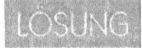 Regenwasserfall-, Sammel- und Grundleitungen sind mindestens für die örtliche 5-Minuten-Regenspende, die einmal in 2

Jahren ($r_{5/2}$) erwartet wird, zu bemessen. Die frühere Vorgabe von 300 l/(sha) als Mindestbemessungsspende entfällt.

 Was würde passieren, wenn im folgenden Beispiel der Druckspüler oder Spülkasten des WCs betätigt wird?

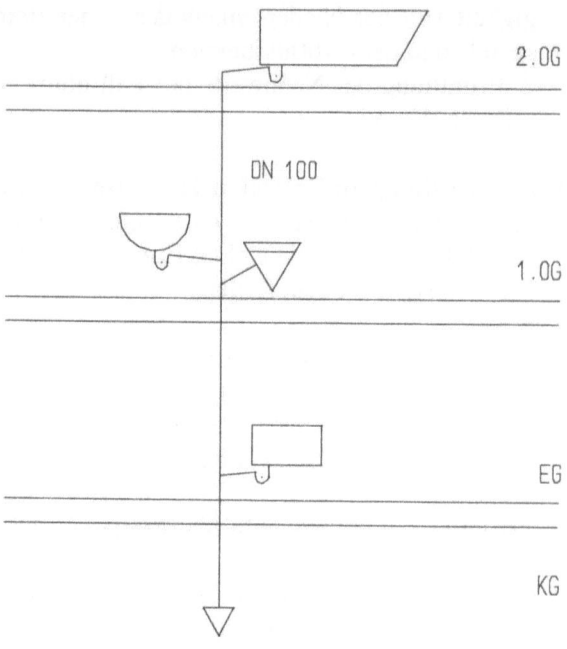

 Durch Betätigen der WC- Spülung entsteht ein Unterdruck in der mit Luft gefüllten Fallleitung durch kolbenförmig herabfließendes Abwasser, weil eine zentrale Hauptlüftungsleitung fehlt. Durch den Unterdruck wird u. U. das Sperrwasser im Siphon des Badewannenablaufes abgesaugt, der Geruchverschluss verliert damit seine Wirkung.

Ähnliche Erscheinungen können auch auftreten beim Entleeren der Badewanne durch Hebewirkung in den Geruchverschlüssen der in unteren Geschossen angeordneten Objekten.

 Dachrinnen sammeln das von Dächern ablaufende Wasser und leiten es dem Regenfallrohr zu. Was sagt dabei die Angabe des Maßes 333 mm?

 Zuschnittsbreite: Abgewickelte Länge (wahre Länge) des Halbkreises o.ä. Umfang.

Nach DIN 18460 werden die Rinnen (halbrunde bzw. kastenförmige Hängedachrinne) noch nach der Anzahl der Meterstücke bezeichnet, die man aus einer Tafel 2 m · 1 m schneiden kann, z.B. 6-teilig: 6 x 1 m-Stück mit Zuschnitt 333 mm. Beispiele enthält die folgende Tabelle nach der Norm:

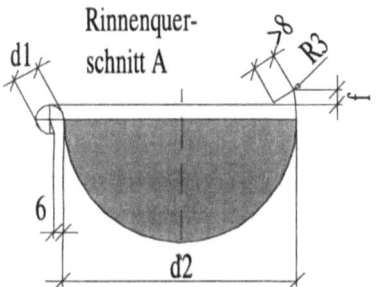 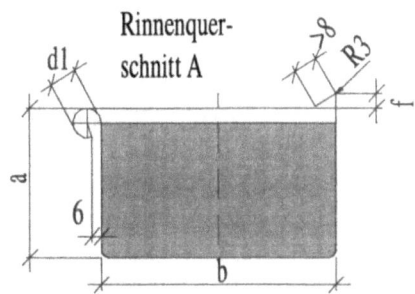

Zuschnittbreite nach DIN 18460 in mm	Maße für Teile	Halbrunde Rinne				Kastenrinne		
		d_1 in mm	f in mm	d_2 in mm	A in cm²	a in mm	b in mm	A in cm²
200	10	16	8	80	25	42	70	28
250	8	18	10	105	43	55	85	42
285	7	18	10	127	63	-	-	-
333	6	20	11	153	92	75	120	90
400	5	22	11	192	145	90	150	135
500	4	22	21/11	250	245	110	200	220
667	3	22	21	-	-	180	225	400

 Das nachstehende Bild zeigt 4 Möglichkeiten a) bis d) der Entwässerung eines flachgeneigten Daches. F bedeutet Fallleitung.
Wie sind die Lösungen etwa hinsichtlich Weglänge des abfließenden Niederschlagswassers, Verstopfung, Ästhetik, Eisschanzen, die das Abfließen des Schmelzwassers der bereits aufgestauten Dachfläche behindern, usw. zu beurteilen?

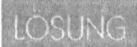 zu a) Abführung des Wassers mit Gefälle nach außen, vom Gebäude weg. Geringe Gefahr der Durchfeuchtung (Bauschäden), jedoch größere Gefahr der Vereisung der vorgehängten Rinnen (Durchfeuchtung des Daches). Bessere Kontrolle bei eventueller Verstopfung oder Schäden, größere Weglängen, mehr Materialaufwand. Fallrohre an den Hausecken beeinträchtigen die Ästhetik.

Zu b) wie a) jedoch Fallrohre weniger auffällig, evtl. integriert in die Außenwand.

Zu c) Gefahr der Verstopfung bei innenliegenden Fallrohren, Wasser wird nicht von kritischen Stellen weggeführt. Mangelnde Kontrolle erst durch auftretende Durchfeuchtung alarmiert. Geringe Vereisungsgefahr, da Fallrohre im beheizten Innenraum liegen. Die Ästhetik ist ansprechender; geringerer Materialaufwand

zu d) wie c) jedoch noch größere Durchfeuchtungsgefahr bei Ausfall des Regenfallrohres.

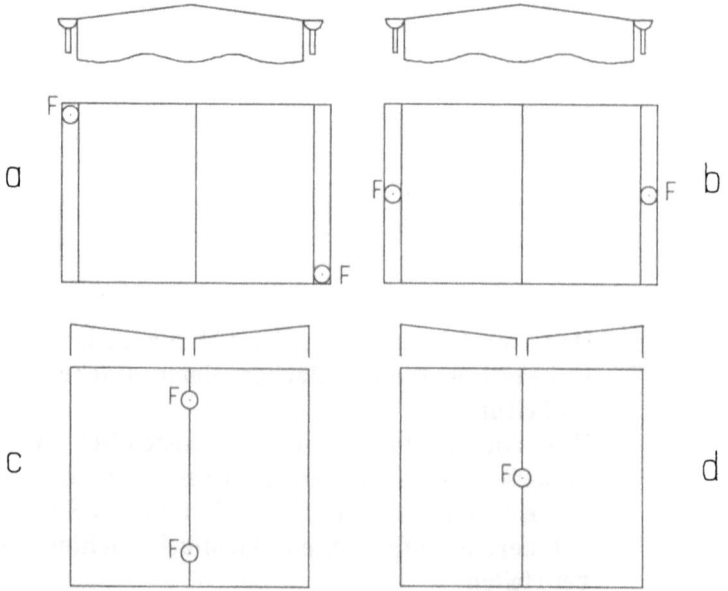

Sanitärtechnik – Entwässerung

 **Es sind die nachstehenden Bilder nach DIN EN 612 zu erläutern.**

 Oben halbrunde und kastenförmige Dachrinne.
Darunter:
Dachrinne, vorgehängt (1)
Dachrinne, auf Gesims stehend (2)
Liege- oder Aufdachrinne (3)
Dachrinne, hinter Gesims (4)
Kehlrinne, vertieft (5)
Sheddachrinne (6)
Rinnenhalter (7)
Rinnenboden (8)
Rinnenwinkel (9)

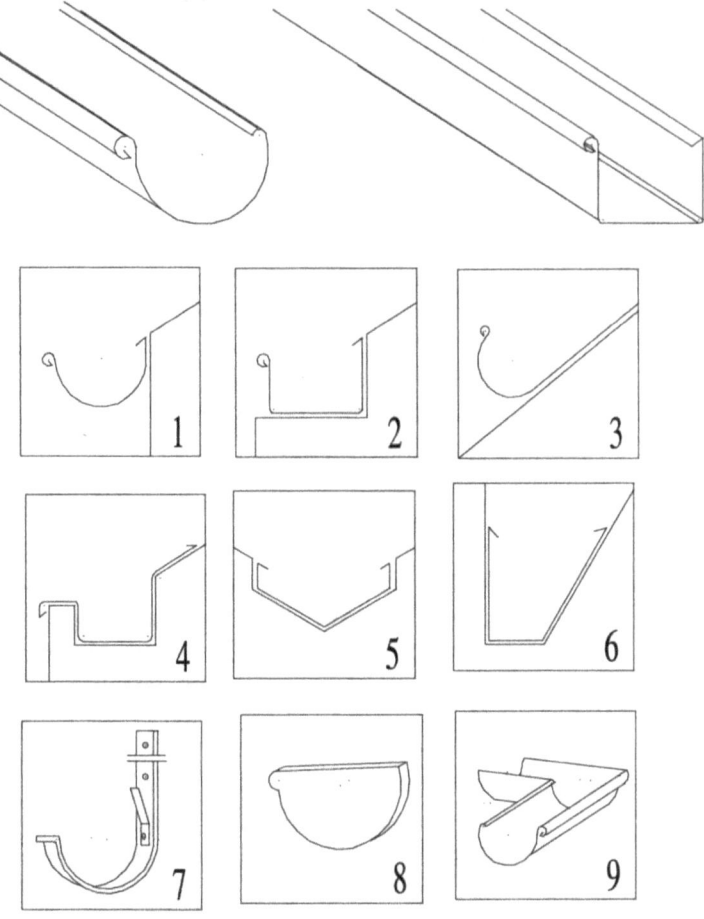

 **Welche Abwasserarten unterscheidet DIN EN 12056?**

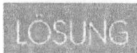 Die DIN EN 12056 unterscheidet folgende Abwasserarten:
Häusliches Abwasser, kommt aus sanitärtechnischen Räumen wie Küche, Bad oder WC
Industrielles Abwasser, in Produktionsprozessen verändertes Wasser, z.B. Kühlwasser
Grauwasser, ist fäkalienfreies Schmutzwasser
Schwarzwasser, ist fäkalienhaltiges Schmutzwasser
Regenwasser, aus natürlichen Niederschlägen.

 **Welche Gefahr besteht bei vollgefüllten Abwasserleitungen (Füllungsgrad = 1)?**

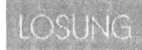 Bei Vollfüllung entsteht im Rohrinneren ein Luftabschluss; die Folge sind Absaugungen; Geruchsverschlüsse werden leer gesaugt; Geruchsbelästigung und Gurgelgeräusche können auftreten.

 **Nach welchen Normen müssen die Nennweiten von Abwasser- und Lüftungsleitungen ermittelt werden?**

 Grundlage für die Bemessung von Abwasser- und Lüftungsleitungen sind folgende Normen:
DIN EN 12056-1 bis 5 – Schwerkraftentwässerungsanlagen innerhalb von Gebäuden
DIN EN 752-1 bis 7 – Schwerkraftentwässerungsanlagen außerhalb von Gebäuden
DIN 1986-100 – Entwässerungsanlagen für Gebäude und Grundstücke.

 **Die Abwassernormen sprechen von Mindestgefälle und Maximalgefälle für Entwässerungsleitungen. Als Maximalwert sind 5 % oder 3° festgelegt. Welche Maßnahmen sind bei einem Hanggrundstück mit mehr als 5 % Gefälle zu treffen?**

 Bei größeren Neigungen bzw. Höhenunterschieden sind in die Entwässerungsleitungen senkrechte Abstürze einzubauen. Die Übergänge zwischen Normalgefälle und Absturzstrecke sind mit zwei 45°-Bogen mit Zwischenstück herzustellen.

Dies verhindert den Wasserstau vor den Richtungsänderungen.

 **Für welche Zwecke können Belüftungsventile in der Abwassertechnik eingesetzt werden?**

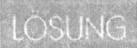 Belüftungsventile stellen eine Möglichkeit der Belüftung einer Entwässerungsanlage dar. Da sie keine Überdrücke abbauen und auch nicht das Entwässerungssystem entlüften können, werden sie für folgende Bereiche eingesetzt:
als Ersatz für indirekte Nebenlüftungen
als Ersatz für Umlüftungsleitungen
für Ein- oder Zweifamilienhäusern, wenn mindestens eine Fallleitung über Dach geführt ist
bei bestehenden Anlagen zur Einzelbelüftung von Entwässerungsgegenständen mit Abflussstörungen, z.B. Leersaugen von Geruchsverschlüssen.

 **Was verstehen Sie unter einer Vakuumentwässerung?**

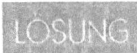 Vakuumentwässerung, auch Druckentwässerung genannt, ist eine Alternative zur Freispiegelentwässerung bei großen Flachdächern im Gewerbe- und Industriebau. Einzelheiten enthält die Richtlinie VDI 3806: Dachentwässerung mit Druckströmung
Das Rohrleitungssystem wird planmäßig so bemessen, dass ein Füllgrad von 1, das heißt Vollfüllung erreicht wird. Spezielle Dachabläufe sind so konstruiert, dass schon bei geringen Wassermengen das Eindringen von Luft in das Leitungssystem verhindert wird. Ist das Rohr am Dacheinlauf voll Wasser, stürzt es unter Druck nach unten und erzeugt dabei noch einen Unterdruck hinter sich, der das Wasser von der Dachfläche regelrecht absaugt. Die Energie für den Unterdruck ergibt sich aus dem Höhenunterschied zwischen Dachablauf und Grundleitung. Die dabei auftretenden hohen Fließgeschwindigkeiten bewirken eine permanente Selbstreinigung des Rohrsystems.
Freispiegelleitungen benötigen Abläufe mit separater Abführung (Fallleitungen) in die Grundleitung, bei der Vakuumentwässerung werden die Gullys meist in eine unter der Decke befestigte Sammelleitung und am Ende über eine einzige

Fallleitung zur Grundleitung geführt. Neben geringerem Rohrquerschnitt (Vollfüllung) und Montagekosten, geringerem Materialbedarf, werden durch den weitgehenden Verzicht auf Grundleitungen die Kosten für die Erd- bzw. Tiefbauarbeiten gesenkt.

 **Können Entwässerungsleitungen mit den Nennweiten DN 80 und DN 90 als Grundleitung ausgeführt werden?**

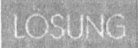 Ja, unter Berücksichtigung und Einhaltung der entsprechenden Anschlusswerte, wie hydraulische Berechnung, Fließgeschwindigkeit von 0,7-2,5 m/s, kann man Grundleitungen auch in DN 80 und DN 90 bis zur ersten Reinigungsöffnung bzw. bis zum Schacht außerhalb des Gebäudes führen.

 **In welchen Kategorien werden nach DIN 1986-100 WC-Becken unterschieden?**

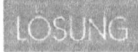 WC mit 4,0/4,5 l Spülkasten
WC mit 6,0 l Spülkasten/Druckspüler
WC mit 7,5 l Spülkasten/Druckspüler
WC mit 9,0 l Spülkasten/Druckspüler.

 **Welche Grundsätze sollten bei Entwässerungsanlagen Vorraussetzung sein?**

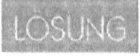 Folgende Grundsätze sollten bei Entwässerungsanlagen Vorraussetzung sein:
kein Absaugen oder Austreten von Sperrwasser in den Geruchsverschlüssen (keine Druckschwankungen)
die Lüftung der Entwässerungsanlagen muss gewährleistet sein
Selbstreinigungseffekt muss erreicht werden
keine größeren Nennweiten als berechnet
Abwasser muss geräuscharm abfließen.

 **Welche Regeln sind bei der Planung von Anschluss-, Sammel- und Grundleitungen nach System I (Hauptlüftung) nach DIN EN 12056 zu beachten?**

 Für unbelüftete Anschlussleitungen sind folgende Regeln zu beachten:

maximale Rohrlänge für alle Nennweiten 4,0 m
maximale Anzahl von 90° Bogen (ohne Anschlussbogen) 3 Stück
maximale Absturzhöhe 1,0 m
Mindestgefälle 1 % = 1 cm/m

Für belüftete Anschlussleitungen sind folgende Regeln zu beachten:
maximale Rohrlänge für alle Nennweiten 10,0 m
keine Begrenzung der Anzahl der 90° Bögen
maximale Absturzhöhe 3,0 m
Mindestgefälle 0,5 % = 0,5 cm/m

Unbelüftete Sammelanschlussleitungen nach DIN 1986-100:
maximale Rohrlänge 10,0 m, wobei innerhalb der Sammelanschlussleitung die Länge der 4 m langen Einzelanschlussleitung enthalten ist
keine Begrenzung der Anzahl der 90° Bögen
maximale Absturzhöhe 1,0 m
Mindestgefälle 1 % = 1 cm/m

Belüftete Sammelanschlussleitungen
können wie Sammelleitungen bemessen und verlegt werden
Das Mindestgefälle beträgt 0,5 % = 0,5 cm/m.

Sammel- und Grundleitungen innerhalb von Gebäuden:
Mindestgefälle 0,5 % = 0,5 cm/m
Mindestfließgeschwindigkeit 0,5 m/s
Füllungsgrade 50 % n. Tabelle B.1, 70 % n. Tabelle B.2

Sammel- und Grundleitungen außerhalb von Gebäuden:
Mindestfließgeschwindigkeit von 0,7 m/s
Mindestgefälle bei Leitungen bis DN 200 0,5 cm/m und ab DN 250 1:DN.

 **Was verstehen Sie unter dem Gesamtschmutzwasserabfluss?**

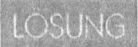 Gesamtschmutzwasserabfluss ist die Gesamtheit der angeschlossenen sanitären Entwässerungsgegenstände, der Entwässerungsgegenstände mit Dauerabfluss und der Abwasserhebeanlagen. Dauerabflüsse und Pumpenförderströme werden dem Schmutzwasserabfluss vollständig hinzugerechnet.
Fördern mehrere Abwasserhebeanlagen Schmutzwasser in eine gemeinsame Grund- und Sammelleitung, so wird der größte Förderstrom zu 100 % und der jeder weiteren Anlagen mit 0,4 x Q_p berücksichtigt – DIN EN 12056-4.

Sanitärtechnik – Regenwasser-/Grauwassernutzung

 **Welche Gründe sprechen für Regenwassernutzung?**

 Regenwassernutzung ist aus ökologischer und ökonomischer Sicht eine sinnvolle Maßnahme, da:
aufgrund zunehmender Oberflächenversiegelung durch Gebäude und Straßen die Versickerung von Regenwasser verhindert und somit die Grundwasserneubildung verringert wird
das abgeleitete Regenwasser führt besonders bei Gewitterregen zur Überlastung des Kanalnetzes und der Kläranlagen, was zu Rückstau, Überschwemmungen oder gar Hochwasser führen kann
Trinkwasser kann bei folgenden Anwendungsbereichen durch Regenwasser ersetzt werden:
für die Toilettenspülung
zum Wäschewaschen
zum Putzen
zur Gartenbewässerung
für die Teichanlage
bei Betrieben mit großen Regenwasserauffangflächen und hohem Betriebswasserbedarf.

 **Wann würden Sie Regenwassernutzung nicht empfehlen?**

 Regenwassernutzunganlagen erfordern eine erhebliche Investition, daher ist im Vorfeld die Wirtschaftlichkeit der Maßnahme zu überprüfen. Unter ökonomischen Gesichtspunkten lohnt sich eine Regenwassernutzungsanlage für ein kinderloses Ehepaar mit geringem Wasserverbrauch in einem bestehenden Gebäude, die nachträglich einzubauen ist, sicher nicht. Dagegen sollte bei einer Familie mit Kindern und Neubauplanung den Einbau einer solchen Anlage empfohlen werden.
In Ballungsgebieten mit hoher Bevölkerungsdichte und deshalb prozentual geringeren Auffangflächen beträgt die mögliche Trinkwassereinsparung maximal 3 %.
Durch Regenwassernutzung erfolgt eine geringere Trinkwasserabnahme, dadurch kann der Wasserpreis je m³ ansteigen,

da der Anteil für den Bau und Unterhaltung des Kanalnetzes und der Kläranlagen etwa 80 % des Wasserpreises beträgt.

 **Wie ermitteln Sie überschläglich den Ertrag einer Regenwassernutzungsanlage für ein Gebäude?**

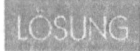 Maßgebend ist die Niederschlagsmenge des Standorts, der deutsche Mittelwert beträgt ca. 750 mm/m^2, dies entspricht 750 l/m^2, genaue Werte kann man beim örtlichen Wetterdienst erfragen.

Dieser Wert wird mit der Auffangfläche multipliziert (maßgebend als Auffangfläche ist die Grundfläche des Gebäudes einschließlich des Dachüberstandes).

Vom Ergebnis wird bei geneigten Dächern ca. 25 % als Verlust (Speicherüberlauf, Verdunsten, Verspritzen, Filterverluste) abgezogen, so dass 75 % als verfügbarer Ertrag in Rechnung gestellt werden kann. Bei Flach- und Gründächern liegt der Abflussbeiwert bei 20-60 %.

Dividiert man den Jahresertrag durch 365 erhält man den täglichen Ertrag.

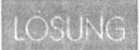 **Wie ermitteln Sie überschläglich den Bedarf an Regenwasser für ein Gebäude?**

Als Anhaltspunkte für den Wasserbedarf gelten für:
Toilettenspülung im Haushalt   24 l / Person / Tag
Toilettenspülung im Büro   12 l / Person / Tag
Toilettenspülung in Schulen   6 l / Person / Tag
Waschmaschine   10 l / Person / Tag
Putzwasser im Haushalt   2 l / Person / Tag
Gartenbewässerung   60 l / m^2 zu bewässernde Fläche.

 **Wie ermitteln Sie die notwendige Speichergröße einer Regenwassernutzungsanlage?**

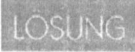 Zur überschläglichen Dimensionierung kann ca. 6 % des jährlichen Regenertrages als Speichervolumen angesetzt werden. Eine genauere Menge lässt sich über den Tagesbedarf ermitteln. Die Erfahrung hat gezeigt, dass eine Bevorratung eines Bedarfes für ca. 15 Tage optimal ist.

Überdimensionierung sollte grundsätzlich vermieden werden, da ein Überlaufen des Speichers die Selbstreinigung des Speichers unterstützt, indem Schmutzstoffe, die auf der Oberfläche schwimmen, aus dem Speicher gespült werden.

 **Aus welchen Komponenten besteht eine Regenwassernutzungsanlage?**

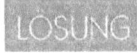 Eine Regenwassernutzungsanlage besteht aus folgenden Komponenten:
Auffangflächen, geeignet sind Dachflächen, gedeckt mit Tonziegel, Schiefer, Kunststoffbahnen und Aluminiumbahnen, andere versiegelte Flächen wie Hof- oder Parkflächen sollten aufgrund ihrer möglichen Verschmutzung nicht angeschlossen werden.

Filter, am besten selbstreinigend mit einer Maschenweite von ca. 0,2-0,6 mm, Blätter, Blüten, Moos, Insekten und sonstige Ablagerungen wie Staub oder Sand werden herausgefiltert und dem Kanalnetz zugeführt.

Speicher, Zisternen als Erdspeicher mit ca. 80 cm Erdüberdeckung (kühle und frostfreie Lagerung), in Ausnahmefällen auch in einem Kellerraum mit Kunststofftank möglich. Speicher müssen mit einem beruhigten Zulauf und einem Speicherüberlauf ausgestattet sein.

Hauswasserwerk mit Steuergerät, Förderpumpe (Kreiselpumpe), Vorlagebehälter, Saugstutzen und Nachspeiseleitung.

Einspeisung von Trinkwasser während längerer Trockenperioden über einen „Freien Auslauf" nach DIN 1988. Ein Rückfluss Nichttrinkwasser in das Trinkwassernetz wird somit verhindert.

Rohrnetz vom Trinkwasser vollständig getrennt als besonders gekennzeichnetes Leitungssystem.

Sanitärtechnik – Regenwasser-/Grauwassernutzung

 **Welche Anlagenteile (1-17) einer Regenwassernutzungsanlage sind in der Skizze dargestellt?**

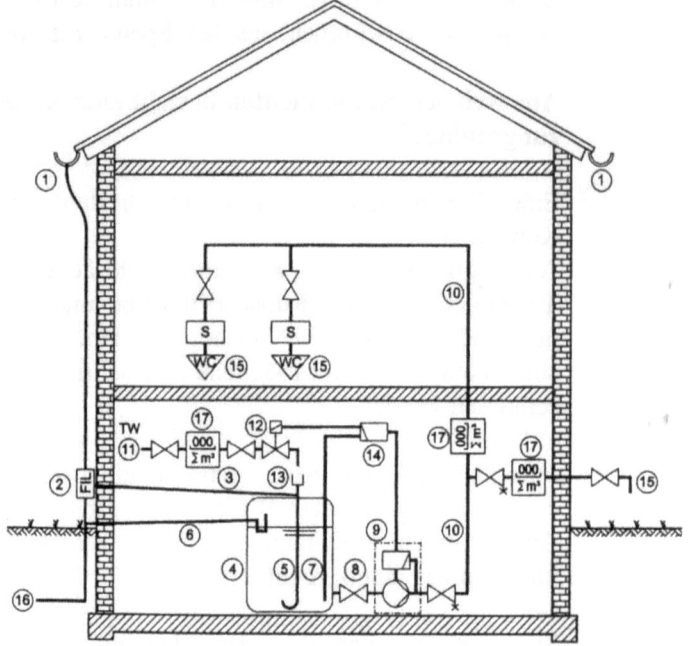

 Folgende Anlagenteile einer Regenwassernutzungsanlage sind in der Skizze dargestellt:
  1 Dachrinne, Fallrohr
  2 Filter (FIL)
  3 Zuleitung
  4 Regenwasser-Speicher
  5 Beruhigter Zulauf
  6 Überlauf mit Geruchsverschluss
  7 Wasserstandserfassung
  8 Saugleitung
  9 Druckerhöhungsanlage
  10 Betriebswasser-Verteilung
  11 Trinkwasserleitung (TW)
  12 Magnetventil
  13 Freier Auslauf
  14 Anlagensteuerung
  15 Entnahmestelle (WC-Becken mit Spülkasten)
  16 Versickerungsanlage / Kanalisation
  17 Wasserzähler

 **Welche Eigenschaften müssen Leitungen für Regenwasser besitzen?**

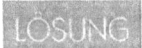 Alle Regenwasser führenden Leitungen müssen wegen des aggressiven Wassers unbedingt korrosionsbeständig sein. Zur besseren Unterscheidung und zur Vorbeugung unerlaubter Verbindungen der beiden Rohrnetze sollten sie aus einem anderen Material sein als die Trinkwasserleitungen im Haus. Als Regenwasser führende Leitungen bieten sich an:
Edelstahlrohre
Verbundrohre
Rohre aus Kunststoff wie PB, PE-HD, PE-X, PP, PVC.

 **Muß das Regenwasser vor Gebrauch gereinigt werden?**

Nein, schon vor dem Einlaufen in den Speicher wird durch den Feinfilter der größte Teil des Schmutzes entfernt, im Speicher setzen sich feinste Schmutzpartikel am Boden ab – Sedimentation, aufschwimmende Partikel werden beim Überlaufen des Speichers in den Kanal ausgeschwemmt (Flotation), abgepumpt wird das Regenwasser in einem Bereich, in dem weder sedimentierte noch aufschwimmende Partikel entnommen werden.

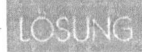 **Was sind Rigolen?**

 Unter Rigolen versteht man im Kies oder Schotter eingebettete Sickerrohre, in denen das Regenwasser ins Erdreich versickern kann.

 **Welche Ablaufflächen eignen sich, um Regenwasserablaufwasser aufzufangen?**

Als Auffangflächen eignen sich vorwiegend Dachflächen. Bei diesen ist ausgeschlossen, dass Verunreinigungen durch Mineralöle, Gummiabrieb, Düngemittel und größere Mengen von Tierexkrementen in den Regenwasserspeicher eingebracht werden.

Sanitärtechnik – Warmwasserversorgung

 Welche Möglichkeiten der Warmwasserversorgung für den Wohnungsbau kennen Sie? Machen Sie Angaben über Einsatzgebiete und Energieart der unterschiedlichen Gerätetypen.

 Mehrere Energiearten stehen für die Warmwasserversorgung zur Verfügung:
Gas als umweltfreundlicher, relativ preiswerter Brennstoff mit hoher Energiedichte und schneller Verfügbarkeit.
Strom als relativ teurer Energielieferant mit höchstem Primärenergiebedarf. Von Vorteil ist jedoch die einfache Montage, Bedienungsfreundlichkeit und gute Regelbarkeit von elektrisch betriebenen Warmwasserbereitern.
Sonnenenergie als umweltfreundliche, kostenlose und praktisch unbegrenzte Energieform.
Unter örtlicher Warmwasserbereitung versteht man die direkte (unmittelbare Wärmeenergie des Brennstoffes wird direkt an das zu erwärmende Wasser abgegeben) Erwärmung des Wassers am Ort seiner Verwendung. In Frage kommen:
Durchlauferhitzer: Anwendung bei stoßweisem Betrieb und stark wechselndem Warmwasserbedarf. Die Erwärmung des Wassers erfolgt während des Durchströmens. Geeignet zur Versorgung einzelner Zapfstellen oder einer Wohnung.
Gerätetypen: Gas-Durchlauf-Wasserheizer, Elektro-Warmwasserbereiter (Einzelversorgung), Elektro-Durchlauferhitzer (eine oder mehrere Zapfstellen).
Warmwasserspeicher: Anwendung bei kurzfristig benötigten größeren Mengen heißen Wassers. Das Wasser steht in beliebig großen, gut wärmegedämmten Behältern zur Verfügung und kann auf eine einstellbare Temperatur automatisch aufgeheizt werden.
Gerätetypen: Gas-Vorrats-Wasserheizer, Elektro-Warmwasserspeicher; unterschieden werden drucklose Speicher (offene Anlagen) zur Versorgung einer Zapfstelle und Druckspeicher (geschlossene Anlagen) zur Versorgung einer oder mehrerer Zapfstellen.
Boiler: nur zur Versorgung einer Zapfstelle geeignet. Boiler sind drucklose Geräte ohne Wärmedämmung. Erst kurz vor

Inbetriebnahme werden sie mit Wasser gefüllt und auf die gewünschte Temperatur aufgeheizt.
Gerätetypen: Elektroboiler.
Bei der zentralen Warmwasserbereitung erfolgt die Übertragung der Wärmeenergie des Brennstoffes indirekt über einen Wärmeträger. Derartige Anlagen versorgen über ein verzweigtes Rohrnetz eine größere Zahl von weit auseinanderliegenden Zapfstellen, an denen ständig warmes Wasser in größeren Mengen verfügbar sein soll. Meist als Speichersystem, bei kleineren Anlagen auch als Durchflusssystem. Folgende Anlagen werden genutzt:
Anlagen mit direkter Erwärmung des Warmwassers: Gas-Vorratswasserheizer, Elektro-Speicher-Warmwassererwärmer.
Anlagen mit Erwärmung des Warmwassers durch Heizwasser: Doppelmantelspeicher, einwandiger Speicher, Durchlauf-Wassererwärmer. Beheizung mit Heizöl oder Gas.
Bei der Warmwasserbereitung durch Sonnenenergie wird die durch Sonnenkollektoren aufgenommene Wärme mittels einer Umwälzpumpe über einen im Warmwasserspeicher angeordneten Wärmetauscher an das Warmwasser abgegeben. Anwendung in Gebäuden mit überwiegender Nutzung in den Sommermonaten. Zur Warmwasserbereitung mittels Solaranlagen werden benötigt: Sonnenkollektoren, Warmwasserspeicher, Verbindungsleitungen zwischen Kollektoren und Speicher mit Umwälzpumpe, Regelung mit Sicherheitseinrichtungen.

Wie hoch ist der durchschnittliche Warmwasserverbrauch?

Der Gesamtwasserverbrauch der Haushalte liegt in der Bundesrepublik im Durchschnitt bei etwa 134 Litern pro Tag und Person. Zwischen 40 und 60% davon werden für warmes Wasser benötigt. Entsprechend hoch ist der Anteil der Warmwasserbereitung am häuslichen Energiebedarf: er liegt bei 15 bis 20%, in manchen Haushalten sogar noch darüber. Da sich der Heizwärmebedarf kontinuierlich verringert, gewinnt die Warmwasserbereitung immer mehr an Bedeutung. In sogenannten Niedrigenergiehäusern kann ihr Anteil am Energiebedarf künftig sogar bis zu 70% betragen.

Sanitärtechnik – Warmwasserversorgung

 Die Kriterien, die die Wahl der Energieart für die Gebrauchs-Warmwassererwärmung beeinflussen, sind zu nennen.

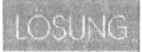 Die Wahl der Energie richtet sich nach folgenden Überlegungen: Wirtschaftlichkeit, Betriebssicherheit, Verfügbarkeit, Zweckmäßigkeit und Ökologie.

 Die beiden nachstehenden Sinnbilder aus DIN 1988 zeigen zwei Möglichkeiten der Beheizung eines Trinkwassererwärmers (mittelbar/unmittelbar). Erläutern Sie die beiden Konzepte einer Trinkwassererwärmung.

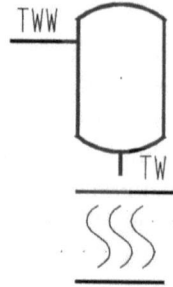   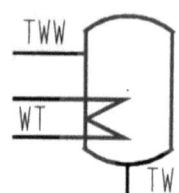

Trinkwassererwärmer   Trinkwassererwärmer
unmittelbar beheizt   mittelbar beheizt

WT   – Wärmeträger
TW   – Trinkwasser
TWW   – Trinkwarmwasser

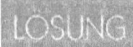 Mittelbar beheizt (indirekt): Die Wärmeenergie wird indirekt über einen Wärmeträger (z.B. Wasserdampf) auf das Wasser übertragen (z.B. zentrale Warmwasserbereitungsanlage, Solaranlage). Bei zentraler Versorgung können beliebig viele, auch weiter auseinanderliegende Verbraucher über ein verzweigtes Rohrnetz versorgt werden.

Als Betriebsart kommt in Frage:
Die Einzelversorgung: jeder Warmwasser-Entnahmestelle ist ein Warmwasserbereiter (meist offener Speicher oder Durchlauferhitzer, Boiler) zugeordnet.

Die Gruppenversorgung: mehreren, nahe beieinanderliegenden Entnahmestellen ist ein Warmwasserbereiter (geschlossener Durchlauferhitzer oder Speicher) zugeordnet.

Unmittelbar beheizt (direkt): Die Wärmeenergie des Brennstoffes wird direkt an das Wasser abgegeben (z.b. dezentrale, örtliche Warmwasserbereitungsanlage, Boiler, Durchlauferhitzer). Die Erwärmung des Wassers erfolgt direkt am Ort seiner Verwendung. Daraus ergeben sich gegenüber zentralen Warmwasserbereitungsanlagen Vorteile wie z.b. geringere Anlagekosten, geringere Leitungsverluste, kontrollierbarer Verbrauch.

Als Betriebsart die Zentralversorgung: alle Warmwasser-Entnahmestellen einer Wohnung oder eines Gebäudes werden über ein gemeinsames Leitungsnetz von einem oder mehreren Warmwasserbereitern versorgt (z.B. Kombi-Kessel mit Durchlauferhitzer oder Speicher).

 **Nach Funktion und Bauart werden 3 Arten von Warmwasserbereitern unterschieden. Welche sind dies? Nennen Sie Vor- und Nachteile.**

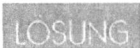 Boiler:
Vollfüllen des drucklosen Boilers (besitzt keine Wärmedämmung) erst kurz vor Inbetriebnahme. In der Regel sind Boiler Elektrogeräte, die nur eine Zapfstelle versorgen können.

Durchfluss-Wassererwärmer (Durchlauferhitzer):
Das Wasser wird erst während des Durchströmens erwärmt und ist deshalb stets „springfrisch". Die Vorteile liegen in den geringen Abmessungen des Gerätes, dem höheren Wirkungsgrad (Stillstandsverluste sind ausgeschlossen), der individuellen Regelbarkeit bei geringen Zapfmengen und der Kostenersparnis gegenüber Boiler und Speicher-Wassererwärmern.
Nachteil ist die begrenzte Temperatur und Durchflussmenge bei höherer Zapfmenge, Kesselsteinbildung und die höheren Anschlusswerte aufgrund kurzfristig geforderten Leistungen.

Speicher-Wassererwärmer (offene oder geschlossene Anlage):
Das in den beliebig großen, mit Wärmedämmung ausgestatteten Speichern vorhandene Wasser wird automatisch auf eine einstellbare Temperatur aufgeheizt. Von Vorteil ist die kurzfristig zur Verfügung stehende große Wassermenge, gute Regelbarkeit, Ausnutzung des billigeren Nachtstroms bei Betrieb mit elektrischem Strom.
Höhere Anschaffungskosten, größere Abmessungen, höhere Verluste bei längerer Stillstandszeit und abgestandenes Wasser sind von Nachteil.

 **Bei der zentralen Warmwasserbereitung besteht die Möglichkeit, das Warmwasser durch das Heizwasser zu erwärmen. Welche drei Systeme der mittelbaren Beheizung gibt es?**

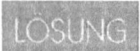 Doppelmantelspeicher:
Das Warmwasser wird vom wärmeübertragenden Heizwasser in einem äußeren Doppelmantel umspült. Die Wärmeübertragung ist weniger gut, die Verluste nach außen sehr hoch.

Einwandiger Speicher:
Die Übertragung der Wärme an das Warmwasser über eingebaute Heizregister, die vom Heizmedium durchströmt werden, ist nahezu verlustlos.

Durchlauf-Wassererwärmer:
Hier wird das Heizwasser im Behälter vom zu erwärmenden Wasser in druckfesten Röhrenbündeln durchströmt. Das Wasser wird erwärmt und ist im Gegensatz zu den vor beschriebenen Systemen stets „spring-frisch".

 **Warmwasserbereiter unterscheiden sich nach Erwärmung, Bereitstellung und nach dem Gerätedruck. Anhand einer Skizze ist der Unterschied zwischen einem offenen und einem geschlossenen Warmwasserbereiter darzustellen.**

 Bei Durchlauf- und bei Speicher-Wassererwärmern unterscheidet man offene und geschlossene Systeme.

Der offene Warmwasserbereiter ist drucklos, besitzt einen offenen mit der Atmosphäre in Verbindung stehenden Auslauf und versorgt nur eine Zapfstelle.
Beim geschlossenen Warmwasserbereiter steht das Gerät unter Wasserleitungsdruck, beliebig viele Zapfstellen können versorgt werden, der erhöhte Wasserdruck erfordert eine druckfeste Konstruktion, wodurch die Anlage teurer ist.

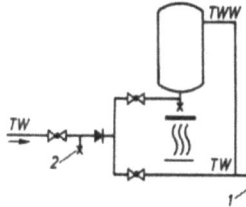

Unmittelbar beheizter offener Trinkwassererwärmer über 10 l Inhalt nach DIN 1988-2.
1 Auslauf stets offen
2 Prüfeinrichtung für Rückflussverhinderer
Bei wandmontierten Trinkwassererwärmern bis 150 Liter Inhalt kann auf das zweite Absperrventil verzichtet werden.

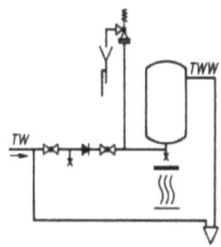

Unmittelbar beheizter geschlossener Trinkwassererwärmer über 10 l Inhalt nach DIN 1988-2.
Sicherheitstechnische Ausrüstung erforderlich.
Bei geschlossenen Trinkwassererwärmern ist zum Prüfen und Auswechseln des Rückflussverhinderers davor und dahinter je eine Absperrvorrichtung anzubringen.

AUFGABE Wodurch kommt es zu Kalkablagerungen in Wassererwärmern und Warmwasserheizungsanlagen?

LÖSUNG Bei Erwärmung und Verdunstung von Wasser, in dem Kalk als Calciumhydrogencarbonat gelöst ist, fällt Kalk als Wasser- bzw. Kesselstein aus und lagert sich an den Wärmeübertragungsflächen und in den Rohrleitungen ab, insbesondere bei Erwärmung auf über 60 °C.
Chemische Reaktionsgleichung:
$Ca(HCO_3)_2 \rightarrow CaCO_3 + CO_2 + H_2O$
Während dünne Kalkschichten als Korrosionsschutz dienen, können dickere Schichten z.B. eine verminderte Wärmeübertragung (Wärmedämmschicht), Wärmestau, Überhitzungsschäden, Ausglühung des Materials, Querschnittsverringerung der Rohrleitungen und damit eine Erhöhung der Strömungswiderstände verursachen.

Sanitärtechnik – Warmwasserversorgung

 Zwei Speicher-Wassererwärmer mit Pumpenzirkulation sind in Serie geschaltet.
Wie stellt sich das vollständige hydraulische Schema mit allen erforderlichen Leitungsarmaturen dar, wenn die Speicher wie folgt geschaltet sind:
– Speicher A und B: normaler Betrieb
– Speicher A allein, Speicher B ist abgeschaltet
– Speicher B alleine, Speicher A ist abgeschaltet?
Es ist eine Tabelle zu erstellen aus der hervorgeht, bei welcher Betriebsart welches Absperrorgan offen oder geschlossen ist.

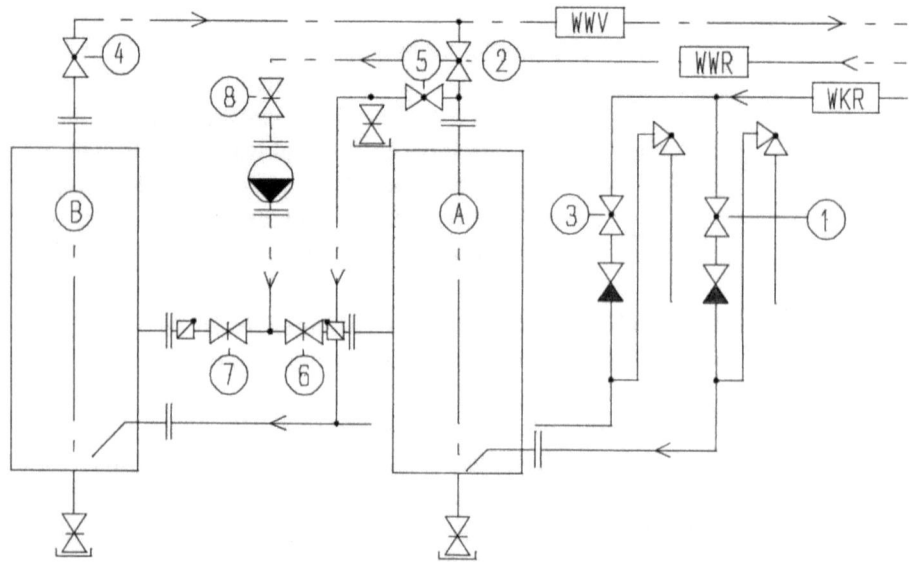

Ventil / Betrieb	1	2	3	4	5	6	7	8
A vor B	auf	zu	zu	auf	auf	auf	zu	auf
A allein	auf	auf	zu	zu	zu	auf	zu	auf
B allein	zu	zu	auf	auf	zu	zu	auf	auf

 **Nennen Sie Maßnahmen um Wassererwärmungs- und Heizungsanlagen vor Kalkablagerungen zu schützen.**

 Schutzmaßnahmen vor Kalkablagerungen in Wassererwärmungs- und Heizungsanlagen sind z.B.:

- Heizungswasser möglichst nicht erneuern bzw. Menge des Nachfüllwassers gering halten
- Warmwassertemperatur auf max. 60 °C begrenzen (Legionella-Infektionsrisiko steigt allerdings auch mit abnehmender Warmwassertemperatur)
- Härtestabilisierung durch chemische Zusätze
- Physikalische Aufbereitung des Wassers
- Enthärten des Wassers mittels Ionenaustauscher.

Die Zugabe von Chemikalien zum Wasser erfolgt mittels durchflussabhängig arbeitender Dosierpumpen. Sie verhindern Kalkablagerungen als Kessel- bzw. Wasserstein. Kalk fällt aber häufig in Schlammform aus. Die Enthärtung des Wassers ist die sicherste Methode, Kalkablagerungen zu vermeiden. Dabei werden die im Wasser enthaltenen Calcium- und Magnesium-Ionen ausgetauscht. Ist der Ionenaustauscher erschöpft, wird er mit einer Kochsalzlösung regeneriert. Derart enthärtetes Wasser muss allerdings mit nichtenthärtetem Wasser vermischt werden, wenn es als Trinkwasser verwendet wird.

 **Welche Wärmeleistung in kW ist erforderlich, um 150 l Trinkwasser von 10 °C in 20 min auf 55 °C zu erwärmen?**

 $$Q_P = \frac{m \cdot c \cdot \Delta\vartheta}{t}$$

$$= \frac{150\,\text{kg} \cdot 1{,}2\,\text{Wh} \cdot 45\,\text{K}}{0{,}333\,\text{h} \cdot \text{kgK}} = 24324{,}32\,\text{kWh}$$

Sanitärtechnik – Gastechnik

 **Welche Gründe sprechen für die Verwendung von Erdgas zu Heizzwecken?**

 Erdgas nimmt im Vergleich zu anderen fossilen Energieträgern wie Öl und Kohle eine Vorzugsstellung ein:
- Erdgas kann unmittelbar als Primärenergie eingesetzt werden. Das vermeidet Energieverluste und Schadstoffbelastungen, wie sie bei einer Umwandlung in eine Sekundärenergie entstehen
- Niedrige Anlagekosten wegen des Wegfalls von Öllagerbehältern (damit verbundener Tankreinigung) und Brennstofflagerraum, zugleich mehr verfügbarer Raum bei gleichem Bauvolumen
- Verrechnung erst nach Verbrauch. Keine Vorfinanzierung für Öl, feste Brennstoffe
- Einfache, genaue Verbrauchskontrolle durch geeichte Gaszähler. Kleinere zulässige Toleranzen als bei Wärmezählern
- Keine Gefahr der Gewässerverschmutzung durch Lagerung oder Umschlag
- Schadstoffbildende Bestandteile, wie etwa Schwefel und seine Verbindungen, enthält Erdgas praktisch nicht. Deshalb eine nahezu rauch- und russfreie Verbrennung und minimale Verbrennungsrückstände
- Da der Brennstoff gasförmig ist, können sich Brenngas und Verbrennungsluft gleichmäßig vermischen, Folge ist eine annähernd vollkommene Verbrennung. Der Gehalt an Kohlendioxid, Kohlenmonoxid und Stickstoffoxid ist geringer als bei anderen Brennstoffen
- Gas ist der einzige Brennstoff, der sich im angelieferten Zustand direkt verbrennen lässt. Keine Vorbehandlung wie Zerstäubung oder Verdampfung wie bei Heizöl. Steht in ausreichender Menge betriebsbereit und kontinuierlich zur Verfügung
- Hoher feuerungstechnischer Wirkungsgrad
- Stufenlose Regelbereiche, z.T. gleitende Kesselbetriebsweise, optimales Teillastverhalten und/oder Verringerung der Stillstandsverluste
- Hohe Betriebssicherheit.

Sanitärtechnik – Gastechnik

 **Welches Regelwerk gilt bei der Installation von Gasanlagen?**

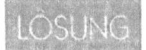 Es gelten die vom Deutschen Verein des Gas- und Wasserfaches e.V. (DVGW) herausgegebenen "Technischen Regeln für Gas-Installationen" (TRGI) in ihren aktuellen Fassungen für die Planung, Errichtung und Inbetriebnahme von Gasanlagen für Stadt-, Fern- und Erdgas.

Die TRGI gelten ab Hauptabsperreinrichtung an der Gebäudeeinführung. Sie enthalten Vorschriften für Anschluss, Aufstellung, Verbrennungszuluft- und Abgasführung sowie Sicherheitseinrichtungen von Gasversorgungsanlagen.

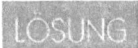 **Welche Bedeutung hat der Wobbe-Index eines Brenngases?**

Der Wobbe-Index gibt Auskunft über die Austauschbarkeit von Brenngasen. Gase mit gleichem Wobbe-Index ergeben bei gleichen Zustandsgrößen die gleiche Wärmebelastung einer Gasfeuerstätte.

 **Welche Aussage beinhalten die Hinweisschilder öffentlicher Gasrohrnetze?**

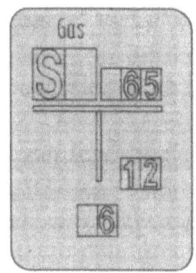

S Schieber
AV Absperrventil
Die Zahlen geben die Entfernung der Absperreinrichtung in Meter nach links, rechts bzw. vorne vom Standpunkt des Hinweisschildes wieder.

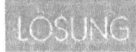 **Was sind Gasgeräte?**

Laut TRGI ist die Bezeichnung Gasgerät eine Sammelbezeichnung für alle Gasverbrauchseinrichtungen. Unterschieden werden Gasgeräte mit Abgasanlage (allgemein als Gasfeuerstätten bezeichnet) und Gasgeräte ohne Abgasanlage.

 **Gasgeräte werden in die Gruppenart A, B und C eingeteilt. Welche Kriterien sind ausschlaggebend für die Einteilung?**

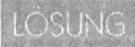 Nach der TRGI werden die Gruppenarten nach der Verbrennungsluftversorgung und Abgasführung festgelegt.
Dabei gilt für die Bezeichnung folgendes:
Buchstabe A,B,C: Art der Abgasanlage
1. und 2. Zahl: Differenzierung der Anlage nach Art der Verbrennungsluftversorgung, Abgasführung und Anordnung des Gebläses.
Art A:
Gasgeräte ohne Abgasanlage
Gasgeräte ohne Verbrennungskammer (z.B. Laborbrenner)
Gasgeräte mit offener Verbrennungskammer (z.B. Gasherde)

Art B:
Gasgeräte mit Abgasanlage
raumluftabhängige Gasfeuerstätten mit offener Verbrennungskammer gegenüber dem Aufstellungsraum und Anschluss an eine Abgasanlage
Als erste Zahl 1 – mit Strömungssicherung.
Als erste Zahl 2 – ohne Strömungssicherung
Als zweite Zahl 1 – ohne Gebläse
Als zweite Zahl 2 – mit Gebläse hinter Wärmetauscher
Als zweite Zahl 3 – mit Gebläse hinter Strömungssicherung

Art C:
Gasgeräte mit Abgasanlage
raumluftunabhängige Gasfeuerstätten mit geschlossener Verbrennungskammer gegenüber dem Aufstellungsraum und Abgasleitung, mit Gebläse, nach TRGI weiter unterteilt, je nachdem, wie die Verbrennungsluft angesaugt und die Abgase ins Freie transportiert werden
Als erste Zahl 1 – Luft-Abgas-Führung (horizontal) durch Außenwand im gleichen Druckbereich
Als erste Zahl 2 – gemeinsamer Schacht für Luft und Abgas
Diese Gasfeuerstätte ist nach baurechtlichen Bestimmungen in Deutschland nicht zugelässig.
Als erste Zahl 3 – Luft-Abgas-Führung über Dach im gleichen Druckbereich

Als erste Zahl 4 – Anschluss an ein Luft-Abgas-System – LAS
Als erste Zahl 5 – Luft-Abgas-Führung durch Außenwand in unterschiedlichen Druckbereichen
Als erste Zahl 6 – Anschluss an eine nicht mit der Gasfeuerstätte geprüfte Luft-Abgas-Führung
Als erste Zahl 7 – Luft-Abgas-Führung (vertikal) über Dach
Als erste Zahl 8 – gemeinsame Abgas-Führung über Dach, getrennte Verbrennungsluftzuführung aus dem Freien
Als zweite Zahl 1 – ohne Gebläse
Als zweite Zahl 2 – mit Gebläse hinter Wärmetauscher
Als zweite Zahl 3 – mit Gebläse hinter Strömungssicherung

Die Kennzeichnung „x" bedeutet das Vorhandensein einer erhöhten Dichtheit oder eine Verbrennungsluftumspülung.

 **Unterschiede zwischen einem Gasgerät und einer Gasfeuerstätte? Wann kommt welches dieser Geräte zum Einsatz?**

 Gasgerät:
keine Abgasanlage
Angewandt als Kocher, Herd, Klein-Wasserheizer
können mit flexiblen Sicherheitsgasschläuchen an Gassteckdosen lösbar angeschlossen werden.

Gasfeuerstätte:
Abgasanlage, Abgasleitung bzw. -schornstein
Angewandt als Raumheizer, Heizkessel
Können entweder starr oder auch mit Sicherheitsgasschlauch flexibel mit einer Gasleitung verbunden werden.

 **Woraus bestehen Gasinstallationsanlagen?**

 Sie bestehen aus Leitungsanlagen, Gasgeräten, Einrichtungen zur Verbrennungsluftversorgung, Abgasanlagen und diversen Sicherheitseinrichtungen.

 **Was ist eine Hauptabsperreinrichtung (HAE)?**

Sanitärtechnik – Gastechnik

LÖSUNG Nach DIN 3537-1 sitzt sie am Ende der Hausanschlussleitung (unmittelbar hinter der Hauseinführung, normalerweise im Hausanschlussraum) und dient dazu, die Gasversorgung eines oder mehrerer Gebäude (als Abnehmeranlage bezeichnet) gegenüber der öffentlichen Gasversorgungsanlage abzusperren.

AUFGABE Welches sind die Zuständigkeitsbereiche für eine Gasversorgungsanlage?

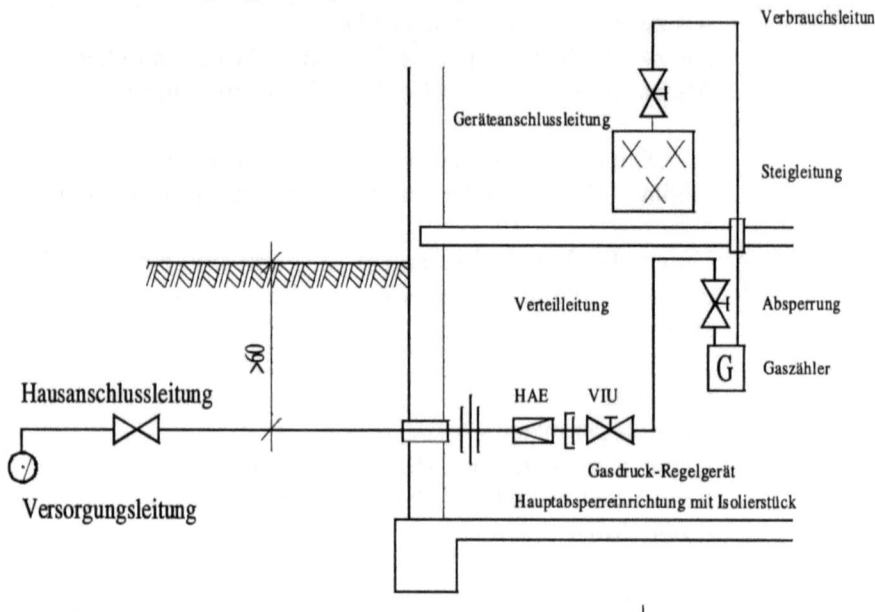

LÖSUNG Von der Erstellung der Hausanschlussleitung bis zur Hauptabsperreinrichtung (HAE) ist das Gasversorgungsunternehmen (GVU) zuständig. Das Vertrags-Installationsunternehmen (VIU) ist für die Gasleitungen innerhalb des Hauses zuständig.

AUFGABE Welche Versorgungsleitungen sollen im Hausanschlussraum nicht an einer Wand verlegt werden?

LÖSUNG Aus Sicherheitsgründen sollen Leitungen für die Wasser-, Gas- und Fernwärmeversorgung an der einen Raumseite, die Starkstrom- und Fernmeldeversorgung an der gegenüberliegenden Raumseite angeordnet werden. Außerdem sollte die Hausanschlussleitung für Gas wegen abtropfendem Kondenswasser oberhalb der Wasserleitung angeordnet werden.

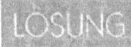
Es ist der Hausanschluss für die Gasversorgung in einem nicht unterkellerten Wohnhaus zu skizzieren. Es sind Angaben über die Leitungsführung erforderlich und die Bauteile des Hausanschlusses zu benennen.

LÖSUNG

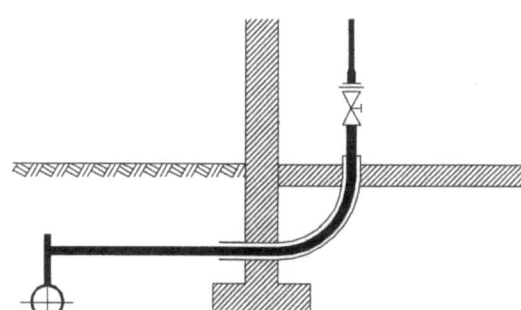

Die Hausanschlussleitung ist in einem Mantelrohr zu führen, das die Außenseite der Wand und die Fußbodenoberkante überragen muss.

Bei Hausanschlussleitungen aus Polyethylen hoher Dichte (HDPE) mit Rohrkapseln sind diese bis in den Bereich vor dem Gebäude zu verlängern. Im Freien liegende Teile von Hausanschlüssen müssen aus Metall sein und sind gegen Beschädigung und Korrosion zu schützen, vgl. DIN 50 929-3.

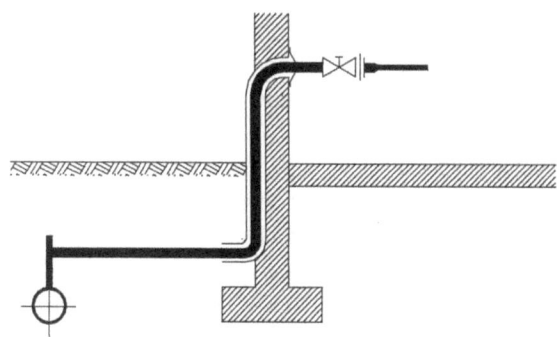

Hausanschluss aus HDPE mit Übergang auf Stahl mit Ausziehsicherung. Leitungen aus HDPE oder Wellrohrschläuche müssen gegen Verdrehen bei Montagearbeiten geschützt sein.

Sanitärtechnik – Gastechnik

 Skizzieren Sie den Hausanschluss (Mauerdurchführung) für die Gasversorgung bei einem unterkellerten Wohnhaus. Machen Sie Angaben über die Leitungsführung und benennen Sie die Bauteile des Hausanschlusses.

 Durchführung der Gas-Hausanschlussleitung durch die Außenwand:

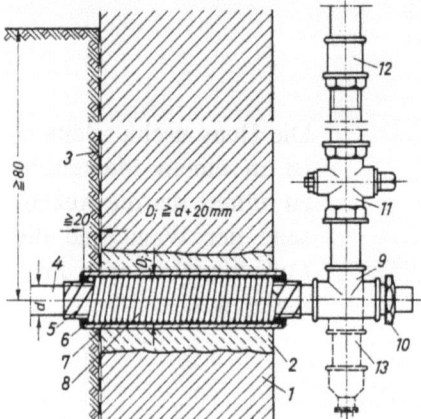

1 Außenwand
2 Wandaussparung, mit Beton geschlossen
3 Sperrschicht
4 Gasrohr, Stahlrohr nach DIN 2442
5 Korrosionsschutzbinde
6 plastische Dichtungsmasse
7 Schutzrohr aus Stahl oder Kunststoff
8 Dichtungsstrick
9 Reinigungs-T-Stück
10 Verschlussstopfen
11 Hauptabsperreinrichtung
12 lösbare Verbindung (Langgewinde)
13 Variante mit Wassersack

Hauseinführung in das Gebäude:
Mündung möglichst im Hausanschlussraum, mindestens 80 cm unter Erdgleiche. Ein einbetoniertes Schutzrohr (Mantelrohr) mit einem etwa 2 cm größeren Außendurchmesser als der der Leitung ermöglicht die elastische Hauseinführung. Das Mantelrohr sollte aus Schutzgründen beidseitig überstehen. Bei nicht unterkellerten Gebäuden muss das Mantelrohr die Wandaußenkante und Fußbodenoberkante überragen.

 Was verstehen Sie unter einer Mehrsparten-Hauseinführung?

 Eine Mehrsparten-Hauseinführung ermöglicht gleicherorts eine rationelle und technisch exakte Durchdringung der Gebäudeaußenwand zur Aufnahme der Versorgungsleitungen.
Im Regelfall sind diese „Sparten" Gas-, Trinkwasser-, Strom- und ISDN-Leitungen.

 **Welche Rohrarten bei Gasversorgung sind im Gebäude möglich?**

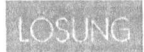 Folgende Rohre, Form- und Verbindungsteile dürfen als Innenleitungen zur Gasversorgung verlegt werden:
– Unverzinkte („schwarze") Stahlrohre mit äußerem Korrosionsschutzanstrich
– Kupferrohre.

 **Was bedeutet raumluftabhängiger Betrieb?**

 Hier wird dem Aufstellraum des Gasgerätes auf natürliche Weise oder durch technische Maßnahmen Verbrennungsluft zugeführt, beispielsweise über Fugen an Fenstern und Türen oder Öffnungen ins Freie. Deshalb ist die Größe des Raumes bei der Aufstellung der Geräte zu berücksichtigen.

 **Was bedeutet raumluftunabhängiger Betrieb?**

 Hier wird die Verbrennungsluft dem Gasgerät direkt aus dem Freien zugeführt. Bei dieser Betriebsweise sind die Geräte gegenüber dem Aufstellraum dicht abgeschlossen und grundsätzlich unabhängig von der Größe und Lüftung der Räume.

 **Wann ist ein Verbrennungsluftverbund notwendig?**

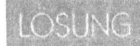 Wenn der Aufstellraum für die Gasgeräte der Art B (raumluftabhängige Gasgeräte) nicht mindestens eine Tür ins Freie oder ein zu öffnendes Fenster und einen Rauminhalt von mindestens 4 m³ je 1 kW Gesamtwärmeleistung aufweist, ist zur Sicherstellung der Verbrennungsluftversorgung ein Verbrennungsluftverbund notwendig.

 **Welche zwei Arten des Verbrennungsluftverbundes werden unterschieden?**

 Unmittelbarer Verbund: Die ausreichende Zuluftführung der Verbrennungsluft wird über einen unmittelbaren mit dem Aufstellraum verbundenen Raum, der mindestens ein Fenster oder eine Tür hat, verbunden.
Mittelbarer Verbund: Der Aufstellraum wird über einen zwischengeschalteten Raum (Verbundraum) mit dem für die Zu-

luftführung der Verbrennungsluft notwendigen Raum (der mindestens ein Fenster oder eine Tür hat) verbunden. Zwischen Aufstellraum und anderen Räumen ist eine Verbrennungsluftöffnung von mindestens 150 cm² vorgeschrieben.

AUFGABE Warum sollte bei einer Gasetagenheizung der so genannte Raumluftverbund, d.h. die Entnahme der Verbrennungsluft aus der Wohnung vermieden werden? Alternativen zum Raumluftverbund?

LÖSUNG Aus energetischen Gründen wird die Entnahme der Verbrennungsluft aus der Wohnung vermieden.
Alternativ zum Raumluftverbund kann die Verbrennungsluft über Verbrennungslufttransportleitungen mit gleich bleibendem Querschnitt herangeführt und einem Schacht entnommen werden, über Einzelschachtanlagen mit eigener Zuluftöffnung bzw. Zentrallüftungsanlage zugeführt werden.

AUFGABE Warum soll bei der Gasetagenheizung auf eine abluftbetriebene Dunstabzugshaube verzichtet werden?

LÖSUNG Nach der Feuerstätten-Verordnung in den Bundesländern soll auf eine abluftbetriebene Dunstabzugshaube in der Küche bei Gasetagenheizung, Gasdurchlauferhitzer, Öl- und Kohleöfen in der Wohnung verzichtet werden, wenn keine ausreichende Belüftung vorhanden ist bzw. ein gleichzeitiger Betrieb nicht verhindert wird. Die Dunstabzugshaube kann einen so starken Unterdruck erzeugen, dass von den Feuerstätten hochgiftige Verbrennungsgase statt in den Schornstein in die Küche und andere Wohnungsräume geleitet werden.

AUFGABE Welche Arten der Rohrverlegung sind bei der Gasversorgung im Gebäude möglich und welche nicht?

LÖSUNG Grundsätzlich müssen alle Rohrverlegungsarbeiten nach den Technischen Regeln für Gas-Installation (TRGI) durchgeführt werden.
Innenleitungen zur Gasversorgung können auf folgende Weise verlegt werden:
– Verlegung unter Putz

- Verlegung frei vor der Wand (ausgen. notwendige Treppenräume)
- Verlegung in be- und entlüfteten Schächten, Kanälen und abgehängten Decken
- Verlegung grundsätzlich oberhalb von Wasserleitungen
- Korrosionsschutz in Form von Schutzanstrichen, Feuerverzinkung usw.

Innenleitungen zur Gasversorgung dürfen nicht im Estrich, in Müllschächten, Aufzugs- und Lüftungsschächten und durch Schornsteine und Schornsteinwangen verlegt werden.

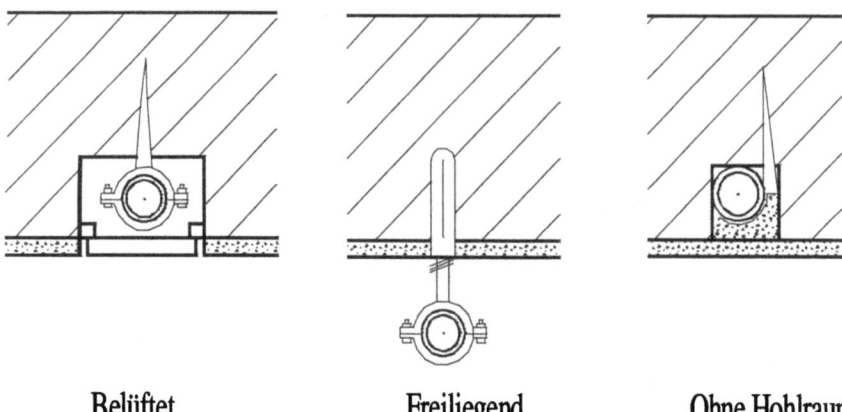

Belüftet   Freiliegend   Ohne Hohlraum

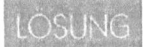 **Eine Gasleitung soll in einem Aufzugsschacht verlegt werden. Was ist zu beachten?**

 Nach der DVGW-TRGI ist die Verlegung von Gasleitungen in Aufzugsschächten nicht zulässig. Ebenfalls nicht zulässig ist die Verlegung in Lüftungsschächten, Müllabwurfanlagen und Schornsteinen.

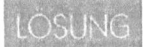 **Welche Möglichkeiten gibt es bei der Verlegung von Gasleitungen in Schächten (vertikal in mehrgeschossigen Gebäuden)? Welches sind Vor- und Nachteile und auf was ist besonders zu achten?**

 Die Verlegung von Gasleitungen in Schächten setzt eine ausreichende Be- und Entlüftung des Schachtes voraus. Diese

kann geschoss- oder abschnittsweise oder im Ganzen – durch Öffnungen von ≥ 10 cm² – erfolgen. Schutz gegen Korrosion muss gewährleistet sein.
Von Vorteil ist der Wegfall der Schlitzarbeiten und der bessere Schallschutz.

 **Lassen sich Gasleitungen auch unterhalb von Gewässern verlegen? Darf man im Wasserschutzgebiet Gasleitungen im Erdreich verlegen?**

 Ja, sie können sogar verankert auf dem Meeresgrund liegen, wie die Ferngasleitungen von Afrika nach Spanien und Italien. Auch die Verlegung im Wasserschutzgebiet (Bild) ist möglich. Gas gefährdet kein Trinkwasser und auch keine Heizquellen.

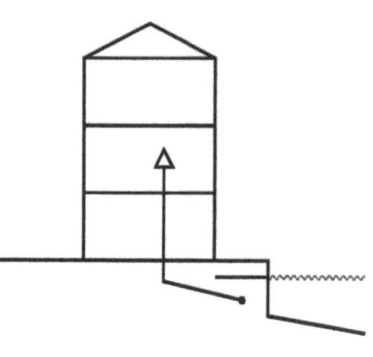

 **Wo werden Absperrarmaturen für Gasleitungen in Gebäuden benötigt?**

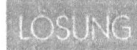 Gasleitungen sind mit vom DVGW zugelassenen Absperreinrichtungen auszustatten. Absperrungen in Gebäuden sind erforderlich:
– unmittelbar hinter der Hauseinführung als Hauptabsperreinrichtung der Hausanschlussleitung,
– vor jedem Gaszähler (in Gebäuden mit nur einem Gaszähler kann diese Absperrarmatur entfallen, wenn Gaszähler und Hauptabsperreinrichtung sich in einem Raum befinden),
– nach jedem Gaszähler, wenn mehrere Gaszähler parallel geschaltet werden,
– vor jeder Gasverbrauchseinrichtung,
– am Fuß einer jeden Steigleitung,
– als Absperrung bei verzweigten Verbrauchsleitungen,
– die Absperrarmaturen müssen leicht zugänglich sein.

 **Was bewirkt eine thermisch auslösende Absperreinrichtung?**

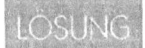 Sie bewirkt die Absperrung des Gasflusses, wenn die Temperatur des Bauteils bei Brand einen vorgegebenen Wert überschreitet (bei 70 °C ± 5 K Ansprechtemperatur). Eingesetzt wird sie im Bereich der Hauseinführung zur Sicherung von Brandabschnitten oder als Brandschutzventil mit einer Allgas-Steckdose.

 **Welche Mindestabstände zu den Schrankwänden sind beim Einbau von Gasfeuerstätten in Schränken erforderlich? Welche bauliche Beschränkung ist ferner zu beachten?**

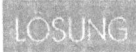 Nur Gasgeräte der Bauart B (Raumluftabhängige Gasfeuerstätten) dürfen verkleidet werden.
Mindestabstände von Gasfeuerstätten zu schrankartigen Umkleidungen mit Strahlenschutz bzw. ohne Strahlenschutz

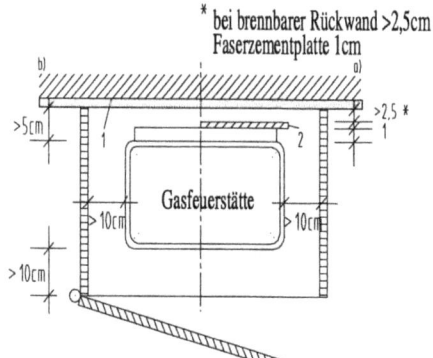

1 normal oder schwer entflammbare Rückwand
2 Strahlenschutz (z.B. 1 cm dicke Faserzementplatte oder Blech)
3 äußere erhitzte Teile der Gasverbrauchseinrichtung
4 obere und untere Lüftungsöffnung von je > 600 cm² freiem Querschnitt

 **Bei der Wahl des Standortes für Gasheizgeräte sind folgende Aufstellungsgrundsätze zu beachten: Die Zufuhr von Verbrennungsluft und der Abzug der Abgase muss dauernd gewährleistet sein; der ungehinderte Zutritt zum Gasheizgerät ist sicherzustellen (Kontrolle, Reparaturen). Welche Anforderung fehlt?**

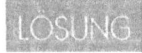 Nach der Feuerungsverordnung sind die brandschutztechnischen Anforderungen an den Aufstellungsraum und die si-

cherheitstechnischen Abstände zwischen Baumaterial und Gasheizgerät zu beachten. Ferner ist zu prüfen, ob die Luft im Aufstellungsraum korrosionsfördernd ist, d.h. ob sie extrem feucht und/oder mit aggressiven Stoffen versetzt ist.

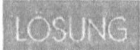 In der Elektroinstallation ist die „Steckdose" ein Begriff, gilt dies auch für die Gasinstallation? Kurze Erläuterung mit Skizze.

Ein lösbarer Anschluss besteht aus einer Gassteckdose, einem von Hand zu lösenden Sicherheitsgassteckhahn und einem Edelstahl-Sicherheitsgasschlauch für den Anschluss von Gasverbrauchseinrichtungen. Die Verbindung des Sicherheitsschlauches mit der Gassteckdose mittels Gassteckhahn kann nur bei geschlossenen Armaturen erfolgen oder gelöst werden. Steckdose bzw. -hahn gelten als gasdichter Verschluss einer Leitung.

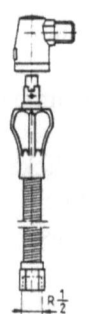

Gassteckdose
Betätigen mit Normstecker
des Gassicherheitsschlauches

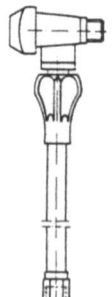

Gassteckhahn
Öffnen und Schließen am Hahngriff
nach Einkuppeln des Normsteckers.

 Mit welchen Bauteilen kann der Brandschutz einer Gasanlage verbessert werden?

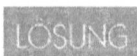 Einen zeitlich begrenzten Schutz bieten bei Brand:
HTB-Bauteile H: höher, T: thermisch, B: belastbar z.B. Hausdruckregler, Isolierstücke halten Temperaturen bis 50 °C ca. 30 Minuten stand
Brandschutzventile aus Messing oder Stahl, z.B. Geräteanschlussarmaturen schließen im Brandfall bei 70 °C selbst.

TAS (Thermische Armaturen-Sicherung) aus Stahl, dichtet bei 925 °C ca. 60 Minuten ab. Die Armatur enthält eine Stahlkugel, auf die eine Feder wirkt, Schließvorgang durch

Schmelzlot bei 70 °C ausgelöst, Stahlkugel drückt auf Dichtsitz, der Gasdurchgang wird gesperrt. Die Armatur ist variabel einsetzbar, z.B. vor Heizkesseln, zur Trennung in Brandabschnitte und zusammen mit Armaturen z.B. Anschlusshähne, Gassteckdosen usw.

 **Welche Prüfungen auf Dichtigkeit sind zur Inbetriebnahme einer Gasanlage durchzuführen?**

 Zunächst ist zu prüfen, ob die Leitungsanlage nach den geltenden Regeln der Technik errichtet wurde: Brandsicherheit, zugelassene Bauteile, dichte Leitungsauslässe usw.
Die Gasanlage, mit Betriebsdruck bis zu 100 mbar (Niederdruck), unterliegt einer Vor- und Hauptprüfung, die noch vor dem Verputzen, Verdecken, Umhüllen und Beschichten durchgeführt werden muss.
Vorprüfung:
Sie betrifft neuverlegte Leitungen ohne Einbezug der Armaturen. Alle Leitungsauslässe sind mit Blindstopfen dicht zu verschließen. Der Prüfdruck von 1 bar darf innerhalb der Prüfdauer von 10 Minuten (nach Temperaturausgleich des Prüfgases) nicht abfallen.
Prüfmedium: Inertes Gas (z.B. Stickstoff). Mit dem Prüfdruck sollen mögliche Schäden (z.B. Haarrisse) an Rohren entdeckt werden. Durch Abklopfen geschweißter oder gelöteter Stellen können fehlerhafte Verbindungsstellen gefunden werden. Eine Verbindung zu schon gasführenden Leitungen ist unzulässig.
Hauptprüfung:
Sie erfolgt vor Inbetriebnahme der Gasanlage nach Einbau der Armaturen bei nicht verdeckten Leitungen, erstreckt sich jedoch nicht auf Gasgeräte und zugehörige Regel- und Sicherheitseinrichtungen. Die Verbindungsstellen dürfen auch nicht beschichtet oder umhüllt sein.
Prüfmedium: Luft, Stickstoff usw., aber kein Sauerstoff! Die Prüfung erfolgt mit 1,1fachem Betriebsdruck von 110 mbar, der nach dem Temperaturausgleich 10 Minuten nicht abfallen darf. Es sollen so kleinste Undichtigkeiten gefunden werden.

Druckprobe:
Sie wird durchgeführt unmittelbar vor dem Einlassen des Gases, um zu prüfen, ob alle Leitungsauslässe der Anlage dicht verschlossen sind. Die Prüfung ist durchzuführen, wenn die Hauptprüfung nicht direkt vorher stattfand. Der Prüfdruck darf sich innerhalb von 5 Minuten nicht ändern.
Schlussprüfung:
Sie erfolgt unmittelbar nach dem Einlassen des Gases unter Betriebsdruck. Geprüft werden noch nicht kontrollierte Stellen, z.B. Gaszählerverschraubungen, Geräteanschlussleitungen mit Hilfe von schaumbildenden Mitteln. Wird kein Gasaustritt festgestellt, gilt die Anlage als dicht.
Danach:
Kontrolle der Verbrennungsluftzufuhr, Funktionsprüfung der Geräte und Abgasanlage, Einweisen des Anlagenbetreibers, Abnahme und Übergabeprotokoll.

 **Was ist ein Gasbrenner und welche Aufgaben muss der Brenner übernehmen?**

 Ein Gasbrenner ist eine Einrichtung, mit deren Hilfe die chemisch gebundene Energie des Brennstoffes freigesetzt wird.
Die Aufgabe eines Gasbrenners sind:
- Zuführung von Brenngas und Luft
- Mischung von Brenngas und Luft
- Zündung des Gemisches
- Gewährleistung einer möglichst schadstoffarmen Verbrennung.

 **Was ist ein Gebläsebrenner?**

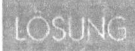 Die gesamte Verbrennungsluft wird dem Brenner mittels Gebläse (Ventilator) mechanisch zugeführt. Dadurch werden Gas und Luft in der Mischkammer sehr gut durchmischt. Gegenüber einem atmosphärischen Brenner besitzt ein Gasgebläsebrenner einen höheren Wirkungsgrad, allerdings ist die Konstruktion aufwendiger und störanfälliger als atmosphärische Brenner und die Geräuschentwicklung höher. Die Brenner werden entweder separat oder als Brenner-Kessel-Einheit (Unit) geliefert.

 **Was ist ein atmosphärischer Brenner?**

 Brenner, die ohne Hilfsenergie (Gebläse) für die Verbrennungsluftzufuhr arbeiten. Sie werden als kompakte Stabbrenner ausgebildet. Das Gas, aus vielen kleinen Düsen mit natürlichem Gasdruck austretend, vermischt sich durch Injektorwirkung mit der Verbrennungsluft. Diese Brenner sind durch ihren einfachen Aufbau robust, wenig störanfällig und wartungsfreundlich. Sie sind fester Bestandteil der Geräte.

 **Welches sind die Vor- und Nachteile eines Gasbrenners ohne Gebläse, sogenannte atmosphärische Gasbrenner?**

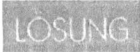 Vorteile: Geräuscharmer Betrieb, einfacher, kostengünstiger Aufbau, störungsfrei, kein Verschleiß durch bewegliche Teile. Für kleine Gasheizungen bis 50 kW geeignet.

Nachteile: vom Schornsteinzug abhängig (durch Strömungssicherung wird Kessel unabhängig von kurzfristigen, witterungsbedingten Schwankungen des Schornsteinzugs), geringerer feuerungstechnischer Wirkungsgrad als der Gebläsebrenner.

 **Damit ein Heizgerät zu einem Gasheizgerät wird, braucht es einen Gasbrenner. In welche zwei Kategorien lassen sich die äußerst vielfältigen Gasheizungssysteme einteilen? Wirkungsweise der beiden unterschiedlichen Brennertypen?**

 Diejenigen mit einem Brenner ohne Gebläse (sogen. atmosphärischer Brenner): Das einströmende Gas saugt durch seine Geschwindigkeit beim Brennereintritt Primärluft an. Durch Loch- und Schlitzreihen – den Ausgangsdüsen – im Brennerrohr strömt das Gasluft-Gemisch aus und wird gezündet. Die zur vollständigen Verbrennung notwendige Sekundärluft entnimmt der Brenner seiner Umgebung.
Diejenigen mit Gas-Gebläse-Brenner saugen die für die Verbrennung erforderliche Luft mechanisch durch einen Ventilator an. Die Luft mischt sich mit dem Gas vor der Zündung über Zündelektroden.

 **Welches ist der Unterschied zwischen einem Gas-Strahlungsbrenner und einem Gasbrenner?**

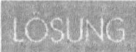 Der Gas-Strahlungsbrenner ist ein Wärmeerzeuger (z.B. für die Beheizung von Großräumen), der die Wärme überwiegend durch Strahlung im Infrarot-Bereich abgibt. Durch die Vermischung von Gas und Verbrennungsluft sowie durch einen kurzflammigen Flammenteppich auf glühenden keramischen oder metallenen Brennflächen werden ein hoher Wirkungsgrad und eine hohe Umweltentlastung erreicht. Im Gegensatz zu diesen sogenannten Hellstrahlern werden auch Dunkelstrahler, sogenannte Strahlrohre, als Kompletteinheit aus Gas-Gebläsebrenner und Heizstrahlrohr eingesetzt.

Ein Gasbrenner setzt die im Brennstoff gebundene Energie durch Oxidation in Wärme um, die direkt oder indirekt mittels Wärmeträger (Luft oder Wasser) genutzt wird. Nach Art der Verbrennungsluftzuführung unterscheidet man:
Brenner ohne Gebläse: das aus Düsen austretende Gas vermischt sich durch Injektorwirkung mit der Verbrennungsluft.
Brenner mit Gebläse: die Verbrennungsluft wird über einen Ventilator zur Verfügung gestellt.
Vormischbrenner: Gas und Verbrennungsluft werden vor der Verbrennung durchmischt.

 **Was ist ein Vormischbrenner?**

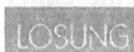 Die Anfang der 1980er Jahre entstandene Diskussion über Stickstoffoxid (NO_x)- Emissionen löste weltweit Forschungs- und Entwicklungsarbeiten auf dem Gebiet der schadstoffarmen Verbrennung aus.

In Zusammenarbeit von Geräteherstellern und Gaswirtschaft entstand der schadstoffarme Gas-Vormischbrenner. Die Besonderheit dieses Brenners ist, dass Erdgas und die erforderliche Verbrennungsluft vor der Verbrennung gut vermischt werden. Dadurch und durch einen hohen Verbrennungsluftanteil werden hohe Flammentemperaturen vermieden, die zu hohen thermischen NO_x-Emissionen führen würden. Die sehr kleinen Flammen bilden in geringem Abstand zur Brenneroberfläche einen „Flammenteppich".

Vormischbrenner können verschiedene Formen haben (Radial-, Linear-, Flächenbrenner). Sie sind sehr kompakt und robust. Die meisten heute angebotenen Gas-Brennwertgeräte sind mit einem Vormischbrenner ausgestattet.

 **Was ist ein modulierender Brennerbetrieb?**

 Mit Hilfe einer automatischen Luft- und Gasmengenregelung über mechanische oder elektromotorische Stellorgane kann die Brennerleistung dem benötigten Wärmebedarf in bestimmten Bereichen angepasst werden. Das führt zu einer Energiereduzierung. Dadurch können die NOx-Emissionen um bis zu 30 % vermindert werden.

 **Worin besteht der Unterschied zwischen Gasherd und Gasheizherd?**

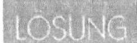 Ein Gasherd dient zum Kochen und Backen; ein Gasheizherd dient auch zum Kochen und Backen, beheizt aber zusätzlich den Aufstellungsraum durch direkte Erwärmung der Raumluft und besitzt einen zusätzlichen Gasbrenner unter dem Backofen.

 **Welche Wärmeerzeuger kann man bei der Beheizung mit Erdgas verwenden?**

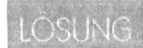 Gas- Spezialheizkessel
Gas- Heizkessel mit Gebläsebrenner
Gas- Umlaufwasserheizer/-Kombiwasserheizer
Gas- Wärmezentrum
Gas- Brennwertgerät
Gas- Raumheizer
Gas- Kachelofen
Gas- Warmlufterzeuger
Gas- Heizstrahler (nicht in Wohnräumen).

 **Worin bestehen die Unterschiede für Gas-Vorratswasserheizer, Gas-Durchlaufwasserheizer, Gas-Umlaufwasserheizer und Gas-Kombiwasserheizer?**

Sanitärtechnik – Gastechnik

 Ein Gas-Vorratswasserheizer stellt erwärmtes Trinkwasser in einem direkt beheizten Speicher zur Verfügung.
Ein Gas-Durchlaufwasserheizer erwärmt das Wasser bei der Entnahme, während es durch das Gerät fließt.
Ein Gas-Umlaufwasserheizer erzeugt im Umlaufverfahren warmes Wasser für die Beheizung von Räumen oder zur Aufheizung eines Warmwasserspeichers. Im Vergleich zu Gasheizkesseln ist er leichter, der Wasserinhalt geringer. Ein Gas-Kombiwasserheizer vereinigt die Arbeitsweise von Umlauf- und Durchlaufwasserheizer. Er beheizt Räume und stellt warmes Wasser zur Verfügung.

 **Was ist ein Gas-Umlaufwasserheizer und wo wird er eingesetzt?**

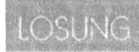 Er übernimmt die Beheizung (als Kombigerät auch die Warmwasserbereitung) für eine Wohnung oder ein kleines Einfamilienhaus. Das Heizwasser wird hier in Rohrschlangen durch den Wärmeerzeuger geführt, erwärmt und zirkuliert letztlich mit Hilfe einer Umwälzpumpe im angeschlossenen Heizkreis. Gas-Umlaufwasserheizer eignen sich für konventionelle Heizsysteme 90/70 °C als auch für Niedertemperatursysteme.

 **Was ist ein Gas-Heizkessel mit Gebläsebrenner und wo findet er Anwendung?**

 Diese Geräte werden vor allem dort eingesetzt, wo größere Heizleistungen erforderlich sind, beispielsweise für die Zentralheizung in Mehrfamilienhäusern. In Verbindung mit einem Speicher übernehmen sie auch die Warmwasserbereitung. Ein Gebläse führt dem Brenner die erforderliche Verbrennungsluft zu. Sie haben einen hohen Wirkungsgrad, sind aber lauter und störanfälliger als atmosphärische Brenner.

 **Was ist ein Gas-Spezialheizkessel und wo findet er Anwendung?**

 Der Gas-Spezialheizkessel ist mit einem atmosphärischen Brenner ausgestattet. Er arbeitet ohne Gebläse durch thermi-

schen Auftrieb. Gas-Spezialheizkessel können für die zentrale Beheizung von Wohnungen und Gebäuden eingesetzt werden. Sie sind mit Leistungen ab 4 kW erhältlich und eignen sich vor allem für kleine und mittlere Heizungsanlagen. Außerdem können sie in Verbindung mit einem Speicher die Warmwasserbereitung übernehmen. Je nach Größe und Ausführung sind Stand- oder Wandgeräte lieferbar.

 **Was ist ein Gas-Kombiwasserheizer und wo wird er eingesetzt?**

 Dieses Gasgerät für die Warmwasserbereitung und Beheizung vereinigt die Arbeitsweise des Umlaufwasserheizers (für die Heizung) und des Durchlaufwasserheizers (für die Warmwasserbereitung). Kombiwasserheizer eignen sich für die Wärmeversorgung von Wohnungen und kleineren Einfamilienhäusern. Sie benötigen durch die Wandmontage keine Stellfläche.
Vor allem bei Modernisierungsmaßnahmen werden sie häufig eingesetzt. Jede Wohnung wird dann individuell versorgt. Bei Öffnen einer Warmwasser-Zapfstelle schließt ein Ventil im Gerät den Heizkreislauf, die so genannte Vorrangschaltung.

 **Was ist ein Gas-Wärmezentrum?**

 Diese Gerätekombination übernimmt die Warmwasserbereitung und Heizung für eine Wohnung oder ein Einfamilienhaus. Als Wärmeerzeuger dient ein Gas-Umlaufwasserheizer oder Gas-Spezialheizkessel, der mit einem indirekt beheizten Speicher kombiniert ist. Das Gas-Wärmezentrum bietet sich an, wenn bei kleinen Leistungen (bis 11 kW) für die Beheizung bei der Warmwasserbereitung der Komfortvorteil des Speicherverfahrens gewünscht wird. Es bietet die Möglichkeit, neben der Warmwasserversorgung für Küche und Bad auch Wasch- und Spülmaschinen direkt mit Warmwasser zu versorgen.

 **Was ist ein Gas-Raumheizer und wo wird er eingesetzt? Welche Bauarten werden unterschieden?**

 Dieses Gasgerät ist nicht in einen Heizwasserkreislauf eingebunden, sondern erwärmt die Raumluft direkt. Es dient in der Regel zur Beheizung einzelner Räume. Gas-Raumheizer können mit Erdgas, Flüssiggas und Stadtgas betrieben werden.
Man unterscheidet drei Bauarten:
- Gasraumheizgeräte mit Schornsteinanschluss
- Raumluftunabhängige Gas-Raumheizgeräte
- Gas-Strahlungsheizgeräte.

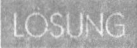 Was ist ein Gas-Kachelofen und wo wird er eingesetzt?

 Kachelöfen mit einem Heizeinsatz für Erdgas sind meistens mit einem atmosphärischen Brenner ausgestattet und erwärmen die Raumluft durch Strahlung und Konvektion. Sie eignen sich für Alt- und Neubauten und bieten die Behaglichkeit des Kachelofens ohne Nachteile fester Brennstoffe (Ruß, Asche, Brennstofftransport u.a.).
Im Rahmen der Modernisierung werden Kachelöfen, die bisher mit Kohle und Holz beheizt wurden, häufig auf Erdgas umgerüstet, dabei muss der Schornsteinquerschnitt entsprechend angepasst werden.

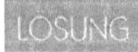 Was ist ein Gas-Warmlufterzeuger und wo findet er Anwendung?

 Diese Geräte erwärmen die Luft direkt und zeichnen sich daher durch eine schnelle und gleichmäßige Wärmeübertragung aus. Die Übertragung der mittels eines atmosphärischen Brenners erzeugten Warmluft in einzelne Räume, erfolgt über Luftkanäle o.ä. durch Schwerkraft oder Ventilatoren.
Gas-Warmlufterzeuger werden kostengünstig vorwiegend als Niedertemperaturheizsystem betrieben und spielen vor allem bei der Beheizung von Betriebsgebäuden u.ä. eine große Rolle.

 Was ist ein Gas-Heizstrahler und wo findet er Anwendung?

Er überträgt den größten Anteil der Energie in Form von Strahlungswärme, die erst beim Auftreffen auf die Oberfläche freigesetzt wird, sogenannte Hellstrahler (Oberflächentemperaturen von 500 bis 800 °C). Mit zunehmender Oberflächentemperatur steigt der Strahlungsanteil der Wärmeübertragung.

Das Einsatzgebiet dieser Geräte ist die Beheizung von großen Hallen (Werkshallen, Messehallen und ähnlichen). Sie werden nicht in Wohnräumen eingesetzt, da durch hohe Abstrahlungstemperaturen bestimmte Abstände eingehalten werden müssen.

 **Welche Systeme kommen für die Warmwasserbereitung mit Erdgas in Frage?**

 Grundsätzlich stehen zwei Systeme zur Auswahl:

– Das Durchlaufverfahren
– Das Speicherverfahren mit indirekt oder direkt beheiztem Speicher.

 **Wie funktioniert das Durchlaufverfahren?**

 Mit Öffnen einer Zapfstelle geht der Brenner in Betrieb und erwärmt das durch eine Rohrschlange geleitete Wasser. Die maximale Zapfmenge steht sofort zur Verfügung, wird also ohne Wartezeit oder Unterbrechung für das Aufheizen geliefert.

 **Welche Vorteile hat das Durchlaufverfahren?**

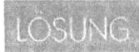 Besonders wirtschaftliches Verfahren, da es unmittelbar verbrauchsabhängig arbeitet.
Nur wenn warmes Wasser benötigt wird, schaltet sich der Gasbrenner an. Mit Ende der Zapfung schaltete sich das Gasgerät ab.

 **Wie funktioniert das Speicherverfahren?**

 Hierbei wird ständig eine größere Warmwassermenge auf Vorrat gehalten.
Bei direkt beheizten Speichern wird die Wassermenge unmittelbar durch einen Gasbrenner erwärmt.

Bei indirekt beheizten Speichern sorgt das Gasgerät, das die Raumheizung übernimmt, über einen Wärmetauscher auch für die Erwärmung des Speicherwassers.

Beim Schichtenspeicher erfolgt die Wärmeübertragung an das Speicherwasser nicht über eine innenliegende Rohrschlange, sondern in einem außenliegenden Wärmetauscher. Das erwärmte Wasser wird von oben im Speicher geschichtet. Gleichzeitig fließt dem Wärmetauscher kaltes oder abgekühltes Wasser vom Boden des Speichers zu.

 **Welche Vorteile hat das Speicherverfahren?**

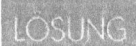 Dieses Verfahren bietet den größeren Komfort, da ständig ausreichend Warmwasser mit gewünschter Temperatur zur Verfügung steht.

Die gleichzeitige Versorgung mehrerer Zapfstellen ist möglich. Bei der Bemessung des Speicherinhaltes muss der Warmwasserbedarf für die Anzahl der Nutzer berücksichtigt werden.

 **Was ist ein Gas-Vorratswasserheizer (direkt beheizt) und wo werden Gas-Vorratswasserheizer eingesetzt?**

 Ein Gasgerät zur Warmwasserbereitung, in dem Wasser auf Vorrat erwärmt wird.

Gas-Vorratswasserheizer werden für die zentrale Warmwasserbereitung in Ein- und Mehrfamilienhäusern, öffentlichen Einrichtungen, Geschäftsgebäuden und Gewerbebetrieben eingesetzt.

Ihre Aufstellung erfolgt in Keller- oder Dachräumen, die für andere Zwecke mitgenutzt werden können.

 **Wie arbeitet ein Gas-Vorratswasserheizer und welche Vorteile besitzt ein Gas-Vorratswasserheizer?**

 Der Brenner erwärmt das Wasser im Speicherbehälter, bis die eingestellte Solltemperatur erreicht ist. Nach jedem Zapfvorgang wird der Speicherinhalt wieder aufgeheizt.

Gas-Vorratswasserheizer können kurzfristig große Warmwassermengen zur Verfügung stellen und mehrere Entnahmestellen gleichzeitig versorgen.

 **Was ist ein Gas-Durchlaufwasserheizer und wo wird er eingesetzt?**

 Ein Gasgerät zur Warmwasserbereitung, in dem das Wasser beim Durchlaufen erwärmt wird.
Der Gas-Durchlaufwasserheizer sollte dort zum Einsatz kommen, wo nicht gleichzeitig mehrere Zapfstellen versorgt werden müssen und die Entnahmestellen nicht weiter als 5 m vom Gerät entfernt sind. Er eignet sich für die Versorgung einer Wohnung oder eines Einfamilienhauses mit normaler sanitärtechnischer Ausstattung.

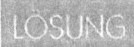 **Wie arbeitet ein Gas-Durchlaufwasserheizer und welche Vorteile hat er?**

Sobald eine der angeschlossenen Zapfstellen geöffnet wird, geht der Brenner des Gerätes in Betrieb. Er heizt das Kaltwasser auf, das in einer Rohrschlange durch das Gerät und von dort zur geöffneten Zapfstelle fließt.
Der Gas-Durchlaufwasserheizer liefert zeitlich unbegrenzt Warmwasser. Die stufenlose Regelung stellt sicher, dass auch kleine Wassermengen immer mit der gewünschten Temperatur gezapft werden können. Dieses Gerät ist nach Untersuchungen von unabhängigen Institutionen der wirtschaftlichste und sparsamste Warmwasserbereiter.

Stark-, Schwachstromanlagen – Grundlagen

 Erläutern Sie folgende Maßeinheiten: Ampere, Volt, Watt.

 Die Maßeinheit Ampere (A) ist die Einheit der elektrischen Stromstärke I. Die Stromstärke I (A) multipliziert mit der Spannung U (V) ergibt die Leistung P (W) einer Anlage. P = U ·I. Je mehr Verbraucher (z.B. Leuchten), um so größer ist die Leistungsaufnahme (gemessen in Watt) und um so größer dimensioniert sind die Sicherungsanlagen und Einspeisungen zu planen. Niedervoltanlagen mit hohen Stromwerten und niedrigen Spannungswerten (so z.B. die Seilsysteme mit Halogenglühlampen) zeigen: Trotz geringer Leistung, aber wegen hoher Ströme sind die Kabel relativ dick, weil sonst bei zu großem Widerstand Leistungsverluste und Wärmeentwicklung zu groß würden. Das Ermitteln von Leitungsquerschnitten etc. gehört zur Planungsleistung von Elektroingenieuren.

Volt (V) ist die Maßeinheit der elektrischen Spannung. Die Spannung 1V liegt an einem Widerstand von 1 Ohm (Ω) vor, wenn ein Strom von 1 Ampere (A) fließt oder eine Leistung von 1 Watt (W) erzeugt wird.

Die Spannung ist standardisiert. In Europa betrug sie lange Zeit 220 V, in einigen Regionen auch 110 V. Es gibt bis heute Länder, in denen 110 V-Maschinen und -Lampen üblich sind. Seit einigen Jahren stellen die Stromerzeuger die Netzspannung auf 230 V um (mit einer Toleranz von +6 % bzw. -10 %). Alle neuen Lampen und Betriebsgeräte sind bereits auf diese höhere Spannung ausgelegt. Durchgesetzt haben sich aber auch Niedervoltsysteme (in der Regel 12/24 Volt), vor allem für Halogenglühlampen; für diese müssen Transformatoren die Netzspannung reduzieren.

Mit der Einheit Watt (W) wird die elektrische Leistung bezeichnet. Die elektrische Leistung ist z.B. für die Lichtplanung eine zentrale Größe. Sie repräsentiert die Leistungsaufnahme der geplanten Anlage und ist daher wichtig für die Planung der Elektroingenieure zur Dimensionierung von Leitungen und Trafostationen. Auch die Klimaingenieure orientieren sich an der elektrischen Leistung, nämlich wie viel Wärme die Beleuchtungsanlage an eine eventuelle Klimaanlage abführt. So wird die eingesetzte spezifische Leistung W/m² zum Maß für die Wirtschaftlichkeit.

 **Erläutern Sie den Begriff „Ohmsches Gesetz".**

 Das Ohmsche Gesetz formuliert die Beziehung, die zwischen Stromstärke, Spannung und Widerstand besteht.

$I = U / R$

I	elektr. Stromstärke in A
U	elektr. Spannung in V
R	elektr. Widerstand in Ω

Achtung: das Ohmsche Gesetz gilt nur im Gleichstromkreis ohne Einschränkung. Im Wechselstromkreis gilt es in dieser Form nur für Ohmsche „Widerstände" (Glühlampen, Heizwiderstände), nicht für „induktive" Widerstände (Magnetspulen, Elektromotoren).

 **Elektromessgeräte**
1. Welche elektrische Größe wird mit dem Ampere-, Volt- und Ohmmeter gemessen?
2. Wie ist das Volt- und Amperemeter in den Stromkreis einzubauen, so dass eine richtige Messung möglich ist?

 Zu 1. Messgeräte
Amperemeter: Stromstärke I; in Ampere A
Voltmeter: Spannung U; in Volt V
Ohmmeter: Widerstand R; in Ohm Ω

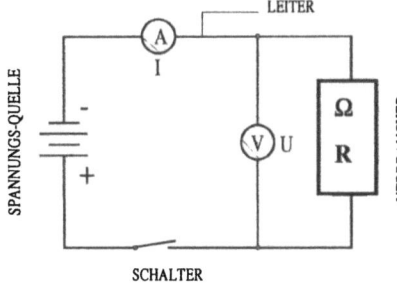

Zu 2.
Messgeräteschaltung:
Der Voltmeter wird an die Klemme angeschaltet, also parallel zum Verbraucher. Der Amperemeter wird in die Leitung geschaltet, also in Serie zum Verbraucher.

 **Was ist elektrische Spannung?**

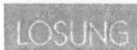 In einer Spannungsquelle wird am Minuspol (-) ein Elektronenüberschuss und am Pluspol (+) ein Elektronenmangel erzeugt. Die Elektronen haben das Bestreben, einen Ausgleich zwischen den beiden Polen herzustellen. Dieses Ausgleichsbestreben wird als elektrische Spannung U bezeichnet. Wenn ein Pol der Stromquelle dauernd negativ (-) und der andere positiv (+) geladen ist, so spricht man von Gleichspannung, z.B. bei einer Batterie. Wenn dagegen die Polarität ständig von plus nach minus wechselt, z.B. 50mal je Sekunde, spricht man von einer Wechselspannung. Die abgeleitete SI-Einheit für elektrische Spannung ist das Volt, Einheitenzeichen V. Die Spannung wird mit einem Voltmeter zwischen zwei Punkten eines Stromkreises gemessen.

 **Was ist elektrische Stromstärke?**

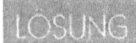 Die durch die Spannung hervorgerufene Elektronenbewegung ist der elektrische Strom. Von der Stromquelle fließen am Minuspol (-) so viele Elektronen in den Leiter hinein wie am Pluspol (+) zurückfließen. Die Stromstärke I ergibt sich aus der Anzahl der Elektronen, die in einer Sekunde durch den Leiter fließen. Die SI-Einheit für die Stromstärke ist das Ampere, Einheitenzeichen A. Die Stromstärke wird mit einem Amperemeter im Stromkreis gemessen.

 **Was ist elektrischer Widerstand?**

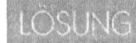 Wenn Elektronen einen Werkstoff durchströmen, werden sie durch Stoß und Reibung an den Atomen bzw. Molekülen der Leiterwerkstoffe abgebremst. Diese Bremswirkung ist der elektrische Widerstand R. Die abgeleitete SI-Einheit ist das Ohm. Die elektrische Spannung muss den elektrischen Widerstand in einem Stromkreis überwinden. Jeder Werkstoff setzt dem elektrischen Strom einen unterschiedlichen Widerstand entgegen. Es gibt gut leitende Stoffe, z.B. Metalle, schlecht leitende und nichtleitende Werkstoffe, z.B. Porzellan, Gummi oder Kunststoffe. Sie werden als Isolierstoffe bei elektrischen Leitungen verwendet. Der elektrische Wider-

stand wird mit einem Ohmmeter parallel zum Widerstand gemessen.

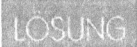 **Wie entstehen im öffentlichen Versorgungsnetz Wechselspannungen von 230 V und 400 V?**

Die Übertragung der elektrischen Energie in öffentlichen Versorgungsnetzen über weite Entfernungen geschieht über Höchst-, Hoch- und Mittelspannung, da bei höheren Spannungen die Übertragungsverluste geringer sind wie der Widerstand mit der Temperatur zunimmt und die Erwärmung der Leitung im Quadrat der Stromstärke wächst. Haushalte und kleinere Gebäude werden in der Regel mit Niederspannung über einen 4-Leiter-Drehstromanschluss 230/400 V versorgt.

 **Welche Frequenz hat das öffentliche Versorgungsnetz?**

Im öffentlichen Stromversorgungsnetz wird für die elektrische Energieversorgung der Gebäude meistens das Vierleiternetz verwendet. Dieses Netz besteht aus den drei spannungsführenden Außenleitern L1, L2 und L3 und einem geerdeten Neutralleiter N. Zwischen den spannungsführenden Leitern L1, L2 und L3 besteht im öffentlichen Versorgungsnetz eine Spannung von 400 V. Zwischen einem spannungsführenden Leiter L und dem Neutralleiter N besteht eine Spannung von 230 V. Der Neutralleiter N ist geerdet und hat deshalb die Spannung 0. Beim Vierleiternetz besteht die Möglichkeit, Beleuchtung, Kleinmotoren und kleinere Heizgeräte mit 230 V Wechselspannung zu betreiben. Dagegen werden Elektrogeräte mit großer Leistung an Dreiphasen-Wechselspannung 400 V angeschlossen.

 **Was versteht man unter Schuko-Steckdose und was unter einer CEE-Steckverbindung?**

 Schutzkontakt-Steckdosen (Schuko-Steckdose):
In der Hausinstallation werden für Wechselstromanschlüsse ausschließlich Schutzkontakt-Steckdosen eingebaut. Durch zwei seitlich angeordnete Kontakte, die über den grün-gelben Schutzleiter mit dem Potentialausgleich verbunden sind, wird

beim Einstecken eines Schutzkontaktsteckers noch vor Berührung der Steckerstifte das Metallgehäuse eines Gerätes geerdet. Es sind 3 Leiter erforderlich:
Stromführender Leiter (Phase), Nulleiter und Schutzleiter.
Bei einem defektem (unter Spannung stehenden) Gerät fließt der Strom zur Erde ab, bzw. der Kurzschlussstrom löst das Überstrom-Schutzorgan aus, sodass der Mensch, der das Gerät berührt, nicht mehr gefährdet ist.
CEE-Steckverbindung:
Nach DIN 49462 und 49463 CEE-Steckverbindungen mit fünfadriger Anschlussleitung werden für den Anschluss von Drehstromgeräten (z.B. Motoren, Baumaschinen) verwendet. Für erschwerte Bedingungen (Baustellenmaschinen oder Geräte im Freien) werden besonders spritz- und druckwassergeschützte Schutzkontakt-Steckvorrichtungen verwendet.

 **Wie groß ist die Stromstärke in A in einem Gleichstromkreis bei einer Spannung von 1000 V und einem Widerstand von 50 Ω?**

 I = U / R
I = 1000 V / 50 Ω = 20 A

 **In Europa hat man sich geeinigt, dass das öffentliche Stromnetz eine Wechselspannung von 230 V (bisher 220 V) bzw. 400 V (bisher 380 V) hat.
Welche Absicherung erfordert ein Speicher-Wärmeerzeuger mit einer Leistung (Anschlusswert) von 4000 W bei a) Wechselstromspannung und b) Drehstromspannung?**

 Gegebene Leistung P = 4000 W
Wechselstrom Spannung U ≈ 230 V
Drehstrom Spannung U ≈ 400 V

Für Wechselstrom gilt die Beziehung
P = U · I
I ist die benötigte Stromstärke, nach der die Sicherung auszuwählen ist.

Für Drehstrom gilt
P = U · I · 1,73
1,73 ist der Verkettungsfaktor bedingt durch die Phasenverschiebung bei Drehstrom.
zu a)   I = P / U = 4000 W / 230 V = 17,4 A
Gewählte Sicherung 20 A.
zu b)   I = P / (U · 1,73) = 4000 W / (400 V · 1,73) = 5,8 A
Gewählte Sicherung: 3 mal 6 A.

AUFGABE **Wovon hängt die elektrische Leistung ab?**

LÖSUNG Die elektrische Leistung P hängt ab von der Spannung U in Volt (V) und der Stromstärke I in Ampere (A). Die Einheit der elektrischen Leistung P ist Watt (W).
Bei Wechselstrom gilt: $P = U \cdot I$
Wirkleistung bei Wechselstrom: $P = U \cdot I \cdot \cos \varphi$
Wirkleistung bei Drehstrom: $P = U \cdot I \cdot \cos \varphi \cdot \sqrt{3}$
$\cos \varphi$ = Leistungsfaktor, beträgt im Mittel etwa
– bei Widerständen, Glühlampen 1
– bei Motoren 0,8
– bei Leuchtstofflampen 0,5 - 0,97 je nach Vorschaltgerät.

AUFGABE **Der Stromverbrauch eines Elektrogerätes betrug W=0,6 kWh, das Gerät war t = 4 Stunden in Betrieb. Welche elektrische Leistung P hat das Gerät?**

LÖSUNG W = P · t   P = W/t
0,6 kWh/4h = 0,15 kW = 150 W elektrische Leistung des Gerätes.

AUFGABE **Wie lange kann man mit 1 kWh**
– mit einer 75-W- Lampe lesen?
– mit einem 2-kW- Heizlüfter heizen?
– mit einem 21-kW- Durchlauferhitzer duschen?

LÖSUNG 1 kWh entspricht 1000 Wh, somit:
Lesen: 1000 Wh/ 75 W = 13,3 h
Heizen: 1000 Wh / 2000 W = 0,5 h
Duschen: 1000 Wh / 21000 W ≈ 0,05 h = 3 min.

 Eine Elektroheizung mit einer Anschlussleistung von 10 kW ist 8 Stunden in Betrieb. Wie groß ist der elektrische Energieverbrauch (elektrische Arbeit) in dieser Zeit?

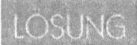 Energieverbrauch $P \cdot t = W = 10\,kW \cdot 8\,h = 80\,kWh$
Kosten, bei einem Stromtarif von 0,13 Euro / kWh:
Kosten = elektr. Arbeit · Stromtarif
Kosten = 80 kWh · 0,13 Euro / kWh = 10,40 Euro.

 Wie unterscheiden sich Gleich-, Wechsel- und Drehstrom? Nennen Sie Einsatzgebiete für die jeweiligen Stromarten.

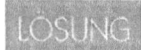 Gleichstrom: Bei einem Gleichstrom bewegen sich die freien Elektronen in einem Stromleiter stets in gleicher Richtung vom Minuspol zum Pluspol. In einem Diagramm mit der Stromstärke I und der Zeit t ergibt sich eine gerade Linie über der Zeitachse.

Wechselstrom: Ständig wechselt der Strom seine Fließrichtung und Stärke, elektrische Ladung schwingt in Form einer Sinuskurve im Wechsel zwischen positivem und negativem Höchstwert. Die Darstellung der Stromstärke in einem Diagramm zeigt eine wellenförmige Linie über der Zeitachse. Zwei Richtungswechsel entsprechen einer Periode. Die Frequenz gibt die Anzahl der Perioden je Sekunde an. Wechselstrom (230 V) wird verwendet für die Beleuchtung, für Haushaltsgeräte, Heizgeräte, kleinere Maschinen, usw.

Drehstrom: Durch sternförmige Anordnung der Spulen am Generator entsteht dreiphasiger Drehstrom, wobei jede Spule um 120° versetzt ist. So verschieben sich deren Spannungen und Stromstärken um 1/3 Phase (Periode).
Erzeugt wird Drehstrom mittels Generatoren in Wärme-, Wasser- oder Windkraftwerken oder über einen Wechselrichter aus Gleichstrom. Verwendet wird dieser für Motoren und Geräte größerer Leistung.

 Alle elektrischen Leiter setzen dem Strom einen Widerstand entgegen. Wie beeinflussen die Leiterläufe, der

Querschnitt, der Werkstoff und die Temperatur den Widerstand?

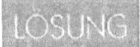 Je länger der Leiter, je kleiner der Leiterquerschnitt, je höher die Leitertemperatur und je schlechter der Werkstoff leitet, desto größer ist der elektrische Widerstand.

 **Wozu dienen Gleichrichter?**

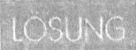 Gleichrichter erzeugen aus der Wechselspannung eine Gleichspannung. Zur Umwandlung von Wechselspannung in Gleichspannung werden meist Halbleiterdioden verwendet, die den Strom nur in eine Richtung durchfließen lassen.

 **Schätzen Sie ab, wie hoch der Anteil der einzelnen Energieträger für die Stromerzeugung in der Bundesrepublik Deutschland ist.**

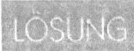 Anteilige Energieträger für die Stromerzeugung in der BRD (1999):

Wasserkraft	4,6 %
Braunkohle	26,0 %
Steinkohle	25,3 %
Mineralöl	0,3 %
Erdgas	7,4 %
Kernkraft	34,8 %
sonstige	1,6 % (z.B. Wind, Solar...).

 **Neben der Stromerzeugung in Großkraftwerken gibt es die Möglichkeit, Strom aus regenerativen Energien zu erzeugen. Nennen Sie diese regenerativen Energien.**

 Wasserkraft (Laufwasser-, Gezeiten-, Wellenenergie)
Windenergie
Geothermik
Sonnenenergie
Biomasse
Müll.

AUFGABE Welche Geräte bzw. Gebrauchsgegenstände in einem Gebäude sind mit kW, welche mit kWh gekennzeichnet? Erklären Sie den Unterschied?

LÖSUNG Alle elektrisch betriebenen Geräte werden mit dem Anschlusswert in W oder kW gekennzeichnet, d. h. elektrische Leistungen. Die Abrechnung des elektrischen Energieverbrauchs erfolgt nach Angaben eines geeichten Elektrozählers in kWh, d.h. elektrische Arbeit.

AUFGABE Ab welcher Stromstärke werden Körperströme als lebensgefährlich eingestuft?

LÖSUNG Körperströme gelten ab 42 V als lebensgefährlich. Mögliche Wirkungen des elektrischen Stromes auf den menschlichen Körper sind Verkrampfungen, Lähmungen der Atemmuskulatur, Herzkammerflimmern, Herzstillstand, Verbrennungen.

AUFGABE Welche möglichen Wirkungen des elektrischen Stromes kennen Sie?

LÖSUNG Folgende Wirkungen des elektrischen Stromes können auftreten:
– Wärmewirkung, z.B. Elektroheizgeräte
– magnetische Wirkung, z.B. Elektromotor, Magnetventil
– Lichtwirkung, z.B. Glüh-, Leuchtstofflampen
– chemische Wirkung, z.B. Akkumulator, galvanischer Überzug.

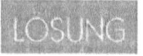 Welche Spannungsquellen kommen in der Elektroinstallation zum Einsatz?

LÖSUNG Folgende Spannungsquellen kommen in der Elektroinstallation zum Einsatz:
– Öffentliches Stromnetz
– Batterien und Akkus
– Solarzellen (Photovoltaik)
– Ersatzstromanlagen.

Stark-, Schwachstromanlagen – Elektrische Betriebsstätten

 **Warum werden zur Versorgung mit elektrischer Energie bei bestimmten Gebäuden eigene Trafostationen benötigt?**

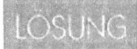 Aufgrund ihres hohen Energiebedarfs werden Industrie-, Fabrik-, Bürogebäude, Krankenhäuser usw. direkt an die Mittelspannung (10 kV) angeschlossen. In dieser Trafostation wird die ankommende Mittelspannung mit Hilfe von Transformatoren in Niederspannung (400/230 V) umgewandelt.

 **Erläutern Sie den Aufbau eines Transformators im Mittelspannungsnetzes.**

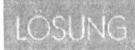 Im Mittelspannungsnetz werden ausschließlich Drehstromtransformatoren verwendet. Der Transformator besteht aus der oberspannungsseitigen Primär- und der unterspannungsseitigen Sekundärwicklung. Besonders auf der Hochspannungsseite sind die Wicklungen von Transformatoren hohen Spannungsbeanspruchen ausgesetzt. Sie müssen deshalb gut isoliert sein. Als Isoliermittel eignet sich besonders Mineralöl, so dass der Transformator in einem ölgefüllten Behälter untergebracht ist. Bei erhöhten Brandschutzanforderungen werden gießharzisolierte Trockentransformatoren eingesetzt.

 **Erläutern Sie die Wirkungsweise eines Transformators.**

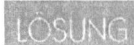 Ein Transformator besteht aus einem Eisenkern mit zwei Wicklungen (Spulen) unterschiedlicher Windungszahlen. Legt man an der Eingangswickelung eine Wechselspannung an, entsteht im Eisenkern ein magnetischer Wechselfluss, der in der Ausgangswicklung eine Wechselspannung U_2 induziert. Die Ausgangsspannung U_2 eines Transformators hängt ab vom Verhältnis der Windungszahlen N_1/N_2 und der Eingangsspannung U_1. Es verhalten sich die Spannungen wie die Windungszahlen, die Stromstärken verhalten sich umgekehrt wie die Windungszahlen:

$$\frac{U_1}{U_2} = \frac{N_1}{N_2}, \quad \frac{I_1}{I_2} = \frac{N_2}{N_1}$$

Hieraus folgt:

$$\frac{U_1}{U_2} = \frac{I_2}{I_1}, \quad U_1 \cdot I_1 = U_2 \cdot I_2.$$

AUFGABE **Ersatzstromversorgungsanlagen liefern bei Netzausfall die elektrische Energie, die erforderlich ist, um eine Notbeleuchtung aller Verkehrswege aufrechtzuerhalten und den Kollaps wichtiger technischer Einrichtungen zu verhindern. Auf welche Art und Weise kann dies geschehen?**

LÖSUNG Folgende Ersatzstromversorgungsanlagen kommen in Frage: Notstrom-Batterieanlagen: notwendig für die Notstrombeleuchtung und die Versorgung von Fernmeldeanlagen. Notstrombatterien sind aufladbare Akkumulatoren-Anlagen. Sie erzeugen Gleichstrom, der aber auch in Wechselstrom umgeformt werden kann.
Diesel-Notstromaggregate: größere technische Anlagen werden damit betrieben. Beim Ausfall des öffentlichen Netzes sind sie in der Lage, nicht nur die Sicherheits- und Ersatzbeleuchtung zu übernehmen, sondern auch Wechsel- oder Drehstrom zu erzeugen.
Unterbrechungsfreie Stromversorgung (USV): wird für Anlagen benötigt, bei denen es schon bei einem kurzfristigen Stromausfall zu einem größeren Schaden, z.B. bei EDV-Anlagen, oder zu Gefahren, wie in Krankenhäusern, führen kann. Netzersatzanlagen: sind notwendig, wenn eine sichere Stromversorgung für einen längeren Zeitraum gewährleistet sein soll (kleinere Kraftwerke).

Stark-, Schwachstromanlagen – Installation

 **Erläutern Sie den Begriff Hauptstromversorgungssystem nach DIN 18015-1?**

 Mit dem Begriff Hauptstromversorgungssystem bezeichnet die DIN 18015-1 die Gesamtheit aller Hauptleitungen und Betriebsmittel hinter der Übergabestelle (Hausanschlusskasten) des Verteilungsnetzbetreibers (VNB), die nicht gemessene elektrische Energie führen. Dieses System übernimmt in Fortsetzung des öffentlichen Verteilungsnetzes die Verteilung und Fortleitung der elektrischen Energie im Gebäude bis hin zu den Lastabnahmestellen. Dies sind angeschlossenen Kundenanlagen, z.B. Wohnungen oder gewerblich genutzte Anlagen.

 **Folgende Symbole aus der Elektroinstallation sind nach DIN 40717 Schaltzeichen für Installationspläne zu skizzieren: Elektroherd, Geschirrspülmaschine, Kühlgerät, Lüfter, Hausanschlusskasten Starkstrom, Antenne.**

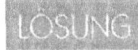 Nach DIN 40717 über Schaltzeichen für Installationspläne gilt:

 **Welche wesentlichen Punkte bei der Elektroinstallation müssen Sie als Planer im Vorfeld eines Bauvorhabens abklären?**

 Folgende Punkte müssen im Vorfeld eines Bauvorhabens vom Planer abgeklärt werden:
- Anschlussvorraussetzungen mit Energieversorgungsunternehmen abklären (wo liegt der Hausanschlussraum?)
- Notwendigkeit einer Ersatzstromanlage erfragen
- Bauordnungsrecht prüfen
- Fundamenterder rechtzeitig einplanen
- Mittel- oder Niederspannung - evtl. Netzstation
- Freileitung oder Erdkabel.

 **Beschreiben Sie den Aufbau der Stromversorgung eines größeren Geschosswohnungsbaues. Bestimmen Sie die Lage der verschiedenen Einrichtungen innerhalb des Gebäudes.**

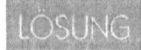 Zentrale Zähleranlage: an einer Stelle werden alle Zähler angebracht. Dadurch sind die Hauptleitungen relativ kurz, aber die Verbindungsleitungen zu den Stromkreisverteilern in den Wohnungen lang. Deshalb ist auf den Spannungsfall zu achten. Anordnung der Zähler in einem dafür geeigneten Zählerraum.

Dezentrale Zähleranlage: auf den einzelnen Etagen werden die Zähler untergebracht. Durch den Treppenraum werden dann eine oder mehrere Hauptleitungen nach oben geführt. Da die Leitungen relativ lang sind, ist ein Spannungsfall von 0,5% einzuhalten. Die Verbindungsleitungen zu den Stromkreisverteilern in den Wohnungen sind bei dieser Anordnung sehr kurz. Anordnung der Zähler in Zählerschränken auf den einzelnen Etagen.

 **Welche zwei Anschlussmöglichkeiten von Gebäuden an die öffentliche Stromversorgung gibt es? Welche baulichen Maßnahmen sind dafür jeweils erforderlich?**

 Kabelzuleitung: in einem Schutzrohr, das durch die Außenwand gelegt wird. Der Abstand von den Gas- und Wasserleitungen soll > 1 m sein. Die Tiefe der Einführung unter dem Bürgersteig sollte weniger als 50 cm betragen.

Die Wandaussparung hat einen Querschnitt von 12,5 cm x 12,5 cm oder das Schutzrohr einen Durchmesser > 7 cm und ist nach außen schräg geneigt.

Freileitungsnetz: das Kabel wird zum Hauptanschluss durch Dachständer- oder Wandeinführung oder von einem Mast aus in das Gebäude eingeführt. Das Kabel bis in den Keller durchführen, wenn eine spätere Verkabelung vom Erdreich zu erwarten ist.

Mindestabstände bei der Wandeinführung vor Fenstern, Dachrinnen, Balkonen usw. sind einzuhalten. Auch die Aufstellung des Antennenstandrohres und ggf. Fernsprech- mit Freileitungsanschluss ist zu berücksichtigen.

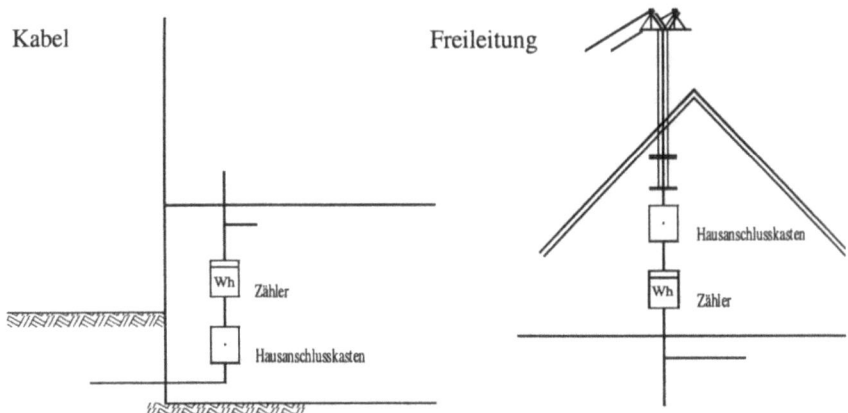

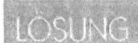 **Was verstehen Sie in der Elektrotechnik unter einem Zählerverteilungsschrank, was unter einem Zählerschrank?**

Der Zählerverteilungsschrank enthält neben dem Zähler auch die Sicherungen für die einzelnen Stromkreise. Das elektrische Leitungsnetz wird innerhalb der Verbraucheranlage in zahlreiche Stromkreise aufgeteilt.
Der Zählerschrank enthält neben dem Zähler nur die Hauptsicherungen, die einzelnen Stromkreissicherungen befinden sich z.B. in der Wohnung.

 **Warum ist bei der Elektroinstallation eine Aufteilung in mehrere Stromkreise notwendig?**

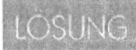 Werden Steckdosen und Lichtauslässe in einem Raum an nur einem Stromkreis angeschlossen, besteht bei einem Fehler z.B. in einem Lichtauslass die Gefahr, dass die gesamte Stromversorgung ausfällt. Richtig ist daher das Anordnen getrennter Stromkreise für Steckdosen und Lichtauslässe. Außerdem kann dann der Stromkreis für Steckdosen z.B. höher belastet werden, während bei Kombination mit der Beleuchtung die Leistung nach Abzug der Lampenleistung nicht mehr voll ausgeschöpft werden kann. Geräte mit hoher elektrischer Leistung wie Kühlschrank, Herde werden stets an einen eigenen Stromkreis angeschlossen.

 **Welche Werkstoffe kommen als elektrische Leiter in Frage? Erläutern Sie in diesem Zusammenhang folgende Begriffe: Leiter, Ader, Leitung, Kabel.**

 In Frage kommen metallische Leiter. Kupfer (Cu) kommt ausschließlich im Wohnungsbau zur Anwendung. Aluminiumleiter (Al) werden besonders bei größeren Querschnitten im Zweck- und Industriebau verwendet.

Leiter:	Material zur Fortleitung der Energie
Ader:	einzelner, isolierter Leiter, ein- oder mehradrig
Leitung:	mehrere, in einer Umhüllung zusammengefasste Adern.
Kabel:	mit einem zusätzlichen (Schutz)-Mantel versehene Leitung

 **Starkstromleitungen werden mit Kurzbezeichnungen gekennzeichnet. Was bedeuten folgende Zeichen: N, A, M, Y, G, H?**

N:	Norm	YA, **N**YM
A:	Ader	NY**A**, NY**A**F
M:	Mantel	NYM
Y:	Kunststoffisolierung	N**Y**A, N**Y**M
	Kunststoffmantel	N**YY**
G:	Gummiisolierung	NS**G**A
H:	Handgeräteleitung	NM**H.**

 **Bei der Verlegung von isolierten Starkstromleitungen muss besonders auf die Beanspruchung in unterschiedlichen Raumgruppen geachtet werden. In welche Raumgruppen wird hierbei unterschieden?**

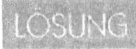 Bei der Elektroinstallation wird in folgende Raumgruppen unterschieden:
– Trockener Raum
– Feuchter Raum
– Feuchter, nasser Raum
– Feuergefährdeter Raum
– Staubgefährdeter Raum
– Explosionsgefährdeter Raum
– Heißer Raum.

 **Die Elektroauslässe nach DIN 18015-3 sind zu bezeichnen und höhenmäßig zu vermaßen.**

 Nach DIN 18015-3 sind in Wohn-, Büro-, Verkaufs- u.ä. Räumen zwei Leitungsführungen möglich:
– Ringleitung etwa 30 cm unterhalb der Decke, zu den Schaltern, Auslässen und Steckdosen werden Stichleitungen senkrecht nach unten geführt
– Ringleitung etwa 30 cm oberhalb des Fußbodens. Ein Vorteil bei dieser Leitungsverlegung ist, dass die auf dieser Höhe angeordneten Steckdosen die Geräte- und Schalterabzweigdosen aufnehmen können.

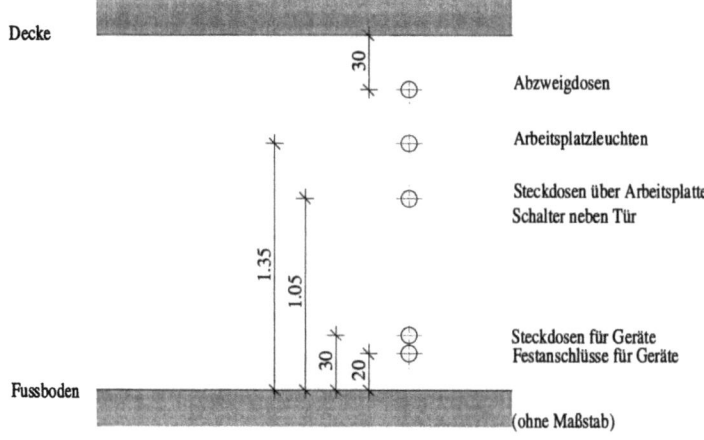

 **Was verstehen Sie unter einer ZWm-Installation?**

 Die Leitungsführung in einem Raum auf mittlerer Wandhöhe, meist 1 m über Oberkante Fertigfußboden. Ist geeignet für Fensterbank- oder Fensterbrüstungssysteme, Höhe entspricht meist Schalter-, Steckdosenhöhe von 1,05 m über OK FFB. ZWm bedeutet: Zone Wand mitte.

 **Für die im Wohnungsbau übliche elektrische Hausinstallation kommen überwiegend drei Installationssysteme in Frage. Erläutern Sie diese Systeme.**

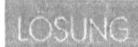 Rohrinstallation:
- Leerrohre aus flexiblem Kunststoff-Isolierrohr, glatt oder gewellt.
- 3 m lange Leerrohre aus flexiblem Stahlrohr oder Stahlpanzer werden nur noch selten, im allgemeinen nur für höhere Druckbeanspruchungen, verwendet, Verbindung mittels Steck- oder Schraubmuffen, Richtungsänderungen mit Formstücken.
- Vorteil: ein nachträgliches Auswechseln, Verstärken und Änderungen der Leitungen sind möglich.
- Nachteil: eine frühzeitige Planung ist erforderlich, da die Leitungen eingegossen werden bzw. die Schlitze rechtzeitig gefräst werden müssen. Waagerechte Schlitze sind nur begrenzt möglich.

Stegleitungsinstallation:
- 2- bis 5adrige Kupferleiter mit Kunststoffisolierung, bandartig nebeneinander angeordnet, mit einer zusätzlichen Isolierumhüllung aus PVC oder Gummi, im Putz verlegt,
- befestigt durch Nageln, Kleben oder Gipsen auf Rohbauwänden und Decken in trockenen Räumen, nicht aber auf brennbaren Baustoffen wie Holz, Kunststoff oder Metall, und nicht in landwirtschaftlichen Gebäuden. Die Mindestputzdicke sollte etwa 4 mm betragen.
- Vorteil: die Festlegung der endgültigen Leitungsführung, Anordnung der Steckdosen, Schalter und Lichtauslässe kann zu einem relativ späten Zeitpunkt, nach der Rohbaufertigstellung erfolgen.

– Nachteil: ein späteres Verstärken oder Auswechseln der Leitungen, Änderungen der Schaltungen usw. sind nicht mehr möglich.

Mantelleitungsinstallation:
– bis 5-adrige Kupferleiter mit Kunststoffisolierung, mit plastischer Füllmischung und Kunststoffmantel.
– Mantelleitungen sind universell einsetzbar zur Verlegung über, auf, im und unter Putz in trockenen, feuchten und nassen Räumen und im Freien sowie in Mauerwerk. Hiervon ausgenommen ist die direkte Einbettung in Rüttel- oder Stampfbeton. In Betonaussparungen ist die Verlegung jedoch möglich.
– Anwendung in Feuchträumen und als Ergänzung zu einer Rohrleitungs- oder Stegleitungsinstallation, sowie in Holz-, Gipskarton- oder sonstigen Hohlwänden, auch zur Verlegung in Sichtmauerwerk oder bei der Nachinstallation von Altbauten.

 **Welche Anforderungen hinsichtlich des baulichen Brandschutzes werden an elektrische Kabel gestellt?**

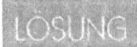 Vorkehrungen: Kabelabschottungen S30, S90. Verwendbarkeitsnachweis: Zulassung. Empfehlung: wenn häufig Nachinstallationen zu erwarten sind, Kabelboxen, Kleinschotts je nach Brandschutzklasse.
Verlegung in Installationsschächten und -kanälen I 30, I 90. Ausführung nach DIN 4102-4, Ziffer 8.6 oder nach bauaufsichtlichem Prüfzeugnis.

Ersatzmaßnahmen: Einzelne Kabel hohlraumfrei einmörteln. Kabel ausreichend einputzen nach der Muster-Leitungsanlagenrichtlinie (MLAR).

 **Nennen Sie drei Möglichkeiten der Leitungsverlegung für den Wohnungsbau.**

 Isolierte Leitungen im Installationsrohr auf und unter Putz
Isolierte Leitungen als Stegleitungen in und unter Putz
Feuchtraumleitungen über, auf, in und unter Putz.

 In der Elektro-Installation wird zwischen „trockenen", „feuchten" und „nassen" Räumen unterschieden. Welche Räume zählen jeweils dazu? Bad und WC, Waschküche, Gewächshaus, Großküche, Hausarbeitsraum, Kesselhaus, Garage, Duschraum im öffentlichen Schwimmbad?

 Angaben nach der Richtlinie DIN VDE 0100 Teil 701

Zu „trocken":   Bad und WC, Hausarbeitsraum, Garage;
Zu „feucht":   Waschküche, Großküche, Kesselhaus;
Zu „nass":   Gewächshaus, Duschraum im öffentlichen Schwimmbad.

 Der Schutz gegen gefährliche Körperströme gliedert sich in 3 Stufen auf, die nacheinander wirksam werden sollen:
– Schutz gegen direktes Berühren
– Schutz bei indirektem Berühren
– Schutz bei direktem Berühren
Zu erklären sind diese drei Begriffe.

 Folgende Stufen zum Schutz gegen gefährliche Körperströme werden in ihrer Bedeutung nach unterschieden in:
– Schutz gegen direktes Berühren: Ein Mensch kann betriebsmäßig spannungsführende Teile nicht berühren. Basisisolierung aller spannungsführenden Teile
– Schutz bei indirektem Berühren: muss wirksam werden, wenn der Schutz gegen direktes Berühren z.B. durch Beschädigung der Isolierung nicht mehr wirksam ist
– Schutz bei direktem Berühren: wenn spannungsführende Teile frei liegen oder bei einem defekten Gerät außerdem der Schutzleiter unterbrochen ist.

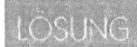 Erläutern Sie folgende Begriffe: Schutzleiter, Schutzisolierung, Schutzkleinspannung, Schutztrennung.

Schutzleiter: (Schutzklasse I) Ein Starkstromanschluss besteht aus einer Phase, einem Nulleiter und dem Schutzleiter (bei 230V-Spannung) und bei 400V-Spannung aus 3 Phasen, dem Nullleiter und dem Schutzleiter. Der Schutzleiter verhindert, dass eventuell Spannung, die offen ist, beim Berühren einer Stromleitung oder eines elektrischen Gerätes auf den Menschen übertragen wird. Offenliegende Spannung wird vom Schutzleiter über den Potentialausgleich an den Fundamenterder übertragen.

Schutzisolierung: (Schutzklasse II) Isolierung der Adern eines elektrischen Kabels untereinander und zum Benutzer. Jede Ader ist mit einem Kunststoffmantel umgeben, die drei Adern einer 230 V-Anschlussleitung sind mehrmals von einem Kunststoffüberzug umgeben.

Schutzkleinspannung: (Schutzklasse III) Bei dieser Schutzmaßnahme wird die Spannung soweit reduziert, dass von ihr keine Gefahr mehr ausgehen kann. Bei Wechselspannung beträgt die höchstzulässige Berührungsspannung circa 50 V, in Sonderfällen z.B. bei Kinderspielzeugen 25 V. Bei Gleichspannung darf die Berührungsspannung max. 120 V bzw. 60 V betragen.
Die Schutzkleinspannung gewährleistet Schutz bei direktem und indirektem Berühren. Sie ist z.B. für Elektrogeräte vorgeschrieben, mit denen in engen Räumen oder Heizkesseln gearbeitet werden muss, des weiteren für Backofenleuchten, Kinderspielzeug. Die Erzeugung der Schutzkleinspannung erfolgt meist in Transformatoren.

Schutztrennung: Beim Trennen eines Schutzkontaktsteckers aus der Schutzkontaktsteckdose werden zuerst die beiden stromleitenden Phasen (Nullleiter und 1 Phase) getrennt. Erst dann wird der Schutzleiter, der geerdet ist, getrennt. So wird verhindert, dass eventuell Spannung über den Schutzkontaktstecker auf den Menschen übertragen wird.

DIN VDE 0100 Teil 701 beinhaltet Schutzbereiche für elektrische Anlagen in Räumen mit Badewannen oder Duschen. Für in und an Badewannen und Duschen vorhandene und angrenzende Flächen sind Bereiche von 0 bis 2 festgelegt, für die bestimmte Anforderungen gelten. Welche sind diese?

Bereich 0:
Ist begrenzt auf das Innere der Bade- oder Duschwannen, bei Dusche ohne Wanne (bodengleich) entfällt der Bereich 0.

Bereich 1:
Ist begrenzt auf die Fläche über der Bade- oder Duschwanne bis zu einer Höhe von 2,25 m über Fertigfußboden, bei bodengleichen Duschen im Abstand von 1,2 m vom Mittelpunkt der festen Wasseraustrittsstelle (Brausekopf) an der Wand oder Decke
Bereich 2:
Ist Bereich 1 und die angrenzende Fläche in 60 cm Breite.

 **Welche Aufgabe haben Schutzeinrichtungen in der elektrischen Hausinstallation?**

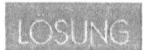 Schutzeinrichtungen haben hauptsächlich 3 Aufgaben zu erfüllen:
1. Bei Kurzschluss in einem Gerät oder in einer Leitung wird der Stromfluss durch elektromagnetische Auslösung unterbrochen.
2. Eine thermische Bimetall-Auslösung verhindert bei einer längeren Überlastung der Leitung, dass durch zu hohe Erwärmung ein Brand entstehen kann.
3. Bei defekten Geräten können geringe Fehlerströme auftreten, die für den Menschen gefährlich werden könnten. Durch einen Fehlerstrom-Schutzschalter werden diese Geräte dann in kürzester Zeit vom Netz getrennt.

 **Welche Aufgabe haben Überstromschutzeinrichtungen?**

 Überstromschutzeinrichtungen unterbrechen den Stromkreis bei zu hoher Belastung und Kurzschluss und schützen damit Leitungen und Geräte vor unzulässiger Erwärmung und Zerstörung.
Bei Schmelzsicherungen schmilzt bei Überlastung der Sicherungsdraht, wodurch der Stromkreis unterbrochen wird. Bei Leistungsschutzschaltern wird der Stromkreis bei Überlastung durch einen thermischen Auslöser und bei Kurzschluss durch einen elektromagnetischen Auslöser unterbrochen. Leitungsschutzschalter können von Hand wieder eingeschaltet werden, durchgeschmolzene Sicherungen müssen ersetzt werden.

 **Was verstehen Sie unter einer Fehlerstrom-Schutzeinrichtung?**

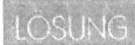 Fehlerstrom-Schutzeinrichtung: Sicherungen, die bei direktem Berühren der unter Spannung stehenden Leitung den Stromfluss unterbrechen. Dazu gehören: Leitungsschutzsicherungen und Leitungsschutzschalter. Diese Einrichtungen sind im Hausanschlusskasten und im Stromkreisverteilungskasten installiert. Heute wird nur noch der Leitungsschutzschalter eingebaut, der bei Fehlerstrom den Stromfluss unterbricht und den man nach Beheben des Fehlerstroms einfach wieder einrasten kann.

 **Eine 230-V-Steckdose ist mit einem FI-Schutzschalter geschützt. In welchem Fall wird die Sicherheitseinrichtung die Zuleitung zur Steckdose unterbrechen?**
a) Wenn eine schutzisolierte Handbohrmaschine zu „rauchen" beginnt?
b) Bei Netzausfall (kein Stromfluss)?
c) Wenn ein Strom zur Erdung fließt?
d) Bei einem überlasteten Elektrogerät?

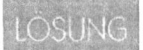 Zutreffend ist das Problem c, wenn Strom zur Erdung fließt.

 **Wie unterscheiden sich Abzweigdose und Geräte-Verbindungsdosen?**

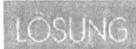 Die klassische Installation mit Abzweigdosen sieht für jeden Verbindungspunkt eine eigene Abzweigdose vor. Der Materialaufwand ist vergleichsweise hoch. Es werden mehr Kabel und mehr Abzweigdosen benötigt, als bei Verwendung von Geräte-Verbindungsdosen.
Vorteil: Geringerer Aufwand bei späteren Änderungen oder Ergänzungen der Anlage.
Installation mit Geräte-Verbindungsdosen. Hier werden die ohnehin vorhandenen Gerätedosen für die Unterbringung von Schaltern, Steckdosen, Dimmern etc. genutzt, die über zusätzlichen Verteilerraum verfügen. Die Leitungen verzweigen in den Geräte-Verbindungsdosen. Diese Installation

setzt sich immer mehr durch, da sie wegen der nicht mehr erforderlichen Abzweigdosen kostengünstiger ist.
Verwendet werden folgende Dosentypen:
- Abzweigdosen mit 70 mm Durchmesser mit einer Tiefe wie die Gerätedosen; als Imputz-Dose sind auch flachere Ausführungen im Angebot
- Schalter- oder Gerätedosen in Unterputz-Ausführung
- Wandleuchten-Anschlussdosen; verhindern, dass freie Leitungsenden nach Demontage der Leuchte (z.B. bei Umzug) eine Gefahr darstellen
- Geräteanschlussdosen als Übergang von der fest verlegten Leitung in der Wand zur beweglichen Anschlussleitung für Großgeräte, z. B. Elektroherde.

 **Was verstehen Sie in der Elektroinstallation unter Leitungsschutz?**

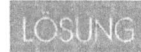 Wenn Strom durch einen Leiter fließt, erwärmt er sich. Die Erwärmung ist abhängig von
- der Höhe des Stroms,
- der Dauer des Stromflusses (der Betriebszeit) und
- vom Widerstand des Leiters, dessen Höhe wiederum vom spezifischen Widerstand des Materials, der Leitungslänge und dem Querschnitt abhängt.

Eine unzulässige Erwärmung muss ausgeschlossen werden, da sie die Isolation beschädigt und dadurch Gefährdungen von Personen (elektrischer Schlag) oder Sachwerten (Brände) verursachen kann.
Der Schutz von Leitungen und Kabeln gegen zu hohe Erwärmung kann durch Kombination verschiedener Maßnahmen erreicht werden:
- Wahl des richtigen Querschnitts je nach erwarteter Strombelastung
- Geeignete Verlegung (Kabelhäufungen reduzieren die Strombelastbarkeit)
- Begrenzung der Leitungs- und Kabellängen
- Zuordnung der richtigen Überstrom-Schutzeinrichtung (Sicherung oder Leitungsschutzschalter).

Um Leitungen und Kabel gegen zu hohe Erwärmung zu schützen, müssen diese – wenn alle anderen Bedingungen (wie Querschnitt, Länge, Verlegungsart etc.) erfüllt sind – im

Wesentlichen gegen Überströme, die bei Überlast oder bei Kurzschluss auftreten, geschützt werden. Demzufolge wird der Schutz gegen zu hohe Erwärmung eingeteilt in:
– Schutz bei Überlast
– Schutz bei Kurzschluss.
Zu diesem Zweck wurden Überstrom-Schutzeinrichtungen entwickelt, die den Überlast- oder Kurzschlussstrom unterbrechen, bevor er eine schädliche Erwärmung der Leitungen verursacht.

Wie werden in der Elektroinstallation Leitungen miteinander verbunden?

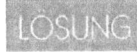
Anschlüsse und Verbindungen von Leitungen mit Geräten untereinander werden hauptsächlich mit Hilfe von
– Schraubklemmen
– Schraubenlosen Klemmen (Wago-Klemmen)
hergestellt. Verwendet werden auch Pressverbinder oder Steckverbinder.
Grundsätzlich gilt, dass Leitungsverbindungen oder -abzweigungen nur auf isolierender Unterlage bzw. mit isolierender Umhüllung vorgenommen werden dürfen. Die Verbindungsstellen müssen zugänglich bleiben. Dafür sind geeignete Anschlussräume, d.h. Verbindungsdosen oder -kästen, erforderlich. Je nach verwendeten Dosen ergeben sich dabei unterschiedliche Leitungsführungen.

Welche grundsätzlichen Überlegungen zur Leitungsverlegung in der Elektroinstallation können Sie nennen?

Leitungen müssen immer so verlegt werden, dass sie auf jeden Fall vor mechanischer Beschädigung (die weitere Personen- und/oder Sachschäden nach sich ziehen könnte) geschützt sind, entweder durch ihre Lage oder durch Verkleidung.
Bei der Leitungsführung gelten folgende Grundsätze:
– Leitungen in Wänden nur senkrecht oder waagerecht verlegen (in Fußböden und Decken dürfen Leitungen auf dem kürzesten Wege verlegt werden)
– eine feste Verlegung ist immer sicherer als bewegliche

- Leitungen außerhalb des Handbereichs von Personen sind immer sicherer.

Übliche Verlegearten im Gebäude sind:
- auf Putz
- in und unter Putz
- in Elektroinstallations-Rohren
- in Elektroinstallations-Kanälen (Sockelleisten-, Unterflur-Fußboden- oder Brüstungskanäle)
- in baulichen Hohlräumen (Decken, Wände)
- auf Kabelpritschen oder -wannen
- direkt im Mauerwerk oder Aussparungen in Beton in Art einer Unterputzverlegung
- direkt in Beton (aber nicht in Rüttel- oder Stampfbeton, hier nur in Rohren)

Nicht gestattet ist die Verlegung:
- auf Schornsteinwangen (hätte wegen der Erwärmung eine verringerte Lebensdauer der Isolierung zur Folge)
- in Schornsteinzügen
- in Lüftungskanälen

Genügend Abstand ist zu halten:
- von warmen Rohrleitungen
- Blitzschutzanlagen (ggf. Überspannungsableiter montieren)
- Fernmeldeleitungen (in Kanälen ggf. Trennstege vorsehen).

Bei Verlegung im Erdreich müssen Mantelleitungen (z.B. NYM) mit Schutzrohren oder geschlossenen Installationskanälen geschützt werden. Unmittelbar in Erde dürfen nur Kabel verlegt werden. Für durch Putz verdeckte Leitungen sowie für Schalter und Steckdosen sind bestimmte Installationszonen vorgeschrieben. Unter Einbeziehung der Regelung, dass Leitungen nur senkrecht oder waagerecht zu verlegen sind, wird gewährleistet, dass der ungefähre Verlauf der (nicht sichtbaren) Leitungen zu erkennen ist. Damit verringert sich die Gefahr, dass beim Bohren von Dübellöchern oder Einschlagen von Nägeln etc. die Leitungen beschädigt werden.

 **Welche Vorzugsmaße bei der Verlegung von Elektroleitungen können Sie gem. DIN 18015 Teil 3 nennen?**

 Nach DIN 18015 Teil 3 gelten Vorzugsmaße bei der Verlegung von Leitungen.
Vorzugsmaße bei horizontaler Verlegung:
– 30 cm unter der fertigen Deckenfläche
– 30 cm oder 100 cm über der fertigen Fußbodenfläche
Vorzugsmaße bei vertikaler Verlegung:
– 15 cm neben Rohbaukanten oder -ecken
Vorzugshöhe für Schalter:
– 105 cm über der fertigen Fußbodenfläche,
– 115 cm über der fertigen Fußbodenfläche in Küchen.
Für Küchen und Hausarbeitsräume gelten darüber hinaus gesonderte Festlegungen.
Für Steckdosen, Schalter oder Abzweigdosen, die außerhalb der Installationszonen liegen, gilt, dass sie mit einer senkrechten Stichleitung aus der am nächsten gelegenen horizontalen Installationszone versorgt werden müssen.

 **Was verstehen Sie unter einer Kreuzschaltung?**

 Unter Kreuzschaltung versteht man eine erweiterte Wechselschaltung. Sie wird angewandt, wenn ein Verbraucher z.B. die Beleuchtung eines langen Flurs von mehr als zwei Stellen aus beliebig ein- oder ausschalten will. Sie wird aus zwei Wechsel- und einem oder mehreren Kreuzschaltern aufgebaut. Zu beachten ist, dass der oder die Kreuzschalter immer zwischen den Wechselschaltern installiert werden müssen. Der Verkabelungsaufwand ist hoch, da von den Abzweigdosen zu jedem Kreuzschalter eine 5-adrige Leitung verlegt werden muss. Anwendung: Wenn die Bedienung von mehr als zwei Schaltstellen aus erforderlich ist, z.B. im Flur, Treppenraum oder im Keller.

 **Was verstehen Sie unter einem Serienschalter?**

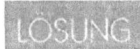 Sollen zwei Lampen oder Lampengruppen von einer Stelle aus wahlweise gemeinsam oder jeweils einzeln ein- oder ausgeschaltet werden, wird die Serienschaltung angewandt. Ein Serienschalter besteht im Prinzip aus zwei Ausschaltern

in einem Gehäuse, die für die Netzzuleitung (Außenleiter L) einen gemeinsamen Anschluss haben. Anwendung: Wenn von einer Schaltstelle aus zwei Lampen oder Lampengruppen gleichzeitig oder unabhängig voneinander einzeln geschaltet werden sollen, z. B. indirekte und direkte Beleuchtung im Wohnzimmer.

 **Erläutern Sie folgende Schalterarten aus dem Bereich der Elektroinstallationen: Panikschalter, Simulationsschalter, Automatikschalter, Serienschalter, Dimmer Tastschalter, Schalter mit Leuchte.**

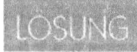 Panikschalter:
Bei Gefahr kann über einen Tastschalter (z.B. am Bett) die komplette Hausbeleuchtung eingeschaltet werden. Schaltung nur bei Businstallation möglich.

Simulationsschalter:
Lässt ein vorher programmiertes „Urlaubsprogramm" ablaufen, indem bei Abwesenheit der Bewohner zu vorher bestimmten Zeiten die Rollläden hoch und runter fahren oder Licht an und ausgeht, um somit Anwesendheit zu simulieren. Schaltung nur bei Businstallation möglich.

Automatikschalter:
Bewegungsmelder, das Licht wird automatisch eingeschaltet, wenn eine Person den Raum betritt und beim Verlassen wieder ausgeschaltet. Sorgt in Durchgangsbereichen wie Dielen und Treppenräumen für Sicherheit und Komfort.

Serienschalter:
Zwei unter einer Abdeckung nebeneinanderliegende Schalter schalten unabhängig voneinander zwei verschiedene Leuchten bzw. Gruppen von Leuchten.

Dimmer:
Schalten Leuchten sowohl ein als auch aus und können deren Helligkeit stufenlos regeln.

Tastschalter:
Schaltet über ein Stromstoßrelais den Stromkreis ein oder aus, mit Kontaktrückholfeder. Schalter wird hauptsächlich für Schaltkreise mit mehreren Schaltern verwendet, z.B. Treppenraum- oder Flurbeleuchtung.
Vorteile:
- Beliebig viele Taster können an den Installationsfernschalter angeschlossen werden
- Sehr vorteilhaft z.B. in langen Fluren oder ausgedehnten Treppenräumen
- Die Stromstoßrelais werden mit Kleinspannung (12 oder 24 V) betrieben; d.h. größere Sicherheit und geringe Aderquerschnitte für die Verdrahtung.

Nachteile:
- Gelegentlich wirkt das klackende Schaltgeräusch der Stoßstromschalter störend
- deshalb auf gut schallisolierte Stromkreisverteiler achten und diese möglichst nicht an Wänden zu Schlafräumen montieren.

Schalter mit Leuchte:
Gibt Aufschluss über den Betriebszustand der Leuchte im Raum oder dient als Orientierungslampe zum Auffinden des Schalters.

 **Wie heißt die elektrische Sicherheitseinrichtung, die Leiter, Elektroapparate (Geräte) oder Elektromotoren vor Überstrom und Kurzschluss schützt?**

 Wird die maximale Stromstärke überschritten, die dem Leiter, dem Gerät oder dem Motor zugeordnet ist, dann unterbrechen
Schmelzsicherung
Leitungsschutzschalter oder
Motorschutzschalter den Stromkreis automatisch.

 **Es ist die Vorgehensweise bei der Aufstellung eines „Architekten-Elektroplans" zu beschreiben. Welche Dinge müssen bei der Leistungsbeschreibung (LV) zusätzlich angegeben bzw. zugrunde gelegt werden?**

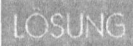 Im Architektenplan werden alle Steckdosen, Lichtquellen und elektrischen Geräte, die in und an einem Gebäude installiert werden sollen, mit Symbolen eingezeichnet. Dabei geht man den Grundriss eines Gebäudes Raum für Raum durch und trägt in dem jeweiligen Raum die benötigten elektrischen Einrichtungen mit genormten Symbolen ein. Des weiteren ist anzugeben, von welchem Punkt im Raum die Leuchten geschaltet werden sollen. Hier müssen Schalter und Leuchte, die zusammengehören, bei den Symbolen mit der gleichen Zahl beschriftet werden, so dass der Elektrofachmann nachvollziehen kann, welchem Schalter welche Lichtquelle zugeordnet ist.

Einzutragen in die Grundrisspläne sind alle elektrischen Einrichtungsgegenstände für Stark-, Schwachstrom, also auch Telefonanschlussdosen, Türklingeln, Türsprechanlagen, Antennensteckdosen usw. Des weiteren ist die Montagehöhe der elektrischen Einrichtungsgegenstände an den Wänden anzugeben. Bei der Leistungsbeschreibung müssen zusätzlich die Leitungsmaterialien, deren Menge und Qualität angegeben werden, das verwendete Schalterprogramm und die gewünschte Sprechanlage.

 **Was ist eine Schutzkontaktsteckdose?**

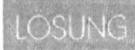 Die Schutzkontaktsteckdose schließt bei Einführen einer Steckverbindung die Schutzleitung, bevor die elektrische Spannung zwischen den beiden Polen geschlossen wird. Die Schutzleitung ist mit der Potentialausgleichsleitung im Hausanschlussraum verbunden, der an den Fundamenterder angeschlossen ist. So wird bei einem Fehlerstrom die Spannung nicht bei Berühren eines Elektrogerätes an den menschlichen Körper übertragen, sondern in den Schutzleiter weitergeleitet.

 **Was ist bei elektrischen Anlagen in Versammlungsstätten alles zu beachten?**

 Zu Versammlungsstätten gehören Kinos, Stadien, Theater, ...

Eine Planung der elektrischen Einrichtungen für den Katastrophenfall, d.h. den Brandfall muss vorliegen, ⇒ vorbeugender Brandschutz.
Deshalb sind Forderungen wie sonst bei feuergefährdeten Räumen üblich:
– Isolationsprüfung jedes Stromkreises ohne Abklemmen des Neutralleiters (Trennklammern)
– Verbindungs-, Steck- und Schalterdosen aus nicht brennbaren Werkstoff, auch bei Leitungen und Schutzrohren in der Nähe von brennbaren Stoffen
– Verlegungswege von Kabeln und Leitungen ⇒ Brandausweitung soll verhindert werden
– Wandaussparungen: Abdichtung durch Kabelabschottungen
– Hauptstromleitungen werden getrennt von Steuer- und Meldeleitungen verlegt
– Abführung der Verlustwärme der Kabel, evtl. Kühlung
– Fehlerstromschutzschaltung (FI-Schalter): Abschaltung erfolgt schon im frühen Stadium eines Isolationsschadens
– Potentialausgleich
– Motorschutzschalter, die bei Überlast den Motor abschalten
– Angaben über Sicherheitsbeleuchtung und Ersatzstromversorgung
– Schaltpläne anbringen.

Es ist die Mindestausstattung der Elektro-Installation für ein Wohnhaus im „Architektenplan" zu beschreiben mit folgenden Räumen: Hauseingang, Diele, Küche, Wohnen, Elternschlafzimmer.

Hauseingang:
Die Höhe der Auslässe ist mit dem Bauherrn abzustimmen.
– Lichtauslass für die Außenleuchte(n) (von innen schaltbar)
– Hausnummer-Leuchte
– Klingel
– Türöffner
– Türsprechstelle als Gegen- oder Wechselsprechanlage mit oder ohne Video-Überwachung

Diele:
Lichtauslass für die Deckenleuchte(n) oder/und
Lichtauslass für die Wandleuchte(n)
Gong
Türöffner
Türsprechanlage
Telefon
Telefax
Anrufbeantworter
1-3 SCHUKO-Steckdosen

Küche:
Die Höhe der Auslässe ist mit dem Bauherrn und dem Küchenplaner abzustimmen.
Lichtauslass für die Deckenleuchte(n) oder/und
Lichtauslass für die Wandleuchte(n)
evtl. weitere Lichtauslässe in Arbeitszonen
Lichtband unter Hängeschränken
Dunstabzugshaube
Herd
Backofen, Grill
Mikrowelle
Geschirrspüler
Kühl-, Gefrierschrank
evtl. Durchlauferhitzer für Warmwasser
Telefon
Haustelefon
Radio
Fernseher
evtl. Jalousiensteuerung
Rauchmelder
7-11 SCHUKO-Steckdosen

Wohnen:
Lichtauslässe für die Deckenleuchten oder/und
Lichtauslässe für die Wandleuchten
Stehleuchte
Tischleuchte
Schrank-/Vitrinenleuchten
Telefon
Haustelefon

Hi-Fi
Fernseher
Video
Lautsprecherboxen
evtl. Türsprechanlage
evtl. Jalousiensteuerung
evtl. Tast-Dimmer
7-11 SCHUKO-Steckdosen, je nach Audio-/Videoanlage

Eltern-Schlafzimmer:
Lichtauslass für die Deckenleuchte(n) oder/und
Lichtauslass für die Wandleuchte(n)
Stehleuchte
Nachttischleuchte
Schrankleuchten
Telefon
Haustelefon
Hi-Fi
Fernseher
Video
Lautsprecherboxen
evtl. Türsprechanlage
evtl. Jalousiensteuerung
evtl. Tast-Dimmer
6-7 SCHUKO-Steckdosen.

 **Was verstehen Sie unter einem Hausanschlussraum?**

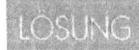 Um alle Anschlusseinrichtungen eines Gebäudes übersichtlich und ordnungsgemäß installieren und warten zu können, hat sich die Einrichtung von Hausanschlussräumen als zweckmäßig erwiesen. Neben dem Hausanschlusskasten für Elektro können im Hausanschlussraum auch der
– Fernmeldeanschluss
– Wasseranschluss
– Gasanschluss
– Fernwärmeanschluss
– und die Entwässerung
untergebracht werden. Zusätzlich können hier auch Hauptverteiler, Zählerschränke, Steuergeräte etc. angeordnet werden.

 **Welche Anforderungen werden an einen Hausanschlussraum gestellt?**

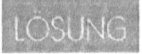 Folgende Anforderungen werden an einen Hausanschlussraum gestellt:
- Lage möglichst an der Gebäudeaußenwand, dadurch kurze Wege
- Mindestmaße: 2,00 m Länge, 1,80 m Breite, 2,00 m Höhe (bis 30 Wohneinheiten), bei größeren Gebäuden (bis 60 Wohneinheiten) beträgt die Mindestlänge 3,50 m
- Freie Durchgangshöhe mind. 1,80 m bei unter der Decke geführten Leitungen
- Wände müssen mind. der Feuerwiderstandsklasse F 30 nach DIN 4102-2 entsprechen
- Gute Zugänglichkeit, aber nicht als Durchgang zu anderen Räumen
- Trocken, begehbar, belüftbar
- Verschließbare Türen
- Kennzeichnung mit Schild „Hausanschlussraum"
- Beleuchtung
- Schutzkontaktsteckdose für Wartungsarbeiten.

 **Was verstehen Sie unter einer Hausanschlusswand?**

 Als Hausanschlusswand wird eine Wand in einem Raum des Gebäudes bezeichnet, an der HAK für Strom sowie die Übergabepunkte und Absperreinrichtungen für die anderen Medien angeordnet werden. Bedingungen:
- Der Raum mit der Hausanschlusswand muss über allgemein zugängliche Räume (z. B. Treppenraum, Kellergang etc.) oder direkt von außen erreichbar sein.
- Die Wand muss an einer Außenwand gelegen sein.

 **Was verstehen Sie unter einer Hausanschlussnische?**

 Unter Hausanschlussnische versteht man ein mit einer Tür abschließbare Nische, in der die verschiedenen Anschlusseinrichtungen platzsparend angeordnet werden.
Mit folgenden Vorgaben:
- Tiefe: mindestens 250 mm
- Breite: mindestens 875 mm

- Höhe: Türhöhe
- Entfernung von einer Außenwand nicht größer als 3 m
- Vor der Nische muss eine Bedienungs- und Arbeitsfläche mit einer Tiefe von mindestens 1,2 m vorhanden sein
- Ausreichende Beleuchtung.

 **Was bedeutet EIB in der Elektroinstallation?**

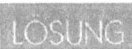 EIB ist die Abkürzung für „Europäischer Installationsbus" und ist ein europaweiter Standard in der Gebäudesystemtechnik, dem sich viele namhafte Hersteller angeschlossen haben. Durch Standardisierung, Normung und Qualitätssicherung soll ein sicheres Zusammenwirken aller Geräte im Haus erreicht werden.

 **Was unterscheidet ein Bussystem von der herkömmlichen Elektroinstallation?**

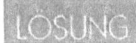 Die herkömmliche Elektroinstallation benötigt viele Steuerleitungen, damit verbunden eine komplizierte Verdrahtung und hohen Platzbedarf, in der Regel können z.B. für das Zusammenwirken von Jalousiensteuerung und Beleuchtung nur unwirtschaftliche Insellösungen eingesetzt werden. Zu einer erhöhten Brandlast kommt die geringe Flexibilität bei Änderungen und Erweiterungen.

Bei der Installation in Bustechnik wird nur eine Steuerleitung mit einer einfachen Verdrahtung verlegt, somit geringe Brandlast, große Flexibilität bei Erweiterung und Nutzungsänderung durch einfache (Um)Programmierung der installierten Komponenten, eine Vernetzung und automatische Steuerung vieler Funktionen ist möglich.

 **Welche Aufgaben können von der Gebäudesystemtechnik erledigt werden?**

 Folgende Aufgaben können von der Gebäudesystemtechnik erledigt werden:
- Überwachen der aktuellen Betriebszustände, ob sie von der programmierten Vorgabe abweichen oder nicht
- Melden bei Abweichungen

- Steuern der vorgesehenen Aktivitäten bei Abweichungen von der programmierten Vorgabe durch Aussenden der entsprechenden Schaltsignale an die in Frage kommenden Verbraucher
- Schalten bewirkt ein Auslösen der erwünschten Aktivität bei den entsprechenden Verbrauchern
- Anzeigen der Betriebszustände aller angeschlossenen Verbraucher auf einer zentralen Anzeigetafel, z.B. Computerbildschirm
- Protokollieren und Aufzeichen aller Steuer-, Mess- und Regelvorgänge, vor allem bei Betrieben und Verwaltungen
- Fernabfrage von Betriebszuständen per Telefon
- Fernsignalisieren durch Melden von bestimmten Ereignissen
- Fernsteuern gewünschter Betriebszustände per Telefon.

 **Wie sind Bussyteme aufgebaut?**

 Busgeräte bestehen jeweils aus dem Busankoppler und dem Anwendungsmodul. Beide sind über die Anwender-Schnittstelle (10- oder 12-poligen Steckverbinder) miteinander verbunden. Der Anwendungsmodul ist das Endgerät, das die gewünschte Funktion realisiert. Der Busankoppler sendet und empfängt die Telegramme über den Installationsbus. Jeder Busankoppler enthält einen Mikroprozessor zur Speicherung und Bearbeitung des Anwendungsprogramms sowie einen Wandler zur Spannungsversorgung.

Die kleinste Einheit in einem Busnetzwerk ist die Linie. Beim EIB können an eine Linie maximal 64 Bus-Teilnehmer angeschlossen werden. Bei mehr als 64 Geräten werden bis zu 15 weitere Linien gebildet, die über sogenannte Linienkoppler an eine Hauptlinie angeschlossen werden. So können je Hauptlinie theoretisch 15 x 64 Geräte zusammengeschlossen werden (unter Beachtung der maximalen Leitungslängen). Bis zu 15 Hauptlinien können wiederum mit Hilfe von Bereichskopplern zu Bereichen gekoppelt werden, so dass auch sehr große Gebäude mit kompletter Bustechnik ausgestattet werden können.

 **Erläutern Sie an je einem Beispiel das Zusammenwirken der einzelnen Komponenten der Hausinstallation mit unterschiedlichen Funktionen in einem Bürogebäude und in einem Wohnhaus.**

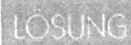 Da die einzelnen Komponenten der Hausinstallation miteinander kommunizieren, kann z.B. die Anlage so programmiert werden, dass in einem Büroraum, in dem über einen Melder keine Bewegung mehr registriert wird, die Raumtemperatur um 2°C abgesenkt wird und das Licht schaltet aus. In einem Wohnraum sendet der Fensterkontakt z.B. beim Öffnen des Fensters ein Signal an die Einzelraumregelung, das Ventil am Heizkörper schließt, die Wärmezufuhr wird gestoppt, Energieverluste werden vermieden.

 **Welche Einrichtungen der Hausinstallation eines Gebäudes können sinnvoll an eine Busleitung angeschlossen werden?**

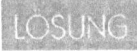 Folgende Einrichtungen der Hausinstallation eines Gebäudes können sinnvoll an eine Busleitung angeschlossen werden:
– Innen- und Außenbeleuchtung
– Sonnen- und Sichtschutz
– Heizungs- und Lüftungsanlage
– Solar- und Regenwassernutzungsanlage
– Einbruchmeldeanlage und Rauchmelder.

 **Welche energiesparenden Funktionen im Gebäude sind durch ein Bussystem möglich?**

 Beispiele für energiesparende Funktionen im Gebäude, die heute Stand der Technik sind:
– Automatische Einzelraumregelung der Heizung (Wärmegewinne durch Personen)
– Sonneneinstrahlung etc. werden mit in die automatische Regelung der Heizungsventile einbezogen
– Tageslichtabhängige Lichtsteuerung (je nach Lichteinfall von außen wird die Beleuchtung automatisch so gesteuert, dass z.B. am Arbeitsplatz immer eine konstante Helligkeit erzielt wird)

- Lichtszenensteuerung (Absenkung der Helligkeit und An- oder Abschalten bestimmter Leuchten/Leuchtengruppen je nach Arbeitsaufgabe bzw. Lebensvorgang – wäre manuell nur mit hohem Aufwand möglich)
- Sparsame dezentrale Warmwasserbereitung mit elektronischen Durchlauferhitzern, die genau so viel Warmwasser bereitstellen, wie auch wirklich benötigt wird
- Möglichkeiten der Fernbedienung (bedarfsweises Einschalten der Heizung, Warmwasserbereitung) zur Energieeinsparung
- Zentralfunktionen, d.h. Funktionen, die von einem Taster, dem Türschloss oder auch per Zeitsteuerung ganze Gerätegruppen bzw. das ganze Gebäude beeinflussen; z.B. automatisch „alle Lampen aus" oder alle Heizkreise auf Frostschutz runterfahren, einfach beim Abschließen des Gebäudes.

Stark-, Schwachstromanlagen – Beleuchtungsanlagen

 Welche Grundgrößen der Lichttechnik können Sie den Einheiten: LUMEN (lm), CANDELA (cd) und LUX (lx) zuordnen? Erklären Sie dabei die Grundgrößen der Lichttechnik.

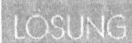 LUMEN (lm): Lichtstrom Φ. Das ist die von einer Lichtquelle nach allen Richtungen ausstrahlende Lichtleistung. Einheit ist das Lumen (lm).
CANDELA (cd): Lichtstärke I. Dies ist die in einer bestimmten Richtung gemessene Stärke der Strahlung einer Lichtquelle mit der internationalen Einheit 1 Candela (cd). Teil des Lichtstromes, der in eine bestimmte Richtung strahlt = Lichtstärke I.
Lichtstärkeverteilungskurven (LVK): graphische Darstellung der Lichtstärke in Form von Kurven.
LUX (lx): Beleuchtungsstärke E. In Lux (lx) gemessen ist dies die Lichtstromdichte einer beleuchteten Fläche A, d.h. der Quotient aus dem, diese Fläche treffenden, Lichtstrom Φ (lm) und der Fläche A in m^2. $E = \Phi / A$
1 lx = 1 lm/ m^2.
Leuchtdichte L: in Candela pro Flächeneinheit (cd/m^2). Der Helligkeitseindruck, den eine beleuchtete oder leuchtende Fläche dem Auge vermittelt. Angabe der Leuchtdichte: größere Aussagekraft über die Qualität der Beleuchtung als die Beleuchtungsstärke.

 Der Begriff „Lichtausbeute" kennzeichnet bei einer Lichtquelle den Wirkungsgrad, mit dem Leistung in Licht umgesetzt wird. Definieren Sie die Bezugsgrößen dieses Wirkungsgrades.

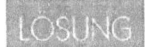 Die Lichtausbeute ist das Verhältnis des abgestrahlten Lichtstromes Φ (lm) zur aufgewendeten elektrischen Leistung (W). Sie gibt Aufschluss über die Wirtschaftlichkeit einer elektrischen Lichtquelle.
Der Lichtstrom Φ (lm) ist ein Maß für die in alle Richtungen ausgestrahlte Lichtleistung einer Lichtquelle. Eine Glühlam-

pe hat eine wesentlich geringere Lichtausbeute als eine Leuchtstofflampe.

 **Welche Faktoren müssen nach dem Wirkungsgrad-Verfahren zur Berechnung einer mittleren Beleuchtungsstärke $\overline{E}$ in Lux beachtet werden?**

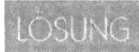 Folgende Faktoren müssen beachtet werden nach dem Wirkungsgrad-Verfahren:
- Art und Zahl der verwendeten Leuchten (Herstellerprospekte)
- Lichtstrom der verwendeten Lampen (Herstellerangaben)
- Reflexionsverhältnisse von Decke, Wänden und Boden sowie geometrische Verhältnisse des Raumes (Länge, Breite, Höhe)
- Betriebswirkungsgrad der Leuchte bei einer bestimmten Umgebungstemperatur (aus Herstellertabellen)
- Alterungs- und Verschmutzungsfaktor.

 **Von welchen Faktoren wird bei der Beleuchtung die Helligkeit eines Raumes beeinflusst?**

 Der Helligkeitseindruck ist abhängig von der Leuchtdichte:
$L = I/A \; (cd/m^2)$
I = Lichtstärke
A = sichtbar leuchtenden Fläche.

 **Was bedeuten in der Lichttechnik ww, nw und tw?**

 Leuchtstofflampen sind mit unterschiedlichen Lichttönungen wie Warmweiß (ww), Neutralweiß (nw) und Tageslichtweiß (tw) erhältlich. Der jeweils gewählte Lampentyp beeinflusst durch die Tönung die optische Wirkung des Raumes. Auch die Farbe der Wände, des Fußbodens und der Decke sowie die Beleuchtungsstärke haben darauf Einfluss. Bei gelbweißen Wänden wirkt das Licht von nw- oder tw-Lampen generell wärmer. Umgekehrt kann ein Raum mit mehr bläulichweiß gestrichenen Wänden bei warmweißem Licht durchaus tageslichtähnlich wirken. Tageslichtweiße Beleuchtung wird im Gegensatz zu landläufiger Meinung nicht generell als „kalt" und unangenehm empfunden.

AUFGABE Stellen Sie den Zusammenhang zwischen Lichtstrom, Lichtstärke, Leuchtdichte und Beleuchtungsstärke her, indem Sie nachstehende Tabelle sinnvoll ergänzen.

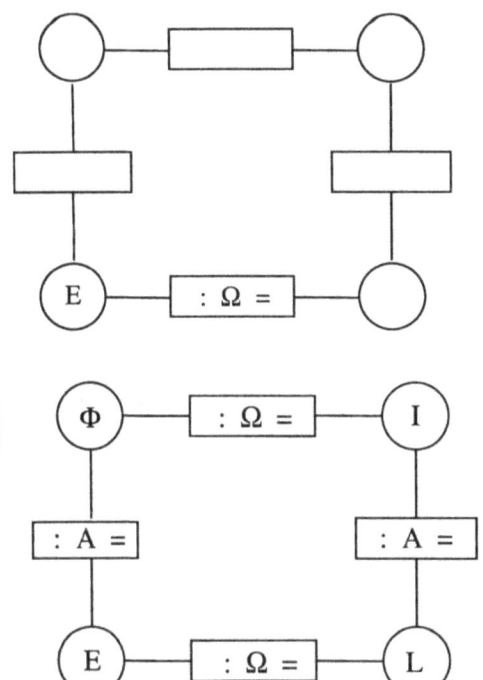

LÖSUNG

Beziehungen zwischen lichttechnischen Größen.
Lichtstrom Φ in lm
Lichtstärke I in [cd]
Leuchtdichte $L = I/A$ in cd/m^2
Beleuchtungsstärke $E = \Phi/A$ in lm/m^2 = lx.

AUFGABE Um wie viel Prozent verringert sich die horizontale Beleuchtungsstärke einer waagerechten Arbeitsplatte (Zeichenbrett), wenn diese um 50° geneigt wird?

LÖSUNG
$E_A = \Phi / A$; $E_A{'} = \Phi{'} / A = \Phi / A \cdot \cos \alpha$
$\alpha = \cos 50° = 0{,}64$
$E_A{'} = E_A \cdot \cos \alpha = E_A \cdot 0{,}64$

Die Beleuchtungsstärke E verringert sich um (1-cos 50°) = (1- 0,64) = 0,36 – d.h. um 36 %.
Sie beträgt nur noch 64 % des waagerechten Zustandes.

AUFGABE **Was ist der Unterschied zwischen Leuchtenwirkungsgrad, Leuchtenbetriebswirkungsgrad und Beleuchtungswirkungsgrad?**

LÖSUNG (optischer) Leuchtenwirkungsgrad: η_L
Von dem Lichtstrom Φ_{La} in Lumen, den eine Lampe (z.B. eine Leuchtstofflampe) erzeugt, wird ein Teil in der Leuchte selbst absorbiert, es wird also nur ein Lichtstrom Φ_{Le} von der Leuchte ausgestrahlt.
Damit ergibt sich der optische Leuchtenwirkungsgrad (er gibt die Effektivität einer Leuchte an):

$$\eta_L = \frac{\Phi_{Le}}{\Phi_{La}}$$

Leuchtenbetriebswirkungsgrad: η_{LB}
Da sich besonders in geschlossenen Leuchten erhebliche Übertemperaturen gegenüber der Raumtemperatur einstellen können, wird der optische Leuchtenwirkungsgrad noch durch einen Temperatur-Verminderungsfaktor $v(\vartheta)$ beeinflusst. Man gibt deshalb für die Leuchte den Leuchtenbetriebswirkungsgrad an

$$\eta_{LB} = \eta_L \cdot v(\vartheta) \quad \text{z.B. } v(\vartheta) = 0{,}8$$

Beleuchtungswirkungsgrad: η_B
Gibt an, wie viel von der Lichtleistung der Lampen in den Leuchten insgesamt auf die Nutzfläche fällt, er hängt von der Raumgeometrie, den Reflexionsgraden von Decke, Wänden und Boden – für jede Leuchtstärkeverteilungskurve der Leuchte ausgedrückt durch den Raumwirkungsgrad η_R – sowie vom Leuchtenbetriebswirkungsgrad η_{LB} ab

$\eta_B = \eta_R \cdot \eta_{LB}$, η_R und η_{LB} sind in Firmenschriften tabelliert.

 **Welche (unterschiedlichen) Verfahren für die Berechnung der Beleuchtungsstärkeverteilung kennen Sie?**

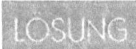 Wirkungsgradverfahren:
Um eine bestimmte Beleuchtungsstärke in einem Raum zu erzielen, werden die dafür notwendigen Lampen und Leuchten hiermit rechnerisch ermittelt.
Punktweise Berechnung:
Die Beleuchtungsstärke wird punktweise berechnet. Nur das von der Leuchte direkt in einem Punkt auftreffende Licht wird berücksichtigt und der Anteil des reflektierenden Lichts im Raum vernachlässigt.

Wie viele Glühlampen (100 W) bzw. wie viele Leuchtstofflampen L 58 W benötigt man, um einen Zeichensaal (Technisches Zeichnen), Größe 10 m x 17 m, mit der nach der Arbeitsstättenrichtlinie geforderten Beleuchtungsstärke zu versorgen?

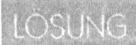 Geforderte Beleuchtungsstärke: 750 lx
Raumgröße: 170 m²

$$E = \frac{\Phi}{A} \left[lx = \frac{lm}{m^2} \right]$$

$\Phi = E \cdot A$

$\Phi_{ges} = 750 \cdot 170 \ lm = 127500 \ lm$

Glühlampe: 100 W
→ besitzt einen Lichtstrom von 1380 lm nach Firmenschrift

$n_G = \dfrac{127500}{1380} = 92,4 \rightarrow 93$ Glühlampen

Leuchtstofflampe: L 58W
→ besitzt einen Lichtstrom von 5400 lm nach Firmenschrift

$n_G = \dfrac{127500}{5400} = 23,61 \rightarrow 24$ Leuchtstofflampen.

 **Welche Eigenschaften muss eine Lampe erfüllen, um eine sehr gute Farbwiedergabe eines angestrahlten Gegenstandes zu gewährleisten?**

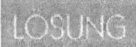 Farbwiedergabe ≥ 80 % des angestrahlten Körpers
Farbwiedergabestufe 1A / 1B (DIN 5035/DIN EN 12464)
alle Spektralfarben vorhanden: kontinuierliches, ausgewogenes Spektrum.

 **Die Beleuchtung von Innenräumen, besonders von Arbeitsstätten, hat vier wesentliche Gesichtspunkte:**
– **Schaffen ausreichender Sehbedingungen**
– **Schaffung einer ausreichend angenehmen Raumatmosphäre, dadurch Motivation der Raumbenutzer**
– **Gewährleistung der Sicherheit im Innenraum**
– **Einstellen der notwendigen Wirtschaftlichkeit.**
Für die Erfüllung dieser Aufgaben muss die Beleuchtung verschiedene Gütemerkmale und Forderungen vorweisen. Nennen Sie solche.

 Für die Erfüllung dieser Aufgaben muss die Beleuchtung folgende Gütemerkmale und Forderungen vorweisen:
– Beleuchtungsniveau
– Leuchtdichteverteilung
– Blendungsbegrenzung
– Lichtrichtung
– Schattigkeit
– Lichtfarbe
– Farbwiedergabe.

 **Grundsätzlich lassen sich drei Arten der Lichterzeugung unterscheiden. Welche sind dies? Erklären Sie die Funktionsweise und nennen Sie je einen typischen Vertreter.**

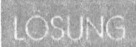 Glühlampen sind Temperaturstrahler, der Glaskolben ist mit Edelgas gefüllt, der Wolframdraht wird durch Stromdurchgang erhitzt und beginnt zu glühen.
Entladungslampen
Niederdrucklampen: Leuchtstofflampen, Kompakt-Leuchtstofflampen

Hochdrucklampen: Quecksilberdampflampen, Halogen-Metalldampflampen
Metalldämpfe oder Gase, die sich in einem Entladungsgefäß befinden, werden durch elektrische Entladung zwischen den Elektroden zum Leuchten gebracht. (Bei Leuchtstofflampen ist an der Röhreninnenseite zusätzlich ein Leuchtstoff aufgebracht).

 **Fasst man die für die Innen- und Außenbeleuchtung verwendeten Lampen zusammen, so kommt man zu fünf Gruppen. Welche sind dies? Nennen Sie die Haupteinsatzgebiete der einzelnen Lampengruppen.**

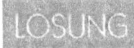 Glühlampen und Halogenglühlampen:
– Wohnbereich
– Verkaufsräume und Schaufenster
Kompakt-Leuchtstofflampen:
– Wohnbereich, besitzen eine höhere Lichtausbeute
Leuchtstofflampen:
– Zweckbeleuchtung im öffentlichen Bereich
Hochdruck-Entladungslampen:
– (Hochdruck-Natriumdampflampen und Hochdruck-Metalldampflampen)
– Industriebeleuchtung
– Freiflächenbeleuchtung
– Sportstättenbeleuchtung
Niederdruck-Natriumdampflampen:
– Straßenbeleuchtung
– Tunnelbeleuchtung
– Hafenanlagenbeleuchtung
– Sicherung von Gebäuden und Flächen (Objektschutz).

 **Erklären Sie die Begriffe aus der Beleuchtungstechnik: Güteklasse und Farbwiedergabestufen.**

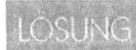 Es gibt folgende Güteklassen: A, 1 (B), 2 (C), 3 (D)
Jede Güteklasse stellt andere Anforderungen:
– A – sehr hoch
– 1 (B) – hoch
– 2 (C) – mittel
– 3 (D) – gering

Die Farbwiedergabe von Oberflächen ist abhängig vom Farbspektrum der Lampe. In Abhängigkeit von der Beleuchtungsaufgabe wird die Qualität der Farbwiedergabe in 4 Stufen eingeteilt. Diese Stufen legen die Mindestanforderungen der Farbwiedergabeeigenschaften fest. Ra bedeutet Farbwiedergabeindex – DIN 5035/ DIN EN 12464

- 1a, sehr gute (naturgetreue) Farbwiedergabe (Ra 90-100)
- 1b, sehr gute (naturgetreue) Farbwiedergabe (Ra 80-89)
- 2a, gute Farbwiedergabe (Ra 70-79)
- 2b, gute Farbwiedergabe (Ra 60-69)
- 3, mäßige Farbwiedergabe (Ra 40-59)
- 4, schlechte Farbwiedergabe (Ra 20-39).

 **Erklären Sie folgende Begriffe und erläutern Sie den Unterschied: Lampe / Glühbirne / Leuchte / Leuchtstoffröhre.**

 Lampe: elektrische Lichtquelle, umgangssprachlich bezeichnet als Glühbirne, richtig Glühlampe.
Leuchte: Halterung und Umhüllung der Lampe, lenkt und formt den Lichtstrom der nackten Lampe.
Leuchtstoffröhre: Gasentladungslampe mit Leuchtstoffbelag auf der Innenseite der Glasröhre.

 **Welche Arten der Beleuchtungswirkung gibt es und erläutern Sie diese?**

 Die Anwendung der Leuchte wird bestimmt durch die Art der Beleuchtungswirkung einer Leuchte. Diese Beleuchtungswirkung ist abhängig von der Art der Lichtverteilung.
Arten der Beleuchtungswirkung:
- direkt: das Licht fällt konzentriert auf die Gebrauchsfläche, harte Schatten und die Decke wirkt im Dunkeln „gemütlich"
- vorwiegend direkt: eine kombinierte Raumbeleuchtung mit einer beleuchteten Gebrauchsfläche, gemilderte Schattenbildung und die Wände werden gleichmäßig erhellt
- gleichförmig (direkt/indirekt): nach oben und unten gibt es eine gleichmäßige Raumbeleuchtung, so entstehen

weiche Schatten und ein blendungsfreies Licht. Leuchten eignen sich für helle Innenräume
- vorwiegend indirekt: die Raumbeleuchtung ist nahezu gleichmäßig, was zu einer geringen Schattenbildung führt. Der überwiegende Teil des Lichts fällt auf die Decke
- indirekt: der gesamte Lichtstrom strahlt nach oben an die Decke und wird von dieser reflektiert. So ist der Raum praktisch schatten- und blendungsfrei, wirkt aber „ungemütlich".

 **Wie sehen etwa die Lichtstärkeverteilungskurven LVK folgender Leuchten aus? Strahler, Rundleuchte mit Trübglas und Leuchtstofflampe mit untergehängtem Schirm.**

   Strahler
direkt

  Rundleuchte mit Trübglas
gleichförmig

 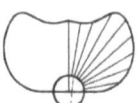 Leuchtstofflampe mit untergehängtem Schirm indirekt

 **Niedervolt-Halogenlampen in den unterschiedlichen Varianten bereichern das Sortiment der Leuchtenhersteller. Stellen Sie die Vor- und Nachteile gegenüber Hochvolt-Glühlampen heraus.**

 Vorteile:
kleinere Abmessungen
höhere Lebensdauer
großer, konstanter Lichtstrom
für Kleinspannungen von 6, 12 und 24 V.

Nachteile:
nicht mit normaler Netzspannung betrieben
nicht dimmbar.

 Welche Eigenschaften von Glühlampen und Kompakt-Leuchtstofflampen können Sie in Bezug auf Lichtausbeute, Lebensdauer in Stunden, Farbwiedergabe, warme Lichtfarben, Typenvielfalt, Dimmen und Temperaturabhängigkeit nennen?

	Glühlampen	Kompakt-Leuchtstofflampen
1. Lichtausbeute		
2. Lebensdauer in Std.		
3. Farbwiedergabe		
4. warme Lichtfarben		
5. Typenvielfalt		
6. Dimmen		
7. Temperaturabhängigkeit		

	Glühlampen	Kompakt-Leuchtstofflampen
1. Lichtausbeute	niedrig	hoch
2. Lebensdauer in Std.	1000	8000
3. Farbwiedergabe	sehr gut	sehr gut
4. warme Lichtfarben	ja	ja
5. Typenvielfalt	groß	mittel / klein
6. Dimmen	ja / möglich	nein
7. Temperaturabhängigkeit	nein	ja

Bei der Entwicklung der Alternativen zu Glühlampen war man bestrebt, die positiven Eigenschaften der Glühlampe zu übernehmen und ihre Nachteile zu meiden.

 Was verstehen Sie unter einer Kompakt-Leuchtstofflampe? Warum kann eine Kompakt-Leuchtstofflampe nicht gedimmt werden?

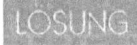 Kompakt-Leuchtstofflampen, auch als Energiesparlampen bezeichnet, sind im Gegensatz zu den röhrenförmigen Leuchtstofflampen von kleiner Bauart und können in eine Glühlampenfassung eingeschraubt werden. Auf den ersten Blick sind Energiesparlampen viel teurer als die konventionellen Glühlampen, aber die teure Anfangsinvestition (Kos-

ten des Sockels) macht sich auf die längere Sicht bezahlt. Sie besitzen eine deutlich längere Lebensdauer und arbeiten effektiver als die konventionellen Glühlampen.
Strom fließt im Glasrohr durch eine spezielle Gasfüllung und regt die Gasmoleküle zum Strahlen an, die Leuchtstoffbeschichtung an der Rohrinnenseite wandelt diese Strahlung in sichtbares Licht um. Die Lichtausbeute ist dabei viel größer und der Wärmeverlust geringer.
Deshalb ist kein Dimmen möglich.

Erläutern Sie den Unterschied der Erzeugung von sichtbarem Licht bei einer Halogen-Glühlampe und einer Leuchtstofflampe?

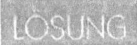
Bei einer Halogen-Glühlampe wird ein Wolframdraht, der sich in einem mit Gas gefüllten Kolben befindet, bis zur Weißglut gebracht. Der Draht kann nicht verbrennen, da die Gasfüllung sauerstofflos ist. Füllgas: Jod oder Bromverbindungen. Dieses Füllgas bewirkt, dass der Verdampfungsprozess des Wolframs verlangsamt wird und es zu einem sogenannten Kreisprozess kommt.
Bei einer Leuchtstofflampe (d.h. Niederdruckentladungslampe) findet im Glasgefäß zwischen zwei Elektroden eine kontinuierliche Entladung statt. Elektronen werden freigesetzt. Sie bringen das Füllgas zum Leuchten. Die dabei erzeugte Strahlung besteht zum größten Teil aus unsichtbarer UV-Strahlung. Diese wird durch einen an der Röhreninnenseite aufgebrachten Leuchtstoff in sichtbare Strahlung umgewandelt.

Was verstehen Sie unter der „Wattregel"?
Überprüfen Sie überschläglich, ob die vorhandenen Leuchtstofflampen mit insgesamt 450 W Leistung für einen Raum mit 25 m^2 Fußbodenoberfläche ausreichen, um eine mittlere Beleuchtungsstärke von 250 lx zu gewährleisten.

Wattregel: überschlägliche Leistungsberechnung, Faustformel für eine schnelle Vorkalkulation, nach der für eine mitt-

lere Beleuchtungsstärke von 100 lx bei Glühlampen 20...30 W, bei Leuchtstofflampen 6...8 W Leistungsaufwand je m^2 Fußbodenfläche erforderlich sind.

Beispiel: Leuchtstofflampen
Beleuchtungsstärke 100 lx: (6...8) W/m^2
Beleuchtungsstärke 250 lx: (15...20) W/m^2
hier 25 m^2: (15...20) W x 25 m^2 = (375...500) W/m^2
→ Leistung ist ausreichend.

 **Was bedeuten die Ziffern wie z.B. 860, 840 oder 830 bei der Bezeichnung von Leuchtstofflampen?**

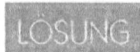 Diese Lampen sind den Lichtfarb-Bezeichnungen 860, 840, 830 zugeordnet. Die Ziffer „8" bedeutet Farbwiedergabestufe 1b; etwa: fast „sehr gut". Lampen, deren Lichtfarb-Bezeichnung mit der Ziffer „9" beginnen, sind keine Dreibandenlampen. Sie erzeugen praktisch das gesamte Farbspektrum und sind der Farbwiedergabestufe 1A (sehr gut) zugeordnet. Ihre Lichtausbeute ist jedoch deutlich geringer als die der Dreibanden-Leuchtstofflampen.
Die zweite und dritte Ziffer der Lichtfarb-Bezeichnung gibt Hinweise auf die jeweils „ähnlichste" Temperatur (in Kelvin-K) eines „schwarzen Strahlers", der dieselbe Lichtfarbe erzeugt (60 entspricht 6000 K; 40 entspricht 4000 K; 30 entspricht 3000 K usw.).
860 – daylight, 840 – coolwhite, 830 – warmwhite.

 **Welche Anforderungen sind an die Beleuchtung z.B. eines Patientenzimmers in einem Krankenhaus zu stellen? Vergleichen Sie die Skizzen.**

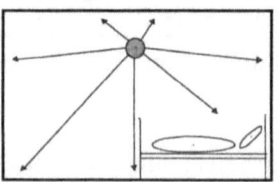 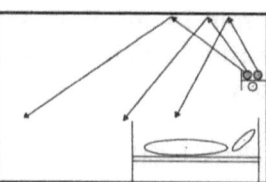 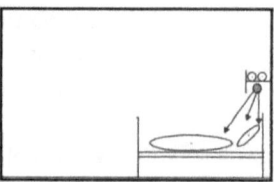

 Allgemeinbeleuchtung (linkes Bild):
- Allgemeine Ausleuchtung des Raumes
- Vermeiden der Direktblendung
- Gleichmäßige Lichtverteilung
- Geringe Schattenwirkung

Indirekte Beleuchtung (mittleres Bild):
- Geringe Schattenwirkung
- Farbe
- Lichtverteilung
- Streulicht: Wandfarbe
- Behaglichkeit

Direkte Beleuchtung (rechtes Bild):
- Begrenzung der Lichtdichte
- Wärmeentwicklung
- Reflex-Blendung
- Farbe: Lichtfarbe
- Farbwiedergabeeigenschaften
- Gerichtetes Licht.

 **Erklären Sie den Begriff Dreibanden-Leuchtstofflampe!**

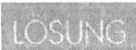 Weißes Licht auf der Basis von drei Lichtfarben wird in den heute meist eingesetzten Dreibanden-Leuchtstofflampen (Herstellerbezeichnung „Lumilax Plus Eco", „TL-D Super 80", „Luxline Plus" u.ä.) realisiert. Deren Leuchtschicht enthält Partikel, die die UV-Strahlung im Wesentlichen in die Farben Rot, Grün und Blau umsetzen. Dadurch haben sie eine sehr gute Farbwiedergabeeigenschaft und eine hohe Lichtausbeute. Diese Lampen sind den Lichtfarb-Bezeichnungen 860, 840, 830 nach DIN 5035/ DIN EN 12464 zugeordnet.

 **Was versteht man unter einer LED (Licht emittierende Diode)?**

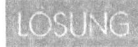 Eine LED besteht lediglich aus dem Halbleiterchip, den kaum sichtbaren Anschlussdrähten und dem Kunststoffgehäuse. Sie erzeugt Licht in einem Rekombinationsprozess. Es leuchtet monochromatisch, also in einer genau definierten

Farbe, beispielsweise Grün, Blau, Orange, Rot usw. Basis der weißen LED ist ein blau strahlender Chip. Mit Hilfe eines winzigen Phosphor-Auftrags wird ein Teil seines blauen Lichtes in grün-gelbliches Licht gewandelt. Die Mischung von Grün/Gelb und Blau führt dann zu weißem Licht.

 Sie sollen für einen Ausstellungsraum Leuchten aussuchen, wobei Sie bei der Auswahl der Leuchtenausführung, der Leuchtenwerkstoffe und der Lichtverteilung verschiedene Kriterien beachten sollen. Welche sind dies? Es besteht die Auswahl zwischen Glühlampen und Gasentladungslampen. Nennen Sie kurz die Funktionsweise, Vor- und Nachteile sowie Einsatzgebiete.

 Folgende Kriterien sind zu beachten: Lenkung des Lichtstromes, Schutz vor Blendung durch zu hohe Leuchtdichte der Lampen, guter Wirkungsgrad.

Glühlampen (Temperaturstrahler):
Der Glaskolben ist mit Edelgas gefüllt, der Wolframdraht wird durch Stromdurchgang erhitzt und beginnt zu glühen.
Vorteile: große Vielzahl an Größen und Ausführungsformen, dimmbar, gute Farbwiedergabe, warme Lichtfarbe, hohe Wärmeabstrahlung, einfache Handhabung
Nachteile: nur mittlere Lebensdauer, niedrige Lichtausbeute
Einsatzgebiete: Innenraumbeleuchtung, Wohnungen, Gaststätten u. ä.

Gasentladungslampen:
Metalldämpfe oder Gase, die sich in einem Entladungsgefäß befinden, werden durch elektrische Entladung zwischen den Elektroden zum Leuchten gebracht.
Vorteile: hohe Lichtausbeute, sehr lange Lebensdauer, besonders wirtschaftlich
Nachteile: nicht dimmbar, geringe Leuchtdichte
Einsatzgebiete: Nutzräume mit hellen Wänden und Decken, Bildung von Lichtbändern, lange Betriebszeiten und geringe Einschalthäufigkeit, hohe Lichtleistung.

 Welche Anforderungen stellen Hotelbauten an die Lichtplanung?

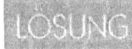 Hotels sind öffentliche Bereiche mit besonders hohem Anspruch an die Qualität der Lichtplanung; sie umfasst
– architekturorientierte Beleuchtung im Eingangsbereich,
– atmosphärische Beleuchtung im Restaurantbereich,
– multifunktionale Beleuchtung in Konferenzzentren,
– sicherheitstechnische Beleuchtung in Verkehrszonen,
– private Lichtatmosphäre im Zimmerbereich.

 **Wann wird eine Sicherheitsbeleuchtung gefordert?**

 Zum Schutz des Menschen bei Gefahren wird nach § 7 Abs. 4 der Arbeitsstättenverordnung eine Sicherheitsbeleuchtung gefordert, wenn bei Ausfall der Allgemeinbeleuchtung Unfallgefahr besteht. Sie soll eine sichere Orientierung beim Verlassen von Gebäuden ermöglichen. Die Arbeitsstätten-Richtlinien (ASR) fordern Sicherheitsbeleuchtung für Rettungswege in Arbeits- und Lagerräumen mit mehr als 2000 m² Grundfläche, in Arbeitsräumen ohne Fenster und Oberlichter sowie für Arbeitsplätze mit besonderer Gefährdung. Beim Errichten einer Sicherheitsbeleuchtung müssen sowohl der Planer als auch der Elektroinstallateur die allgemeinen Anforderungen nach DIN VDE 0100 Teil 560, die elektrotechnischen Anforderungen nach DIN VDE 0108 und die lichttechnischen Anforderungen nach DIN 5035-5 beachten. Für den Betrieb einer Sicherheitsbeleuchtung ist eine von der normalen Stromversorgung unabhängige Ersatzstromquelle notwendig. Das sind hauptsächlich Akkumulatorenanlagen. Möglich sind auch Ersatzstrom-versorgungsaggregate oder Sondernetze. Rettungszeichen-leuchten sind so anzuordnen, dass sie von jedem Standpunkt aus den kürzesten Rettungsweg aus dem Gebäude zeigen.

 **Was verstehen Sie unter Lumineszenz?**

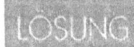 Lumineszenz ist der Sammelbegriff für alle Leuchterscheinungen, die nicht durch Temperaturstrahlung hervorgerufen werden (Photo-, Chemo-, Bio-, Elektro-, Kathodo-, Thermo-, Tribolumineszenz). Das wichtigste Verfahren zur Lichterzeugung durch Lumineszenz ist die Gasentladung beim Durchgang des elektrischen Stroms durch Gase oder Metalldämpfe (Gasentladungslampen). Hier werden insbesondere

die Lumineszenzerscheinungen der Fluoreszenz und Phosphoreszenz angewandt, um durch Vorgänge im Leuchtstoff die unsichtbare kurzwellige Strahlung in sichtbares Licht umzuwandeln. Die Fluoreszenz klingt in Sekundenbruchteilen wieder ab, während die Phosphoreszenz als wahrnehmbares Nachleuchten auftritt.

 **Was passiert, wenn die Glühlampe für 230V bei 240V betrieben wird?**

 Die Lampe wird mit ca. 5 % Überspannung betrieben und damit reduziert sich die Lebensdauer damit um 50 % (von 1.000h also auf 500 h).

 **Warum geht eine Glühlampe / Halogenglühlampe meistens beim Einschalten kaputt?**

 Die Lebensdauer bei Glühlampen und Halogenglühlampen wird durch den Verdampfungsprozess des Wolframdrahtes bestimmt, der nicht immer gleichmäßig über die Länge der Wendel verläuft. Durch geringe Schwankungen des Wendeldrahtdurchmessers bei der Herstellung ergibt sich ein weiteres Kriterium für ungleichmäßigen Abtrag (Verdampfung) während des Betriebes in der Lampe, so dass es dünnere Stellen im Draht gibt, die also eher durchschmelzen (verdampfen). Dass die Lampe meist beim Einschalten stirbt, liegt daran, dass der Draht im kalten Zustand, also vor dem Einschalten, einen sehr geringen elektrischen Widerstand hat und somit einen höheren Einschaltstrom hervorruft.

 **Welches Gas ist in den Glühlampen enthalten ?**

 Man unterscheidet zwischen gasgefüllten Lampen und Vakuumlampen. Bei den gasgefüllten Lampen besteht die Gasfüllung aus einem Gemisch von Argon und Stickstoff für die meisten Typen, Krypton-Lampen haben eine Mischung von Krypton und Stickstoff. Argon und Krypton sind Edelgase, der Anteil am Gemisch beträgt etwa 80%.Vakuumlampen sind, wie es im Namen schon zum Ausdruck kommt, ohne Füllgas.

Stark-, Schwachstromanlagen – Blitzschutzanlagen

 Was versteht man unter einem Potentialausgleich?

 Mit dem Potentialausgleich werden alle leitfähigen Teile eines Gebäudes, z.B. Rohrleitungen für Trinkwasser und Heizungstechnik, Bade-, Duschwanne aus Metall, verbunden und geerdet. Der Potentialausgleich verhindert elektrische Spannungen zwischen leitfähigen Teilen.

Im Keller z.B. wird eine Potentialausgleichsschiene montiert, an die der Fundamenterder (verzinkter Bandstahl) und alle leitfähigen Teile angeschlossen werden.

 Skizzieren Sie den Fundamentbereich eines unterkellerten Gebäudes mit Fundamenterder.

 Streifenfundamente Fundamentplatte

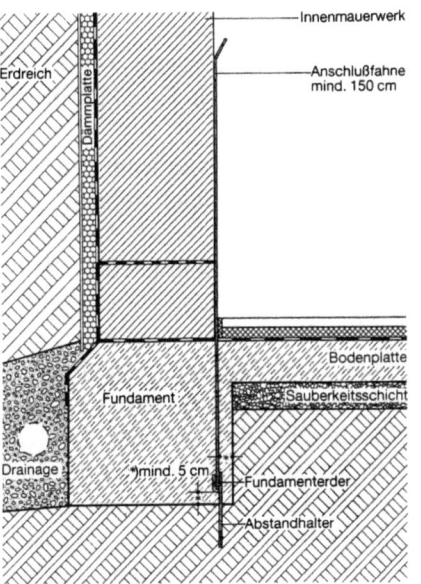
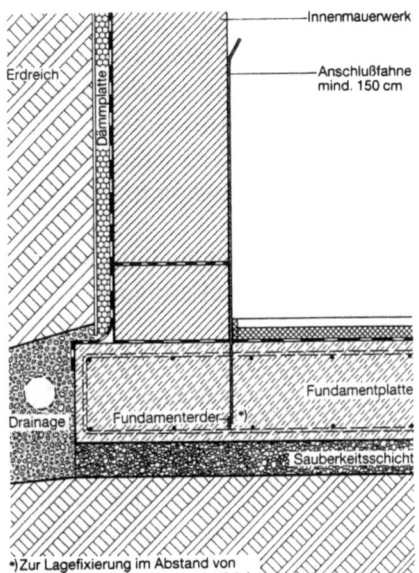

 **Welche Maßnahmen beinhaltet der Potentialausgleich nach VDE 0100 sowie VDE 0190 und wozu dient er?**

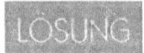 Alle metallenen Systeme sollen durch den Potentialausgleich miteinander verbunden werden.
Hausanschlussraum:
Anschlussfahne für Fundamenterder
Verbindung mit Nulleiter bei Kabelanschluss
Kaltwasserleitungsanschluss (hinter dem Wasserzähler)
Abwasserleitungsanschluss
metallische Abwasseranlagen und - Rohrverbindungen
Warmwasser- und Zentralheizungsleitungsanschluss
Gasleitungsanschluss
Verbindung mit Fernmeldeanlage
Verbindung mit Antennenanlage
zusätzliche Potentialausgleichsschiene im Bad
Anschluss an Abflussstutzen an der Bade- und Duschwanne sowie andere metallische Rohrsysteme (Aufzugsschienen, Sprinkleranlage ...)
Maßnahmen zum Schutz gegen Berührungsspannung (bei defekten elektrischen Geräten oder Spannungen in Rohrleitungs- und metallenen Systemen in Gebäuden).
Die Hauptleitungen der elektrischen Versorgung werden mit allen metallischen Leitungssystemen durch ein NYY-Kabel von 16 mm² Cu verbunden.
Der Anschluss der metallisch leitenden Systeme an den Fundamenterder erfolgt über die Potentialausgleichsschiene.

 **Welche Faktoren bestimmen die Bemessung einer Blitzschutzanlage?**

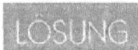 Die Abmessungen des Gebäudes, der Höhenunterschied zwischen First- und Traufkante (Dachneigung), aus der Dachfläche herausragende Gebäudeteile, die Art der Dachdeckung, die Art der baulichen Konstruktion, die Art der Nutzung des Gebäudes, vorhandene, das ganze Gebäude mit ausreichendem Querschnitt durchziehende Metallteile (Wasser-, Heizungs-, Regenfallrohre usw.), die Beschaffenheit des Erdreiches.

 **Für welche Gebäude sind Blitzschutzanlagen erforderlich? Was sind die wesentlichen Bestandteile einer Blitzschutzanlage? Wozu dient der Fundamenterder?**

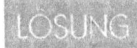 In den Landesbauordnungen ist festgelegt, welche Gebäude mit Blitzschutzanlagen zu versehen sind.
Sie sind erforderlich für Gebäude, die die Umgebung wesentlich überragen, wie Hochhäuser, Türme oder Fabrikschornsteine. Für Gebäude besonderer Art und Nutzung, dazu gehören Versammlungsstätten, Krankenhäuser, Schulen, Warenhäuser, größere Verwaltungshäuser und Wohnheime. Für Gebäude, die unter Denkmalschutz stehen oder die einen besonderen Wertinhalt besitzen, Kirchen, Museen und Archive. Ebenso Gebäude, die besonders brand- und explosionsgefährdet sind, wie Chemiewerke, holzverarbeitende Betriebe, Munitionslager, Lackierereien und Lager mit brennbaren Flüssigkeiten oder Gasen. Auch einzelstehende, größere landwirtschaftliche Gebäude und Gebäude mit einer weichen Bedachung müssen geschützt werden.

Die wesentlichen Bestandteile sind die Fangeinrichtungen (Dachleitungen), die Ableitungen und die Erdungsanlage.

Fundamenterder können als Erder für die Blitzschutzanlage, die Antennen- und die Fernmeldeanlage herangezogen werden und gestalten den Potentialausgleich wirksamer. Unter der Herstellung eines Fundamenterders ist das Einbetten von Bandstahl in das Gebäudefundament zu verstehen.

 **Welche Erdungsmöglichkeiten gibt es bei Blitzschutzanlagen? Dürfen auch Fundamenterder der Potentialausgleichsleitungen (Hausanschlussraum, Bad) dafür verwendet werden?**

 Folgende Erdungsmöglichkeiten bei Blitzschutzanlagen sind nach DIN VDE 0185 möglich:
– Ringerder: etwa mit 1 m Abstand wird er als geschlossener Ring um das Gebäude verlegt. Die Länge im Erdreich muss mindestens 20 m je angeschlossener Leitung sein. Bei lockerem bzw. trockenem Erdreich wird der Boden verdichtet oder der Erder wird eingeschlämmt.

- Einzelerder: wenn kein Fundament- oder Ringerder möglich ist.
- Oberflächenerder aus Rund- oder Flachmaterial wird ring-, strahlen- oder maschenförmig verlegt. Mindestlänge 20 m je Ableitung.
- Stab- oder Tiefenerder aus Rund-, Rohr- oder Profilmaterialien wird senkrecht in die Erde getrieben. Mindesttiefe 9 m je Ableitung, eine Aufteilung in mehrere Teilstrecken und die Verwendung vorhandener Bauteile ist möglich.

Auch der Fundamenterder darf verwendet werden. Der Fundamenterder dient neben dem Potentialausgleich in der Regel gleichzeitig als Erdungsanlage. Dazu sind, entsprechend den Hauptableitungen, Anschlussfahnen außerhalb der Gebäudeumfassung vorzusehen und oberhalb der Erdoberfläche zu den jeweiligen Trennstellen hochzuführen.

 **Erklären Sie dem Bauherren, wie Sie dessen Wohnhaus blitzschutztechnisch gestalten wollen. Bedarf es hier auch eines „inneren Blitzschutzes"?**

 Eine Gesamtblitzschutzmaßnahme besteht aus dem äußeren und dem inneren Blitzschutz. Geregelt ist dies in der DIN VDE 0185-1 und 2.

Äußerer Blitzschutz, besteht aus:
- Fangeinrichtung: Schutz aller herausragender Dachaufbauten durch Anschluss bzw. Errichten von Fangstangen. Die Fangeinrichtung ist die Gesamtheit der metallenen Bauteile (z.B. Fangleitungen, Fangstangen) und der Einschlagpunkt für den Blitz. Die Fangleitungen an den Außenkanten der Gebäude müssen direkt an den Kanten verlegt werden.
- Ableitungen: Bei der Anordnung der Ableitungen ist auf möglichst kurze Verbindungswege zu achten. Die Anzahl der Ableitungen richtet sich nach dem Umfang der Dachaußenkanten. Bei Gebäuden mit Umfang bis 20 m genügt eine Ableitung, bei größerem Umfang ist je 20 m eine Ableitung anzuordnen. Jede Ableitung enthält eine lösbare Prüfverbindung
- Erdungsanlage: Ausführung als Fundamenterder, Ringerder oder Einzelerder (Sonderfall). Die Anschlussleitungen

werden nach innen zum Potentialausgleich (innerer Blitzschutz) geführt. Bei Neubauten wird grundsätzlich der Fundamenterder eingebaut. Die Erdanschlussfahnen (Kontakte zum Erdreich) müssen durch z.B. PVC-Ummantelung korrosionsfest gemacht werden.

Innerer Blitzschutz:
Schutz von elektrischen Anlagen und elektronischen Geräten mit entsprechender Empfindlichkeit. Ein- und austretende Leitungen sind im Rahmen des inneren Blitzschutzes in den Blitzschutz-Potentialausgleich einzubeziehen, dazu gehören alle metallenen Rohrleitungen (z.B. für Wasser, Gas und Wärme), alle energietechnischen Leitungen sowie alle informationstechnischen Leitungen.

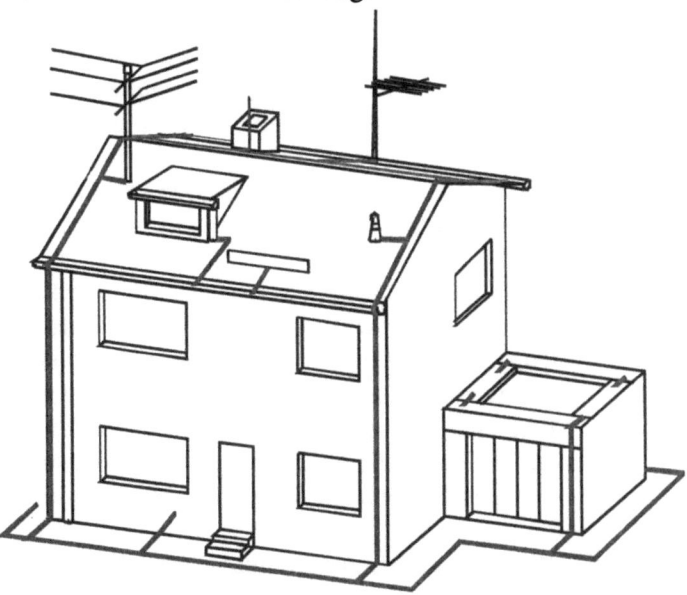

 **Gemäß VDE-Regeln muss eine Dachrinne bzw. eine Schornsteinbekleidung aus Kupfer (ein zunehmend beliebter Baustoff) an die i.d.R. aus verzinktem Bandstahl ausgeführte Blitzschutzanlage angeschlossen werden. Was ist zu beachten?**

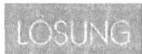 Über Kupfer abfließendes Regenwasser darf wegen Korrosonsgefahr nicht auf die verzinkte Blitzschutzanlage gelangen.

 **Welche Probleme können bei Abwasserrohren, die zum Potentialausgleich herangezogen werden, auftreten?**

 Abwasserrohre aus Kunststoff und Faserzement sind nicht leitfähig und bei Rohren aus Gusseisen unterbricht die Muffen-Gummidichtung die Ableitung des Blitzschutzes.

 **Was ist bei der Anordnung einer Einzelantenne auf dem Steildach eines Gebäudes alles zu beachten?**

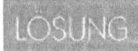 Der gegenseitigen Abschirmung und Beeinflussung wegen mindestens 5 bis 8 m von Nachbarantennen entfernt anordnen. Ferner auf der straßenabgekehrten Seite, um verkehrsbedingte Störeinflüsse (sog. Störnebel) auszuschließen. Der korrosiv wirkenden Abgase wegen möglichst weit vom Schornstein entfernt, unter Berücksichtigung der Hauptwindrichtung, aus Sicherheitsgründen mindestens 2 m von Niederspannungsfreileitungen entfernt montieren.

 **Müssen nachträglich eingezogene metallene Abgasleitungen in den Potentialausgleich einbezogen werden?**

 Wenn das Abgasrohr durch alle Stockwerke (einschließlich Keller) geführt wird, gehört es zu den Teilen, die nach VDE 0100 Teil 410 in den Hauptpotenzialausgleich mit einbezogen werden müssen, da in jedem Gebäude der Hauptschutzleiter, der Haupterdungsleiter, die Haupterdungsklemme oder -schiene und alle leitfähige Teile der Hausinstallation zu einem Hauptpotenzialausgleich verbunden werden müssen.

 **Wann wird ein zusätzlicher örtlicher Potentialausgleich gefordert?**

 Ein zusätzlicher Potentialausgleich wird nach DIN VDE 0100 gefordert für
- Räume mit besonderer elektrischer Gefährdung aufgrund der Umgebungsbedingungen, z.B. in Bädern, Duschen, Schwimmanlagen etc.
- in IT-Systemen mit Isolationsüberwachung

– wenn die festgelegten Bedingungen für das automatische Abschalten der Stromversorgung zum Schutz bei indirektem Berühren nicht erfüllt werden können.

Die Systeme müssen mit Potentialausgleichsleitern (mind. 4 mm² Cu) miteinander verbunden werden.

 **Was verstehen Sie unter einem dreistufigen Überspannungsschutz?**

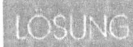 Man unterscheidet äußeren Blitzschutz und inneren Blitzschutz, die gemeinsam den dreistufigen Überspannungsschutz bilden.

Zu einer vollständigen Blitzschutzanlage gehören nach DIN VDE 0185 und den Richtlinien des Ausschusses Blitzschutz und Blitzschutzforschung (ABB) des VDE immer äußerer und innerer Blitzschutz einschließlich Blitzschutz-Potentialausgleich.

Zum äußeren Blitzschutz gehören alle Maßnahmen zum gefahrlosen Auffangen von Blitzströmen und deren zuverlässige Ableitung in die Erde, vorrangig zum Verhindern von Bränden (Stufe 1 des dreistufigen Überspannungsschutzes).

Mit dem inneren Blitzschutz wird verhindert, dass sich elektromagnetische Blitzimpulse und daraus entstehende Überspannungen auf Personen, Tiere und elektrische/elektronische Systeme in Gebäuden auswirken. Dafür sind Überspannungsschutzeinrichtungen erforderlich (Stufen 2 und 3 des dreistufigen Überspannungsschutzes).

Stark-, Schwachstromanlagen – Informationstechnische Anlagen

 Was sind Schwachstromanlagen? Nennen Sie Anwendungsbeispiele.

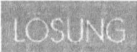 Schwachstromanlagen sind Kleinspannungsanlagen und werden mit einer Spannung von 6 bis 12 V betrieben. Fernmeldeanlagen werden mit Schwachstrom betrieben. Zu diesen Anlagen gehören Ton- und Bildübertragungsanlagen, Signal-, Melde- und Steuerungsanlagen, elektronische Datenverarbeitungsanlagen usw. Schwachstromanlagen dienen der Nachrichten- und Informationsübermittlung.

 Erläutern Sie die verschiedenen Systeme von Türsprechanlagen im Wohnungsbau.

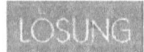 Folgende Systeme von Türsprechanlagen kommen im Wohnungsbau zum Einsatz:
Wechselsprechanlagen
Einfache Art von Sprechanlagen, bei der immer nur in eine Richtung gesprochen werden kann. Die Umschaltung erfolgt mit Hilfe einer Sprechtaste an der Sprechstelle innerhalb der Wohnung. Mit der Betätigung dieser Sprechtaste im jeweils richtigen Moment kommen viele, besonders ältere Menschen, in der Praxis nicht zurecht, so dass diese Anlagen häufig nicht ihren Zweck erfüllen.

Gegensprechanlagen
Anlagen, bei denen der Sprechweg stets in beiden Richtungen offen ist, werden als Gegensprechanlagen bezeichnet. Die Sprechstellen innerhalb der Wohnung ähneln dem gewohnten Telefon. Ein Umschalten ist nicht erforderlich. Dies erhöht die Bediensicherheit. Die Sprechstellen mit eingebautem Mikrofon und Lautsprecher am Hauseingang sind von denen der Wechselsprechanlagen nicht zu unterscheiden.
In Mehrfamilienhäusern beschränken sich die Sprechanlagen auf die Kommunikation zwischen dem Eingang und jeweils einer Sprechstelle in einer Wohnung. Damit aus anderen Wohnungen nicht mitgehört werden kann, werden oft Mit-

hörsperren installiert. Die Anlage wird in Form eines Sternnetzes aufgebaut.
Innerhalb von Einfamilienhäusern können auch Maschennetze aufgebaut werden. Damit wird die Türsprechanlage zur Haustelefonanlage erweitert. Aus allen Räumen mit einer Sprechstelle kann Verbindung mit der Haustür hergestellt werden. Außerdem können bei dieser Variante alle Sprechstellen auch jeweils miteinander sprechen.

Freisprechanlagen
Arbeiten wie Gegensprechanlagen, jedoch ohne Telefonhörer. Lästiges Umschalten wie bei den einfachen Wechselsprechanlagen entfällt, so dass diese Sprechanlagen auch innerhalb des Gebäudes recht vielseitig genutzt werden können, z.b. als Babyrufanlagen, für Sammelruf, zur Krankenüberwachung etc.

Videoanlagen
Die umfassendste Kontrolle ungebetener Gäste ermöglichen kombinierte Videosprechanlagen. Um die Besucher nicht nur zu hören, sondern auch zu sehen, ist in der Türsprechstelle eine Kamera eingebaut. Die Sprechstellen in den Wohnungen sind jeweils mit einem kleinen Monitor ausgerüstet. Die Produkte der führenden Hersteller sind meist modular aufgebaut. Da Video- und Sprechfunktion mit getrennten Schaltungen betrieben werden, ist es leicht möglich, vorhandene Türsprechanlagen auch nachträglich mit Videoteilen zu erweitern.

Mit Hilfe von Rauchmeldern können Brände frühzeitig erkannt werden und ein entsprechender Alarm ausgelöst werden. Welche Systeme können Sie nennen?

Weit verbreitet sind kleine batteriebetriebene Rauchmelder, die als „stand-alone-Gerät" auch ohne Einbindung in ein Alarmnetz bei Rauchentwicklung ein akustisches Signal geben.
Unterschieden werden zwei Prinzipien:
Optische Rauchmelder:
Arbeiten nach dem Prinzip der Streulichtmessung: In einer Kontrollkammer trifft ein pulsierender Lichtstrahl auf eine

Fotozelle, mit der die Intensität des Lichts gemessen wird. Wenn Rauchpartikel eindringen, schwächen diese die Intensität des Lichtstrahls und ein Alarm wird ausgelöst. Nachteil: Fehlalarme durch Raucher, offene Kaminfeuer o.ä.

Ionisierende Rauchmelder:
Durch ein radioaktives Präparat wird die Luft im Gerät ionisiert und die Leitfähigkeit der ionisierten Luft gemessen. Rauchpartikel erhöhen die Leitfähigkeit und führen zur Alarmauslösung. Diese Geräte sind wegen der (sehr schwachen) radioaktiven Strahlung in Deutschland im Privatbereich nicht zugelassen.

 **Welche Brand- und Gefahrenmeldesysteme können Sie neben Rauchmelder nennen und erläutern?**

 Folgende Brandmelderarten können in der Gebäudetechnik eingesetzt werden:
– Wärmemelder, reagieren auf plötzliche Temperatursprünge oder auf Temperaturmaxima (z.B. 60 °C). Hohe Sicherheit gegen Fehlalarme, aber relativ späte Branderkennung.
– Infrarot- oder Ultraviolettmelder, reagieren auf offene Flammen
– Rauchgasmelder, sprechen auf giftige Verbrennungsgase an.

Gefahrenmelderarten, die bei technischen Störungen Alarm auslösen, sind:
– Windwächter
   erzeugen ein Signal, wenn die Windstärke am Gebäude einen bestimmten, voreinstellbaren Wert überschreitet. Die Signale des Windwächters werden verwendet, um automatisches Schließen von Fenstern, Einziehen von Markisen, Einfahren von Jalousien usw. zu veranlassen und damit Sturmschäden vorzubeugen.
– Maximumwächter
   dienen z.B. zur Signalisierung von austretendem oder steigendem Wasser. Die Signale dienen sowohl zur Alarmierung als auch direkt zum Ansteuern von Pumpen-Regelung und -Steuerung.

 **Welche Systeme und Möglichkeiten zur Realisierung von Einbruchmeldeanlagen können Sie nennen?**

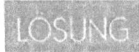 Es gibt eine Vielzahl von Möglichkeiten und Prinzipien zur Realisierung von Einbruchmeldeanlagen. Maßnahmen für ein Einfamilienhaus können sein:
- Magnetkontakte (Reed-Kontakte) an Haus-, Terrassen- und Kellertüren
- Glasbruchmelder an allen Fenstern sowie der Terrassentür (auch als Vibrationsmelder)
- Infrarot-Bewegungsmelder innerhalb der Räume, z.B. im Arbeitszimmer oder in der Nähe von Vitrinen mit Wertgegenständen usw.
- Überfall-Druckknopfmelder an strategisch wichtigen Stellen, z.B. im Schlafzimmer, an der Haustür etc.
- Alarmhorn und Alarmblitzleuchte hoch oben an der Außenhaut des Gebäudes
- Scharfschalteinrichtung (Blockschloss mit Kontrolleinrichtung, das gleichzeitig als zusätzliche mechanische Verriegelung wirkt).

Alle Einrichtungen, wie Signalgeber, Alarmgeber etc., laufen in einer Meldezentrale zusammen, die entsprechende Maßnahmen auslöst (optischer und/oder akustischer Alarm, automatische Benachrichtigung, Alarmweiterleitung etc.).

 **Was bedeuten in der Fernmeldetechnik die Abkürzungen „APL" und „TAE"?**

 Das Hausanschlusskabel wird vom Versorgungsunternehmen bis zur Endeinrichtung, dem sog. Abschlusspunkt des Leitungsnetzes (APL), geführt. Ab der Endeinrichtung, der sog. Telekommunikations-Anschlusseinheit (TAE), beginnt das private Hausverteilungsnetz.

Planungsaufgaben – Heizlast

 Ermitteln Sie für nachstehendes schematisiertes Wohngebäude mit überwiegender Warmwasserbereitung aus elektrischen Strom den maximalen Jahres-Heizwärmeenergiebedarf bezogen auf die Gebäudenutzfläche.

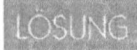 Wärmeübertragende Umfassungsfläche des Gebäudes

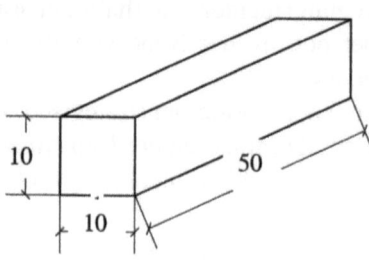

$$A = (10 \cdot 10 + 10 \cdot 50 + 10 \cdot 50) \cdot 2 \ m^2$$
$$= 2200 \ m^2$$

Bauwerksvolumen, das von der wärmeübertragenden Umfassungsfläche A eingeschlossen wird

$$V_e = 10 \cdot 10 \cdot 50 \ m^3$$
$$= 5000 \ m^3$$

Geometrieverhältnis A/V_e

$$\frac{A}{V_e} = \frac{2200}{5000} \ m^{-1} = 0{,}44 \ m^{-1}$$

Maximaler Jahres-Heizwärmeenergiebedarf nach EnEV Anlage 1 Tab. 1 Spalte 3:

$$Q''_p = 72{,}94 + 75{,}29 \cdot A/V_e$$

$$Q''_p = 72{,}94 + 75{,}29 \cdot 0{,}44$$

$$= 72{,}94 + 33{,}13$$

$$= 106{,}07 \text{ kWh} / (\text{m}^2 \text{ a})$$

AUFGABE Gegeben ist ein Wohnhaus (V = 495 m³) mit folgenden Angaben. Ermitteln Sie überschläglich die Heizlast.

Bauteil	U-Wert W/(m²K)	Fläche A m²	$\vartheta_i - \vartheta_a$ K	Q_T W
A_W	0,51	200		
A_F	1,1	46		
A_D	0,2	90		
A_G	0,35	90		

LÖSUNG Überschlägliche Ermittlung der Heizlast

$\dot{Q}_T$ Transmissions-Heizlast

$\dot{Q}_T = U \cdot A \cdot (\vartheta_i - \vartheta_a)$ in W, $\vartheta_i - \vartheta_a$ nach DIN 4701-2

Bauteil	U-Wert W/(m²K)	Fläche A m²	$\vartheta_i - \vartheta_a$ K	$Q_T{'}$ W
A_W	0,51	200	20 – (-14)	3468
A_F	1,1	46	20 – (-14)	1720
A_D	0,2	90	20 – (-14)	612
A_G	0,35	90	20 – (-10)	945
Summe Transmissions-Heizlast Q_T				6745

$\dot{Q}_L$ Lüftungs-Heizlast

$\dot{Q}_L = 0{,}34 \cdot n \cdot V \cdot (\vartheta_i - \vartheta_a)$ in W

$\dot{Q}_L = 0{,}34 \cdot 0{,}8^* \cdot 495 \cdot (20 - (-14))$

* Gewählter Luftwechsel nach DIN 4701-1

$\dot{Q}_L$ = 4578 W

Gesamte Heizlast $\dot{Q}_{ges}$

$\dot{Q}_{ges}$ = Q_T + Q_L = 6745 W + 4578 W

Q_{ges} = 11323 W = 11,3 kW.

AUFGABE **Mit der Renovierung eines älteren Wohngebäudes werden dessen 200 m² Außenwandflächen zusätzlich wärmegedämmt. Der U-Wert von 1,76 W/(m²K) wurde auf 0,3 W/(m²K) verbessert. Um wie viel Kilowatt hat sich die Heizlast durch die Fassadendämmung verringert, wenn die tiefste Außentemperatur mit –10 °C und die Raumtemperatur mit 20 °C angenommen wird? Berechnen Sie die jährliche Brennstoffeinsparung für eine Heizung mit Ölfeuerung: Brennerlaufzeit: 1500 h/a; Wirkungsgrad des Ölkessels 90 %, H_u für Heizöl = 10 kWh/Liter.**

LÖSUNG Gegeben:
Außenwandfläche A = 200 m²
Differenz alter/neuer U-Wert ΔU = 1,46 W/(m²K)
Temperaturdifferenz Δϑ = 30 K
Brennerlaufzeit b = 1500 h/a
Wirkungsgrad Ölkessel η = 0,9
Heizwert H_u = 10 kWh/Liter

Gesucht: Heizlast-Einsparung $\dot{Q}_E$ in kW

$\dot{Q}_E = A \cdot \Delta U \cdot \Delta\vartheta = 200\,m^2 \cdot 1{,}46\,W/(m^2K) \cdot 30\,K$
= 8760 W = 8,76 kW

Die Heizlast des Hauses wurde um ca. 9 kW verringert.

$$B_E = \frac{b \cdot \dot{Q}_E}{H_u \cdot \eta} = \frac{1500 \text{ h/a} \cdot 8{,}76 \text{ kW}}{10 \text{ kWh/l} \cdot 0{,}9}$$

$$= \frac{1500 \text{ h} \cdot 8{,}76 \text{ kW} \cdot \text{l}}{\text{a} \cdot 10 \text{ kWh} \cdot 0{,}9} = 1460 \text{ Liter}$$

Infolge der Wärmedämmung der Außenwände werden jährlich ca. 1500 l Heizöl EL eingespart.

In einem Einfamilienhaus werden aus einem 300-l-Vorratsspeicher täglich 130 l Warmwasser mit 45 °C entnommen. 70 Prozent der erforderlichen Energie wird durch Sonnenenergie aus 5 m² Flachkollektoren gewonnen, die anderen 30 % der Heizenergie werden mit einem Gas-Umlaufwasserheizer mit einem Wirkungsgrad von 90 % erzeugt.

(1) Wie viel Wärmeenergie (in kWh) liefert die Kollektoranlage jährlich, wenn die Temperatur des kalten Trinkwassers mit 12 °C angenommen wird?

(2) Wie viel m³ Erdgas H wird durch die Kollektoranlage eingespart, wenn 100 m³ Erdgas H zur Erzeugung von 1 kWh benötigt werden?

(3) Wie viel Kilogramm des klimaschädlichen Kohlendioxids werden jährlich durch den Betrieb der Solaranlage vermieden, wenn bei der Verbrennung von 1 m³ Erdgas H 2 kg CO_2 erzeugt werden?

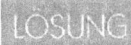

Gegeben:
Masse: m = 130 Liter / Tag = 130 kg/d
Spez. Wärmekapazität von Wasser: c = 1,2 Wh/(kg K)
Temperaturunterschied: $\Delta\vartheta$ = 33 K
Zahl der Tage: n = 365 d
Solarer Deckungsgrad: φ = 0,7
Wirkungsgrad Gasumlaufwasserheizer: η = 0,9
Heizwert $H_{u,B}$ = 10 kWh/ m³
CO_2-Emission: P = 2 kg CO_2/ m³ Erdgas
Gesucht:

(1) Wärmeabgabe Q in kWh

$$Q = m \cdot c \cdot \Delta\vartheta \cdot n \cdot \varphi$$

$$= \frac{130\,\text{kg} \cdot 1{,}2\,\text{Wh} \cdot 33\,\text{K} \cdot 365 \cdot \text{d} \cdot 0{,}7}{\text{d} \cdot \text{kg} \cdot \text{K}} = 1315\ \text{kWh}$$

(2) Erdgasvolumen V in m³

$$Q = V \cdot H_{u,B} \cdot \eta \qquad \eta = 0{,}9$$

$$V = \frac{Q}{H_{u,B} \cdot \eta} = \frac{1315\ \text{kWh} \cdot \text{m}^3}{10\ \text{kWh} \cdot 0{,}9} = 146\ \text{m}^3$$

(3) CO_2 - Einsparung M in kg

$$M = V \cdot P = 146\ \text{m}^3 \cdot 2\ \text{kg}/\text{m}^3 = 292\ \text{kg}.$$

 **Grundlage sind die Planunterlagen für ein Einfamilien-Wohnhaus in Kaiserslautern. Gebäudehöhe ≤ 10 m.**

Ermitteln Sie für die Räume Zimmer 2 (OG) und Dusche (OG) den Norm-Heizlast nach DIN 4701. (Erforderliche Angaben s. Plan bzw. Angaben). Geschosshöhe 2,75 m.

Wärmedurchgangs-Koeffizienten:

AW: Außenwände	0,35 W/(m²K)
AD: Decke über Wohnraum/Balkon	0,35 W/(m²K)
Dachfläche	0,35 W/(m²K)
AG: Fußboden gegen Erdreich	0,22 W/(m²K)
AF: Fensterflächen/Haustür	1,20 W/(m²K), g : 0,58
IW: Innenwand 11,5	0,82 W/(m²K)
IW: Innenwand 17,5	1,35 W/(m²K)
IW: Innenwand 24	2,45 W/(m²K)
IT: Innentür	2,00 W/(m²K)
FB: Fußboden	0,32 W/(m²K)

Planungsaufgaben – Heizlast

 Wärmeübertragende Umfassungsfläche des Gebäudes

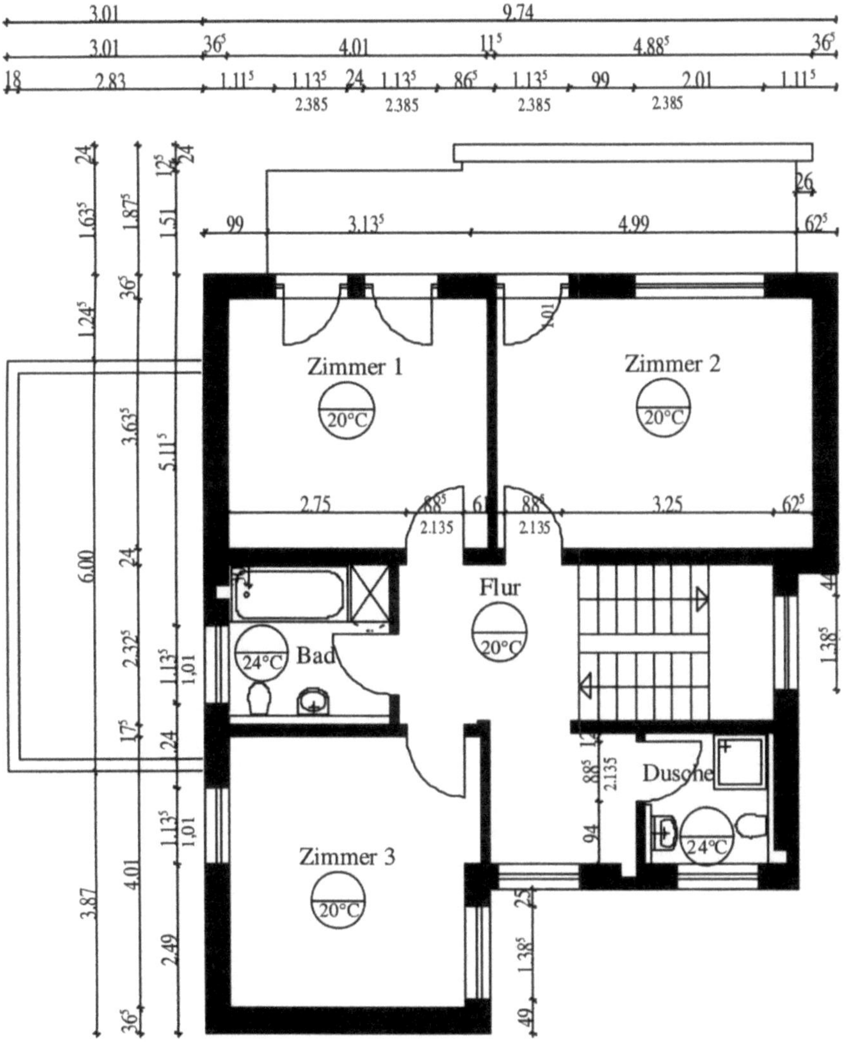

Planungsaufgaben – Heizlast

Projekt/Auftrag/Kommission:	Datum:	Seite:
Bauvorhaben:		
Baunummer: Raumbezeichnung: Zimmer 2 (OG)		

Norm-Innentemperatur:		= 20	°C
Norm-Aussentemperatur:		= -12	°C
Raumvolumen	V	= 48,95	m³
Gesamt-Raumumschliessungsflächen:	A_{ges} =		m²
Temperatur der nachströmenden Umgebungsluft:	=		°C
Abluftüberschuss:	=		m³/s

1	2	3	4	5	6	7	8	9	10	11	12	13	14	15	16	17
			Flächenberechnung					Transmissions-Heizlast			Luftdurchlässigkeit					
Kurzbezeichnung	Himmelsrichtung	Anzahl	Breite	Höhe bzw. Länge	Fläche	Fläche abziehen?	In Rechnung gestellte Fläche	Norm-Wärmedurchgangskoeffizient	Temperaturdifferenz	Transmissions-Heizlast des Bauteils	Anzahl waagerechter Fugen	Anzahl senkrechter Fugen	Fugenlänge	Fugendurchlasskoeffizient	Durchlässigkeit des Bauteils	An- oder nichtangeströmt
–	–	n	B	h	A	–	A	k_N	Δϑ	Q_T	n_w	n_s	l	a	A·l	–
–	–	–	M	m	m²	–	m²	W/m²·K	K	W	–	–	m	m³/m·h·Pa	m³/h·Pa	–
AW	S		4 89	2 75	13 5	7,5	6 0	0 35	32	67						
F	S	2	3 15	2 39	7 5		7 5	0 90	32	216						
AW	O		3 64	2 75	10 0		10 0	0 35	32	112						
AW	N		0 26	2 75	0 7		0 7	0 35	32	8						
IW	N		4 63	2 75	12 7	1,8	10 9	2 45								
IT	N		0 89	2 14	1 8		1 8	2 00								
IW	W		3 64	2 75	10 0		10 0	0 82								
FB			4 89	3 64	17 8		17 8	0 32								
AD			4 89	3 64	17 8		17 8	0 35	32	199 602						

Q_{Lmin} = 783 W Mindest-Lüftungs-Heizlast
n = 0,5 1/h Luftwechselrate
Q_L = 783 W Norm-Lüftungs-Heizlast $Q_L = 0,5 \cdot V \cdot \Delta\vartheta$
Q_T = 602 W Norm-Transmissions-Heizlast

Q_H = 1385 W Norm-Heizlast

Planungsaufgaben – Heizlast

Projekt/Auftrag/Kommission:	Datum:	Seite:
Bauvorhaben:		
Baunummer: Raumbezeichnung: Dusche (OG)		

Norm-Innentemperatur:		= 24	°C
Norm-Aussentemperatur:		= -12	°C
Raumvolumen	V	= 10,73	m³
Gesamt-Raumumschliessungsflächen:	A_{ges} =		m²
Temperatur der nachströmenden Umgebungsluft:	=		°C
Abluftüberschuss:	=		m³/s

1	2	3	4	5	6	7	8	9	10	11	12	13	14	15	16	17
				Flächenberechnung				Transmissions-Heizlast			Luftdurchlässigkeit					
Kurzbezeichnung	Himmelsrichtung	Anzahl	Breite	Höhe bzw. Länge	Fläche	Fläche abziehen?	In Rechnung gestellte Fläche	Norm-Wärmedurchgangskoeffizient	Temperaturdifferenz	Transmissions-Heizlast des Bauteils	Anzahl waagerechter Fugen	Anzahl senkrechter Fugen	Fugenlänge	Fugendurchlasskoeffizient	Durchlässigkeit des Bauteils	An- oder nichtangeströmt
–	–	n	b	h	A	–	A	k_N	$\Delta\vartheta$	Q_T	n_w	n_s	l	a	A·l	
–	–	–	m	m	m²	–	m²	W/m²·K	K	W	–	–	m	m³/m·h·Pa	m³/h·Pa	–
AW	O	1	95	2 75	5 4		5 4	0 35	36	68						
AW	N	2	01	2 75	5 5	1,0	4 5	0 35	36	57						
F	N	1	26	0 76	1 0		1 0	0 90	36	32						
IW	W	1	95	2 75	5 4	1,8	3 6	0 82	4	12						
IT	W	0	89	2 01	1 8		1 8	2 00	4	14						
IW	S	2	01	2 75	5 5		5 5	1 35	4	30						
AD		2	01	1 95	3 9		3 9	0 35	36	49						
FB		2	01	1 95	3 9		3 9	0 32	4	5						
										267						

Q_{Lmin} =	193 W	Mindest-Lüftungs-Heizlast
n =	0,5 1/h	Luftwechselrate
Q_L =	193 W	Norm-Lüftungs-Heizlast $Q_L = 0,5 \cdot V \cdot \Delta\vartheta$
Q_T =	267 W	Norm-Transmissions-Heizlast
Q_H =	460 W	Norm-Heizlast

Planungsaufgaben – Raumlufttechnik

 Durch einen Lüftungsschacht von 20 cm x 20 cm soll ein Baderaum mit 50 m³ Rauminhalt und 20 °C Raumtemperatur entlüftet werden. Die abgesaugte Luft wird über einen Vorraum (18 °C) und durch eine Zuluftöffnung im Türblatt wieder zugeführt. Die Temperaturdifferenz zwischen der Schachtluft und der Außenluft kann mit 10 K angenommen werden. Gemessen wird im Schacht eine mittlere Luftgeschwindigkeit von 1,26 m/s.
a) Wie groß ist die aus dem Baderaum abgesaugte Luftmenge?
b) Wie groß ist der Luftwechsel im Baderaum?
c) Wie groß ist die Wärmeleistung, um die Luftmenge, die über den Vorraum in den Baderaum einströmt, auf 20 °C zu erwärmen?
d) Welche Luftgeschwindigkeit herrscht im Bereich des um 2 cm verkürzten Türblattes von 75 cm Breite?

 Zu a) Abgesaugte Luftmenge

$$\dot{V}_L = F_{Schacht} \cdot v \cdot 3600$$

Schachtquerschnitt 20 cm x 20 cm = $F_{Schacht}$ = 0,04 m².
Gemessene Luftgeschwindigkeit 1,26 m/s
Somit: $\dot{V}_L = 0,04 \text{ m}^2 \cdot 1,26 \text{ m/s} \cdot 3600 \text{ s/h} = 181,4 \text{ m}^3/\text{h}$

zu b) Luftwechsel

$$n = \dot{V}_L / V_R = 181,4 \text{ m}^3/\text{h} / 50 \text{ m}^3$$
$$= 3,63 \text{ 1/h, d.h. 3,63-facher Luftwechsel}$$

zu c) $\dot{Q}_L$ ist die erforderliche Wärmeleistung,

$$\dot{Q}_L = \dot{V}_L \cdot c_P \cdot \rho \cdot (\vartheta_1 - \vartheta_2)$$

mit spezifischer Wärmekapazität der Raumluft c_P = 0,279 Wh/kgK, Dichte der Raumluft ρ = 1,213 kg/m³, Lufttemperatur im Baderaum ϑ_1 = 20 °C, im Vorraum ϑ_2 = 18 °C, somit:

$\dot{Q}_L = 181{,}4 \text{ m}^3/\text{h} \cdot 0{,}279 \text{ Wh/kgK} \cdot 1{,}213 \text{ kg/m}^3 \cdot (20-18) \text{ K}$

$\dot{Q}_L = 123 \text{ W}$

zu d) $A_{schlitz} = 0{,}02 \text{ m} \cdot 0{,}75 \text{ m} = 0{,}015 \text{ m}^3$

$V_{schlitz} = \dfrac{\dot{V}_L}{A_{schlitz} \cdot 3600 \text{ s/h}} = \dfrac{181{,}4 \text{ m}^3/\text{h}}{0{,}015 \text{ m}^2 \cdot 3600 \text{ s/h}}$

$= 0{,}34 \text{ m/s}$.

AUFGABE Berechnen Sie anhand eines Zahlenbeispiels den Luftwechsel, bei berechnetem Lüftungswärmebedarf eines Raumes.

LÖSUNG $\dot{Q}_L = n \cdot c \cdot V \cdot \Delta\vartheta$

$n = \dfrac{\dot{Q}_L}{c \cdot V \cdot \Delta\vartheta}$

Gewählt:

$\Delta\vartheta = \vartheta_i - \vartheta_e$

$\Delta\vartheta = 20\,°C - (-12\,°C) = 32 \text{ K}$

$V_R = 500 \text{ m}^3$

$\dot{Q}_L = 2800 \text{ W}$

spez. Wärmekapazität $c = 0{,}35 \text{ Wh/m}^3\text{K}$, volumenbezogen

$n = \dfrac{2800}{0{,}35 \cdot 500 \cdot 32} \text{ h}^{-1} = 0{,}5 \text{ h}^{-1} \approx 0{,}5 - \text{facher Luftwechsel}$

AUFGABE Die Norm-Heizlast $\dot{Q}_N$ eines 120 m³ großen Raumes ($\vartheta_i = 20\,°C$) beträgt 4640 W bei $\vartheta_e = -14\,°C$. Hiervon entfallen 800 W auf $\dot{Q}_L$ (errechneter Lüftungswärmebedarf). Bestimmen Sie den Luftwechsel des Raumes bei geschlossenem Fenster.

LÖSUNG

$\dot{Q}_L = \dot{V}_L = V_R \cdot n \cdot 0{,}35 \cdot \Delta\vartheta$

$n = \dfrac{\dot{Q}_L}{V_R \cdot 0{,}35 \cdot \Delta\vartheta}$

$n = \dfrac{800}{120 \cdot 0{,}35 \cdot 34} = 0{,}56 \approx 0{,}5$ -facher Luftwechsel

AUFGABE Für eine Gaststätte mit 90 Sitzplätzen, einer 200 m² großen Grundfläche und einer lichten Raumhöhe von 4 m soll eine mechanische Be- und Entlüftungsanlage geplant werden (geforderte Luftrate pro Person 50 m³/Stunde). Bestimmen Sie den erforderlichen Außenluft-Volumenstrom und den Luftwechsel.

LÖSUNG

A = 200 m²
h = 4 m
V_R = 800 m³

Volumenstrom: $\dot{V}_L = 90 \times 50$ m³/h = 4500 m³/h

Luftwechsel: $n = \dot{V}_L / V_R = 5{,}6$ h⁻¹,
d.h. 5,6-facher Luftwechsel.

AUFGABE Ein Raum von 246 m³ Inhalt soll einen 4-fachen Luftwechsel erhalten. Der Wärmebedarf (Heizlast) nach DIN 4701 beträgt 10300 W ($\vartheta_i = 22$ °C).

1. Wie hoch muss die Zulufttemperatur sein, um bei diesem Volumenstrom den Wärmebedarf decken zu können? Wie beurteilen Sie diesen Wert?

2. Um wie viel Prozent müsste der Raumwärmebedarf durch eine zusätzliche Wärmedämmung und Einbau neuer Fenster reduziert werden, um eine Übertemperatur von 20 K zu erreichen (der Luftwechsel bleibt konstant)?

LÖSUNG

Aus: $\dot{Q}_H = \dot{V}_{zu} \cdot c \cdot (\vartheta_{zu} - \vartheta_i)$ folgt $\dot{V}_{zu} = \dfrac{\dot{Q}_H}{c \cdot (\vartheta_{zu} - \vartheta_i)}$

$\dot{Q}_H$ = Normheizlast in Watt nach DIN 4701. Sind Wärmequellen im Raum (z.B. Maschinenwärme), können diese von $\dot{Q}_H$ abgezogen werden, wenn sie über die gesamte Betriebsdauer zur Verfügung stehen).

$\dot{V}_{zu}$ Zuluftvolumenstrom in m³/h (Förderstrom Ventilator)
c Spezifische Wärmekapazität in Wh/m³K
ϑ_{zu} Zulufttemperatur in °C (Registeraustrittstemperatur)
ϑ_i Raumlufttemperatur in °C

Zu 1.
Übertemperatur $\Delta\vartheta_{Ü} = \vartheta_{zu} - \vartheta_i$ in K $\vartheta_{zu} = \Delta\vartheta_{Ü} + \vartheta_i$

$\dot{V}_{zu} = V_R \cdot n = 246 \text{ m}^3 \cdot 4/\text{h} = 984 \text{ m}^3/\text{h}$

$$\vartheta_{zu} = \dfrac{\dot{Q}_H}{\dot{V}_{zu} \cdot c} + \vartheta_i = \dfrac{10300 \text{ W}}{984 \dfrac{\text{m}^3}{\text{h}} \cdot 0{,}35 \dfrac{\text{Wh}}{\text{m}^3\text{K}}} + 22\,°\text{C} = 51{,}9\,°\text{C}$$

Die Zulufttemperatur ist zu hoch, sie sollte im Bereich von 30 – 45 °C liegen.
Maßnahmen: Zusätzlich statische Heizflächen, Wärmedämmung, Mischluftbetrieb, evtl. Verwendung von speziellen Zuluftdurchlässen.

zu 2.

$$\dot{Q}_{H(zus.)} = \dot{V}_{zu} \cdot c \cdot (\vartheta_{zu} - \vartheta_i) = 984 \dfrac{\text{m}^3}{\text{h}} \cdot 0{,}35 \dfrac{\text{Wh}}{\text{m}^3\text{K}} \cdot 20 \text{ K}$$
$= 6888 \text{ W}$

$\Delta\dot{Q} = 10300 \text{ W} - 6888 \text{ W} = 3412 \text{ W}$ entspricht 33 %.

 Ein 750 m³ großer Büroraum ($\vartheta = 22$ °C) soll mit Warmluft beheizt werden. Dabei soll ein 8-facher Luftwechsel vorgesehen werden. Die Heizlast nach DIN 4701 des gut wärmegedämmten Raumes beträgt 15,0 kW bei –12 °C Außentemperatur.

1. Mit welcher Temperatur muss die Zuluft bei tiefster Außentemperatur eingeführt werden, um den Wärmebedarf zu gewährleisten?
2. Welche Zulufttemperatur ist bei einer Außentemperatur von ± 0 °C erforderlich?
3. Welche Zulufttemperatur war erforderlich, als vor der Durchführung der Wärmedämmmaßnahmen eine Heizlast von 18,5 kW vorlag?

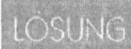 $\dot{Q}_H = \dot{V}_{zu} \cdot c \cdot (\vartheta_{zu} - \vartheta_i)$

$\dot{Q}_H$ Normheizlast in Watt nach DIN 4701. Sind Wärmequellen im Raum (z.B. Maschinenwärme), können diese von $\dot{Q}_H$ abgezogen werden, wenn sie über die gesamte Betriebsdauer zur Verfügung stehen.

$\dot{V}_{zu}$ Zuluftvolumenstrom in m³/h (Förderstrom Ventilator)

c Spezifische Wärmekapazität in Wh/ m³K

ϑ_{zu} Zulufttemperatur in °C (Registeraustrittstemperatur)

ϑ_i Raumlufttemperatur in °C

zu 1:

$\dot{Q}_H = \dot{V}_{zu} \cdot c \cdot (\vartheta_i - \vartheta_{zu})$

$\dfrac{\dot{Q}_H}{\dot{V}_{zu} \cdot c} + \vartheta_i = \vartheta_{zu}$

$\dot{Q}_H = 15000$ W

$$\dot{V}_{zu} = 750 \text{ m}^3 \cdot 8 = 6000 \text{ m}^3/\text{h}$$

$$c = 0{,}35 \frac{\text{Wh}}{\text{m}^3 \cdot \text{K}}$$

$$\vartheta_i = 22°\text{C}$$

$$\vartheta_{zu} = \frac{15000 \text{ W}}{750 \text{ m}^3 \cdot 8 \text{ h}^{-1} \cdot 0{,}35 \frac{\text{Wh}}{\text{m}^3 \cdot \text{K}}} + 22 \text{ °C} = 29{,}14 \text{ °C}$$

zu 2:

$$\dot{Q}_H = \frac{15 \text{ kW} \cdot 22 \text{ K}}{34 \text{ K}} = 9{,}71 \text{ kW}$$

$$\vartheta_{zu} = \frac{9710 \text{ W}}{750 \text{ m}^3 \cdot 8 \text{ h}^{-1} \cdot 0{,}35 \frac{\text{Wh}}{\text{m}^3 \cdot \text{K}}} + 22 \text{ °C} = 26{,}6 \text{ °C}$$

zu 3:

$$\vartheta_{zu} = \frac{18500 \text{ W}}{750 \text{ m}^3 \cdot 8 \text{ h}^{-1} \cdot 0{,}35 \frac{\text{Wh}}{\text{m}^3 \cdot \text{K}}} + 22 \text{ °C} = 30{,}8 \text{ °C}$$

AUFGABE In einer Küche mit einem Raumvolumen von $V_R = 30$ m^3 und einem zu öffnenden Außenfenster wird ein Gas-Kombiwasserheizer, $Q_N = 18$ kW, aufgestellt. Wie viel zusätzlicher Verbrennungsluftraum ist erforderlich?

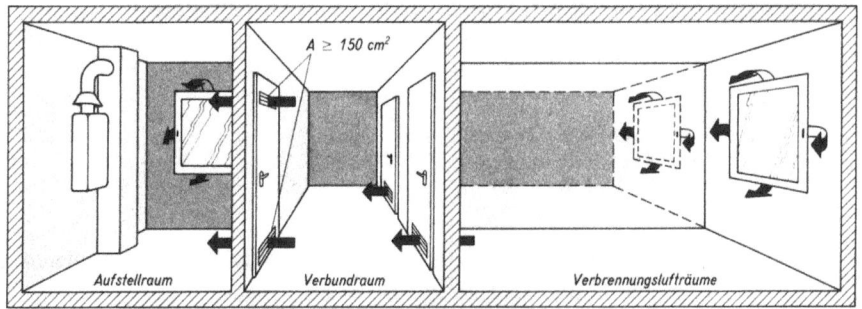

Mittelbarer Verbrennungsluftverbund

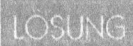 Nach der DVGW-TRGI müssen Aufstellungsräume mindestens eine Außentür oder ein zu öffnendes Außenfenster sowie 4 m³ Raumvolumen je kW Gesamtnennwärmeleistung haben. Somit Mindestraumvolumen V = 4 m³/kW · $\sum Q_N$.

Falls das Raumvolumen zu klein ist, muss mit anderen Räumen derselben Wohnung ein Verbrennungsluftverbund hergestellt werde. Dieser wird durch zwei Lüftungsöffnungen von je 150 cm² freiem Mindestquerschnitt oben und unten in der Tür des Aufstellraumes und durch eine untere Lüftungsöffnung (150 cm²) in den Türen der zusätzlichen Verbrennungslufträume hergestellt.

$$V = 4 \text{ m}^3/\text{ kW} \cdot 18 \text{ kW} = 72 \text{ m}^3$$
$$\underline{V_{R,\text{Küche}} \qquad\qquad\qquad = 30 \text{ m}^3}$$
$$V_{R,\text{zus}} \qquad\qquad\qquad = 42 \text{ m}^3$$

Es muss ein zusätzlicher Verbrennungsluftverbund zu Nebenräumen mit einem Raumvolumen von $V_{R,\text{zus}}$= 42 m³ hergestellt werden.

 **Die Raumlufttemperatur sei +25 °C und die relative Feuchte φ = 56,3 %**
a) Die effektive Wasserdampfmasse bei 25 °C, die in 1 m³ Raumluft enthalten ist, ausgedrückt in g/m³, ist zu berechnen.
b) Was sagt das Messergebnis 56,3 % relative Feuchte aus?

 Zu a) Nach den Gesetzen der Thermodynamik gilt

$$\varphi_L = \frac{\rho_D}{\rho_S} \cdot 100 \text{ \%},$$

$$\rho_D = \frac{\varphi_L \cdot \rho_S}{100 \text{ \%}}$$

Nach einer Wasserdampftafel beträgt die Wasserdampfmasse bei 25 °C und Sättigung : $\rho_S = 25{,}1 \text{ g/m}^3$

$$\rho_D = \frac{25{,}1\,g/m^3 \cdot 56{,}3\,\%}{100\,\%} = 14{,}1\,g/m^3$$

Zu b) Die relative Luftfeuchte von 56,3% gibt an, wie viel Prozent Wasserdampfgehalt die Luft hat, bezogen auf den möglichen Maximalgehalt, d.h. Sättigungsdampfmasse bei 25 °C beträgt 25,1 g/ m³, was 100 % entspricht.

AUFGABE Die RLT-Anlage für ein Großraumbüro soll eine Heizlast von $\dot{Q}_H$ = 35 kW bei einer **Raumlufttemperatur von ϑ_i = 22 °C** übernehmen. Der Zuluftstrom besteht aus 3000 m³/h Außenluft und 2000 m³/h Umluft.
Wie groß muß die Zulufttemperatur sein?

LÖSUNG Es gilt: $\vartheta_Z = \dfrac{\dot{Q}_H}{\dot{V}_{zu} \cdot c_p} + \vartheta_i$

ϑ_{zu} = Zulufttemperatur   in °C
$\dot{Q}_H$ = Heizlast   in W
$\dot{V}_{zu}$ = Zuluftstrom   in m³/h
c_p = spez. Wärmekapazität (Luft) in Wh/(m³·K)
ϑ_i = Raumlufttemperatur   in C°

$c_p \approx 0{,}34\,Wh/(m^3 \cdot K)$ bei p_n = 1013 mbar,
ϑ_L = 15 °C bis 20 °C

$$\dot{V}_{zu} = \dot{V}_A + \dot{V}_U$$

$$\dot{V}_{zu} = 3000 \text{ m}^3/\text{h} + 2000 \text{ m}^3/\text{h} = 5000 \text{ m}^3/\text{h}$$

$$\vartheta_{zu} = \frac{\dot{Q}_H}{\dot{V}_Z \cdot c_p} + \vartheta_i$$

$$\vartheta_{zu} = \frac{35000 \text{ W}}{5000 \text{ m}^3/\text{h} \cdot 0{,}34 \text{ Wh}/(\text{m}^3 \cdot \text{K})} + 22 \text{ °C}$$

$$\vartheta_{zu} = 20{,}6 \text{ K} + 22 \text{ °C} = 42{,}6 \text{ °C}$$

Die Zulufttemperatur für Aufenthaltsräume soll 45 °C bis 50 °C nicht überschreiten.

AUFGABE In einem Großraumbüro arbeiten im Sommer bei einer Raumlufttemperatur von 26 °C gleichzeitig 70 Personen bei sitzender Tätigkeit. Es sind 30 Schreibmaschinen mit je 120 W und 2 Ventilatoren mit je 2000 W Leistungsaufnahme gleichzeitig dauernd in Betrieb. Die Leistungsaufnahme der Innenbeleuchtung beträgt 5000 W. Durch Computerberechnung wurde eine äußere Kühllast von $\dot{Q}_a$ = 8,5 kW ermittelt.
Wie groß sind die innere trockene Kühllast und die gesamte trockene Kühllast in kW?

LÖSUNG

$\dot{Q}_{itr} = \dot{Q}_{Ptr} + \dot{Q}_N + \dot{Q}_B$

$\dot{Q}_{Ptr} = 70 \cdot 70 \text{ W (lt. Tabelle)} = 4900 \text{ W}$ $\quad$ = 4,9 kW

$\dot{Q}_N = 30 \cdot 120 \text{ W} + 2 \cdot 2000 \text{ W}$ $\quad$ = 7,6 kW

$\dot{Q}_B = 5000 \text{ W}$ $\quad$ = 5,0 kW

$\dot{Q}_{itr} = 17500 \text{ W}$ $\quad$ = 17,5 kW

$\dot{Q}_{Ktr} = \dot{Q}_{itr} + \dot{Q}_a$

$\dot{Q}_{Ktr} = 17{,}5 \text{ kW} + 8{,}5 \text{ kW}$ $\quad$ = 26,0 kW

Tabelle: Trockene und feuchte Kühllasten $\dot{Q}_{Ptr}$ und $\dot{Q}_{Pf}$ durch Personen
(Durchschnitt)

Raumlufttemperatur ϑ_i in °C

Kühllasten	bei sitzender Tätigkeit					bei mittelschwerer Arbeit				
	20	22	23	25	26	20	22	23	25	26
$\dot{Q}_{Ptr}$ durch Strahlung und Konvektion in W	95	90	85	75	70	140	120	115	105	95
$\dot{Q}_{Pf}$ durch Verdunstung in W	25	30	35	40	45	130	150	155	165	175
$\dot{Q}_P = \dot{Q}_{Ptr} + \dot{Q}_{Pf}$ in W	120	120	120	115	115	270	270	270	270	270
Wasserdampfabgabe in g/h	35	40	50	60	65	180	215	225	240	255

 **Erklären Sie den Unterschied zwischen relativer und absoluter Luftfeuchtigkeit.**

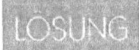 Luft kann Wasserdampf aufnehmen. Die Aufnahmefähigkeit steigt mit zunehmender Lufttemperatur. Man muss die relative Luftfeuchte von der absoluten Luftfeuchte unterscheiden. Die relative Luftfeuchte φ (sprich: Phi) gibt an, zu wie viel Prozent die Luft bei einer bestimmten Temperatur mit Wasserdampf gesättigt ist. Die absolute Luftfeuchte x gibt den Wasserdampfgehalt der Luft in g/kg an. Bei einer relativen Luftfeuchte von 100 % ist die Luft gesättigt, und die maximale Luftfeuchte x_s ist erreicht.

$$\varphi = \frac{x}{x_s} \cdot 100 \%$$

φ = Relative Luftfeuchte in %
x = Absolute Luftfeuchte in g/kg
x_s = Maximale Luftfeuchte in g/kg

Tabelle : Maximale Luftfeuchte										
ϑ in °C	-20	-15	-10	-5	+/-0	5	10	15	20	25	30
x_s in g/kg (φ = 100 %)	1,0	1,2	1,5	2,5	3,8	5,4	7,6	10,6	14,7	20,1	27,2

Beispiel:

Luft von 30 °C und φ_1 = 60 % kühlt sich auf 25 °C ab. Auf welchen Wert steigt die relative Luftfeuchte?

Nach Tabelle:
x_s bei 30 °C = 27,2 g/kg
x_s bei 25 °C = 20,1 g/kg

$$\varphi = \frac{x}{x_s} \cdot 100\ \%$$

$$x_1 = \frac{x_s \cdot \varphi_1}{100\ \%}$$

$$x_1 = \frac{60\ \% \cdot 27,2\ g/kg}{100\ \%} = 16,32\ g/kg$$

$$\varphi_2 = \frac{16,32\ g/kg}{20,1\ g/kg} \cdot 100\ \% = 81,2\ \%$$

Wird die Luft erwärmt, nimmt die relative Luftfeuchte ab, da die Wasserdampfaufnahmefähigkeit der Luft zunimmt.

Eine Großküche hat ein Raumvolumen von 200 m³. Durch Zuführung von Außenluft soll ein 20-facher stündlicher Luftwechsel erzeugt werden. Welchen Durchmesser muss bei einer Luftgeschwindigkeit von 6 m/s ein runder Außenluftkanal erhalten?

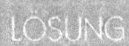 Außenluftstrom:

$\dot{V}_A = n \cdot V$; $\dot{V}_A = 20 \; 1/h \cdot 200 \; m^3 = 4000 \; m^3/h$

Kanalquerschnitt:

$$A = \frac{\dot{V}_A}{v \cdot 3600}$$

$$A = \frac{4000 \; m^3/h}{6 \; m/s \cdot 3600 \; s/h} = 0{,}185 \; m^2$$

Kanaldurchmesser:

$$d = \sqrt{\frac{A}{0{,}785}} \; ; \; d = \sqrt{\frac{0{,}185 \; m^2}{0{,}785}} = 0{,}485 \; m$$

Kanaldurchmesser gewählt: d = 500 mm.

 **Durch ein rechteckiges Außenluftgitter sollen 7000 m³/h Luft bei v = 2,6 m/s angesaugt werden. Wie breit muss das Außenluftgitter bei einer Höhe von 1000 mm sein?**

 Querschnittsfläche:

$$A = \frac{\dot{V}_A}{v \cdot 3600}$$

$$A = \frac{7000 \; m^3/h}{2{,}6 \; m/s \cdot 3600 \; s/h} = 0{,}75 \; m^2$$

Gitterbreite:

$$b = \frac{A}{h} \; ; \; b = \frac{0{,}75 \; m^2}{1{,}00 \; m} = 0{,}75 \; m$$

Gittergröße: 750 mm x 1000 mm

 **In einem Großraumbüro sollen 7600 m³/h Zuluft über Deckenauslässe 500 x 500 mm eingeblasen werden. Die Zuluftgeschwindigkeit soll am Gitter 1,2 m/s betragen. Wieviele Deckenauslässe sind erforderlich?**

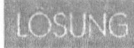 Gesamte Ausblasfläche:

$$A = \frac{\dot{V}zu}{v \cdot 3600}$$

$$A = \frac{7600 \text{ m}^3/\text{h}}{1{,}2 \text{ m/s} \cdot 3600 \text{ s/h}} = 1{,}76 \text{ m}^2$$

Fläche eines Gitters:

$A_1 = a \cdot b$; $A_1 = 0{,}5 \text{ m} \cdot 0{,}5 \text{ m} = 0{,}25 \text{ m}^2$

Anzahl der Deckenauslässe:

$$n = \frac{A}{A_1} \; ; \; n = \frac{1{,}76 \text{ m}^2}{0{,}25 \text{ m}^2} = 7 \text{ Stück.}$$

Planungsaufgaben – Sanitärräume

 Im Rahmen einer Altbaumodernisierung soll ein bestehendes Badezimmer, siehe untenstehenden Grundriss, umgeplant werden. Vorschlag für den dargestellten Grundriss mit Angabe der Stell- und Bewegungsflächen (Abmessungen, Abstandsmaße) gemäß DIN 18 022.

Folgende Sanitärobjekte sind einzuplanen:
- Badewanne: 80 cm/180 cm
- Dusche: 100 cm/100 cm
- Doppelwaschtisch: 60 cm/120 cm
- Bidet
- WC
- Waschmaschine (WM)

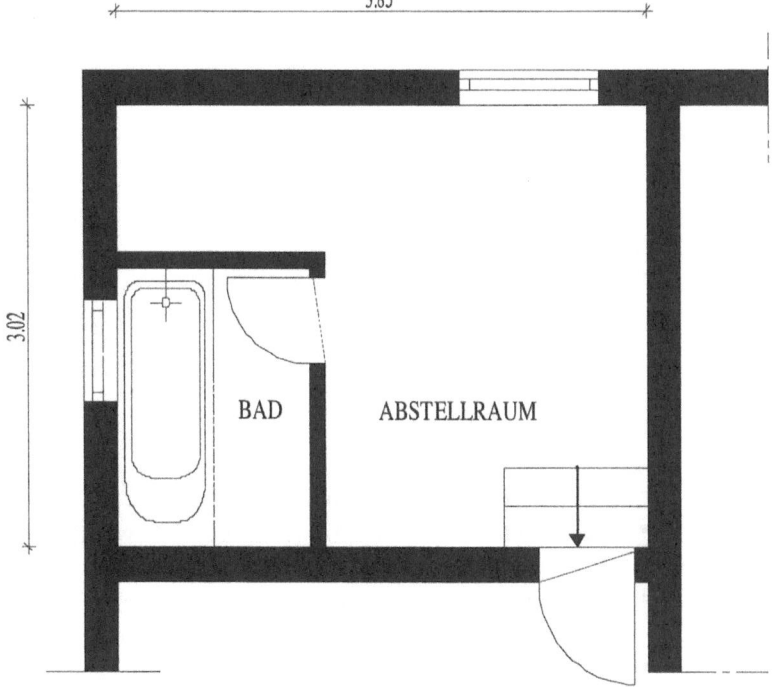

Bestand

Wo sind die Heizflächen anzuordnen?
Machen Sie detaillierte Angaben über Art und Weise der vertikalen und horizontalen Installationsführung, der Abwasserleitungen gemäß DIN EN 12056 mit Angabe der Rohrdimensionen.

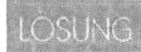

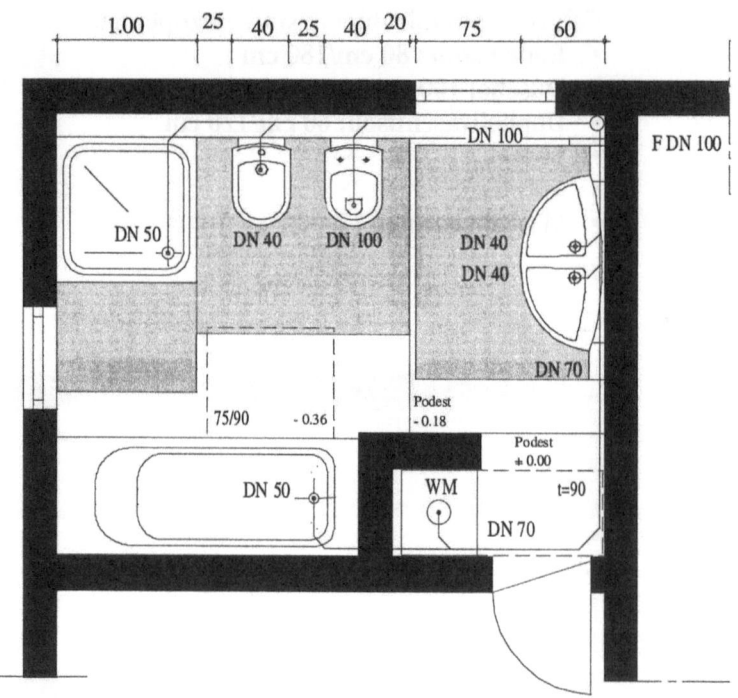

Grundrissvorschlag

- Einbau verschiedener Ebenen (Podeste)
- Leitungen im Podest bzw. in der Vorwandinstallation (20 - 25cm)
- Abstandsmaße der einzelnen Sanitärobjekte zueinander beachten und zusätzlich in die Zeichnung eintragen
- Bewegungsflächen vermaßen
- Leitungsdimensionierung der Abwasserleitungen
- Heizflächen: Fußbodenheizung oder Heizkörper vor dem Fenster beim Waschtisch.

 Nachstehende Zeichnung zeigt einen Obergeschossgrundriss einer mehrgeschossigen Blockbebauung. Für ein Gourmet-Restaurant müssen Sanitär- und Sozialräume neu geplant werden. Die Räume 1–5 stehen hierzu zur Verfügung. Situationsbedingt muss die Erschließung der Räume über den Gastraum erfolgen.

In den neu zu planenden Räumen sollen untergebracht werden:
- ein Personal-Aufenthaltsraum, ca. 25 m², mit Teeküche (Stellflächenbreite von ca. 3,30 m)
- je eine Umkleide für Damen und Herren mit folgender Ausstattung: 1 WC, 1 Duschwanne, 1 Handwaschbecken, 4 Kleiderspinde
- 1 Toilettenanlage für 80 Personen (Restaurantbesucher!) mit einem Putzraum von ca. 3,5 m² (Schallschutz beachten!).

Hinweis:
- Trennwände (< 17,5 cm) können entfernt werden.
- Tragende Innenwände (≥ 17,5 cm) können geschlossen oder durch einen Türdurchbruch geöffnet, aber nicht entfernt werden.
- Fehlende Angaben sind den Zeichnungen zu entnehmen.
- Planung auf der Grundlage der DIN 18022, Gaststättenverordnung, Arbeitsstättenverordnung bzw. Arbeitsstättenrichtlinien für den dargestellten Grundriss die Sanitär- und Sozialräume.

Anlage: Durchschnittliche Anhaltswerte für Toilettenanlagen in gastronomischen Betrieben

Anzahl der Gastplätze Insgesamt	WC-Räume für Herren			WC-Räume für Damen	
	WC-Becken	Urinale	Waschbecken	WC-Becken	Waschbecken
bis 15	1	1	1	1	1
30	1	1-2	1	1-2	1
60	1-2	2-3	1-2	3	2
90	2	3-4	1-2	3	2
120	2	4-5	2	3-4	2-3

Planungsaufgaben – Sanitärräume

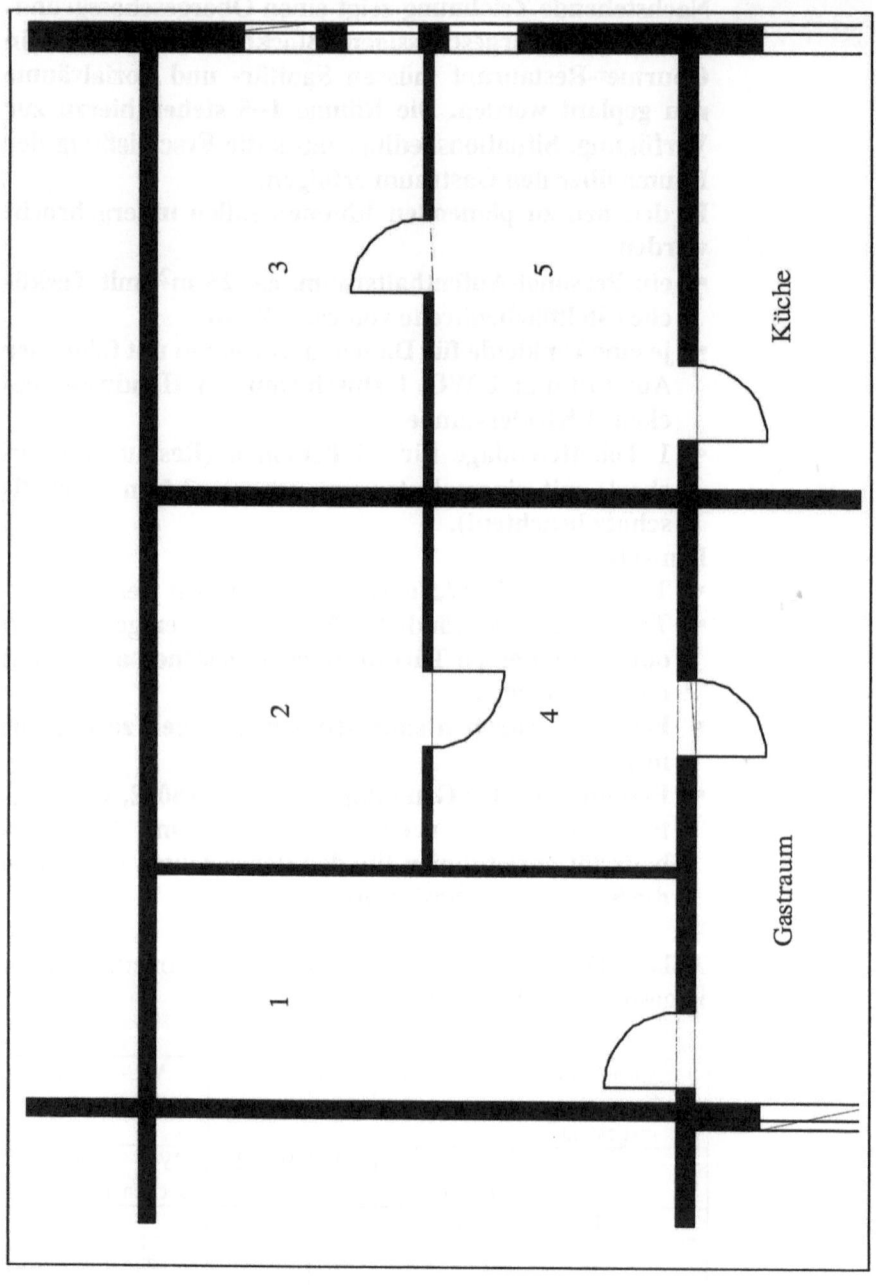

Planungsaufgaben – Sanitärräume

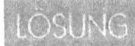

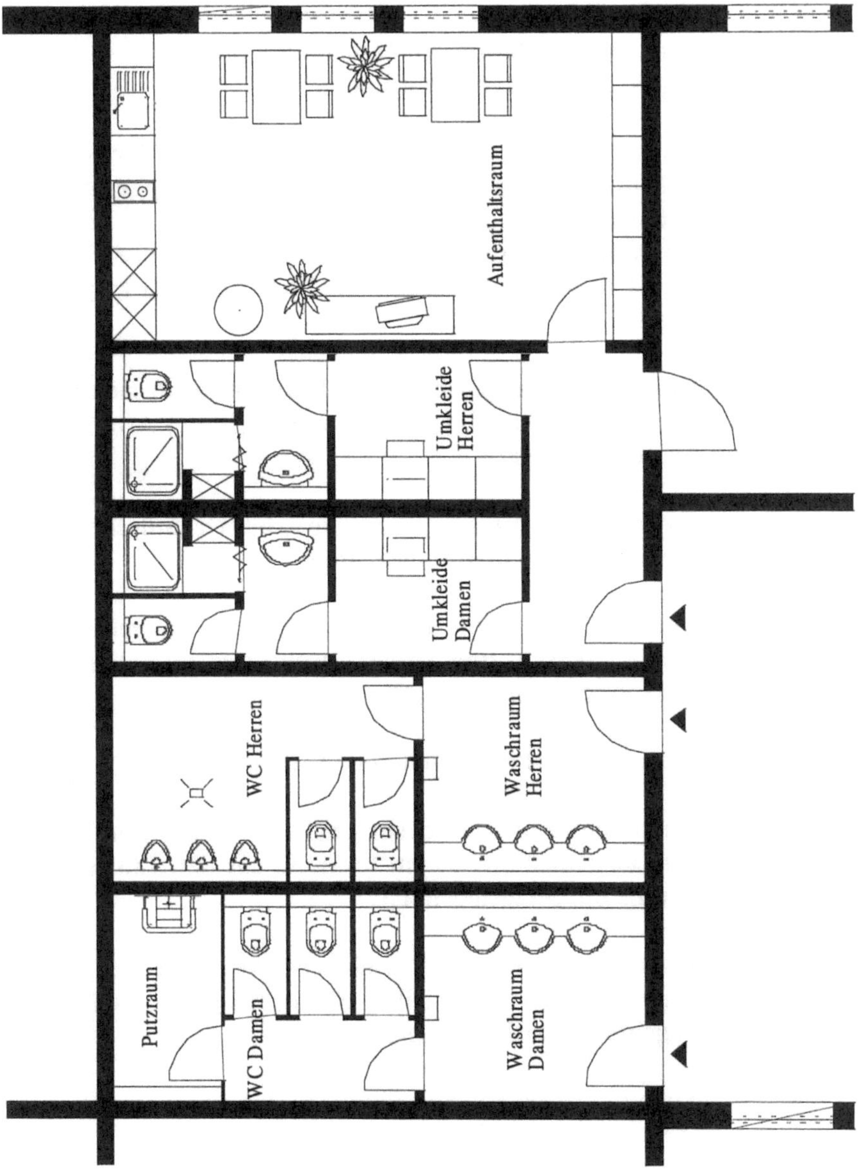

 Ein pharmazeutischer Betrieb, der unter "Reinraum-Bedingungen" produziert, benötigt für seine 60 männlichen Angestellten eine sanitärtechnische Anlage (Umkleide-, Wasch- und Toilettenräume) nach den Vorschriften der Arbeitsstätten-Verordnung in Verbindung mit den Arbeitsstätten-Richtlinien.

Die sterile Tätigkeit der Angestellten erfordert die Anordnung der gesundheitstechnischen Anlage als sog. "Schwarz-Weiß-Anlage", d.h. die räumliche Trennung der Arbeits- und Straßenkleidung muss gegeben sein, jedem Umkleideraum muss ein Toilettenraum zugeordnet werden.

Die Anforderungen bzgl. der Einrichtungen richten sich nach der zahlenmäßig stärksten Schicht der Angestellten: hier 60 Männer.

Zu Planen ist für diesen Fall die sanitärtechnische Anlage für die männlichen Angestellten.

Verdeutlichen des Bewegungsablaufs zwischen Umkleide-, Wasch- und Toilettenraum und den allgemeinen Verkehrswegen (Flure, Ein- und Ausgang).

Vermaßen der Stellflächen und Abstände.

Umkleideraum: Unterbringung der Kleidung in Schränken, abschließbar, 30 cm breit, 50 cm tief, 180 cm hoch, jeweils mit Sitzgelegenheit.

Waschraum: mind. 1 Waschstelle (Waschbecken, -rinne, Dusche) für 4 Angestellte, die vorwiegend als Duschen angeboten werden sollten.

Toilettenraum: für 60 männliche Arbeitnehmer, mind. 4 WCs und 4 Urinale.

Planungsaufgaben – Sanitärräume

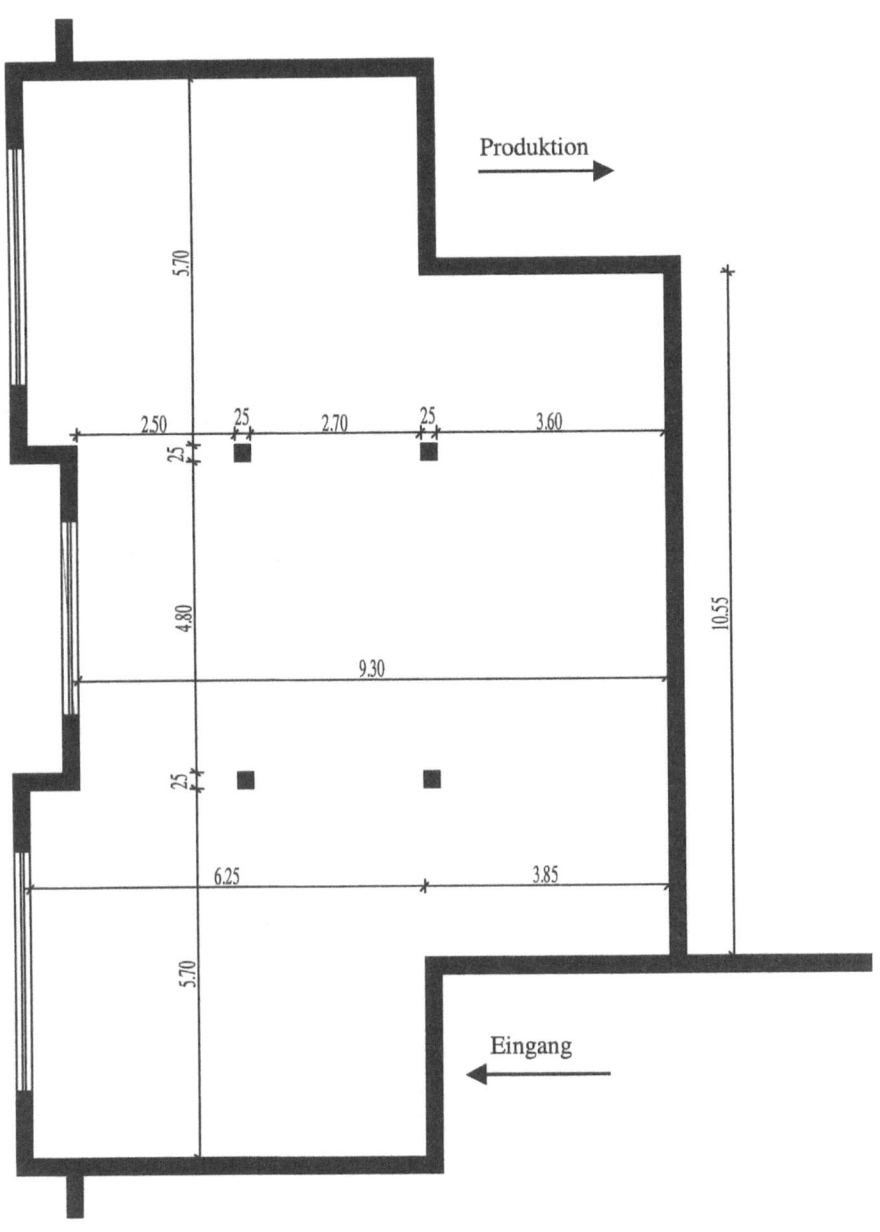

Planungsaufgaben – Sanitärräume

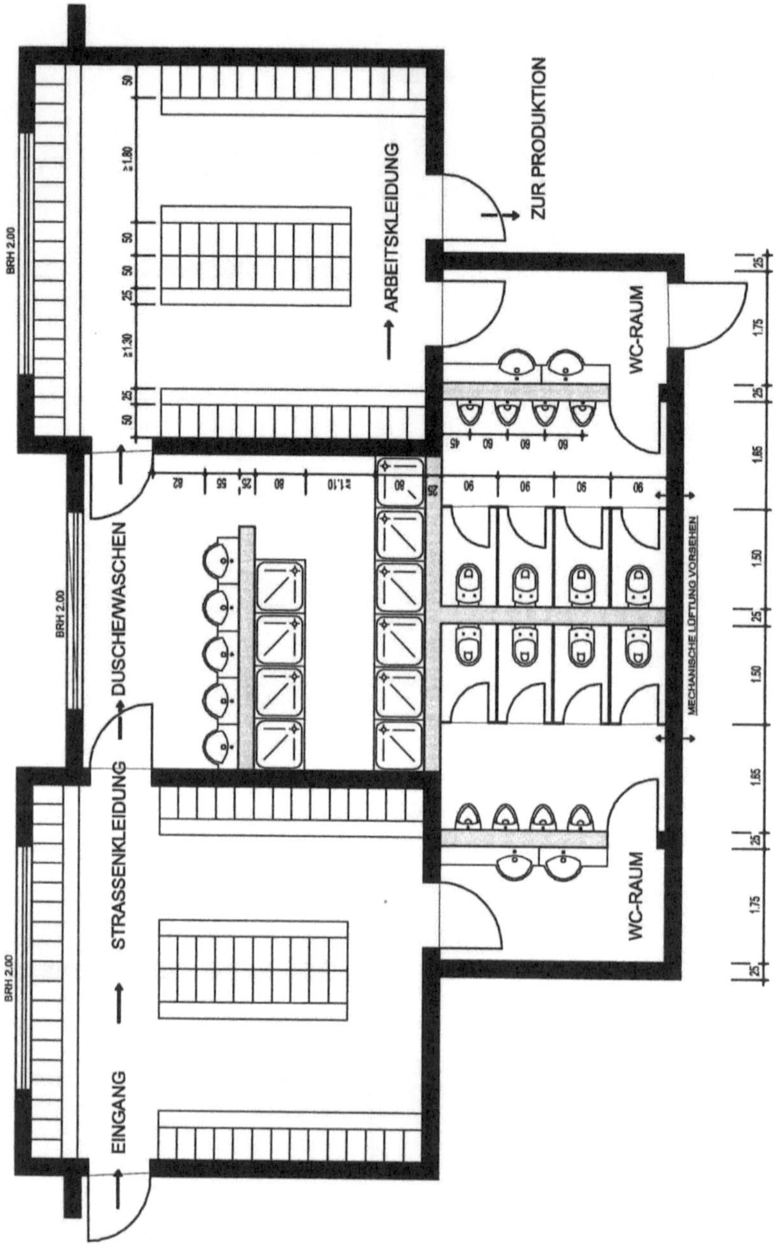

Installationswand:

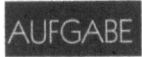

AUFGABE **Überprüfen Sie folgende Aussage: "Eine Küche braucht 7 m Stellfläche."**

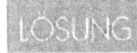

LÖSUNG 3 x 60 cm +120 cm +150 cm + 2 x 60 cm + 30 cm = 600 cm
Bereits 6 m Stellfläche reichen aus!

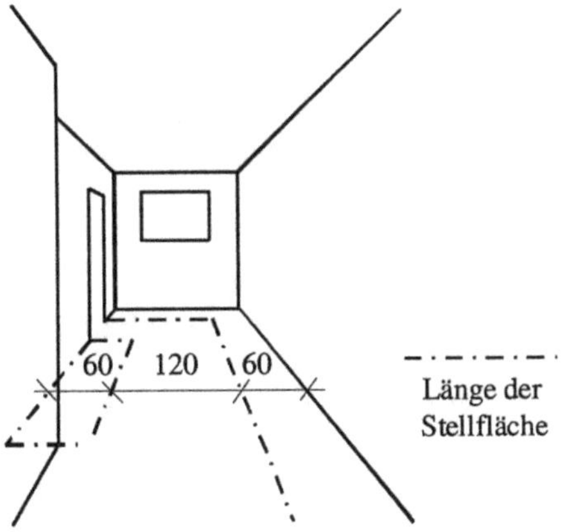

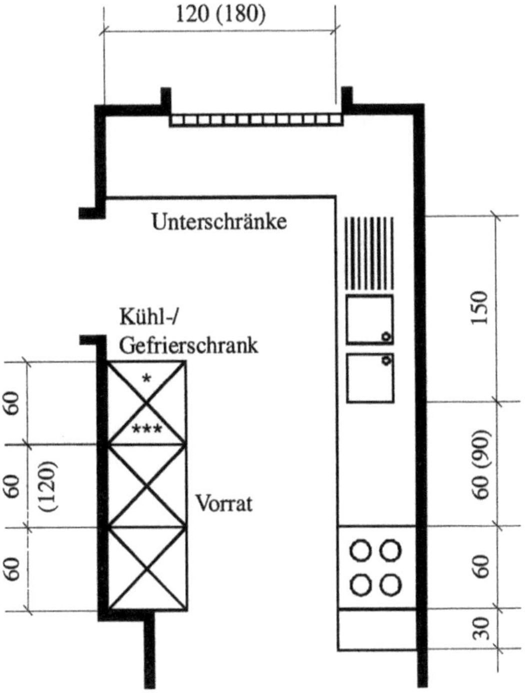

 Im Kern eines Verwaltungsgebäudes soll im vorgegebenen Grundrissausschnitt eine öffentlich zugängliche Toilettenanlage eingeplant werden.

Folgende Ausstattung ist für die Toilettenanlage vorgesehen:

Damen:
   3 WC-Zellen
   2 Handwaschbecken

Herren:
   3 WC-Zellen
   6 Urinale mit Schamwand

1 Behinderten-WC und

1 Putzraum mit Ausgussbecken.

Zugangstüren und Fenster sind auf ihre Planung hin abzustimmen.

Planung maßstäblich für die vorgegebenen Sanitärobjekte entsprechend DIN 18024 bzw. VDI 3818 unter gleichzeitiger Berücksichtigung der Rohrleitungsführung ein.

Planungsaufgaben – Sanitärräume

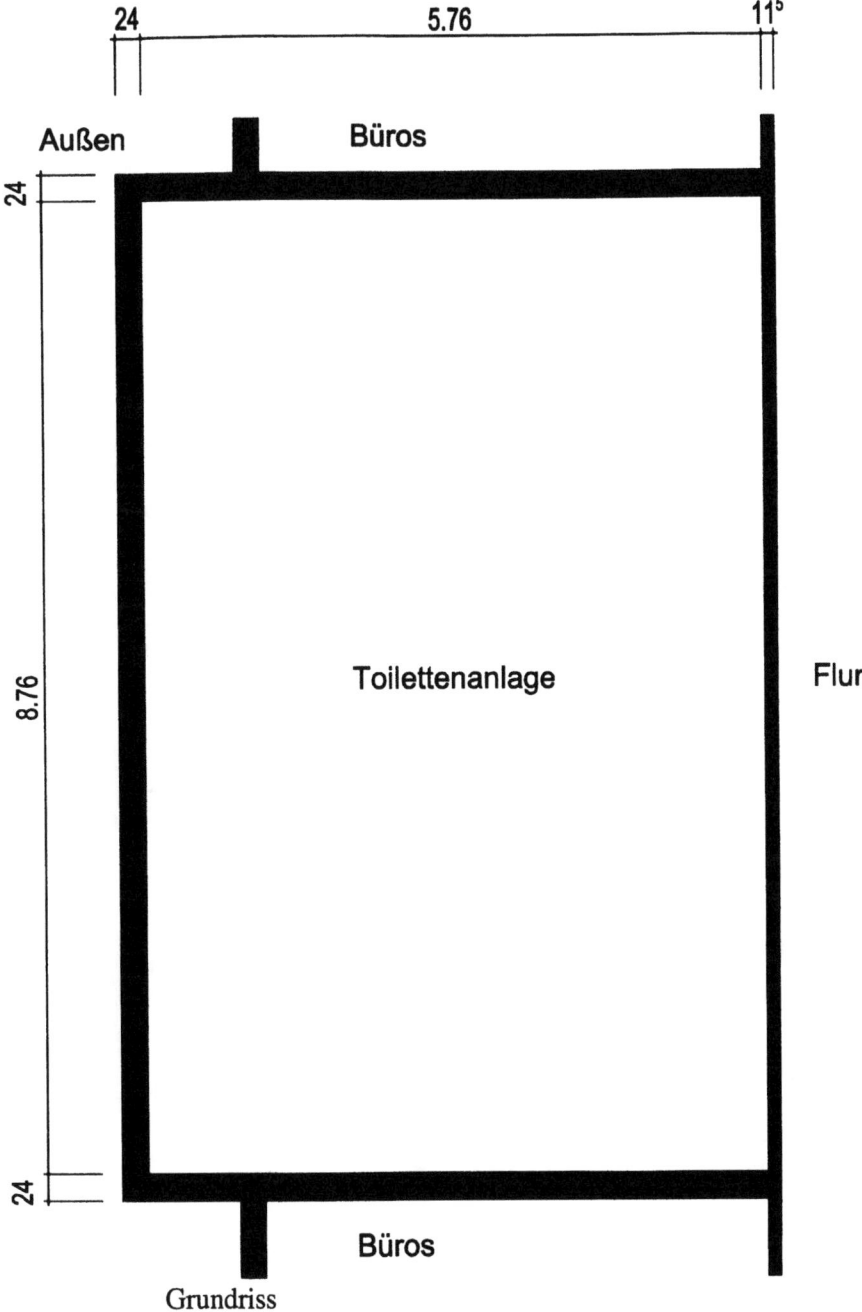

Grundriss

Planungsaufgaben – Sanitärräume

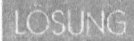

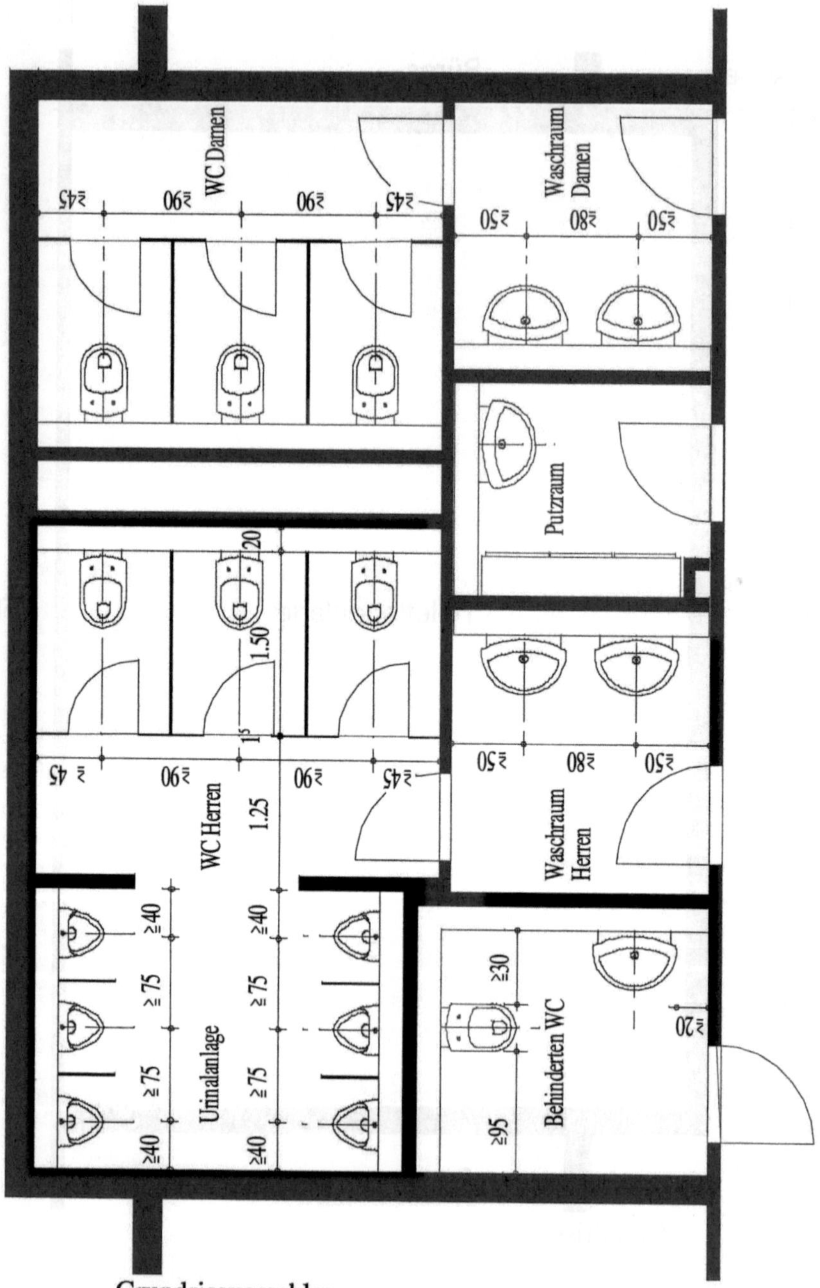

Grundrissvorschlag

 Nachstehende Zeichnungen (Anlagen 1+2) zeigt den Erdgeschoss- + Obergeschossgrundriss eines Wohnhauses.

Durch Einplanen von nichttragenden Innenwänden sollen folgende Räume entstehen:

EG: Hausanschlussraum (HAR); Hauswirtschaftsraum (HWR) mit Waschmaschine, Trockner und Heizungsanlage; Gäste-WC mit WC und Handwaschbecken; Arbeitszimmer; Wohn- / Esszimmer; Küche als Rechtshänderküche und separatem Vorratsraum.

OG: 4 Zimmer; 1 Dusche mit WC, Waschbecken und Duschwanne; Bad mit WC, Waschbecken und Badewanne.

Planen Sie auf Grundlage der DIN 18022 für den dargestellten Grundriss maßstäblich die Sanitärtechnischen Räume mit Angabe der Achsabstände und Kennzeichnung der Bewegungsflächen an den sanitärtechnischen Objekten und das restliche Raumprogramm ein.

Grundriss EG

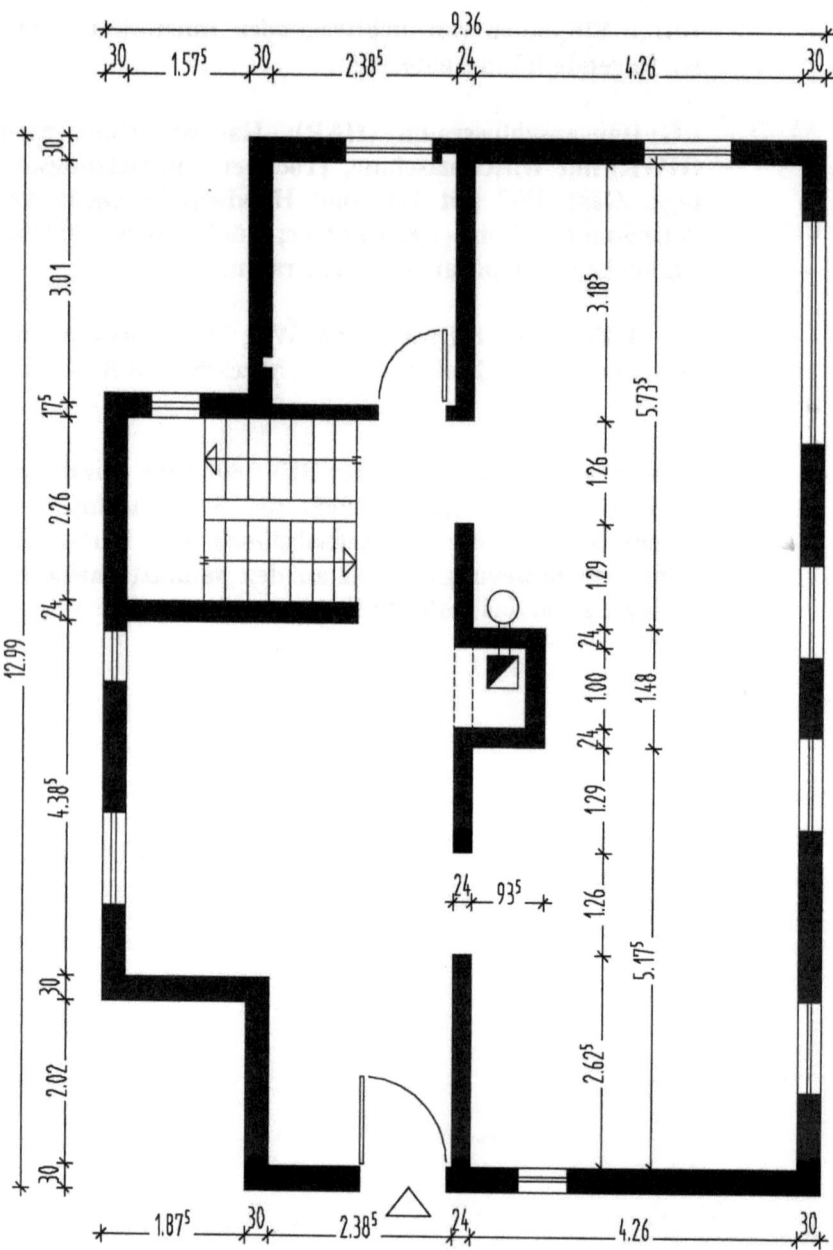

Planungsaufgaben – Sanitärräume

Grundriss OG

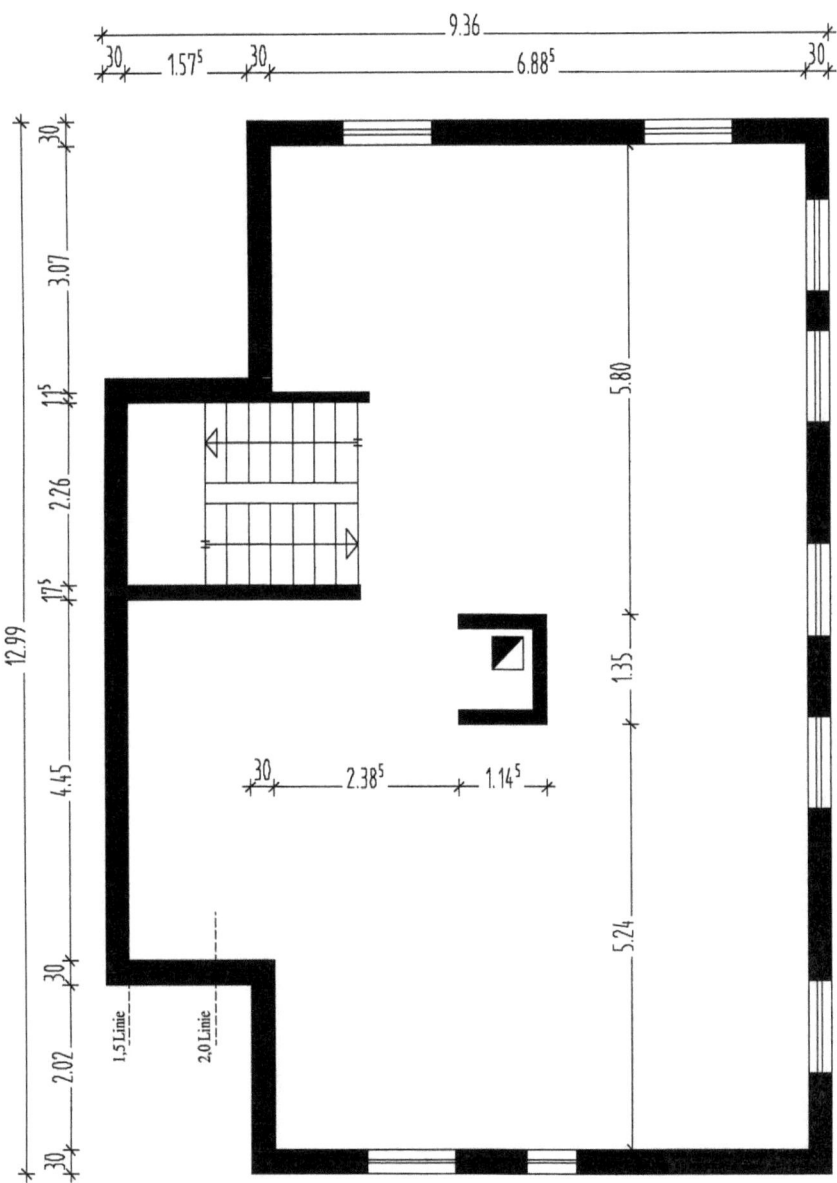

Planungsaufgaben – Sanitärräume

 Grundriss EG

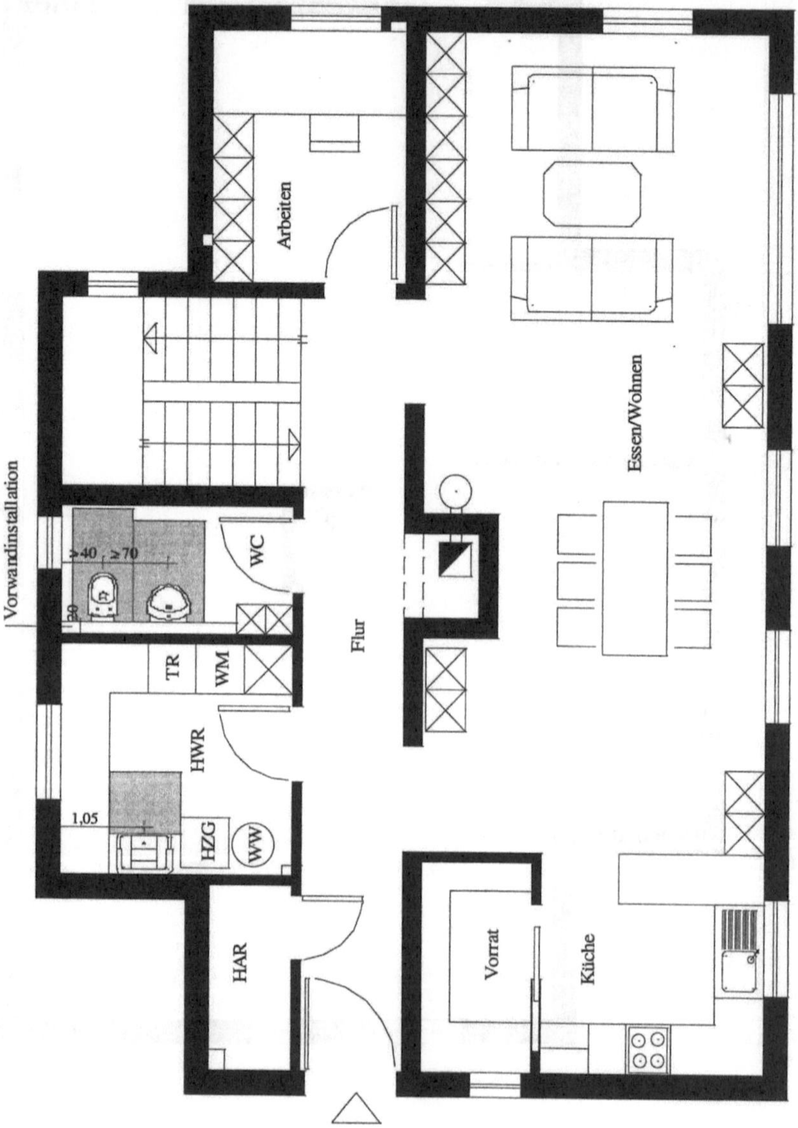

Grundriss OG

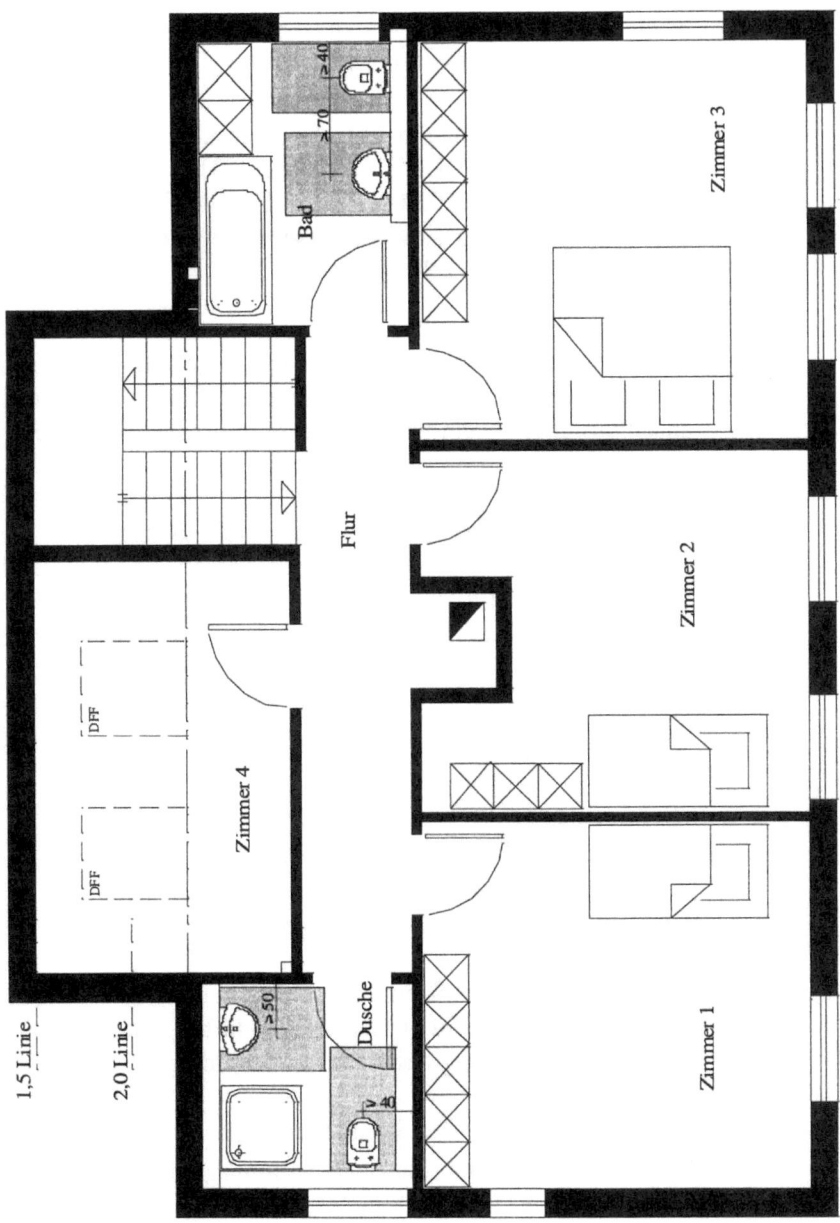

Planungsaufgaben – Abwasserberechnung

 **Nach welchen Regeln werden Schmutzwasserleitungen für häusliche Abwässer bemessen?**

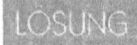 1. Für die Bemessung der Einzelanschlussleitungen gelten in Ergänzung mit der DIN EN 12056-2:2001-01, Tab. 2 und 4 die DIN 1986-100:2002-03, Tab. 4. Für die Einzelanschlussleitungen gelten die Anwendungsgrenzen für das System 1 von DIN EN 12056-2:2001-01, Tab. 5.

2. Die Länge des Fließweges in einer unbelüfteten Sammelanschlussleitung darf die maximale Länge aus DIN 1986-100:2002-03, Tab. 5 nicht überschreiten. Muss die Sammelanschlussleitung belüftet werden, entfällt die obige Bedingung.

3. Bemessung der Fallleitungen durch Bestimmung der Summe der Anschlusswerte der Entwässerungsgegenstände nach DIN EN 12056-2:2001-01, Tab. 2 und DIN 1986-100:2002-03, Tab. 4. Richtwerte für die Abflusskennzahl enthält DIN EN 12056-2:2001-01, Tab. 3.

$$Q_{WW} = K \cdot \sqrt{\sum DU}$$

Hierin bedeutet:
Q_{WW} = Schmutzwasserabfluss
K = Abflusskennzahl
DU = Anschlusswert (design unit)

Die Nennweite der Schmutzwasserfallleitungen wird nach DIN EN 12056-2:2001-01, für Hauptlüftung nach Tab. 11 und mit Nebenlüftung nach Tab. 12 bestimmt.

4. Die Bemessung der Sammelleitungen erfolgt nach DIN 1986-100, Kap. 8.3.4. für einen Füllungsgrad von $h/d_i = 0,5$, bzw. wenn der Gesamtschmutzwasserabfluss Q_{tot} nach DIN EN 12056-2:2001-01, Kap. 6.3.3 kleiner ist als 2,0 l/s, kann die Bemessung nach DIN 1986-100, Tab. 5 erfolgen.

5. Die Bemessung der Grundleitungen erfolgt nach DIN 1986-100, Kap. 8.3.5. Innerhalb von Gebäuden sind Grundleitungen für einen Füllungsgrad von $h/d_i = 0,5$ (DIN EN 12056-2:2001-01, Anhang B, Tab. B1) und außerhalb von Gebäuden sind Grundleitungen für einen Füllungsgrad von $h/d_i = 0,7$ (DIN EN 12056-2:2001-01, Anhang B, Tab. B2) zu bemessen.
Grundleitungen sollten in der Nennweite DN 100 ausgeführt werden, weitere Querschnitte wie DN 80/90 sind bei entsprechenden Anschlusswerten der Entwässerungsgegenstände möglich.

6. Die Bemessung der Lüftungsleitungen erfolgt nach DIN 1986-100, Kap. 8.3.6. Einzel-Hauptlüftungen sind mit der Nennweite der zugehörigen Fallleitung auszuführen.

Wie werden Regenwasserleitungen bemessen?

1. Ermittlung der anzuschließenden Niederschlagsfläche in m^2; maßgebend ist die Grundrissfläche des Gebäudes einschließlich Dachüberstand!

2. Bestimmung des Abflussbeiwertes C nach DIN 1986-100: 2002-03, Tab. 6.

3. Der Regenwasserabfluss wird durch folgende Gleichung bestimmt:

$$Q = r_{(D,T)} \cdot A \cdot C \cdot \frac{1}{10000} \text{ in Liter/s}$$

Hierin bedeutet:
Q   Regenwasserabfluss in l/s
A   anschließbare Niederschlagsfläche in m^2
$r_{(D,T)}$ Bemessungsregenspende in l/(s ha)
C   Abflussbeiwert

Die Bemessungsregenspende l/(s ha) wird nach DIN 1986-100: 2002-03, Anhang A, Tab. A1 bestimmt. Die Jährlichkeit des Berechnungsregens muss für Niederschlagsflächen ohne geplante Regenrückhaltung mindestens einmal in 2 Jahren betragen.

Die Nennweite der Regenwasserfallleitungen wird nach DIN EN 12056-3:2001-01, Tab. 8. Ein Füllungsgrad von f = 0,33 ist zu verwenden.

4. Die Bemessung der Grund- und Sammelleitungen erfolgt nach DIN EN 12056-3:2001-01, Anhang C, Tab. C1.

Nach DIN 1986-100:2002-03, Kap. 9.3.5.2, sind Grund- und Sammelleitungen für einen Füllungsgrad von $h/d_i = 0,7$ zu bemessen unter Berücksichtigung eines Mindestgefälles von $J = 0,5$ cm/m zu bemessen.

Grund- und Sammelleitungen dürfen nicht kleiner als die Nennweite der angeschlossenen Regenwasserfallleitung sein und müssen mindestens DN 100 sein.

 **Nachfolgende Skizze zeigt eine gebäudetypspezifische Anordnung von sanitären Einrichtungen für ein Bürohochhaus. Zu untersuchen ist durch eine Berechnung nach DIN EN 12056 und DIN 1986-100, wie viele Geschosse mit der gegebenen Installation an eine Fallleitung angeschlossen werden können und welche Abmessungen diese Fallleitung aufweisen muss.**

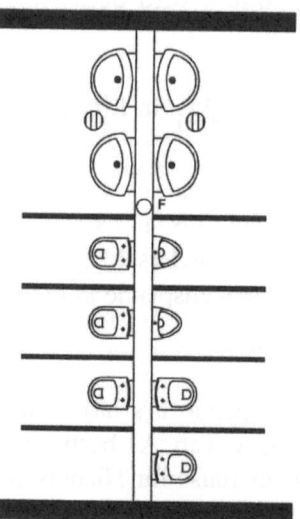

Zusätzlich Angaben:
max. 20 Geschosse
max. Querschnitt DN 150

 Zusammenstellung der Anschlusswerte DU nach (DIN EN 12056-2 Tab. 2)

Waschbecken:	4 · 0,5 =	2,0
Bodenablauf:	2 · 1,5 =	3,0
WC 6,0 l Spülkasten:	5 · 2,0 =	10,0
Einzelurinal:	2 · 0,8 =	1,6
	$\sum DU =$	16,6

Ermittlung der maximalen Geschossanzahl:

nach (DIN EN 12056-2 Tab. 11): Hauptlüftung, K = 0,5 l/s

DN 150: $Q_{max} = 9,5$ l/s

$Q_{WW} = 0,5 \cdot \sqrt{20 \cdot 16,6} = 9,11$ l/s d.h. 20 Geschosse

Bei $Q_{max} = 9,5$ l/s wären maximal 21 Geschosse anschließbar ($Q_{WW} = 0,5 \cdot \sqrt{21 \cdot 16,6} = 9,34$ l/s)

Anzahl der Objekte:
Waschbecken   = 4 x 20 = 80
Bodenablauf   = 2 x 20 = 40
WC 6,0 l Spülkasten = 5 x 20 = 100
Einzelurinal   = 2 x 20 = 40.

 **Der Einlaufpunkt A einer Abwasserleitung liegt 27 m vom Anschlusspunkt B an den Abwasserkanal entfernt. Der Höhenunterschied der Rohrsohlen zwischen Punkt A und Punkt B beträgt 0,40 m. Angabe des Gefälles in Dezimalzahl, Prozentzahl und als Neigungsverhältnis?**

 Gegeben: L = 27 m,   Δh = 0,40 m,

Dezimalzahl:
I = Δh/L = 0,40 m / 27,0 m = 0,0148
Prozentzahl
I = (Δh / L) 100 % = (0,40 m / 27,0 m) 100 % = 1,481 %
Neigungsverhältnis
I = 1 : (L/Δh) = 1 : (27,0 m / 0,40 m) = 1 : 67,5.

 **Auf einem Flachdach (Kiesdach) einer 25m x 40 m großen Lagerhalle soll die Anzahl der notwendigen Dachabläufe ermittelt werden. Angaben:**

- Regenspende 20 l/m² in 10 Minuten
- Abflussvermögen eines Dachablaufes 4,0 l/s.

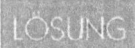 $A = 25 \cdot 40 \text{ m}^2 = 1000 \text{ m}^2$
$C = 0,5$ für Kiesdach, nach DIN 1986-100: Tab. 6.

$$20 \text{ Liter}/\text{m}^2 \cdot 10 \text{ min} = \frac{20 \cdot 10000 \text{ Liter}}{10 \cdot 60 \text{s} \cdot \text{ha}} = 333,33 \text{ Liter}/\text{s} \cdot \text{ha}$$

$$Q = \frac{C \cdot r \cdot A}{10000} = \frac{0,5 \cdot 333,33 \cdot 1000}{10000} = 16,67 \frac{1}{\text{s}}$$

$$\Rightarrow n = \frac{Q}{4,0} = \frac{16,67}{4,0} = 4,17 \rightarrow 5 \text{ Abläufe}.$$

 **Es ist die zulässige anschließbare Niederschlagsfläche A in m² eines Wohnhauses mit 30° Dachneigung (Satteldach) bei folgenden maximalen Regenspenden zu ermitteln:**

r= 150 l/s·ha
r= 300 l/s·ha
r= 400 l/s·ha
Der maximale Regenwasserabfluss beträgt Q = 7,0 l/s.

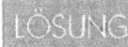 Abflussbeiwert $C = 1,0$
Regenwasserabfluss $Q = 7,0$ l/s

$Q = C \cdot A \cdot r_{D,T} / 10000$
$A = Q \cdot 10000 / (C \cdot r_{D,T})$

$A = 7,0 \text{ l/s} \cdot 10000 / (1 \cdot 150) = 466,66 \text{ m}^2$
$A = 7,0 \text{ l/s} \cdot 10000 / (1 \cdot 300) = 233,33 \text{ m}^2$

A = 7,0 l/s · 10000 / (1 · 400) = 175,00 m².

Die Höhe einer Attika soll u.a. verhindern, dass selbst bei stärkstem Regen über 15 Minuten Wasser übertritt.

a) Welche Abhängigkeit besteht von der Flachdachfläche?

b) Welchen Einfluss auf das Ergebnis nimmt eine auf das Flachdach aufgebrachte Kiespackung?

Zu a) Als Beispiel soll hier eine Fläche von 1.000 m² dienen. Es gilt für eine Regenspende 300 l/s ha, t = 15 min = 900 s

300 l/s ha · 900 s = 270.000 l/ha
A = 1.000 m² = 10.000.000 cm²

Auf die Fläche von A fallen in 15 Min. 27.000 Liter Regen.

V = 27.000 · 1.000 = 27.000.000 cm³

hieraus $h = \dfrac{V}{A} = \dfrac{27.000.000 \text{ cm}^3}{10.000.000 \text{ cm}^2} = 2{,}7 \text{ cm}$

Nach diesen Berechnungen besteht keine Abhängigkeit zwischen der Höhe der Attika und der Fläche des Flachdaches. Daraus ist zu schließen, dass selbst bei einer Fläche von 1 m² die Attika 2,7 cm hoch sein muss.

Zu b) Die Höhe der Attika muss bei einer aufgebrachten Kiesbedeckung nicht nur um das Volumen des Kieses erhöht werden, sondern es ist ratsam, noch über den berechneten Wert zu gehen, da Kies die Abfließgeschwindigkeit des Regenwassers behindert, nach Art eines Rückhaltebeckens.

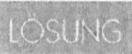 **Für ein regenreiches Gebiet soll die Regenspende ermittelt werden. Als Spitzenwert wurden 30 l/ m² in 10 Minuten im Jahresdurchschnitt gemessen. Welche Regenspende r müssen Sie einem Entwässerungsgesuch zugrunde legen?**

$r = 30 \text{ Liter} / (m^2 \cdot 10 \min)$

$r = 30 \text{ Liter} \cdot \dfrac{10000}{10 \cdot 60 \text{ s} \cdot \text{ha}}$

$r = 500 \dfrac{\text{Liter}}{\text{s·ha}}$

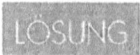 **Wie erfolgt die Bemessung von Benzinabscheidern nach DIN 1999-2?**

 Zu berücksichtigen sind die anfallende Regenwassermenge Q, der Schmutzwasserabfluss Q_{WW} der vorhandenen Zapfstellen sowie der Dichtefaktor f_d für die Art der Leichtflüssigkeiten .
Nenngröße $(NG) = (Q + 2\,Q_{WW})\,f_d$.

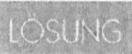 **Dimensionieren Sie die Speichergröße einer Regenwassernutzungsanlage, wenn Sie von folgenden Angaben ausgehen:**
Einfamilienhaus: Länge 15 m, Breite 8 m
Dachneigung 40°, Ziegeldeckung
jährliche Niederschlagsmenge 800 l/(m² a).
Es ist beabsichtigt, einen Wasservorrat für 14 Tage anzulegen.

 Angeschlossene Niederschlagsfläche: 8 m x 15 m = 120 m²
Abflussbeiwert C = 1,0 nach DIN 1986-100, Tab. 6.

Niederschlagsmenge: 120 m² · 800 l/ m² a = 96000 l/a
96000 l/a · (14/365) = 3682 l (für 14 Tage)
gewählter Behälter: 4000 l = 4 m³
Größe des Speichers: 1,6m x 1,6 m x 1,6 m.

Planungsaufgaben – Abwasserberechnung

 Für das nachstehend skizzierte Industriegelände mit Gewerbebetrieben A bis G sollen die Entwässerungsleitungen nach DIN EN 12056 und DIN 1986-100 dimensioniert werden.
Dabei sind die Schmutzwasser-Fallleitungen F1-F7 und die Regenwasser-Fallleitungen R1-R11 und sämtliche Grundleitungen bis zum Straßenkanal zu bemessen.
Max. Regenspende $r_{5,2}$ für Kaiserslautern, Gefälle der Grundleitungen 1:50.
Im Straßenkanal ist Mischsystem vorhanden.

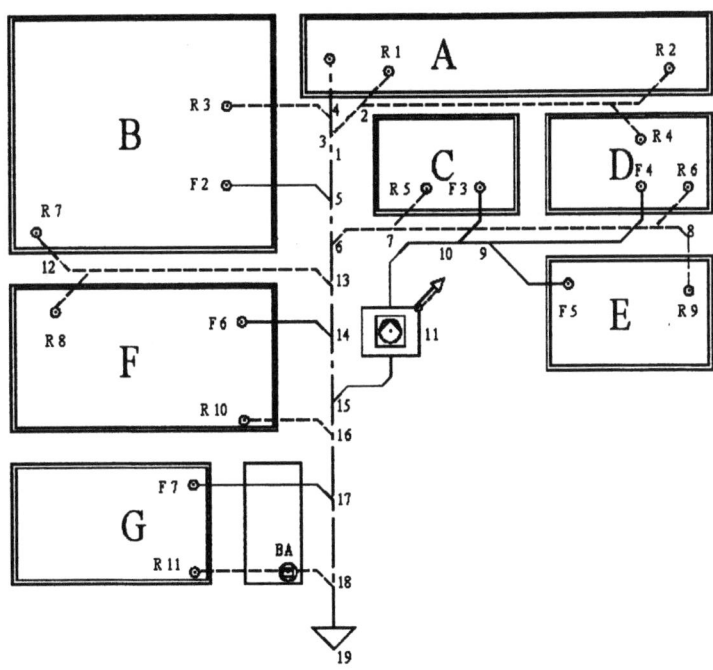

A: F1 Σ DU = 68, Hauptlüftung
Flachdach 4°, 400 m²

B: F2 Produktionshalle mit
„Schwarz-Weiß"-Anlage, bestehend aus Toiletten mit 6,0 l Spülkasten, 5 Duschen mit Stöpsel und 5 Waschbecken für 55 Männer, Flachdachbegrünung 450 m²
(Bestimmung der Anzahl der Sanitärobjekte nach den Arbeitsstätten-Richtlinien)

447

Planungsaufgaben – Abwasserberechnung

C: F3 Σ DU = 20
Kiesdach 100 m²

D: F4 Σ DU = 18
Kiesdach 280 m²

E: F5 Σ DU = 30
Kiesdach 320 m²

F: F6 Sanitäranlage eines Gewerbebetriebes für 85 Männer und 40 Frauen, Flachdach mit Begrünung 250 m²
(Bestimmung der Anzahl der Sanitärobjekte nach den Arbeitsstätten-Richtlinien)

G: F7 Σ DU = 50
Flachdach 9°, 200 m²
Parkfläche vor Gebäude G 100 m² - Pflaster

 Berechnung der Anschlusswerte DU

B: WC, 6,0 l Spülkasten   4 x 2,0 = 8,0
    Dusche mit Stöpsel   5 x 0,8 = 4,0
    Waschbecken   5 x 0,5 = 2,5
    Urinal mit Druckspüler   4 x 0,5 = 2,0
    Σ DU: 16,5   F2

F: Männer:
   WC, 6,0 l Spülkasten   5 x 2,0 = 10,0
   Urinal mit Druckspüler   5 x 0,5 = 2,5
   Handwaschbecken   2 x 0,5 = 1,0

   Frauen:
   WC, 6,0 l Spülkasten   4 x 2,0 = 8,0
   Handwaschbecken   1 x 0,5 = 0,5
   Σ DU   22,0   F6

Entwässerungsanlagen für Gebäude und Grundstücke:

Misch-Verfahren   Hauptlüftung
                                     Füllungsgrad, $h/d_i = 0{,}7$
Regenspende $r_{5,2} = 320$ l/(s ha)   Abflusskennzahl K = 0,5

448

Planungsaufgaben – Abwasserberechnung

Teilstrecke TS	Leitungsart*			Fläche	C	Anzahl		DU	Q	Qp	Qww	Qm	Gefälle	DN
	F	Li	La	m²		Kü	WC	Σ	l/s	l/s	l/s	l/s	cm/m	
F1	X							68			4,1			100
F2	X							16,5			2,0			100
F3	X							20,0			2,2			100
F4	X							18,0			2,1			100
F5	X							30,0			2,7			100
F6	X							22			2,3			100
F7	X							50,0			3,5			100
R1	X			200	1,0				6,4					120
R2	X			200	1,0				6,4					120
R3	X			225	0,3				2,2					80
R4	X			140	0,5				2,2					80
R5	X			100	0,5				1,6					80
R6	X			140	0,5				2,2					80
R7	X			225	0,3				2,2					80
R8	X			125	0,3				1,2					80
R9	X			320	0,5				5,1					120
R10	X			125	0,3				1,2					80
R11	X			200	1,0				6,4					120
F1 - 4		X						68			4,1		1:50	100
R3 - 4			X	225	0,3				2,2				1:50	100
4 - 3			X					68	2,2		4,1	6,3	1:50	125
R2 - 1			X	200	1,0				6,4				1:50	125
R4 - 1			X	140	0,5				2,2				1:50	100
1 - 2			X						8,6				1:50	125
R1 - 2			X	200	1,0				6,4				1:50	125
2 – 3			X						15,0				1:50	150
3 – 5			X					68	17,2		4,1	21,3	1:50	200
F2 - 5			X					16,5			2,0		1:50	100
5 – 6			X					84,5	17,2		4,6	21,8	1:50	200
R6 - 8			X	140	0,5				2,2				1:50	100
R9 - 8			X	320	0,5				5,1				1:50	100
8 – 7			X						7,3				1:50	125

Planungsaufgaben – Abwasserberechnung

Teilstrecke TS	Leitungsart*			Fläche	C	Anzahl		DU	Q	Qp	Qww	Qm	Gefälle	DN
	F	Li	La	m²		Kü	WC	Σ	l/s	l/s	l/s	l/s	cm/m	
R5 - 7			X	100	0,5				1,6				1:50	100
7 - 6			X						8,9				1:50	125
6 - 13			X					84,5	26,1		4,6	30,7	1:50	200
R7 - 12			X	225	0,3				2,2				1:50	100
R8 - 12			X	125	0,3				1,2				1:50	100
12 - 13			X						3,4				1:50	100
13 - 14			X					84,5	29,5		4,6	34,1	1:50	225
F6 - 14			X					22			2,3		1:50	100
14 - 15			X					106,5	29,5		5,2	34,7	1:50	225
F4 - 9			X					18			2,1		1:50	100
F5 - 9			X					30			2,7		1:50	100
9 - 10			X					48			3,5		1:50	100
F3 - 10			X					20			2,2		1:50	100
10 - 11			X					68			4,1		1:50	100
ABH								68	+ 10%	Re-serve	4,5		1:50	100
ABH - 15			X					68		4,5			1:50	100
15 - 16			X					106,5	29,5	4,5	5,2	39,2	1:50	225
R10 - 16			X	125	0,3				1,2				1:50	100
16 - 17			X					106,5	30,7	4,5	5,2	40,4	1:50	225
F7 - 17			X					50			3,5		1:50	100
17 - 18			X					156,5	30,7	4,5	6,3	41,5	1:50	225
R11 - BA			X	200	1,0				8,0				1:50	125
BA - 18			X	100	0,7				10,2				1:50	100
18 - 19			X					156,5	40,9	4,5	6,3	51,7	1:50	225

* F = Fallleitung, Li = Leitung innerhalb von Gebäuden, La = Leitung außerhalb von Gebäuden

Planungsaufgaben – Abwasserberechnung

 Die nachstehenden Skizzen zeigen den Ausschnitt eines Strangschemas und eines Grundrisses mit der Darstellung der Entwässerungsleitungen im Mischsystem (WC-Anlage, Bürogebäude in Hannover, Hof mit Betonsteinpflaster).
Berechnen Sie nach den Vorschriften der DIN EN 12056 und DIN 1986-100 die Durchmesser der Schmutzwasserleitungen.
Benennen Sie die Leitungsabschnitte 1-4.

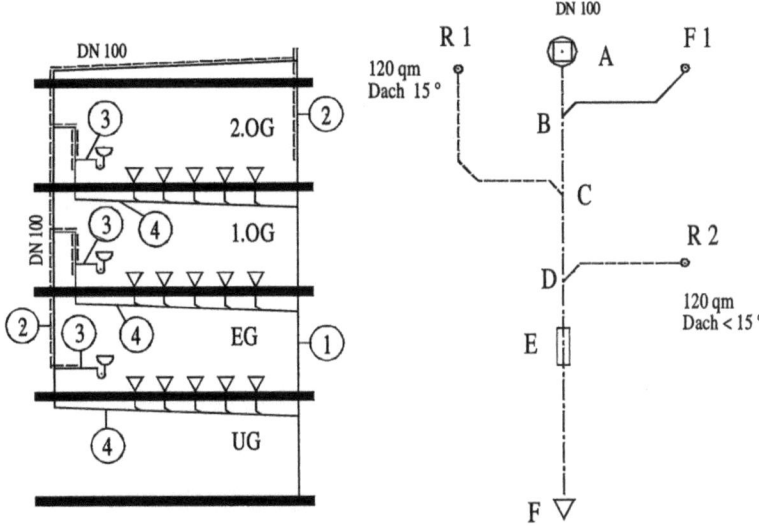

 Leitungsabschnitt 1: Fallleitung (F)
Leitungsabschnitt 2: Nebenlüftung
Leitungsabschnitt 3: Einzelanschlussleitung
Leitungsabschnitt 4: Sammelanschlussleitung

Berechnung der Anschlusswerte DU:
5 WC mit 6,0 l Spülkasten, 1 Handwaschbecken je Geschoss

$\sum DU$ = $3 \cdot (5 \cdot 2{,}0 + 0{,}5)$
= 31,5

R= Regenwasserfallleitung
Hannover: $r_{5,2}$ = 275 l/(s ha)

Entwässerungsanlagen für Gebäude und Grundstücke:

Misch-Verfahren

Regenspende $r_{5,2} = 275$ l/(s ha)

Hauptlüftung
Füllungsgrad, $h/d_i = 0,7$
Abflusskennzahl $K = 0,5$

Teilstrecke TS	Leitungsart*			Fläche	C	Anzahl		DU	Q	Qp	Qww	Qm	Gefälle	DN
	F	Li	La	M²		Kü	WC	Σ	l/s	l/s	l/s	l/s	cm/m	
F I	X							31,5			2,8			100
R1	X			120	1,0				3,3					100
R2	X			120	1,0				3,3					100
A - B			X	150	0,7				2,9				1 : 50	100
FI - B			X					31,5			2,8		1 : 50	100
B - C			X						2,9		2,8	5,7	1 : 50	100
R1 - C			X	120	1,0				3,3				1 : 50	100
C - D			X					31,5	6,2		2,8	9,0	1 : 50	125
R2 - D			X	120	1,0				3,3				1 : 50	100
D - E			X					31,5	9,5		2,8	12,3	1 : 50	150
E - F			X					31,5	9,5		2,8	12,3	1 : 50	150

*F = Fallleitung, Li = Leitung innerhalb von Gebäuden, La = Leitung außerhalb von Gebäuden

 Die Skizze zeigt einen Grundriss mit Darstellung der Entwässerungsleitungen im Mischsystem.
Es sind nach den Vorschriften der DIN EN 12056 und DIN 1986-100 die Nennweiten der Grund- und Lüftungsleitungen und der beiden Abwasserhebeanlagen (ABH) zu berechnen.

Angaben:

Regenspende $r_{5,2} = 225$ l/(s · ha)

RR 1   Parkfläche 1200 m², Betonsteinpflaster
RR 2   Flachdach 280 m², Intensivbegrünung
RR 3   Kiesdach 160 m²
RR 4   Satteldach 200 m², 15° Dachneigung

F 1   8 WCs, 8 Duschwannen und 2 Handwaschbecken
F 2   4 Waschbecken und 4 WCs

F 3 2 Geschirrspülmaschinen
F 4 2 Sanitärräume einer Wohnung
F 5 Verwaltungsgebäude mit 30 weiblichen und 35 männlichen Angestellten
(Bestimmung der Anzahl der Sanitärobjekte nach den Arbeitsstätten-Richtlinien)

ABH 1 Waschsalon mit 10 Waschmaschinen (12 kg Wäsche)
ABH 2 Gewerbebetrieb mit Σ DU = 25

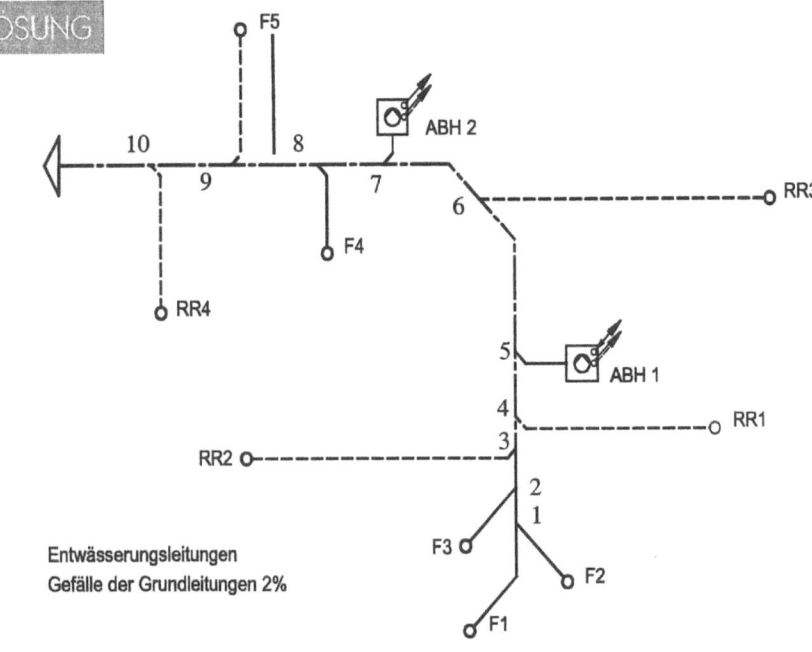

Entwässerungsleitungen
Gefälle der Grundleitungen 2%

Zusammenstellung der Anschlusswerte DU

F1: 8 WC mit 6,0 l Spülkasten $8 \cdot 2,0 =$ 16,0
    8 Duschen ohne Stöpsel $8 \cdot 0,6 =$ 4,8
    2 Handwaschbecken $2 \cdot 0,5 =$ 1,0
    Σ DU = 21,8

F2: 4 Handwaschbecken $4 \cdot 0,5 =$ 2,0
    4 WC mit 6,0 l Spülkasten $4 \cdot 2,0 =$ 8,0
    Σ DU = 10,0

F3: 2 Geschirrspüler $2 \cdot 0,8 =$ 1,6
    Σ DU = 1,6

F4: 2 Sanitärräume einer Wohnung: $\sum DU =$ 6,6
     Duschen mit Stöpsel   0,8
     WC mit 6,0 l Spülkasten   2,0
     Handwaschbecken   0,5
                  $\sum DU$ = 3,3

F5: Verwaltungsgebäude 30 Frauen + 35 Männer
     30 Frauen
     3 WC mit 6,0 l Spülkasten $3 \cdot 2,0 =$ 6,0
     1 Handwaschbecken $1 \cdot 0,5 =$ 0,5
                  $\sum DU$ = 6,5

     35 Männer
     3 WC mit 6,0 l Spülkasten $3 \cdot 2,0 =$ 6,0
     3 Urinale mit Druckspüler $3 \cdot 0,5 =$ 1,5
     1 Handwaschbecken $1 \cdot 0,5 =$ 0,5
                  $\sum DU$ = 8,0

$\sum DU = 6,5 + 8,0$ =   14,5

Dimensionierung der Abwasserhebeanlagen
ABH 1: Waschsalon mit 10 Waschmaschinen (12 kg Wäsche)

$$\sum DU = 10 \cdot 1,5 = 15,0$$

$$K \cdot \sqrt{\sum DU} = 0,7 \cdot \sqrt{15,0}$$

$$= 2,71 \text{ l/s}$$

mit Reserve

$$Q_{p1} = 3,0 \text{ l/s}$$

ABH 2:   Gewerbebetrieb mit $\sum DU = 25$

$$Q_{p2} = 0,7 \cdot \sqrt{25}$$

$$= 3,5 \text{ l/s}$$

mit Reserve

$$= 4,0 \text{ l/s}$$

ab Strecke 7-8: ABH 1 + ABH 2 · 0,40 nach DIN EN 12056-4:2001, Kap. 5.4 = 4,0 + 3,0 · 0,40 = 5,2

Planungsaufgaben – Abwasserberechnung

Entwässerungsanlagen für Gebäude und Grundstücke:

Misch-Verfahren

Regenspende $r_{5,2} = 225$ l/(s ha)

Hauptlüftung
Füllungsgrad, $h/d_i = 0,7$
Abflusskennzahl $K = 0,5$

Teilstrecke TS	Leitungsart*			Fläche	C	Anzahl		DU	Q	Qp	Qww	Qm	Gefälle	DN
	F	Li	La	m²		Kü	WC	Σ	l/s	l/s	l/s	l/s	cm/m	
F1	X							21,8			2,3			100
F2	X							10			1,6			100
F3	X							1,6			0,6			100
F4	X							6,6			1,3			100
F5	X							14,5			1,9			100
RR1				1200	0,7				18,9					150
RR2	X			280	0,3				1,9					80
RR3	X			160	0,5				1,8					80
RR4	X			200	1,0				4,5					100
F1 - 1			X					21,8			2,3		1:50	100
F2 - 1			X					10,0			2,0		1:50	100
1 - 2			X					31,8			2,8		1:50	100
F3 - 2			X					1,6			0,6		1:50	100
2 - 3			X					33,4			2,9		1:50	100
RR2 - 3			X	280	0,3				1,9				1:50	100
3 - 4			X					33,4	1,9		2,9	4,8	1:50	100
RR1 - 4			X	1200	0,7				18,9				1:50	200
4 - 5			X					33,4	20,8		2,9	23,7	1:50	200
ABH 1 - 5			X							3,0			1:50	100
5 - 6			X					33,4	20,8	3,0	2,9	26,7	1:50	200
RR 3 - 6			X	160	0,5				1,8				1:50	100
6 - 7			X					33,4	22,6	3,0	2,9	28,5	1:50	200
ABH 2 - 7			X							4,0			1:50	100
7 - 8			X					33,4	22,6	5,2	2,9	30,7	1:50	200
F4 - 8			X					6,6			2,0		1:50	100

Planungsaufgaben – Abwasserberechnung

Teilstrecke TS	Leitungsart*			Fläche	C	Anzahl		DU	Q	Qp	Qww	Qm	Gefälle	DN
	F	Li	La	m²		Kü	WC	Σ	l/s	l/s	l/s	l/s	cm/m	
8 - 9			X					40,0	22,6	5,2	3,2	31,0	1:50	200
F5 - 9			X					14,5		2,0			1:50	100
9 - 10			X					54,5	22,6	5,2	3,7	31,5	1:50	200
RR 4 - 10			X	200	1,0				4,5				1:50	100
10 - Kanal			X					54,5	27,1	5,2	3,7	36,0	1:50	225

* F = Fallleitung, Li = Leitung innerhalb von Gebäuden, La = Leitung außerhalb von Gebäuden

 Fertigen Sie für das nachfolgende Mehrfamilienhaus ein Entwässerungsgesuch auf der Grundlage der DIN EN 12056 und DIN 1986-100 an.
Das viergeschossige Wohnhaus hat die Abmessungen 20,60 m x 9,00 m, ist unterkellert und die Dachneigung beträgt 30°.
In jeder Wohnung befindet sich ein Badezimmer und eine Küche mit folgenden Sanitärobjekten:
1 Waschtisch, 1 WC mit 6,0 l Spülkasten, 1 Bidet, 1 Dusche ohne Stöpsel, 1 Badewanne und 1 Küchenspüle.

Der Grundriss zeigt das Kellergeschoss des Mehrfamilienhauses, bei dem die Schmutzwasser- (F...) und die Regenwasserfallleitungen (RR...) eingezeichnet sind.

Planen Sie für die angegebenen Fallleitungen die dazugehörigen Grundleitungen bis zu dem Straßenkanal. Die Wartung der Entwässerungsanlage soll über einen Revisionsschacht (RS) erfolgen.

Im Straßenbereich ist Mischsystem vorhanden.

Für die skizzierte Grundrisssituation sollen die Entwässerungsleitungen (Fallleitungen und Grundleitungen) dimensioniert werden.

Angaben: Regenspende $r_{5,2}$ für Bremerhaven
Gefälle der Grundleitungen 1:50

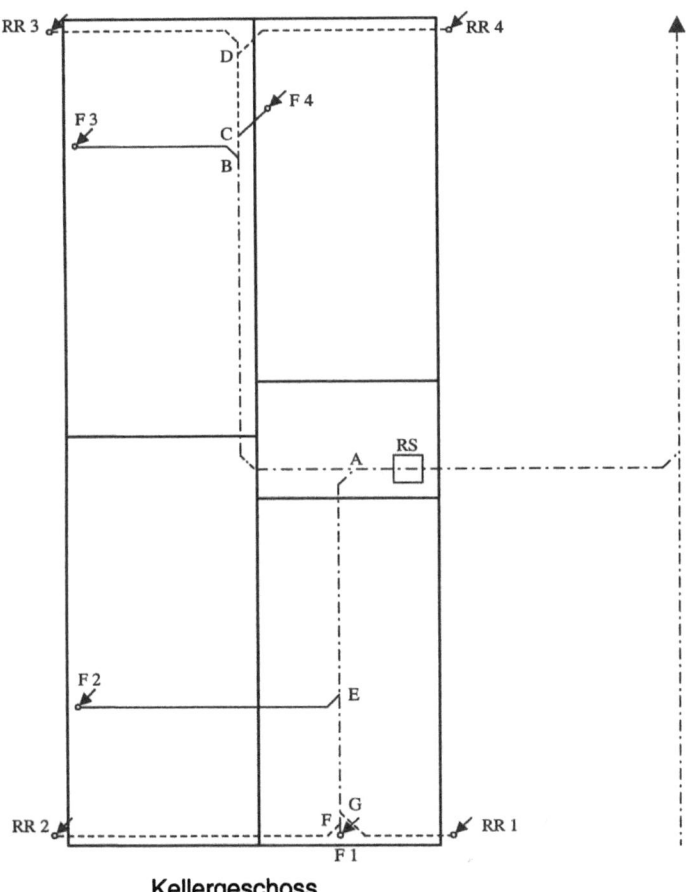

Kellergeschoss

LÖSUNG Zusammenstellung der Anschlusswerte DU

Bad:	Waschtisch	0,5
	WC mit 6,0 l Spülkasten	2,0
	Bidet	0,5
	Dusche ohne Stöpsel	0,6
	Badewanne	0,8
Küche:	Küchenspüle	0,8
	$\sum$ DU =	5,2

4 übereinander liegende Geschosse: DU: $4 \cdot 5,2 = 20,8$

Dachfläche: $\quad\quad\quad\quad\quad\quad 9,00 \text{ m} \cdot 20,60 \text{ m} = 185,40 \text{ m}^2$
4 Regenfallrohre vorhanden: $185,40 \text{ m}^2 / 4 = 46,35 \text{ m}^2$

Entwässerungsanlagen für Gebäude und Grundstücke:

Misch-Verfahren

Regenspende $r_{5,2} = 257$ l/(s ha)

Hauptlüftung
Füllungsgrad, $h/d_i = 0,7$
Abflusskennzahl $K = 0,5$

Teilstrecke TS	Leitungsart*			Fläche	C	Anzahl		DU	Q	Qp	Qww	Qm	Gefälle	DN
	F	Li	La	m²		Kü	WC	Σ	l/s	l/s	l/s	l/s	cm/m	
F1	X							20,8			2,3			80
F2	X							20,8			2,3			80
F3	X							20,8			2,3			80
F4	X							20,8			2,3			80
RR1	X			46,35	1,0				1,2					80
RR2	X			46,35	1,0				1,2					80
RR3	X			46,35	1,0				1,2					80
RR4	X			46,35	1,0				1,2					80
F1 - F		X						20,8			2,3		1:50	100
RR2 - F		X		46,35	1,0				1,2				1:50	100
F - G		X						20,8	1,2		2,3	3,5	1:50	100
RR1 - G		X							1,2				1:50	100
G - E		X						20,8	2,4		2,3	4,7	1:50	100
F2 - E		X						20,8			2,3		1:50	100
E - A		X						41,6	2,4		3,2	5,6	1:50	100
RR 3 - D		X							1,2				1:50	100
RR 4 - D		X							1,2				1:50	100
D - C		X							2,4				1:50	100
F4 - C		X						20,8			2,3		1:50	150
C - B		X						20,8	2,4		2,3	4,7	1:50	100
F3 - B		X						20,8			2,3		1:50	100
B - A		X						41,6	2,4		3,2	5,6	1:50	100
A - Kanal			X					83,2	4,8		4,6	9,4	1:50	125

* F = Fallleitung, Li = Leitung innerhalb von Gebäuden, La = Leitung außerhalb von Gebäuden

 Die Skizze zeigt den Übersichtsplan eines Produktionsbetriebes mit Darstellung der Entwässerungsgrundleitungen.

Berechnen Sie nach DIN EN 12056, DIN EN 752 und DIN 1986-100 die Nennweiten der Schmutzwasser-Fallleitungen mit Hauptlüftung, Regenwasser-Fallleitungen und die der Entwässerungsgrundleitungen.

F1: Sanitärbereich mit WC-Anlage für 50 Männer und einem Waschbereich mit 4 Duschen (ohne Stöpsel) und einem Handwaschbecken (WC mit 6,0 l Spülkasten)

F2: Sanitärbereich mit WC-Anlage für 35 Frauen und einem Waschbereich mit 4 Duschen (mit Stöpsel) und einem Handwaschbecken (WC mit 6,0 l Spülkasten)

F3: WC-Räume Büroangestellte Σ DU 24

F4: 4 Küchen mit Küchenspüle und Geschirrspüler

F5: WC-Räume in der Produktion Σ DU 10,5

RR1+RR2: Gesamtdachfläche 400 m² als Satteldach, 40°

RR3+RR4: Gesamtdachfläche 800 m² als Kiesdach

Regenspende $r_{5,2}$ = 250 l/(s·ha), Gefälle 2 cm/m

Autowaschplätze (Betonfläche)

LÖSUNG

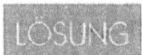

Übersichtsplan ohne Maßstab

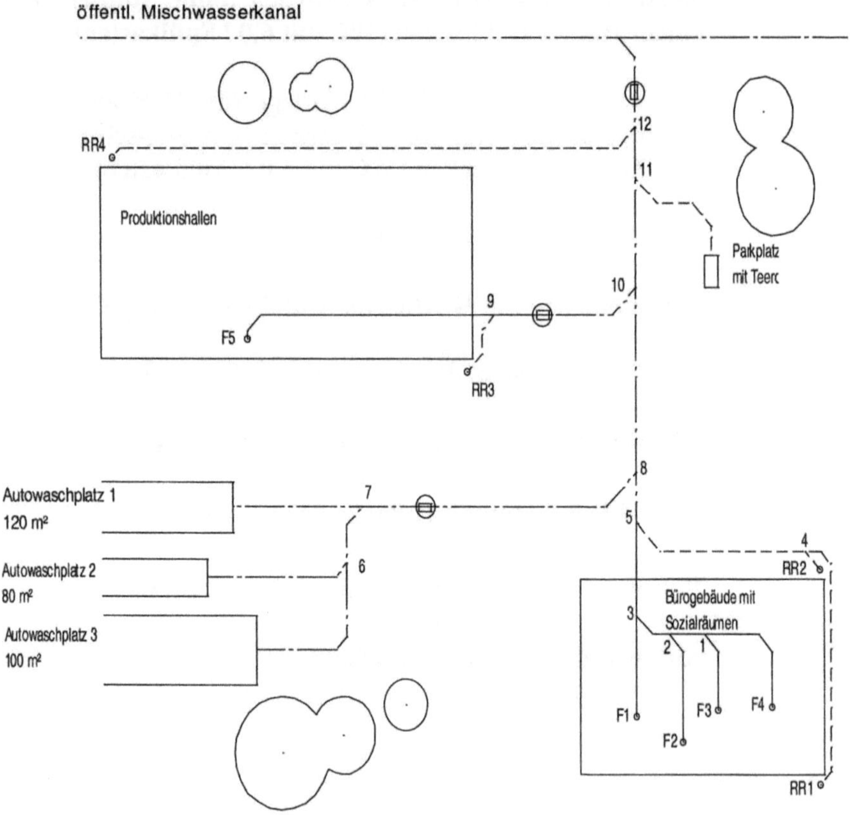

Zusammenstellung der Anschlusswerte DU

F1 50 Männer:

WC mit 6,0 l Spülkasten	3 x 2,0 =	6,0
Einzelurinal mit Spülkasten	3 x 0,8 =	2,4
Handwaschbecken	1 x 0,5 =	0,5
Dusche ohne Stöpsel	4 x 0,6 =	2,4
Handwaschbecken	1 x 0,5 =	0,5
Summe:	Σ DU =	11,8

F2 35 Frauen:

WC mit 6,0 l Spülkasten	3 x 2,0 =	6,0
Handwaschbecken	1 x 0,5 =	0,5
Dusche mit Stöpsel	4 x 0,8 =	3,2
Handwaschbecken	1 x 0,5 =	0,5
Summe:	Σ DU =	10,2

(Bestimmung der Anzahl der Sanitärobjekte nach den Arbeitsstätten-Richtlinien)

F3 Σ DU   24,0

F4 Küche:

	Küchenspüle	0,8
	Geschirrspüler	0,8
Summe:	Σ DU = 1,6 x 4 =	6,4

F5 Σ DU   = 10,5

Entwässerungsanlagen für Gebäude und Grundstücke:

Misch-Verfahren

Hauptlüftung

Füllungsgrad, $h/d_i = 0,7$

Regenspende $r_{5,2} = 250$ l/(s ha)

Abflusskennzahl K = 0,5

Teilstrecke TS	Leitungsart*			Fläche	C	Anzahl		DU	Q	Qp	Qww	Qm	Gefälle	DN
	F	Li	La	m²		Kü	WC	Σ	l / s	l / s	l / s	l / s	cm/m	
F1	X							11,8		1,7				100
F2	X							10,2		1,6				100
F3	X							24,0		2,5				100
F4	X							6,4		1,3				100

Planungsaufgaben – Abwasserberechnung

Teilstrecke TS	Leitungsart*			Fläche	C	Anzahl		DU	Q	Qp	Qww	Qm	Gefälle	DN
	F	Li	La	m²		Kü	WC	Σ	l/s	l/s	l/s	l/s	cm/m	
F5	X							10,5			1,6			80
RR1	X			200	1,0				5,0					80
RR2	X			200	1,0				5,0					80
RR3	X			400	0,5				5,0					80
RR4	X			400	0,5				5,0					80
F4 - 1			X					6,4			1,3		1:50	100
F3 - 1			X					24			2,5		1:50	100
1 - 2			X					30,4			2,8		1:50	100
F2 - 2			X					10,2			2,0		1:50	100
2 - 3			X					40,6			3,2		1:50	100
F1 - 3			X					11,8			(1,7) <2,0		1:50	100
3 - 5			X					52,4			3,6		1:50	100
RR1 - 4			X	200	1,0				5				1:50	100
RR2 - 4			X	200	1,0				5				1:50	100
4 - 5			X						10,0				1:50	150
5 - 8			X					52,4	10,0		3,6	13,6	1:50	150
AWP3 - 6			X	100	1,0				2,5				1:50	100
AWP2 - 6			X	80	1,0				2,0				1:50	100
6 - 7			X						4,5				1:50	100
AWP1 - 7			X	120	1,0				3				1:50	100
7 - 8			X						7,5				1:50	125
8 - 10			X					52,4	17,5		3,6	21,1	1:50	200
F5 - 9			X					10,5			1,6		1:50	100
RR3 - 9			X	400	0,5				5,0				1:50	100
9 - 10			X					10,5	5,0		1,6	6,6	1:50	125
10 - 11			X					62,9	22,5		4,0	26,5	1:50	200
PP - 11			X	300	1,0				7,5				1:50	125
11 - 12			X					62,9	30,0		4,0	34,0	1:50	225
RR4 - 12			X	400	0,5				5,0				1:50	100
12 - Kanal			X					62,9	35,0		4,0	39,0	1:50	225

* F = Fallleitung, Li = Leitung innerhalb von Gebäuden, La = Leitung außerhalb von Gebäuden

Planungsaufgaben – Architekten-Elektroplan

⏚	Hausanschlusskasten	▬	Leuchte für Leuchtstofflampe, allgemein
⊥⊥⊥⊥⊥	Verteiler, Schaltanlage	⊡	Elektroherd, allgemein
⌐ ⌐ ⌐	Umrahmungslinie für Kombination	⊙	Waschmaschine
⊕	Anschlussstelle für Schutzleiter	Ⓠ	Wäschetrockner
✸	Schalter mit Kontrolllampe	⊠	Geschirrspülmaschine
✶	Ausschalter, einpolig	⌀	Lüfter
✶	Wechselschalter, einpolig	⊟	Kühlgerät, z.B. Tiefkühlgerät
◎	Taster	⌂	Fernsprechgerät, allgemein
⊗	Leuchttaster	⌂	Mehrfachfernsprecher, z.B. Haustelefon
┬	Schutzkontaktsteckdose	⎚	Wechselsprechstelle, z.B. Haus- oder Torsprechstelle
⊁	Schutzkontaktsteckdose, abschaltbar	⇒	Gong
Q̄	Steckdose mit Trenntrafo, z.B. für Rasierer	⌂	Türöffner
┴	Fernmeldesteckdose	⊲	Lautsprecher
┴	Antennensteckdose	Wichtige Schaltzeichen der DIN 40900	
▯	Zähler		
✕	Leuchte, allgemein		
✕	Leuchte mit Schalter		
(✕	Scheinwerfer		
(✕)	Leuchte für Entladungslampe, allgemein		

 Für den Grundrissausschnitt (ohne Maßstab) ist ein vereinfachter Elektroinstallationsplan (Architektenplan mit genormten Schaltzeichen) zu erstellen.

Einzuplanen sind die Schaltzeichen für die Räume: Eingang, Windfang, Diele, Flur, Schlafen, Bad, Küche und Hausarbeitsraum nach DIN 40900-11 „Schaltzeichen für Netze und Elektroinstallation".

Anmerkung: Steckdosen in der Küche, im Hausarbeitsraum und im Bad 1,20 m über OKRFB, alle anderen Steckdosen 30 cm über OKRFB.

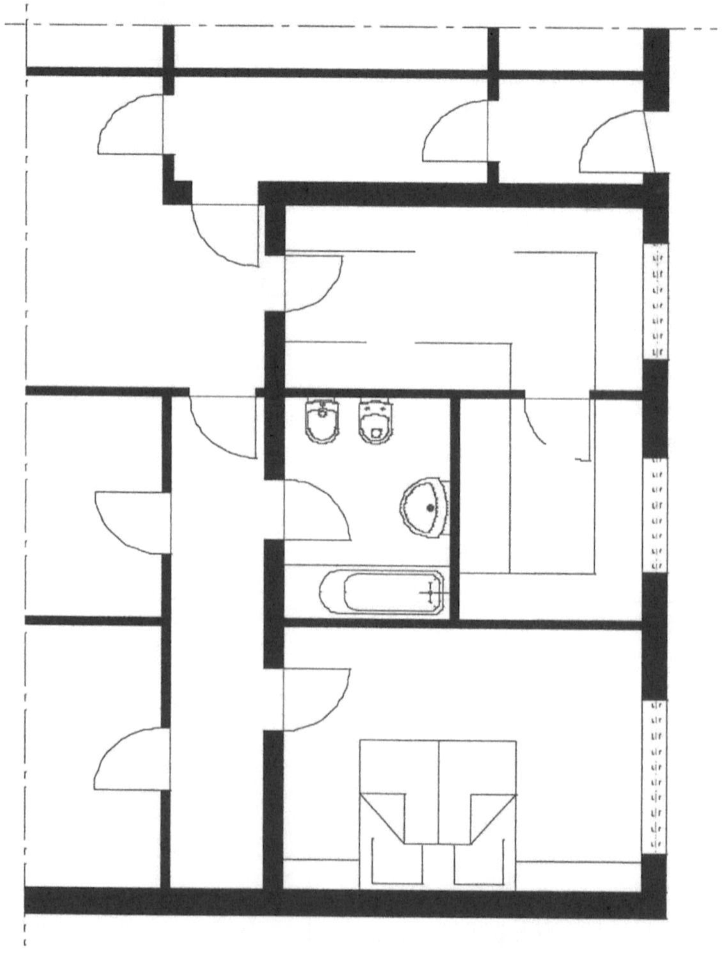

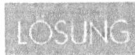

LÖSUNG **Vorschlag für einen Elektro-Installationsplan**

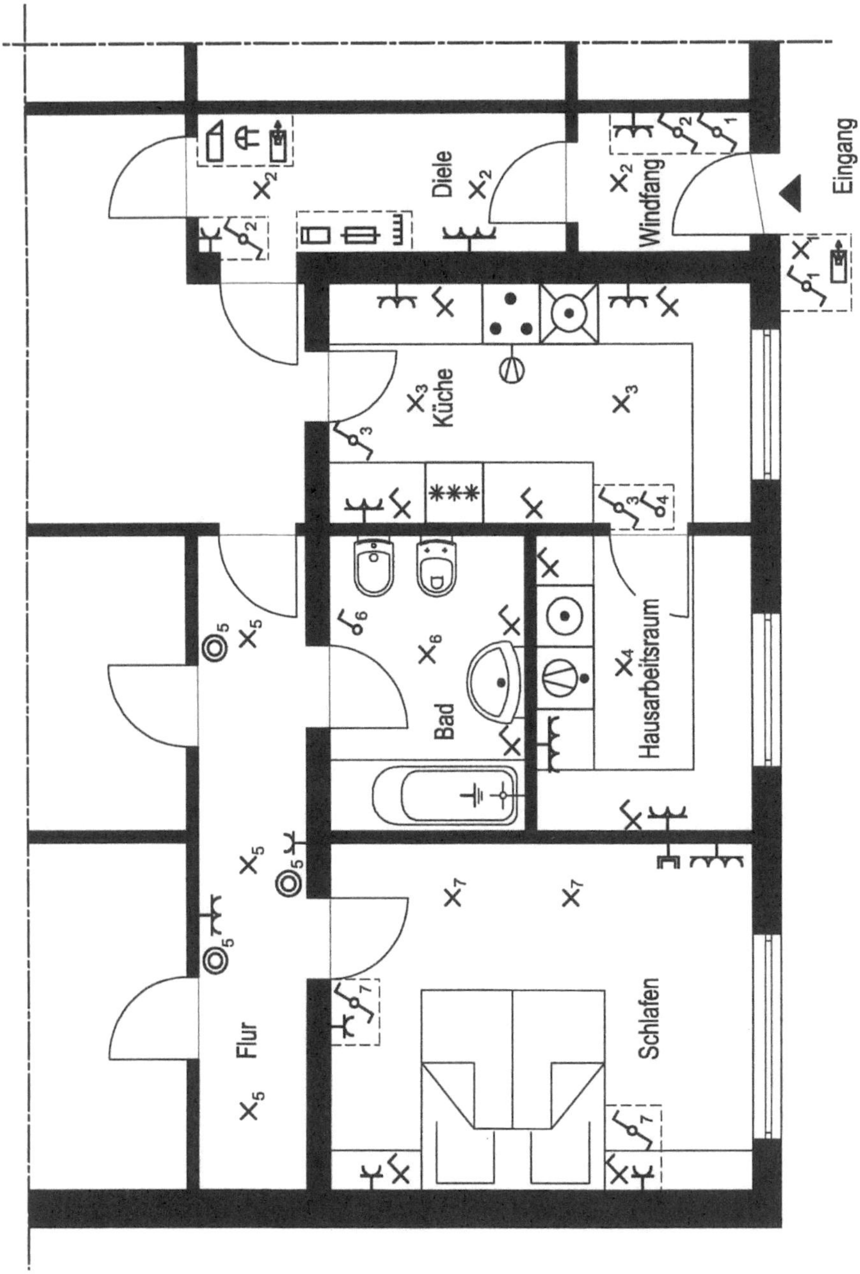

 Für die nachstehende Zeichnungen ist ein Architekten-Elektroplan zu erstellen.
Einzuplanen sind die Schaltzeichen nach DIN 40900-11.

Erdgeschoss

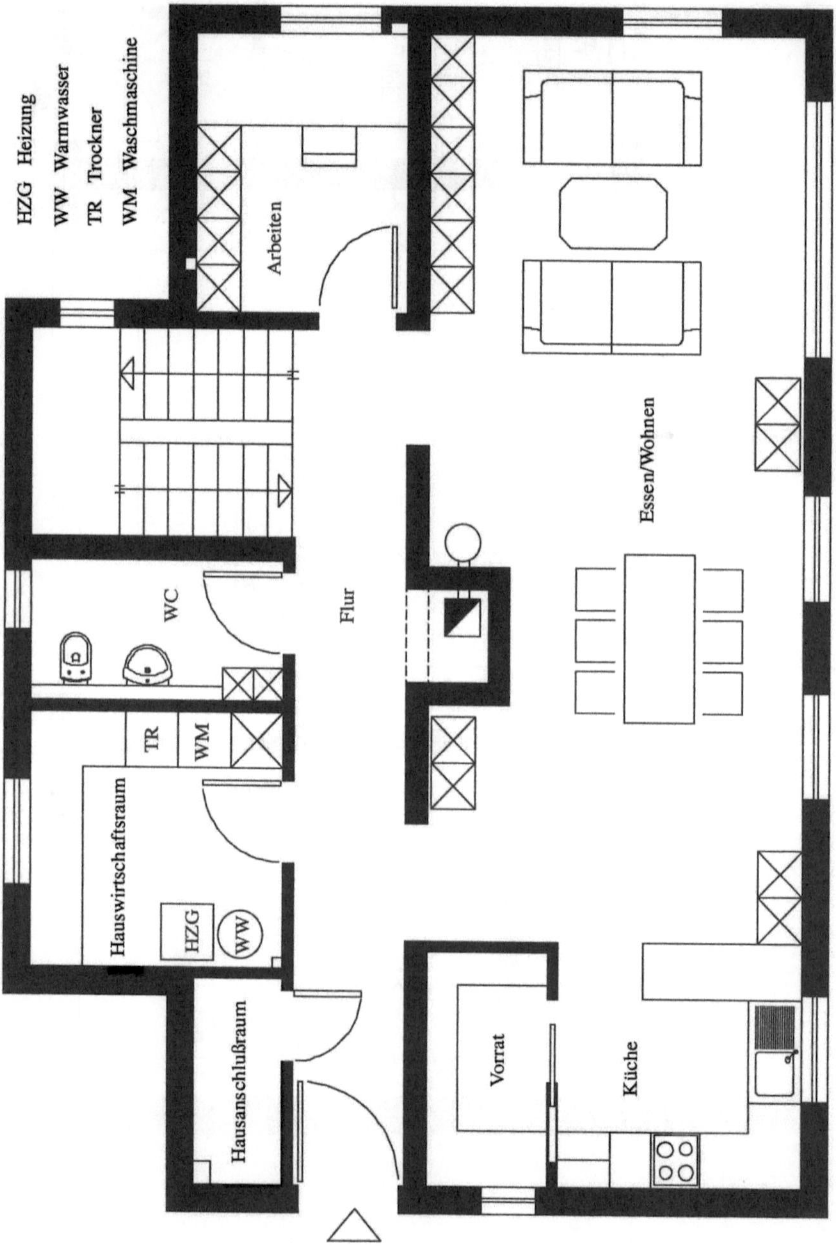

HZG Heizung
WW Warmwasser
TR Trockner
WM Waschmaschine

Obergeschoss

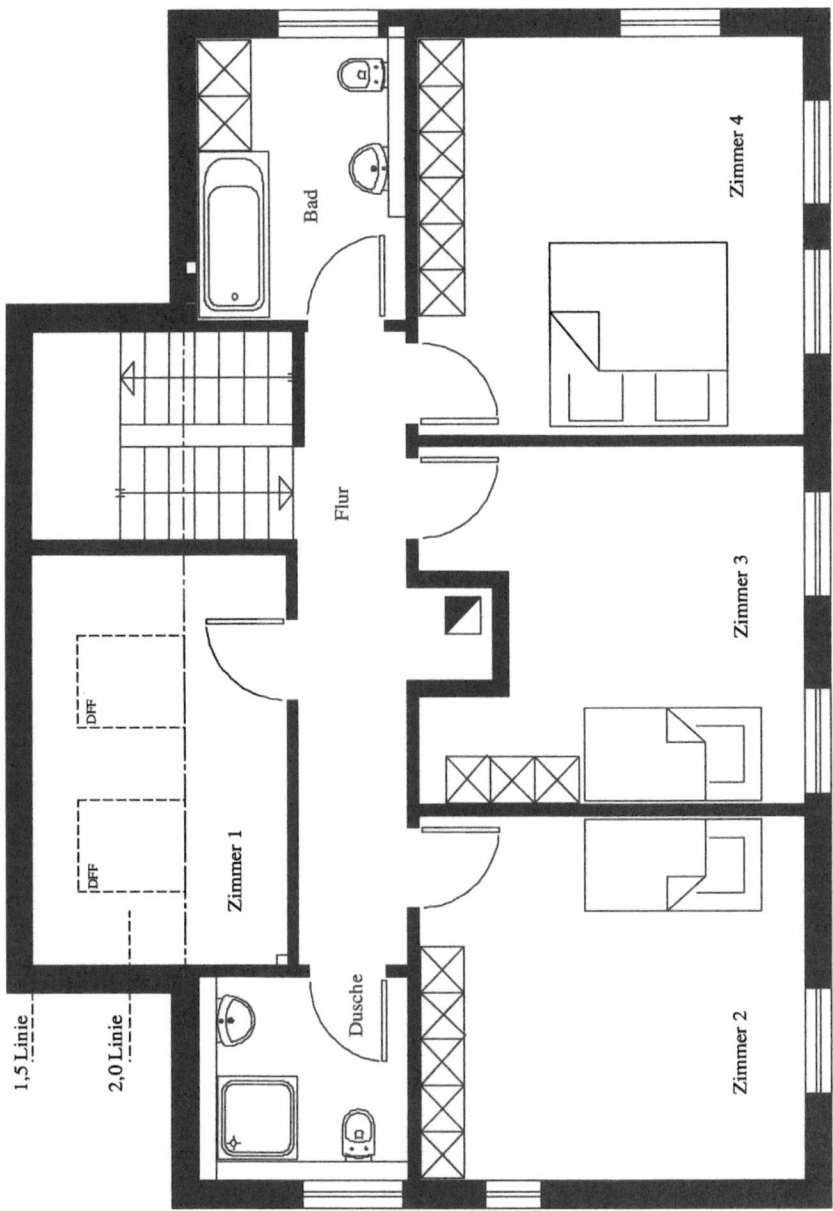

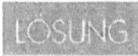

LÖSUNG **Vorschlag: Elektro-Installationsplan im Erdgeschoss**

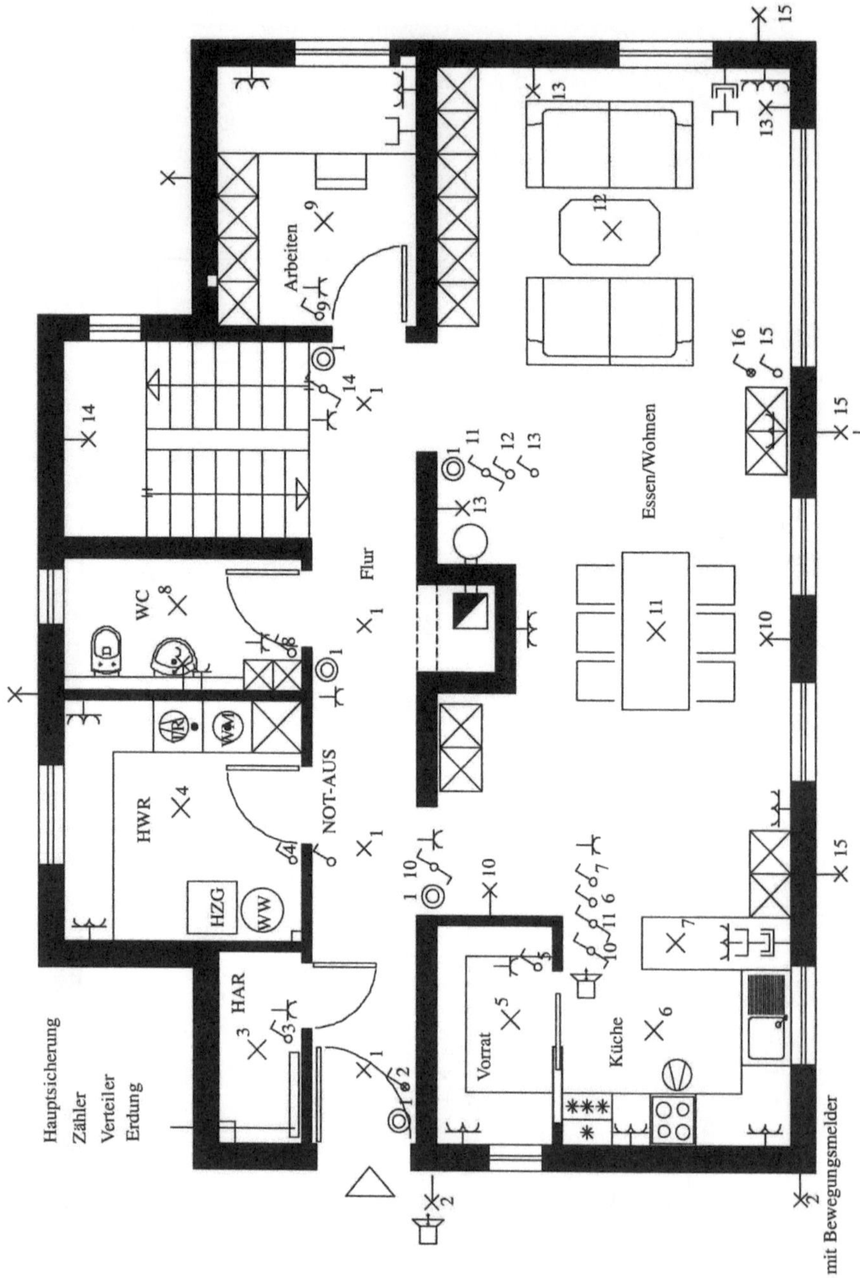

Vorschlag: Elektro-Installationsplan im Obergeschoss

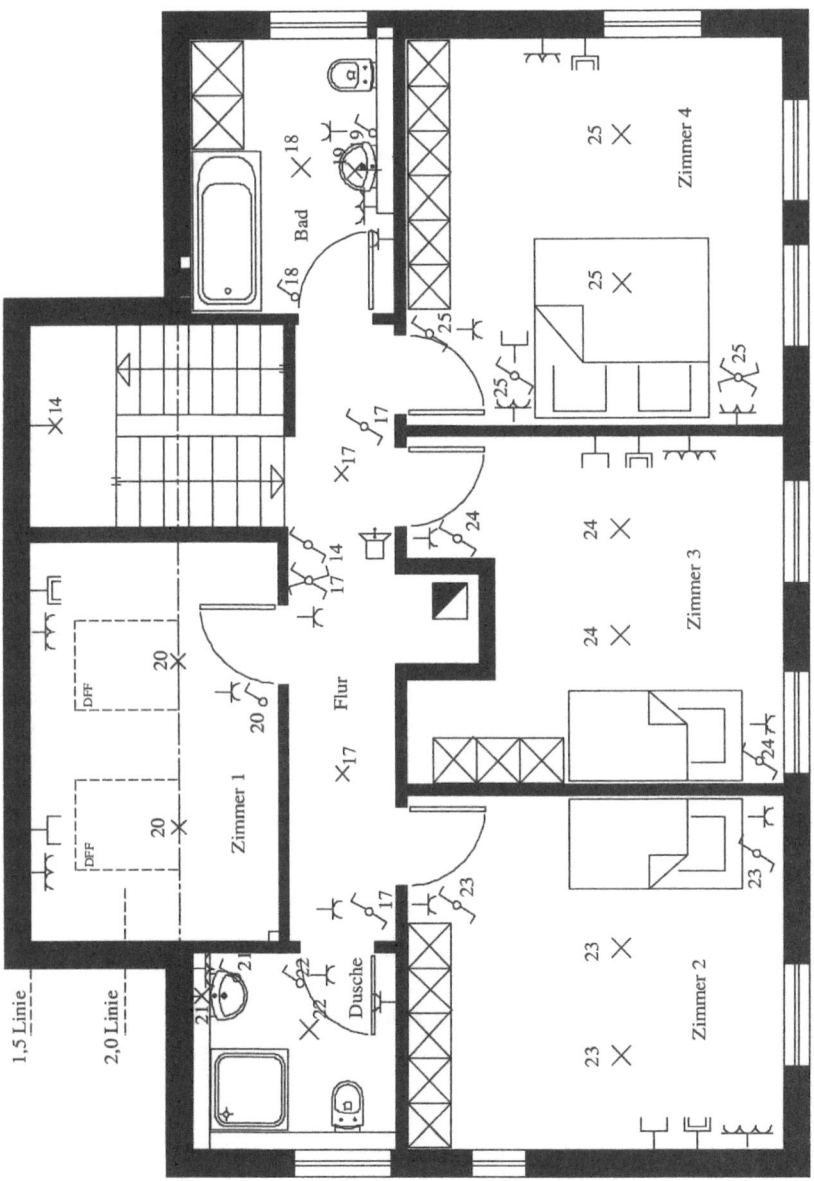

Planungsaufgaben – Lichttechnik

 Ermitteln Sie überschläglich den Leistungsaufwand bei Leuchtstofflampen, um eine mittlere Beleuchtungsstärke von 250 lx in einem Pausenraum von 72 m² zu gewährleisten.

 100 lx → 6 bis 8 $\frac{W}{m^2}$ nach der "Wattregel"

250 lx → 15 bis 20 $\frac{W}{m^2}$

Raumgröße: 72 m²

72 m² · (15 ... 20) = 1080 ... 1440 W

 **Beschreiben Sie das Raumwirkungsgradverfahren zur einfachen Ermittlung der Leuchtenanzahl.**

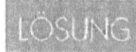 Die Ermittlung der Leuchtenanzahl ist, ausgehend von einer vorgegebenen Beleuchtungsstärke, die wesentliche Aufgabe der Beleuchtungsplanung. Das Raumwirkungsgradverfahren ist ein hinreichend genaues Beleuchtungsverfahren, das ohne großen Aufwand zur gesuchten Leuchtenanzahl n führt:

$$n = \frac{1{,}25 \cdot \overline{E} \cdot A}{\Phi_{La} \cdot \eta_R \cdot \eta_{LB}}$$

Raumwirkungsgradverfahren

1. Zustand der Beleuchtungsanlage. Der Planungsfaktor berücksichtigt Lichtstromrückgang und Verschmutzung der Beleuchtungsanlage 1,25 = Planungsfaktor

2. Nennbeleuchtungsstärke E. Nach DIN 5035 Teil 2 für den zu berechnenden Raum, abhängig von der Art der Tätigkeit.

3. Raumfaktor k. Die Raumform wird im Raumfaktor k berücksichtigt:

$$k = \frac{a \cdot b}{h \cdot (a+b)}$$

a = Raumbreite
b = Raumlänge
H = Raumhöhe
h = H - 0,85 m

4. Lichtstrom Φ. Aus dem Lampenkatalog, entsprechend der Lampe, die in die ausgewählte Leuchte eingesetzt ist.

5. Leuchtenbetriebswirkungsgrad η_{LB}. Aus dem Leuchtenkatalog, entsprechend der ausgewählten Leuchte.

6. Raumwirkungsgrad η_R. Aus der LiTG-Tabelle für die ausgewählte Leuchte auf Basis der Klassifikation, z.B. A40. Für den Einfluss der Lichtverteilung der Leuchten im Raum wird der Wert aus der entsprechenden Tabelle entnommen. Hier steht der Raumwirkungsgrad η_R in Prozent in der Zeile des Raumfaktors k unter der Kombination der Reflexionsgrade von Decke, Wänden und Nutzfläche.

Grundlage: Reflektionsgrade ρ. Die Beschaffenheit der Raumbegrenzungsflächen wird durch die Reflexionsgrade von Decke, Wänden und Nutzfläche (bzw. Boden) erfasst. Reflexionsgrade können mit Hilfe von Reflexionsgradtabellen ermittelt werden.

Planungsaufgaben – Lichttechnik

 Ermitteln Sie die Anzahl der Leuchten eines Raumes nach folgenden Angaben:

Grundfläche 3,60 m x 4,50 m
Raumhöhe 2,50 m
$\overline{E} = 500$ lx
Nutzebene: Höhe über Fußboden 85 cm
Leuchtentyp: Spiegelraster, breitstrahlend
                2 x L 40 W, weiß de Luxe,
                Länge 120 cm, $\Phi_{La} = 2000$ lm
Raumgestaltung, mittlere Reflexionsgrade:
- Decke: weiß, lichtcreme
- Wände: hellgrau, tw. hellgelb
- Boden: dunkelgrau

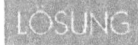 Grundformel der Elektrotechnik zur Berechnung der Beleuchtungsstärke nach dem Wirkungsgradverfahren

$$\overline{E} = \frac{n \cdot \Phi_{La} \cdot \eta_R \cdot \eta_{LB}}{v \cdot A} \quad \text{hieraus Lampenanzahl n gesucht}$$

Bestimmung der Anzahl der Leuchten

$$n = \frac{A \cdot \overline{E} \cdot v}{\Phi_{La} \cdot \eta_R \cdot \eta_{LB}}$$

Raumindex - Bestimmung

$$k = \frac{a \cdot b}{h \cdot (a+b)}$$
$$= \frac{3,60 \cdot 4,50}{(2,50 - 0,85) \cdot (3,60 + 4,50)}$$
$$= 1,21$$

Bestimmung des Raumwirkungsgrades

aus Datenblock nach Herstellerangaben: $\eta_R = 0,73$
Bestimmung des Leuchtenbetriebswirkungsgrades

$\eta_{LB} = 0{,}6$ nach Herstellerangaben

$$n = \frac{3{,}60 \cdot 4{,}50 \cdot 500 \cdot 1{,}25}{2000 \cdot 0{,}73 \cdot 0{,}6}$$

$= 11{,}55$

$= 12$ Leuchten gewählt

Führen Sie für die Arbeitsplatte der Teeküche im Pausenraum eine punktweise Berechnung der Beleuchtungsstärke durch.
Die Beleuchtung erfolgt durch eine Glühlampe an der Decke (h = 2,80 m). Es handelt sich um einen Strahler mit 150 W, Φ = 2220 lm Leistung.
Die in Abhängigkeit des Winkels gemessene Lichtstärke beträgt für den angenommenen Punkt der Platte (α = 18°) I_α = 200 cd / 1000 lm.
Ermitteln Sie neben der horizontalen auch die vertikale Beleuchtungsstärke.

Berechnung der horizontalen Beleuchtungsstärke

$\alpha = 18°$ $\cos^3\alpha = 0{,}86$ $\tan \alpha = 0{,}325$

$$E_H = \frac{I_\alpha}{h^2} \cdot \cos^3 \alpha$$

$$= \frac{\frac{200}{1000} \cdot 2220}{(2{,}80 - 0{,}85)^2} \cdot 0{,}86$$

$= 100 \text{ lx}$

Berechnung der vertikalen Beleuchtungsstärke

$E_V = E_H \cdot \tan \alpha$

$= 100 \cdot 0{,}325$
$= 32{,}5 \text{ lx}.$

 Die mittlere Beleuchtungsstärke in einer Raucher-Gaststätte (a = 9,0 m, b = 12,0 m, h = 3,0 m) wurde mit $\overline{E} = 570$ lx gemessen. Im Gaststättenraum sind 26 Leuchtstofflampen installiert, Stabform, mit einer Lampenleistung von 65 W, Lichtart warmweiß. Als Leuchtentyp wurde ein Spiegelraster, breitstrahlend verwendet.
Wie groß ist der Raumwirkungsgrad ?

 Bestimmung des Leuchtenwirkungsgrades

$\eta_{LB} = 60\% = 0,6$ (nach Herstellerangaben)

Bestimmung des Lichtstromes (nach Herstellerangaben)

$\Phi_{La} = 5000$ lm

Berechnung der Raumfläche

A = 9,0 m · 12,0 m = 108 m²

Alterungszuschlag

v = 1,25

$$\overline{E} = \frac{n \cdot \Phi_{La} \cdot \eta_{LB} \cdot \eta_R}{v \cdot A}$$

Hieraus Berechnung des Raumwirkungsgrades:

$$\eta_R = \frac{\overline{E} \cdot v \cdot A}{n \cdot \Phi_{La} \cdot \eta_{LB}}$$

$$= \frac{570 \cdot 1,25 \cdot 108}{26 \cdot 5000 \cdot 0,6}$$

$$= 0,987$$

$\eta_R = 98,7\%$.

AUFGABE

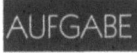

Bestimmen Sie die erforderliche Leuchtenanzahl und Lampenanzahl für eine Möbelschreinerei.
Angaben:

Lampentyp L 58W/21 (L-Lampe), Spiegelrasterleuchte, engstrahlend mit einer LVK ähnlich Typ A 40, z = 2, $\eta_{LB} = 0{,}6$

Reflexionsgrade:	**Deckenanstrich**	**ρ = 0,8**
	Wandanstrich	**ρ = 0,6**
	Türenanstrich	**ρ= 0,3**
	Nutzflächen	**ρ= 0,1**

Weitere Angaben siehe Skizze und Tabelle

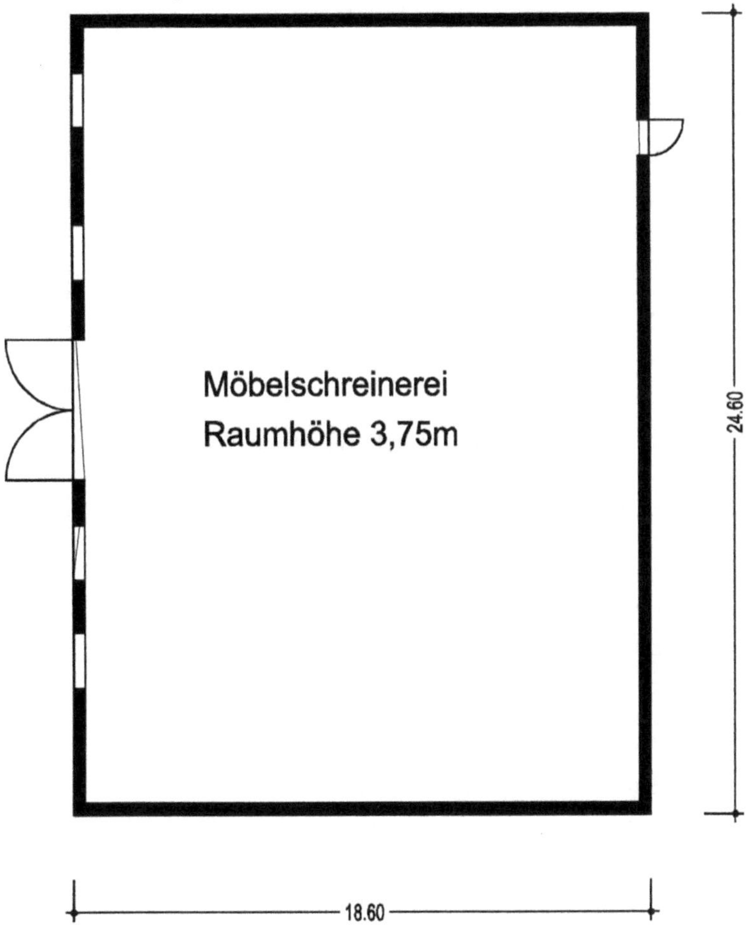
Möbelschreinerei
Raumhöhe 3,75m
24.60
18.60

Fenster 1,70 m x 2,00 m
Tor: 4,30 m x 2,50 m
Tür: 1,10 m x 2,00 m

Beschreibung des Leuchtentyps				Raumwirkungsgrad η_R									
Leuchtentyp nach DIN 5040	Leuchtenbeispiel	Beschreibung	LVK	Decke ϱ_1	0,8	0,8	0,7	0,7	0,5	0,5	0,3	0,3	0,1	0
				Wand ϱ_2	0,5	0,5	0,5	0,3	0,5	0,3	0,3	0,1	0,5	0
				Nutzfläche ϱ_3	0,3	0,1	0,2	0,1	0,3	0,1	0,1	0,1	0,2	0
				k					η_R					
A 60		Spiegelraster, eng strahlend		0,6	0,59	0,56	0,57	0,49	0,57	0,49	0,48	0,44	0,53	0,43
				0,8	0,70	0,65	0,67	0,58	0,67	0,58	0,58	0,54	0,62	0,52
				1,0	0,78	0,72	0,74	0,65	0,74	0,65	0,64	0,60	0,68	0,58
				1,25	0,86	0,79	0,81	0,73	0,82	0,72	0,71	0,68	0,75	0,65
				1,5	0,93	0,84	0,87	0,78	0,87	0,77	0,76	0,73	0,80	0,71
				2,0	1,00	0,89	0,93	0,84	0,93	0,83	0,82	0,79	0,84	0,77
				2,5	1,06	0,93	0,97	0,89	0,96	0,87	0,86	0,84	0,88	0,81
				3,0	1,10	0,96	1,01	0,92	1,02	0,91	0,89	0,88	0,91	0,85
				4,0	1,14	0,99	1,04	0,95	1,05	0,94	0,92	0,91	0,93	0,88
				5,0	1,17	1,01	1,06	0,98	1,07	0,96	0,94	0,93	0,95	0,90
A 50		Spiegelraster, breit strahlend (auch BAP-Typ)		0,6	0,55	0,52	0,53	0,45	0,52	0,44	0,44	0,40	0,49	0,38
				0,8	0,66	0,64	0,65	0,57	0,65	0,57	0,56	0,52	0,61	0,50
				1,0	0,77	0,71	0,73	0,65	0,73	0,64	0,63	0,60	0,68	0,55
				1,25	0,87	0,80	0,82	0,74	0,82	0,73	0,72	0,68	0,75	0,67
				1,5	0,94	0,85	0,88	0,79	0,88	0,78	0,77	0,74	0,81	0,72
				2,0	1,01	0,90	0,94	0,85	0,94	0,84	0,83	0,80	0,85	0,78
				2,5	1,07	0,94	0,99	0,90	0,99	0,89	0,87	0,85	0,89	0,83
				3,0	1,11	0,98	1,02	0,94	1,03	0,92	0,91	0,89	0,92	0,87
				4,0	1,15	1,00	1,05	0,96	1,06	0,95	0,93	0,92	0,94	0,89
				5,0	1,19	1,02	1,07	0,99	1,08	0,97	0,95	0,94	0,96	0,92
A 40		Raster, weißer Reflektor / Wanne, nur unten durchscheinend		0,6	0,49	0,47	0,47	0,39	0,47	0,38	0,38	0,33	0,43	0,31
				0,8	0,61	0,57	0,58	0,49	0,58	0,48	0,48	0,43	0,53	0,41
				1,0	0,70	0,65	0,66	0,57	0,66	0,56	0,55	0,51	0,60	0,48
				1,25	0,80	0,73	0,75	0,66	0,75	0,65	0,64	0,60	0,68	0,57
				1,5	0,87	0,79	0,81	0,72	0,81	0,71	0,70	0,66	0,73	0,64
				2,0	0,95	0,85	0,88	0,79	0,88	0,78	0,77	0,73	0,80	0,71
				2,5	1,02	0,90	0,94	0,85	0,94	0,83	0,82	0,79	0,84	0,77
				3,0	1,07	0,94	0,98	0,89	0,98	0,87	0,85	0,84	0,88	0,81
				4,0	1,12	0,97	1,02	0,93	1,02	0,91	0,89	0,87	0,91	0,85
				5,0	1,16	0,99	1,05	0,96	1,05	0,94	0,92	0,90	0,93	0,88

Tabelle aus RWE Energie Bau-Handbuch

 Programmtabelle zur Beleuchtungsplanung für Innenräume
Daten nach Herstellerangaben bzw. Tabelle RWE-Handbuch

Objekt: Fa. Muster   Raum: Möbelschreinerei

1   Lampendaten:
1.1   Lampentyp: L 58W/21
1.2   Lichtstrom einer Lampe: $\Phi_0 = 5400$ lm

2   Leuchtentyp:
2.1   Bezeichnung nach Herstellerliste: L 58W/21
2.2   Zahl der Lampen je Leuchte: $z = 2$
2.3   Leuchtenbetriebswirkungsgrad: $\eta_{LB} = 0{,}6$

3   Nennbeleuchtungsstärke: $E_n = 500$ lx

4   Raumabmessungen: Raumlänge a = 24 m; Raumbreite b = 18 m
     Raumhöhe H = 3,75 m
4.1 Raumfläche A = a·b = 24 m · 18 m = 432 m²
4.2 Aufhängehöhe (Abstand zwischen den Leuchten u. der Nutzebene)
     h = 2,90 m

5   Raumindex
$$k = \frac{a \cdot b}{h \cdot (a+b)} = \frac{432}{2,90 \cdot (24+18)} = 3,546 \quad \text{Gewählt: } k = 3,5$$

6   Raumwirkungsgradbestimmung
6.1 Reflexionsgrade
6.1.1 Reflexionsgrad ρ_{Wand}

Teilflächen (z.B. Wand/Türseite)	Länge (l) m	Höhe (H) m	Fläche (A_j) m²	Refl.-Grad ρ_j	$A_j \cdot \rho_j$ m²
Wand vorne u. hinten	2·18,00	3,75	135,00	0,6	81,00
Fenster	4·1,70	2,00	13,60	0,1	1,36
Tür	1,10	2,00	2,20	0,3	0,66
Tor	4,30	2,50	10,75	0,3	3,23
restliche Wand			153,54	0,6	92,12
		$\sum A_j =$	315,00	$\sum (A_j \cdot \rho_j) =$	178,37

Mittlerer Reflexionsgrad der Wände
$$\bar{\rho} = \rho_{Wand} = \frac{\sum(A_j \cdot \rho_j)}{\sum A_j} = \frac{178,37}{315} = 0,566 \quad \text{Gewählt: } \rho_{Wand} = 0,5$$

6.1.2 $\rho_{Decke} = 0,8$
6.1.3 $\rho_{Nutz} = 0,1$
6.2   Raumwirkungsgrad: $\eta_R = 0,95$
6.3   Beleuchtungswirkungsgrad: $\eta_B = \eta_{LB} \cdot \eta_R = 0,6 \cdot 0,95 = 0,57$

7   Planungsfaktor: p = 1,25
8   Gesamtlichtstrom: $\Phi_{ges} = \dfrac{E_n \cdot A \cdot p}{\eta_B} = \dfrac{500 \cdot 432 \cdot 1,25}{0,57} = 473684 \text{ lm}$

9   Lampenzahl: $\eta_{La} = \dfrac{\Phi_{ges}}{\Phi_0} = \dfrac{473684}{5400} = 87,27 \quad$ Gewählt: $n_{La} = 90$

10   Leuchtenzahl: $n = \dfrac{\eta_{La}}{z} = \dfrac{90}{2} = 45 \quad$ Gewählt: n = 45

Verzeichnisse

Die folgende Aufstellung der Literaturangaben kann nur die wichtigsten Gesetze, Verordnungen, Normblätter, Richtlinien und allgemeines Schrifttum in diesen Bereichen zusammenfassen und erhebt keinen Anspruch auf Vollständigkeit, sondern ist nur eine Zusammenstellung der in diesem Buch benötigten Literaturquellen.

Gesetze, Verordnungen

Verordnung Arbeitsstätten (Arbeitsstättenverordnung – ArbStättV)

Bundes-Immissionsschutzgesetz (BIMSCH) vom 14.Mai 1990 (BGBl.I, S.880f), zuletzt geändert durch Gesetz vom 19.Juli 1995 (BGBl.I, S.930f)

DVGW G 260 Gasbeschaffenheit

DVGW-TRWI Technische Regeln für Trinkwasserinstallationen

DVGW-TRGI ′86/′96 Technische Regeln für Gasinstallationen

DVGW W 552 Trinkwassererwärmungs- und Leitungsanlagen. Technische Maßnahmen zur Verminderung des Legionellenwachstums

EnEV Verordnung über energiesparenden Wärmeschutz und energiesparende Anlagentechnik bei Gebäuden. Energieeinsparverordnung. Vom 16. November 2001

MLAR Muster-Leitungsanlagen-Richtlinie

Musterfeuerungsverordnung

Richtlinie 92/42/ EWG Wirkungsgrade von mit flüssigen oder gasförmigen Brennstoffen beschichteten neuen Warmwasserheizkesseln, 21.Mai 1992

VdS 2031 Blitz- und Überspannungsschutz in elektrischen Anlagen; Richtlinie zur Schadensverhütung

Technische Anleitung zur Reinhaltung der Luft (TA Luft). Bundesanzeiger 1986, S.95f und berichtigt: Bundesanzeiger 1986, S.202f)

Technische Anleitung zum Schutz gegen Lärm (TA Lärm). (Bundesanzeiger Nr. 137 vom 26.Juli 1968)

TRbF Technische Regeln für brennbare Flüssigkeiten

TRF Technische Regeln Flüssiggas

TRGI Technische Regeln für die Gasinstallation. DVGW-G 600 Arbeitsblatt

Verordnung über genehmigungsbedürftige Anlagen vom 24.Juli 1985 (BGBl.I, S.1586f), zuletzt geändert durch Gesetz vom 26.Oktober 1993 (BGBl.I, S.1782f, S.2049f)

Verordnung zur Novellierung der Trinkwasserverordnung vom 21.Mai 2001. BGBl (2001), S.959

WHG Wasserhaushaltsgesetz

Normblätter

DIN EN 31 Bodenstehende Waschtische – Anschlussmaße

DIN EN 32 Wandhängende Waschtische – Anschlussmaße

DIN EN 111 Wandhängende Handwaschbecken – Anschlussmaße

DIN EN 442-1 Radiatoren und Konvektoren – Teil 1: Technische Spezifikationen

DIN EN 442-2 Radiatoren und Konvektoren – Teil 2: Prüfverfahren und Leistungsangabe

DIN EN 476 Allgemeine Anforderungen an Bauteile für Abwasserkanäle und -leitungen für Schwerkraftentwässerungssysteme

DIN EN 612 Hängedachrinnen und Regenfallrohre aus Metallblech. Begriffe, Einteilung und Anforderungen

DIN EN 752 Entwässerungsanlagen außerhalb von Gebäuden. Teile 1 bis 7

DIN EN 779 Partikel-Luftfilter für die allgemeine Raumlufttechnik - Bestimmung der Filterleistung

DIN EN 817 Sanitärarmaturen – Mechanisch einstellbare Mischer (PN 10) – Allgemeine technische Spezifikationen

DIN EN 832 Wärmetechnisches Verhalten von Gebäuden – Berechnung des Heizenergiebedarfs von Wohngebäuden

DIN EN 1112 Brausen für (PN10) Sanitärarmaturen

DIN EN 1113 Brauseschläuche für (PN10) Sanitärarmaturen

DIN EN 1356 Bestimmung des Tragverhaltens von vorgefertigten bewehrten Bauteilen aus dampfgehärtetem Porenbeton oder aus haufwerksporigem Leichtbeton unter quer zur Bauteilebene wirkender Belastung

DIN 1379 Klosettbecken aus Sanitär-Porzellan für Sonderzwecke. Anschluss- und Funktionsmaße

DIN 1381 Klosettbecken, bodenstehend, aus Sanitär-Porzellan. Flach- und Tiefspülklosetts

DIN 1382 Wandhängende Flach- und Tiefspülklosetts aus Sanitär-Porzellan. Maße

DIN 1386-1 Waschtische aus Sanitär-Porzellan. Haupt-, Anschluss- und Befestigungsmaße, Teil 1: Anforderungen, Prüfung

DIN 1387 Universal-Flachspülklosetts aus Sanitär-Porzellan

DIN 1388 Universal-Tiefspülklosetts aus Sanitär-Porzellan

DIN 1390-1 Urinale aus Sanitär-Porzellan, wandhängend. Teil 1: Maße

DIN EN 1838: Angewandte Lichttechnik – Notbeleuchtung

DIN 1946-1 Raumlufttechnik, Teil 1: Terminologie und graphische Symbole

DIN 1946-2 Raumlufttechnik, Teil 2: Gesundheitstechnische Anforderungen

DIN 1946-4 Raumlufttechnik, Teil 4: Raumlufttechnische Anlagen in Krankenhäusern

DIN 1946-6 Raumlufttechnik, Teil 6: Lüftung von Wohnungen. Anforderungen, Ausführung, Abnahme

DIN 1946-7 Raumlufttechnik, Teil 7: Raumlufttechnische Anlagen in Laboratorien

DIN 1986-3 Entwässerungsanlagen für Gebäude und Grundstücke, Teil 3: Regeln für Betrieb und Wartung

DIN 1986-4 Entwässerungsanlagen für Gebäude und Grundstücke, Teil 4: Verwendungsbereich von Abwasserrohren und -formstücken verschiedener Werkstoffe

DIN 1986-100 Entwässerungsanlagen für Gebäude und Grundstücke, Teil 100: Zusätzliche Bestimmung zur DIN EN 12056

DIN 1988; Technische Regeln für Trinkwasserinstallationen (TRWI). Technische Regel des DVGW. Teile 1 bis 8

DIN 2000 Zentrale Trinkwasserversorgung. Leitsätze für Anforderungen an Trinkwasser. Planung, Bau, Betrieb und Instandhaltung der Versorgungsanlagen. Technische Regel des DVGW

DIN 2440 Stahlrohre. Mittelschwere Gewinderohre

DIN 2441 Stahlrohre. Schwere Gewinderohre

DIN 2442 Gewinderohre mit Gütevorschrift. Nenndruck 1 bis 100

DIN 2448 Nahtlose Stahlrohre. Maße, längenbezogene Massen

DIN 2458 Geschweißte Stahlrohre. Maße, längenbezogene Massen

DIN 3388-2 Abgas-Absperrvorrichtung für Feuerstätten für flüssige oder gasförmige Brennstoffe, mechanisch betätigte Abgasklappen, Teil 2: Sicherheitstechnische Anforderungen und Prüfung

DIN 3388-4 Abgasklappen für Gasfeuerstätten, thermisch gesteuert, gerätegebunden, Teil 4: Anforderungen, Prüfung, Kennzeichnung

DIN 3537-1 Gassperrarmaturen bis PN 4, Teil 1: Anforderungen und Anerkennungsprüfung

DIN 4040 Fettabscheider

DIN CERTO 4041 E Anhang B zum Zertifizierungsprogramm für Raumheizkörper-Plattenheizkörper-Datenblatt

DIN 4043 Sperren für Leichtflüssigkeiten (Heizölsperren). Baugrundsätze, Einbau und Betrieb, Prüfungen

DIN 4067 Wasser. Hinweisschilder, Orts-Wasserverteilungs- und Wasserfernleitungen

DIN 4095 Baugrund. Dränung zum Schutz baulicher Anlagen. Planung, Bemessung und Ausführung

DIN 4102-4 Brandverhalten von Baustoffen und Bauteilen, Teil 4: Zusammenstellung und Anwendung klassifizierter Baustoffe, Bauteile und Sonderbauteile. Hierzu 3 Berichtigungsblätter

DIN V 4108-4 Wärmeschutz und Energie-Einsparung in Gebäuden, Teil 4: Wärme- und feuchteschutztechnische Bemessungswerte

DIN V 4108-6 Berechnung des Jahresheizwärme- und des Jahresheizenergiebedarfs

DIN 4109 Schallschutz im Hochbau. Anforderungen und Nachweise

DIN 4109 Beiblatt 1 Schallschutz im Hochbau. Ausführungsbeispiele und Rechenverfahren

DIN 4109 Beiblatt 2 Schallschutz im Hochbau. Hinweise für Planung und Ausführung. Vorschläge für einen erhöhten Schallschutz. Empfehlungen für den Schallschutz im eigenen Wohn- oder Arbeitsbereich

DIN 4109 Beiblatt 3 Schallschutz im Hochbau. Berechnung von $R'_{w,R}$ für den Nachweis der Eignung nach DIN 4109 aus Werten des im Labor ermittelten Schalldämm-Maßes R_w

DIN 4109/A1 Schallschutz im Hochbau. Anforderungen und Nachweise. Änderung A1

DIN 4109 Beiblatt 1/A1 Schallschutz im Hochbau. Ausführungsbeispiele und Rechenverfahren. Änderung A1

DIN 4109 Beiblatt 4 Schallschutz im Hochbau. Nachweis des Schallschutzes - Güte- und Eignungsprüfung

DIN 4109-10 Schallschutz im Hochbau, Teil 10: Vorschläge für einen erhöhten Schallschutz von Wohnungen

DIN 4701-1 Regeln für die Berechnung der Heizlast von Gebäuden, Teil 1: Grundlagen der Berechnung

DIN 4701-2 Regeln für die Berechnung der Heizlast von Gebäuden, Teil 2: Tabellen, Bilder, Algorithmen

DIN 4701-3 Regeln für die Berechnung des Wärmebedarfs von Gebäuden, Teil 3: Auslegung der Raumheizeinrichtungen

DIN V 4701-10 Energetische Bewertung heiz- und raumlufttechnischer Anlagen, Teil 10: Heizung, Trinkwassererwärmung, Lüftung

DIN V 4701-10 Beiblatt 1 Energetische Bewertung heiz- und raumlufttechnischer Anlagen - Teil 10 Beiblatt 1: Diagramme und Planungshilfen für ausgewählte Anlagensysteme mit Standardkomponenten

DIN 4702-1 Heizkessel, Teil 1: Begriffe, Anforderungen, Prüfung, Kennzeichnung

DIN 4702-3 Heizkessel, Teil 3: Gas-Spezialheizkessel mit Brenner ohne Gebläse

DIN 4702-4 Heizkessel, Teil 4: Heizkessel für Holz, Stroh und ähnliche Brennstoffe. Begriffe, Anforderungen, Prüfungen

DIN 4702-6 Heizkessel, Teil 6: Brennwertkessel für gasförmige Brennstoffe

DIN 4702-7 Heizkessel, Teil 7: Brennwertkessel für flüssige Brennstoffe

DIN 4703-1 Raumheizkörper, Teil 1: Maße von Gliederheizkörpern

DIN 4703-3 Raumheizkörper, Teil 3: Umrechnung der Norm-Wärmeleistung

DIN V 4705-3 Feuerungstechnische Berechnung von Schornsteinabmessungen, Teil 3: Berechnungsverfahren für Mehrfachbelegung

DIN 4710 Statistiken meteorologischer Daten zur Berechnung des Energiebedarfs von heiz- und raumlufttechnischen Anlagen in Deutschland

DIN 4710 Beiblatt 1 Statistiken meteorologischer Daten zur Berechnung des Energiebedarfs von heiz- und raumlufttechnischen Anlagen in Deutschland. Beiblatt 1: Korrelation zwischen der Lufttemperatur t und dem Wasserdampfgehalt

DIN 4713 Heizkostenverteiler

DIN 4740-1 Raumlufttechnische Anlagen, Teil 1: Rohre aus weichmacherfreiem Polyvinylchlorid (PVC-U). Berechnung der Mindestwanddicken

DIN 4740-2 Raumlufttechnische Anlagen, Teil 2: Lüftungsleitungen aus weichmacherfreiem Polyvinylchlorid (PVC-U). Formstücke für Rohre, Bögen. Mindestwanddicken

DIN 4740-5 Raumlufttechnische Anlagen, Teil 5: Lüftungsleitungen aus weichmacherfreiem Polyvinylchlorid (PVC-U). Kanäle unversteift. Mindestwanddicken

DIN 4741-1 Raumlufttechnische Anlagen, Teil 1: Rohre aus Polypropylen (PP). Berechnung der Mindestwanddicken

DIN 4741-2 Raumlufttechnische Anlagen, Teil 2: Lüftungsleitungen aus Polypropylen (PP), Typ 1. Formstücke für Rohre, Bögen. Mindestwanddicken

DIN 4741-5 Raumlufttechnische Anlagen, Teil 5: Lüftungsleitungen aus Polypropylen (PP), Typ 1. Kanäle unversteift. Mindestwanddicken

DIN ISO 4751 Kupfer und Kupferlegierung. Bestimmung des Gehaltes an Zinn. Photometrisches Verfahren

DIN EN ISO 4757-2 Sonnenheizungsanlagen mit organischen Wärmeträgern, Teil 2: Anforderungen an die sicherheitstechnische Ausführung

DIN 4755 Ölfeuerungsanlagen. Technische Regel Ölfeuerungsinstallation (TRÖ). Sicherheitstechnische Anforderungen, Prüfung

DIN 4795 Nebenluftvorrichtungen für Hausschornsteine. Begriffe, Sicherheitstechnische Anforderungen, Prüfung, Kennzeichnung

DIN 4797 Heiz- und Raumlufttechnik. Nachströmöffnungen. Bestimmung des Strömungswiderstandes

DIN 4799 Raumlufttechnik. Luftführungssysteme für Operationsräume. Prüfung

DIN 5031-3 Strahlungsphysik im optischen Bereich und Lichttechnik, Teil 3: Größen, Formelzeichen und Einheiten der Lichttechnik

DIN 5031-4 Strahlungsphysik im optischen Bereich und Lichttechnik, Teil 4: Wirkungsgrade

DIN 5032-2 Lichtmessung, Teil 2: Betrieb elektrischer Lampen und Messung der dazugehörigen Größen

DIN 5032-4 Lichtmessung, Teil 4: Messung an Leuchten

DIN 5032-5 Lichtmessung, Teil 5: Messung der Beleuchtung

DIN 5032-7 Lichtmessung, Teil 7: Klasseneinteilung von Beleuchtungsstärke und Leuchtdichtemessgeräten

DIN 5034-1 Tageslicht in Innenräumen, Teil 1: Allgemeine Anforderungen

DIN 5034-2 Tageslicht in Innenräumen, Teil 2: Grundlagen

DIN 5034-3 Tageslicht in Innenräumen, Teil 3: Berechnung

DIN 5034-4 Tageslicht in Innenräumen, Teil 4: Vereinfachte Bestimmung von Mindestfenstergrößen für Wohnräume

DIN 5034-5 Tageslicht in Innenräumen, Teil 5: Messung

DIN 5035-6 Beleuchtung mit künstlichem Licht, Teil 6: Messung und Bewertung

DIN 5035-7 Beleuchtung mit künstlichem Licht, Teil 7: Beleuchtung von Räumen mit Bildschirmarbeitsplätzen und Arbeitsplätzen mit Bildschirmunterstützung

DIN 5035-8 Beleuchtung mit künstlichem Licht, Teil 8: Leuchten zur Einzelplatzbeleuchtung

DIN 5039 Licht, Lampen, Leuchten; Begriffe, Einteilung

DIN 5040-1 Leuchten für Beleuchtungszwecke, Teil 1: Lichttechnische Merkmale und Einteilung

DIN 5040-2 Leuchten für Beleuchtungszwecke, Teil 2: Innenleuchten, Begriffe, Einteilung

DIN 6169-1 Farbwiedergabe, Teil 1: Allgemeine Begriffe

DIN 6169-1 Farbwiedergabe, Teil 2: Eigenschaften von Lichtquellen in der Beleuchtungstechnik

DIN 6608-2 Tanks aus Stahl für unterirdische Lagerung

DIN 6626 Domschächte aus Stahl für Behälter zur unterirdischen Lagerung wassergefährdender, brennbarer und nichtbrennbarer Flüssigkeiten

DIN EN 12056 Schwerkraftentwässerungsanlagen innerhalb von Gebäuden. Teile 1 bis 5

DIN EN 12285-1 Werksgefertigte Tanks aus Stahl, Teil 1: Liegende zylindrische ein- und doppelwandige Tanks zur unterirdischen Lagerung von brennbaren und nichtbrennbaren wassergefährdenden Flüssigkeiten

DIN EN 12464-1 Licht und Beleuchtung. Beleuchtung von Arbeitsstätten, Teil 1: Arbeitsstätten in Innenräumen

DIN EN 12665: Licht und Beleuchtung. Grundlegende Begriffe und Kriterien für die Festlegung von Anforderungen an die Beleuchtung

DIN 12924-1 Laboreinrichtungen, Teil 1: Abzüge. Abzüge für allgemeinen Gebrauch. Arten, Hauptmaße, Anforderungen und Prüfungen

DIN 12924-2 Laboreinrichtungen, Teil 2 Abzüge. Abzüge für offene Aufschlüsse bei hohen Temperaturen. Hauptmaße, Anforderungen und Prüfungen

DIN 12924-3 Laboreinrichtungen, Teil 3: Abzüge. Durchreichabzüge. Hauptmaße, Anforderungen und Prüfungen

DIN 13151 Sanitärausstattungsgegenstände. Terminologie

DIN EN 13180 Lüftung von Gebäuden - Luftleitungen - Maße und mechanische Anforderungen für flexible Luftleitungen

DIN 14462-1 Löschwasserleitungen, Teil 1: Begriffe, Schematische Darstellung

DIN 14462-2 Löschwasserleitungen, Teil 2: Festverlegte Steigleitungen „trocken" PN 16 in baulichen Anlagen

DIN EN ISO 16 032 Akustik - Messung des Schalldruckpegels von haustechnischen Anlagen in Gebäuden - Standardverfahren

DIN 18015-2 Elektrische Anlagen in Wohngebäuden, Teil 2: Art und Umfang der Mindestausstattung

DIN 18015-3 Elektrische Anlagen in Wohngebäuden, Teil 3: Leitungsführung und Anordnung der Betriebsmittel

DIN 18017-1 Lüftung von Bädern und Toilettenräumen ohne Außenfenster, Teil 1: Einzelschachtanlagen ohne Ventilatoren

DIN 18017-3 Lüftung von Bädern und Toilettenräumen ohne Außenfenster, Teil 3: mit Ventilatoren

DIN 18022 Küchen, Bäder und WCs im Wohnungsbau. Planungsgrundlagen

DIN 18024-2 Barrierefreies Bauen, Teil 2: Öffentlich zugängige Gebäude und Arbeitsstätten. Planungsgrundlagen

DIN 18025-1 Barrierefreie Wohnungen, Teil 1: Wohnungen für Rollstuhlbenutzer. Planungsgrundlagen

DIN 18025-2 Barrierefreie Wohnungen, Teil 2: Planungsgrundlagen

DIN 18160-1 Abgasanlagen, Teil 1: Planung und Ausführung

DIN 18195 Bauwerksabdichtungen

DIN 18379 VOB Verdingungsordnung für Bauleistungen – Teil C: Allgemeine Technische Vertragsbedingungen für Bauleistungen (ATV). Raumlufttechnische Anlagen

DIN 18380 VOB Vergabe- und Vertragsordnung für Bauleistungen. Teil C: Allgemeine technische Vertragsbedingungen für Bauleistungen (ATV). Heizungsanlagen und zentrale Wassererwärmungsanlagen

DIN 18460 Regenfall-Leitungen außerhalb von Gebäuden und Dachrinnen. Begriffe, Bemessungsgrundlagen

DIN 18893 Raumheizvermögen von Einzelfeuerstätten. Näherungsverfahren zur Ermittlung der Feuerstättengröße

DIN 24145 Raumlufttechnik. Luftleitungen – Wickelfalzrohre

DIN 24147-1 Raumlufttechnik, Teil 1: Formstücke für runde Luftleitungen. Übersicht, Maße, Allgemeine Grundlagen

DIN 24150 Rohrbauteile für lufttechnische Anlagen. Verbindungsarten für Blechrohre und Formstücke

DIN 24150 Beiblatt 1 Rohrbauteile für lufttechnische Anlagen, Beiblatt 1: Verbindungsarten für Blechrohre und Formstücke. Ausführungsbeispiele für Verbindungen VO

DIN 24151-1 Raumlufttechnik, Teil 1: Blechrohre – Reihe 1, geschweißt

DIN 24151-2 Raumlufttechnik, Teil 2: Blechrohre – Reihe 2, geschweißt

DIN 24152 Raumlufttechnik. Blechrohre, längsgefalzt

DIN 24190 Raumlufttechnik. Blechkanäle gefalzt, geschweißt

DIN 24191 Raumlufttechnik. Blechkanalformstücke gefalzt, geschweißt

DIN 24192 Kanalbauteile für lufttechnische Anlagen. Verbindungen für Blechkanäle und Blechkanalformstücke

DIN 24192 Beiblatt 1 Kanalbauteile für lufttechnische Anlagen, Beiblatt 1 Verbindungen für Blechkanäle und Blechkanalformstücke. Beispiele für Leichtprofilverbindungen

DIN 24193 Kanalbauteile für lufttechnische Anlagen. Flansche

DIN 24194-1 Kanalbauteile für lufttechnische Anlagen, Teil 1: Dichtheit für Blechkanäle und Blechkanalformstücke. Prüfung

DIN V 24194-2 Kanalbauteile für lufttechnische Anlagen, Teil 2: Dichtheit. Dichtheitsklassen von Luftkanalsystemen

DIN EN 55015 Grenzwerte und Meßverfahren für Funkentstörungen von elektrischen Beleuchtungseinrichtungen und ähnlichen Elektrogeräten

DIN 59753 Kupferrohre für Kapillarlötung, nahtlos gezogen

DIN EN 60309-1 Stecker, Steckdosen und Kupplungen für industrielle Anwendungen, Teil 1: Allgemeine Anforderungen

DIN EN 60529: Schutzarten durch Gehäuse (IP-Code)

DIN EN 60598: Leuchten

DIN EN 60617-7 Grafische Symbole für Schaltpläne, Teil 7: Schaltzeichen für Schalt- und Schutzeinrichtungen

DIN EN 60617-14 Grafische Symbole für Schaltpläne, Teil 14: Gebäudebezogene und topografische Installationspläne und Schaltpläne

DIN 67526-1 Sportstättenbeleuchtung, Teil 1: Richtlinien für die Beleuchtung mit künstlichem Licht

DIN 67526-2 Sportstättenbeleuchtung, Teil 2: Beleuchtung für Fernseh- und Filmaufnahmen. Anforderungen

DIN 67526-4 Sportstättenbeleuchtung, Teil 4: Richtlinien für die Messung der Beleuchtung

DIN 67528 Beleuchtung von Parkplätzen und Parkbauten

DIN 68904 Kücheneinrichtungen, Sanitärarmaturen und Begriffe

DIN 68935 Koordinationsmaße für Badmöbel, Geräte und Sanitärobjekte

Richtlinien, Arbeitsblätter

ASR 5 Arbeitsstätten-Richtlinie Lüftung

ASR 6/1,3 Arbeitsstätten-Richtlinie Raumtemperaturen

ASR 7/3 Arbeitsstätten-Richtlinie Künstliche Beleuchtung

ASR 7/4 Arbeitsstätten-Richtlinie Sicherheitsbeleuchtung

ASR 13/1,2 Arbeitsstätten-Richtlinie Feuerlöscheinrichtungen

ASR 18/1-3 Arbeitsstätten-Richtlinie Fahrtreppen und Fahrsteige

ASR 34/1-5 Arbeitsstätten-Richtlinie Umkleideräume

ASR 35/1-4 Arbeitsstätten-Richtlinie Waschräume

ASR 35/5 Waschgelegenheiten außerhalb von erforderlichen Waschräumen

ASR 37/1 Arbeitsstätten-Richtlinie Toilettenräume

ASR 38/2 Arbeitsstätten-Richtlinie Sanitärräume

ASR 41/3 Arbeitsstätten-Richtlinie Künstliche Beleuchtung für Arbeitsplätze und Verkehrswege im Freien

ASR 47/1-3,5 Arbeitsstätten-Richtlinie Waschräume für Baustellen

ASR 48/1,2 Arbeitsstätten-Richtlinie Toiletten und Toilettenräume auf Baustellen

DIN VDE 0100 T. 410 Bestimmungen für das Errichten von Starkstromanlagen mit Nennspannungen bis 1000 V, Teil 410: Schutz gegen elektrischen Schlag

DIN VDE 0100 T. 430 Bestimmungen für das Errichten von Starkstromanlagen mit Nennspannungen bis 1000 V, Teil 430: Schutz von Kabeln und Leitungen bei Überstrom

DIN VDE 0100 Teil 420 Bestimmungen für das Errichten von Starkstromanlagen mit Nennspannungen bis 1000 V, Teil 420: Schutz gegen thermische Einflüsse

DIN VDE 0100 Teil 520 Bestimmungen für das Errichten von Starkstromanlagen mit Nennspannungen bis 1000 V, Teil 520: Kabel- und Leitungssysteme

DIN VDE 0100 Teil 559 Bestimmungen für das Errichten von Starkstromanlagen mit Nennspannungen bis 1000 V, Teil 559: Leuchten und Beleuchtungsanlagen

DIN VDE 0100 Teil 701 Bestimmungen für das Errichten von Starkstromanlagen mit Nennspannungen bis 1000 V, Teil 701: Räume mit Badewanne oder Dusche

DIN VDE 0100 Teil 702 Bestimmungen für das Errichten von Starkstromanlagen mit Nennspannungen bis 1000 V, Teil 702: Überdachte Schwimmbecken (Schwimmhallen) und Schwimmanlagen im Freien

DIN VDE 0106 Schutz gegen elektrischen Schlag

DIN VDE 0108 Starkstromanlagen und Sicherheitsstromversorgung in baulichen Anlagen für Menschenansammlungen

DIN VDE 0710 Teil 1 Vorschriften für Leuchten mit Betriebsspannungen unter 1000 V, Teil 1: Allgemeine Vorschriften

DIN VDE 0711 Teil 1 Leuchten, Teil 1: Allgemeine Anforderungen und Prüfungen

DIN VDE 0711 Teil 201 Leuchten, Teil 201: Ortsfeste Leuchten für allgemeine Zwecke

DIN VDE 0711 Teil 202 Leuchten, Teil 202: Einbauleuchten

DIN VDE 0711 Teil 204 Leuchten, Teil 204: Ortsveränderliche Leuchten für allgemeine Zwecke

DIN VDE 0711 Teil 219 Leuchten, Teil 219; Luftführende Leuchten, Sicherheitsanforderungen

DIN VDE 0711 Teil 222 Leuchten, Teil 222: Leuchten für Notbeleuchtung

DIN VDE 0715 Lampen

ASTM A 888 Gusseiserne Fallrohre und Armaturen mit glatten Enden für die Sanitär- und Regenwasserableitung. Abwasser- und Abzugsrohrleitungen

ATV A 251 Kondensate aus Brennwertkesseln

DGWK 3827 E Anhang B zum Zertifizierungsprogramm für Raumheizkörper, Plattenheizkörper 4-Reihig

ISO/TR 7024 Oberirdische Entwässerung. Empfohlene Praxis und Techniken für die Installation von Polyvinylchlorid- (PVC-U) – Sanitär-Rohrleitungen für oberirdische Systeme innerhalb von Gebäuden

VDI 2052 Raumlufttechnische Anlagen für Küchen

VDI 2052 Blatt 1 Raumlufttechnische Anlagen für Küchen – Bestimmung der Rückhalteeffizienz von Aerosolabscheidern in Abluftanlagen von Küchen

VDI 2053 Raumlufttechnische Anlagen für Garagen

VDI 2071 Wärmerückgewinnung in Raumlufttechnischen Anlagen

VDI 2075 Eissportanlagen – Technische Gebäudeausrüstung

VDI 2078 Berechnung der Kühllast klimatisierter Räume (VDI-Kühllastregeln)

VDI 2078 Blatt 1 Berechnung der Kühllast klimatisierter Gebäude bei Raumkühlung über gekühlte Raumumschließungsflächen

VDI 2079 Beiblatt Abnahmeprüfung an Raumlufttechnischen Anlagen – Funktions-Abnahmeprüfung von Raumkühlflächen

VDI 2081 Blatt 1 Geräuscherzeugung und Lärmminderung in Raumlufttechnischen Anlagen

VDI 2082 Raumlufttechnische Anlagen für Verkaufsstätten

VDI 2085 Lüftung von großen Schutzräumen

VDI 2087 Luftleitungssysteme – Bemessungsgrundlagen

VDI 2089 Blatt 1 Wärme-, Raumlufttechnik, Wasserver- und -entsorgung in Hallen- und Freibädern, Blatt 1: Hallenbäder

VDI 2089 Blatt 3 Technische Gebäudeausrüstung von Schwimmbädern, Blatt 3: Freibäder

VDI/VDE 3525 Blatt 1 Regelung von Raumlufttechnischen Anlagen, Blatt 1: Grundlagen

VDI/VDE 3525 Blatt 2 Kennzeichnung zur Beschreibung Raumlufttechnischer Anlagen mit Automation

VDI 3801 Betreiben von Raumlufttechnischen Anlagen

VDI 3802 Raumlufttechnische Anlagen für Fertigungsstätten

VDI 3803 Raumlufttechnische Anlagen. Bauliche und technische Anforderungen

VDI 3806 Dachentwässerung mit Druckströmung

VDI 3814 Blatt 4 Zentrale Leittechnik für betriebstechnische Anlagen in Gebäuden (ZLT-G), Blatt 4: Ausrüstung der BTA zum Anschluss an die ZLT-G

VDI 3818 Öffentliche Toiletten- und Waschräume

VDI 6011 Optimierung von Tageslichtnutzung und künstlicher Beleuchtungsgrundlagen

VDI 6015 BUS-Systeme in der Gebäudeinstallation. Anwendungsbeispiele

VDI 6022 Blatt 1 Hygienische Anforderungen an Raumlufttechnische Anlagen, Blatt 1: Büro- und Versammlungsräume

VDI 6022 Blatt 2 Hygienische Anforderungen an Raumlufttechnische Anlagen, Blatt 2: Anforderungen an die Hygieneschulung

VDI 6022 Blatt 3 Hygienische Anforderungen an Raumlufttechnische Anlagen, Blatt 3: Anforderungen in Gewerbe- und Produktionsbetrieben

VDI 6028 Blatt 2 Bewertungskriterien für die Technische Gebäudeausrüstung, Blatt 2: Anforderungsprofile und Wertungskriterien für die Sanitärtechnik

Allgemeines Schrifttum

Albers, J., R. Dommel, A. Dommel: *Der Zentralheizungs- und Lüftungsbauer.* Hamburg. 1999

Breuer, S., A. Blanz, F. Brunck, H. Heinrich, B. Schrandt, K.W. Usemann, A.-K. Volz: *Übungsaufgaben Technische Gebäudeausrüstung.* Kaiserslautern. 2001

Biasin, K., W. Hauke, B. Dietrich, R. Thaele, G. Reck, D. Vogt: *RWE Energie Bau-Handbuch.* Heidelberg 1998

Bumberger, A. und J. Wagner: *Prüfungsbuch Zentralheizungs- und Lüftungsbau.* Stuttgart. 1997

Dusza, H. und H. Winter: *Gesellen- und Meisterprüfung. Das allgemeine Wissen in Frage und Antwort.* Bochum. 1993

Fischer-Uhlig, H.: *Raumklima & Lüftung der Wohnung – Wege zum Wohlfühlen, Bauliche Voraussetzung, Richtiges Verhalten.* Taunusstein. 2002

Gaßner, A.: *Der Sanitärinstallateur – Technologie.* Hamburg. 2003

Ihle, C.: *Lüftung und Luftheizung – Band 3 der Schriftenreihe: Der Heizungsingenieur.* Düsseldorf. 1997

Kainz, D.: *Der VOB-Check. Die völlig neue Art, VOB/B-Wissen zu testen und zu kennen.* Stamsried. 1996

Koch, K.-H.: *Kosten- und Leistungsrechnung in der Heizungs-, Lüftungs- und Sanitärtechnik.* Berlin.1996

Müller, H.R.: *Fachkunde à discrétion. In: Installateur.* AZ Fachverlage, CH-5001 Aarau.

Müller, K.G.: *Technische Gebäudeausrüstung für Architekten.* Augsburg. 1995.

Nürnberger, H.: *Gasinstallation in Zeichnungen, Beispielen und Erläuterungen zu den TRGI.* Berlin, Wiesbaden.1989

Pistohl, W.: *Handbuch der Gebäudetechnik. Band 1 Sanitär/Elektro/Förderanlagen.* Düsseldorf. 2002

Pistohl, W.: *Handbuch der Gebäudetechnik. Band 2 Heizung/Lüftung/Energiesparen.* Düsseldorf. 2003

Reuschel.: *Heizungs- und Lüftungstechnik. Technologie und Technische Mathematik.* Neusäß. 1997

Schmid C., J. Nipkow, C. Vogt: *Heizung, Lüftung, Elektrizität – Energietechnik im Gebäude.* Zürich, ETH Hochschulverlag AG, Stuttgart, 2000

Spaethe, K.: *Prüfungsfragen und Antworten für Heizungsbauer.* München. 1967

Usemann, K.W. und H. Gralle: *Bauphysik. Problemstellungen, Aufgaben und Lösungen.* Stuttgart. 1997

Wellpott, E.: *Technischer Ausbau von Gebäuden.* Stuttgart. 2000

Zierhut, H.: *Heizungs- und Klimatechnik – Sanitär, Heizung, Klima.* Neusäß. 1999

Zierhut, H., Kimmel, P. Specht: *Gas- und Sanitärinstallation – Sanitär, Heizung, Klima.* Neusäß. 1998

MIX
Papier aus verantwortungsvollen Quellen
Paper from responsible sources
FSC® C105338

If you have any concerns about our products,
you can contact us on
ProductSafety@springernature.com

In case Publisher is established outside the EU,
the EU authorized representative is:
**Springer Nature Customer Service Center GmbH
Europaplatz 3, 69115 Heidelberg, Germany**

Printed by Libri Plureos GmbH
in Hamburg, Germany